中国灾害防御协会灾害史专业委员会学术论丛

海河流域
灾害、环境与社会变迁

——中国灾害防御协会灾害史专业委员会第十二届年会论文集

杨学新 郑清坡 主编

河北大学出版社
·保定·

图书在版编目（CIP）数据

海河流域灾害、环境与社会变迁：中国灾害防御协会灾害史专业委员会第十二届年会论文集 / 杨学新，郑清坡主编. -- 保定：河北大学出版社，2018.10

ISBN 978-7-5666-1417-9

Ⅰ. ①海… Ⅱ. ①杨… ②郑… Ⅲ. ①海河－流域－自然灾害－历史－中国－文集②海河－流域－社会变迁－文集 Ⅳ. ①X432-092②K292.1-53

中国版本图书馆CIP数据核字(2018)第229756号

出 版 人：耿金龙
责任编辑：王红梅
装帧设计：赵　谦
责任印制：靳云飞
出版发行：河北大学出版社
地址：河北省保定市七一东路2666号　邮编：071000
电话：0312-5073033　0312-5073003　传真：0312-5073029
邮箱：hbdxcbs818@163.com　网址：www.hbdxcbs.com
印　　刷：保定市北方胶印有限公司
开　　本：148mm×210mm　1/32
印　　张：15.375
字　　数：358千字
版　　次：2018年10月第1版
印　　次：2018年10月第1次印刷
书　　号：ISBN 978-7-5666-1417-9
定　　价：45.00元

中国灾害防御协会灾害史专业委员会学术论丛

◇ 本书由河北大学历史学强势特色学科建设经费、河北大学中国史学科“双一流”建设经费资助出版

◇ 国家社科基金项目“新中国海河流域水环境变迁与经济发展关系研究”（15BZS022）阶段性成果

自然与文化的双重变奏（序言）[①]

夏明方
中国灾害防御协会灾害史专业委员会主任
中国人民大学清史研究所暨生态史研究中心教授

在河北大学校领导和历史学院的精心筹划和鼎力支持之下，中国灾害防御协会灾害史专业委员会第十二届年会暨海河流域灾害、环境与社会变迁学术研讨会，于2014年10月底11月初在河北保定得以顺利召开，其会议论文集也在河北大学副校长杨学新教授和历史学院郑清坡教授这两位主编付出辛勤劳动之后在今年出版，在此谨代表中国灾害防御协会灾害史专业委员会向他们表示衷心的感谢。当然，从名义上来说，这本论文集

① 该序是以作者在中国灾害防御协会灾害史专业委员会第十二届年会所做开幕式发言和闭幕式总结为基础混合修改而成，除文字上的修改和润色之外，其发言主旨未做改动，特此说明。

是由中国灾害防御协会灾害史专业委员会主持策划的中国灾害史研究论丛的第一部，但实际上也是对本专业委员会前会长高建国先生自 2004 年以来开创和坚守的会议论文集编纂出版传统的继承和延续，唯愿不忘初心，共同奋斗，续写新章。

此次会议之所以把主题确定为“海河流域灾害、环境与社会变迁”，并以河北大学作为学术交流的平台，一个极为重要的原因，就是新世纪以来，在杨学新副校长的倡议和领导之下，河北大学在这一方面开展了相当深入的研究，出版了一系列学术著作，凝聚了一批有志于此的中青年学术骨干力量，其所创立的海河流域环境变迁与社会发展研究中心，也正在成长为中国灾害史研究领域一支值得注意的新生力量。

另一方面，作为整个华北平原或者黄淮海地区的一个组成部分，海河流域是我国自然灾害发生最频繁、灾情最严重的地区之一，也可以说是中国历史上的重大灾害策源地之一。明清时期如此，民国以来也是如此。中华人民共和国成立以后，海河流域进入了新的历史时期，其面对自然灾害的综合防御能力和应急救灾能力发生了根本性的变化，但是并不能对该流域的所谓自然灾害从源头上予以根治，自然灾害依然以不同形式时常发生，有时候规模巨大，对国计民生造成重大影响。尤其是改革开放以来，随着城市化、工业化建设的飞速发展，这里和其他地区一样滋生和蔓延着各种新型的灾害，如大气污染、土壤污染、食品污染、水资源枯竭、生物多样性减少等。依据国内外学术界的相关研究，此类由工业化、城市化导致的灾害属于非传统灾害，它们与主要由自然力量引发的水灾、旱灾等传统灾害相比，虽然往往也会以突发性、爆发性的形式展现出来，但一般而言还是呈现出一种渐进性、持久性、普遍性的特点，其波及范围通常也会突破某种地域性的限制，以致有可能影响到我们之中的每一个人。

因此，在今天这片土地上，我们一方面切实地感受到时代的进步，财富的积累，另一方面，不可否认的是，我们也同样面临着各种各样新的威胁。不管是前些年的三聚氰胺事件，还是近年的天津港大火，都给我们带来了极为惨痛的教训。不仅如此，我们脚下的这片华北大地，随着地下水超规模开采，地面沉降愈趋严重，地下漏斗愈来愈多，其所带来的危险不容低估。更加重要且亟须解决的问题之一，除了国内外广泛关注的雾霾之外，就是水资源缺乏问题。前几年，本人曾乘坐大巴从北京赶往天津，对高速公路上兀然出现的一幅广告牌印象极其深刻，其上用大字写出：“谁说华北无大江?”原以为华北地区又新发现某条大的河流，但细看其下附加的小标题，居然是“锦江饭店”。在我看来，这样一则广告的确给人一种难以言说的反讽意蕴，它不由令人深思这片土地之上的河流还有多少可以长盛不衰，清水悠长。我的博士生韩祥同学以明清以来滹沱河的变迁为例为此次会议所写的《小黄河之死》，也一定程度上揭示了这方面的问题。我们不仅需要对传统灾害继续进行深入的探讨，我们也需要将前面提及或未提及的各类非传统灾害纳入到我们的研究视野，进而丰富、完善我们的灾害史研究。

当然，与以传统灾害为主导的旧中国相比，今日的华北或中国已经远离了饥荒的威胁，但是我们还是需要从历史的深处寻找某种借鉴。回顾中国救灾史，尤其是明清以来的中国减灾救荒事业发展的历程，我们不难发现，正是以黄淮海流域为中心的华北地区，不仅是中国灾害的最重要的策源地，也是中国救灾制度从传统向近代发生重大转折的主要舞台。尤其是以今日河北为中心的广大地区，曾经接近天子脚下，靠近首都，人文与区域优势突出，因而在这一地区出现的减灾救荒事业往往具有跨地域的典范意义，表征着中国救灾制度可能发生的一系列重大的创新和发展。比如乾隆初期以方观承模式为代表的直隶旱灾赈济，在法国著名汉学家魏丕信的笔下，就被视为18世纪中国政治制度的一抹亮光。其于20世纪70年代末期问世的《18世纪中国的官僚制度与荒政》也成为海外中国灾害史研究的奠基性作品。19世纪70年代，也就是晚清光绪初年，因应着一场造成千万人死亡的大旱灾，即学界熟知的“丁戊奇荒”，一种以东南绅商为主导的跨地域的民间义赈开始崭露头角，掀开了中国救灾史上全新的一页。1917年，海河流域大水，著名慈善家熊希龄开办香山慈幼院，将教育与救灾相结合，极大地拓展了民间救灾的领域。1920年，华北再次发生大规模旱灾，此后相当长时间内，在民国救灾领域发挥重要作用的非政府国际民间组织“中国华洋义赈救灾总会”的主要活动范围就在河北，其所开创的农村合作化运动以及“建设救灾”工程，迄今仍有非常重要的借鉴价值。到了抗日战争时期，在1942和1943年那一场几乎遍及华北的大饥荒中，在邓小平领导下的晋冀鲁豫边区创造性地走出了一条新的救灾防灾之路，我把它称为“太行模式”。这条道路，直至中华人民共和国成立以后，也始终是中国共产党领导下的举国救灾实践的缩影和模板。

一句话，我们所在的这个地方，不仅以其一系列的重大灾害问题影响着全国，也是中国救灾制度发展变化的重大发源地。对海河流域灾害及其社会应对开展深入的研究，自然能够使我们的灾害史、环境史研究占据一个制高点。就当今国家的发展形势而言，随着生态文明建设成为国家大战略的有机组成部分和宏大目标之一，随着京津冀一体化建设的纵深发展，对过去和现在的灾害问题、环境问题从历史的角度予以探讨，也显得愈加重要，愈加急迫。事实上，不论是在官方或民间，是在国际舞台还是日常生活中，历史或历史学的重要作用越来越得到大家的认可，而灾害史、环境史有一个最突出的特点，就是自然科学与社会科学相结合、历史与现实的结合，并且拥有一个独特的公共服务功能，因此在这一方面也一定大有可为。

整个会议期间，来自全国各地的专家学者围绕“海河流域灾害、环境与社会变迁”这一主题，以及其他相关问题，进行了热烈且颇具成效的对话和讨论。这样的讨论，在很大程度上推进了对历史时期海河流域自然灾害与社会变迁之相互关系的研究，也有助于我们从整体上对当前中国的灾害史研究进行新的思考。以下仅仅谈谈个人的几点体会：

首先一个问题就是“什么是灾害?”。经过这么多年的研究和讨论之后，这看起来应该不成为一个问题，然而事实上，对它的讨论越多越深入，我们对灾害到底是什么，不仅不一定越来越清楚，有时反而会更加模糊，更加困惑。这就要求我们不能继续停留在长期以来某种约定俗成的框架之中来探讨灾害问题，而是需要有所突破，要有一个重新的思考。不管这样的思考最终是否能够赢得学界的共识，这种思考本身也是灾害史和灾害研究向前拓展的重要标志，也必将推动相关研究向新的台阶迈进。据我所知，从20世纪末到21世纪初，在美国从事灾害社会学研究的一批学者，先后编纂过两本书，书名都叫《什么是灾害》，连主编都是同一个人，其中20世纪90年代中期出的第一本，2005年又编了第二本。从中可以看出，在这十多年的时间内，美国学者对于灾害这一概念的讨论是如何的踊跃，但从书名的一字未易，也可猜想出人们对于这一问题并未达成一致性的认识。当然在相关学者的具体的讨论中，也存在一些连续性的论述，但更多的是变化，是分歧。正是这些变化和分歧，昭示了灾害研究理论的拓展、深入和突破。

这种现象在中国学术界也同样存在。当然，不管怎么讨论，我们的灾害专业委员会从一开始就在章程上给出了明确的界定，据此，所谓的灾害，并不仅仅是一个自然灾害问题，而是包括自然灾害、人为灾害，还有环境灾害。所谓环境灾害，指的是由人为原因导致的自然力量变动而带来的一种灾害，其实质就是前面说的环境污染、资源枯竭、物种减少等非传统灾害。遗憾的是，我们以往的研究和讨论，更多的还是偏重于自然灾害，而这次河北会议，我们以海河流域为主题展开的讨论，对环境灾害的关注是其中非常重要的一部分。虽然对所谓纯粹的人为灾害兼顾得比较少一些，但总体上而言，我们对灾害的研究已经开始呈现出一种多样化的态势。在我个人看来，不管是自然灾害，还是人为灾害或环境灾害，都是人与自然相互作用的一个结果，即便是所谓纯粹的自然灾害，其背后可能也有反自然的因素，而所谓纯粹的人为灾害，同样能找到自然的影子。尤其是此次会议在讨论历史时期蝗灾的成因与规律时，依据西北大学李刚教授对相关史料和理论所做的梳理，我们隐约可以发现，蝗灾似乎只是一万多年来的全新世发生的灾害事件，为什么？鉴于蝗灾的始发期刚好处于从旧石器时代向新石器时代的过渡时期，是全球农业诞生的时期，我们似乎可以把它的出现看作是农业发明以来地表生态系统单一化进程的结果，它与人类活动紧密相关。蝗作为一种昆虫，它可以在地球上存在很长的时间，但作为一个爆发性事件，对人有影响的事件，它却是借助于人类的农业活动而与人之间建立起密不可分的联系的。

很显然，一旦把考察的时段放长，在一个个看似孤立的自然事件中，都可以看到人这样一种因素在其中曾经发挥的作用，不管这样的作用是有意造成，还是无意而为。此次会议，我们特别邀请太原师范学院著名历史地理学专家王尚义教授给我们介绍他的最新研究“历史流域学”，他在报告中说的一句话，我记得很清楚，那就是：“自然之河流淌着的，不仅仅是所谓自然的要素，比如水和沙，它还流淌着文化。”这句话很经典，值得我们反复咀嚼。当然，我们也可以反过来说，在我们文化之流里，也同样律动着自然的力量。只有把这两者的结合当作一种常态，我们才能发现一种更加完整的历史，一种自然与文化多重变奏的历史，不管这样一种结合是一种急剧变化，一种由这种急剧变化引发的爆发性事件，还是一个相对稳定的现象，比如复旦大学历史地理研究中心安介生教授给各位呈现的江南景观，它们都是人与自然交互作用的产物，都是人与自然反复不停地互动着的结果。比如白洋淀，其在18世纪乾隆朝时代形成的景观，自然离不开朝廷与当地民众等人力的营建，但是这样的景观一旦持续相当长的一段时间，人们就会忘记这一点，而把自己在白洋淀的观光和徜徉想象成一种大自然的发现之旅。实际上，如果没有其后持续不断的人工修复，所谓似曾相识的景观并不能长期保留下来。这里的白洋淀，这样一种在游人心目中的美丽自然，在某种意义上也是一种反自然的人类干预的结果，这其中也有很多问题需要我们深入的讨论。

以上是关于灾害定义的问题。接下来要说的是，既然灾害，且不管是什么灾害，都应从人与自然相结合的角度来讨论，那么我们对灾害研究的角度、视野和路径，也就离不开所谓的自然科学和人文社会科学相结合这一看起来是老生常谈的问题。正如南开大学余新忠教授所言，我们现在已经不需要讨论这种结合的必要性和重要性，我们需要的是如何去做这种结合，如何使这种结合更完善，更好地服务于我们的研究。

我们可以回顾一下中国灾害史研究的历程，看一下这两者之间曾经的关联及其变动趋势。我们认为民国时期是我国现代灾害学兴起的一个非常重要的阶段。其时有两位重要的人物，一是竺可桢，一是邓拓；一个是做自然科学研究，另一位是做人文社会科学的。中华人民共和国成立以后的灾害研究中，做人文社会科学的这一脉，基本上隐下去了，表现活跃的更多是做自然科学的这一脉。虽然20世纪50年代谭其骧先生有关黄河问题的讨论，实际上就是把人与自然这两大要素结合在一起进行考虑的，但总体上来说，人文社科这一脉还是被抑制住了。到了改革开放后，不管是自然科学界，还是人文社会科学界，都在朝着两者结合这个方向努力。我们的灾害史专业委员会创会主任高建国老师，是研究地震的，长期从事自然科学方面的研究，但他在筹备灾害史专业委员会时，却尽其所能地吸收了一批从历史学的角度研究灾害的人文学者，努力推进自然与人文两方面学者的切磋和对话。同样，作为中国历史学曾经的领头人之一李文海先生，其在开始倡导近代中国灾害史研究的时候，也十分注意两者的结合。他的第一篇有关灾害问题的重量级文章，也可以说新时期中国灾害史研究的种子文章《清末灾荒与辛亥革命》，开宗明义，就是要把自然与社会现象的相互作用，作为探索辛亥革命的一个角度。这是一种时代的契合。

经过这么多年的努力之后，我们不管是在研究对象、研究方法、研究视角，还是对材料的使用等各个方面，都做了大量的工作，而且取得了非常好的效果。这是需要我们进一步予以发扬光大的。与此同时，我也感到，在今天的灾害史研究中，我们一方面还是在强调两者之间的整合，另一方面却也看到一个分化的过程，或者说是在一定程度的结合之后的一个再分化的过程。就人文这方面而论，我们对灾害史的研究，可以是社会文化史的角度，也可以是经济史的角度、政治史的角度，甚至连文学的角度，我们也可以引进来，由此呈现出一个多元化的趋势。同样，自然科学这一面也有各种各样新的学科介入。所有这些，都显示出当前中国灾害史研究的繁荣和发展。

但是也必须看到，这样一种日趋多样化的灾害研究，虽然各自都有各自的学科本位，但毕竟有其共同的研究对象，难免在各自的研究中要牵连到其他方面，因此，在这样一个不断分化和更趋多样化的过程里，我们还是可以感受到自然科学和人文社会科学的一种整合态势，与过去相比，这样的整合可以达到一个更高的水平。在这次会议的一部分论文里面，就可以看出这两者之间的一种新的整合。

当然在从事具体研究的过程中，我们的自然科学和人文社会科学之相互结合，无论是在研究的方法，还是研究的结论等方面，都可能做得比较生硬，两者之间也会存在某种争议，有时甚至做出截然对立的理解。尤其是在此次会议上，既有人文学者对自然科学的一些研究方法提出挑战，也有自然科学学者对人文学者灾害史研究的纯学术性存有疑虑，似有两军对垒之势。但是在我看来，这种对立，看起来是对学科整合的一种质疑，实际上则可视为其中存在的某种内在的张力，是进一步推动学科整合的一种动力。因为正是在这样一种似乎不可调和的张力之中，我们可以更深切地感受到某种极为重要的统一性的东西，而这个统一性的东西就是历史。自然科学也好，人文社科也好，不管两者之间存在多么大的差异，其最后的归宿都是历史的方法，或者说一种看待自然和社会事物的历史观。我们当然必须承认，没有历史的自然科学照样可以取得非常辉煌的成就，比如牛顿的经典物理学体系。但是如果我们在研究物理世界的过程中引入一种历史的视点，就会如事实已然发生的那样产生出某种全新的结果，比如格里高津的演化物理学与耗散结构理论，这实际上就是一个新物理学，它在引入历史视角的同时，极大地改变了我们对宇宙万物的思维方式。所以，我们做历史，大有前途，无须自卑。

具体到灾害问题，它同样会给我们带来不一样的角度和认识。比如唐山大地震，它到底是自然灾害还是人为的？就地球能量的瞬间爆发而言，它当然主要是自然界力量的异常表现，但是它之造成那么惨烈的人口伤亡，却是与这一地区百多年的工业化、城市化以及由此导致的产业、人口大规模集聚有着不可否认的联系。想象一下这样的地震，如果发生在 19 世纪 70 年代此处还是偏僻乡村之时，它会造成那么大的伤亡吗？我们完全可以这样说，没有这里的工业化，就没有以数十万人死亡为代价的唐山大地震。在这里，只有从历史的角度出发，只有把唐山大地震放到一个更长、更大的变动着的时空之内，放到这里在近代才开始发生的工业化大潮之中，我们才可能对人与自然之间在特定年代的特定结合有一个比较清晰的观察，进而对唐山大地震有一个更好的理解。这种理解，既非纯自然的，亦非纯社会的，而是从人与自然相互结合的生态的视角，对人与自然在持续演化之中纠结于一起的生态学过程所做的历史性考察。也就是说，我们最终要回归的东西，就是一种把自然与人文尽皆包容于内的“历史”，即马克思所说的人类社会所存在的唯一科学“历史科学”。

从这一层面出发，我们就可以对灾害史研究的目的，或者灾害研究与减灾实践之间的关系有不同的看法。曾几何时，对历史时期灾害史料的整理，为我们的自然科学家认识中国各类灾害发生和变化的规律奠定了雄厚的历史学基础。改革开放以来，人文社会学者对中国历史上一系列重大灾害的研究，包括中华人民共和国成立以来发生的三年大饥荒、驻马店大洪水，以及 1976 年的唐山大地震等这些曾经在政治上非常敏感的灾害事件，都曾从学术层面进行反思；我们这次会议也有这方面的探讨，并提出我们自己的一种认识。这种认识，从某种意义来说，有助于纠正学术界或者社会上一些事实上和认识上的误区，从而推进当前对于灾害的学术研究。与此同时，还应该看到，历史研究之对于灾害研究的自然科学道路，并不只是停留在史料整理与考证的层面，它实际上也带来了自然科学本身的变革。王尚义先生对历史流域学理论的构建，无疑是一个最切近的例子。更早时期出现的，也更加突出的典范，当属中国水利水电科学研究院的水利史宗师周魁一先生提出的历史模型理论，该理论对20世纪末新世纪初期中国防洪减灾战略的重大转变曾经发挥了非常重要的影响。屠呦呦的青蒿素研究，就其本质而言应该也是中国救灾史上的一个重大贡献，她的这一研究所要对付的疟疾，就是一种流行于特定地区的地方性疾病，这种地方性疾病完全可以归于灾害这一范畴。众所周知，如果没有对历史时期相关文献的了解和重新阐释，这一发现很可能不会存在，或者会出现历史的延宕。在2013年新疆召开的灾害史年会的闭幕式上我曾说过，人文社科趋向的灾害史研究，不仅只是自然科学趋向的灾害史研究的助手，也完全可以和自然科学进行平等的对话，两者相互争鸣，相互砥砺，可以共同推进对于灾害的认识。一方面是人文化倾向的科学，一方面是科学规范导向的人文社科，两者在灾害研究领域可以得到更好的结合。而对于此时此地正在发生的京津冀一体化建设，不仅需要从自然科学的角度提出我们的政策性建议，同样也要从人文社会科学的角度发表我们的看法，更需要从两者的结合，用历史的眼光，展开更加宏大的思索。

事实上，对灾害与历史的研究越深入，就越来越深刻地体会到我们的思维方式本身正在发生的一种变化。在以往，我们所要研究的，基本上是一个无摩擦、无灾患、无危机、没有任何风险的桃花源世界，而今日我们看到的这同一片世界，则更多是各种危机、各种风险、各种灾害，也就是说对于我们生活于其中的这个由自然与社会构成的综合体，我们已不再视其为静态的和均衡的，而是必须要把它的不确定性凸显出来，作为我们思考问题的一个前提，或者说把表征人与自然之间异常变动的灾害过程作为研究自然、社会及其历史的新视野。

最后想要提及的是灾害史研究的人才传承问题。就参会主体而言，本次会议一如既往地呈现出百花齐放的局面，其中既有来自山西大学郝平教授领衔的晋军，也有云南大学西南环境史研究所周琼教授率领的周家军，中国政法大学赵晓华教授的赵家军，更有来自自然科学方面的方家军（北京师范大学方修琦教授率领的以研究气候历史变化闻名的地理学团队）和李家军（西北大学李刚教授带领的专门研究蝗灾的地理学团队），当然还有新崛起的河北大学海河流域研究团队，等等。这一支支老中青或中青年结合的队伍，使我们看到了灾害史研究的未来希望。灾害史的研究需要吸收新鲜的血液，需要这种传承，需要更多的青年才俊加入到我们的队伍中来，我们也希望下一届会议里有更多年轻、优秀的学者对我们共同的事业做出贡献。而且从上述团队的组合本身，我们也会看到自然科学与社会科学在灾害研究力量方面的一种结合。特别是西北大学李刚教授带领的蝗灾研究团队，虽然十分年轻，却充满着无限活力，既有地理学的基础背景，又兼及历史与人文社科方面的研究，其对蝗灾的考察，既有宏观分析，也有个案探讨。宏观分析注重的是灾害问题的关联性，个案探讨则聚焦于各相关因素相互之间具体的作用过程，两者在逻辑上相互配合，理论上自成体系。这是一种颇为新颖的团队研究机制，值得推广。

总而言之，众人拾柴火焰高。如果没有河北大学的承办，各个合作单位和研究团队的全面支持和积极参与，这次会议是不可能召开得如此成功、如此顺利的。值此会议论文集出版之际，我向他们再次表示最诚挚的感谢！

2018年3月18日于北京

目　录

在中国灾害防御协会灾害史专业委员会第十二届年会暨“海河流域灾害、环境与社会变迁”学术研讨会上的讲话

河北大学副校长　杨学新

（2015年10月31日）

尊敬的各位专家，老师们、同学们：

大家上午好！

今天，我们欣喜地迎来了中国灾害防御协会灾害史专业委员会第十二届年会暨“海河流域灾害、环境与社会变迁”学术研讨会的隆重开幕。在此，我谨代表河北大学师生员工，向会议的召开表示由衷的祝贺！向出席会议的各位专家表示热烈的欢迎！向联合主办本次会议的中国灾害防御协会灾害史专业委员会、中国人民大学清史研究所暨生态史研究中心、中国水利学会水利史研究会、中国可持续发展研究会减灾专业委员会，表示衷心的感谢！

河北大学是由河北省人民政府、中华人民共和国教育部、国防科工局共同建设的重点综合性大学，也是河北省唯一入选国家“中西部高校提升综合实力工程”的高校。学校的前身是

1921 年法国天主教会在天津创建的天津工商大学。1960 年改建为综合性大学并定名河北大学，1970 年由天津市迁至历史文化名城——河北省保定市。建校 90 余年来，河北大学全体师生秉承“实事求是，笃学诚行”[①] 的校训传统和“博学，求真，惟恒，创新”的校风精神，勇于创新、锐意进取。今天的河北大学占地 2500 亩，全日制本专科学生 3 万余人，设有 93 个本科专业，7 个一级学科博士点、39 个一级学科硕士点，8 个博士后科研流动站，学科专业涵盖了全部十二大学科门类，先后为社会培养了 30 多万名优秀毕业生。发展中的河北大学，正以强烈的自信、昂扬的斗志、坚定的步伐向着服务“京津冀协同发展”战略，促进区域社会经济发展的目标迈进！向着建设“特色鲜明，国际知名”高水平综合性大学的强校之梦迈进！

河北大学历史学科的创建，可以追溯到 1945 年天津工商学院的史地系。70 多年来，侯仁之、方豪、李光璧、傅尚文、乔明顺、漆侠、周庆基、黎仁凯等众多史学名家曾在此执教育人，也为社会培养了一大批高素质优秀人才。1995 年，历史系被评为河北省文科人才培养和科学研究基地。2001 年，宋史研究中心成为河北省唯一的教育部人文社会科学重点研究基地。2005 年，历史学科被评定为河北省强势特色学科，得到省政府的重点支持与建设。目前，该学科拥有 1 个教育部省属高校人文社会科学重点研究基地，1 个博士学位授权一级学科，1 个一级学科博士后科研流动站，形成了特色鲜明、底蕴深厚的办学风格，在科学研究、人才培养和文化传承创新方面取得了令人瞩目的成就。

① 编者按：2018 年 9 月，河北大学校训由“实事求是，笃学成行”恢复为原校训“实事求是”。

各位专家、老师们、同学们！

海河流域是中华文明的发祥地之一，具有丰富的史前文化，元、明、清以来，更是全国政治、文化的中心，然而，近年来，海河流域整体生态环境日趋恶化，生态环境问题已经成为制约该区域经济社会发展和人民生命健康的重要因素。因此，从多学科交叉视角，推动海河流域环境史研究的进一步拓展，对促进灾害史、环境史研究具有重要的学术价值，对当前和今后防灾减灾工作的开展、应急机制的建立、生态环境的改善，必将具有强烈的现实意义。本次会议，是灾害史研究领域的一次盛会，会议的召开，对于推动生态环境史问题的研究，对于人民生命健康水平的提高，对于促进区域社会经济的发展，都将具有里程碑式的意义！

与会的各位专家长期从事灾害史研究工作，具有深厚的学术造诣、严谨的治学风格。很高兴能借此机会向各位专家求教和学习，以推动我校历史学科研究工作不断迈上新台阶。同时，也恳请各位专家对河北大学给予更多关注，为学校的建设和发展多提宝贵意见。

本届研讨会在河北大学举办，体现了各位专家对我们的信任与厚爱，也是对我们工作的支持与鞭策。衷心希望，河北大学和保定这座历史文化名城，能给大家留下美好的印象。希望各位专家能够成为河北大学永远的朋友。

最后，预祝研讨会取得圆满成功！

祝各位领导、各位专家身体健康，工作顺利，阖家幸福！

由河北的水谈起

河北师范大学党委书记　戴建兵

非常高兴参加母校的学术会议。

弗洛伊德在《梦的解析》中说，成年人的思维意识很多都能在儿时的梦境中找到。

我的故乡在唐山陡河边上，河上有英国人建立的站着雅典娜神像的白水泥老桥墩，河边是高大的柳树，河里是飘摇的水草，河蟹、河虾、水鸟也曾相伴。实际上我们这代人都经历过“波光粼粼，小河淌淌，芦花飘荡，野鸭翻飞，呱呱鸡鸣叫，青蛙和声传唱，河边密密匝匝的蒿草，渠边叶绿冠黄的蒲公英，路边蓝紫花朵的马兰”的时代……幸好我们还经历过自然的美好时代，这确实是一个值得解析的梦。

今天我们已经很难想象古代河北的水。当年大禹治水止于隆尧，大陆泽、宁晋泊浩渺千里，渔鸥翔集；河北县名多有鹿，巨鹿、获鹿、束鹿，定是水草丰美之地。明朝时天津还是水世界，北京城里还进去过老虎，明成祖在真定战役时也曾在滹沱河边遇见过老虎，而康熙帝从真定去五台山礼佛的路上也打死过老虎，而今天华北虎早已消亡，水是构架高端动物的生存基础。

占海河流域面积60％的河北原本有几百条河流，子牙河系、大清河系、永定河系、漳卫南运河系等六大水系的几十条河流穿境而过。20世纪50年代京津冀地区所有的河流都有水，河北竟然还有3100公里的河道通航运，以天津为中心码头沟通河南、山东、北京及境内保定、邯郸、邢台、石家庄、唐山等城市，坐船从天津沿子牙河、运河一直可到河南安阳。一年有180—300天的通航时间。到70年代，河道少水而且经常断流，到1980年通航仅剩29公里。20世纪50年代河北省面积6.67平方公里以上的洼淀共1.108万平方公里，60年代河北仅平原湿地就有30多处，洼淀皆水，占全省土地总面积的5.9％。今天除白洋淀等几处需要引黄河等处补水的湿地外，余均干涸。

从1965年至今，90多万眼机井凿入河北大地，1984年后由于地表水资源减少，人们开始超量开采地下水。每年超采地下水50亿吨，累计超采1000多亿吨！超采形成海河流域9万平方公里世界罕见、全国最大的地下水位降落漏斗沉降区！平原地下水埋深已几十米，衡水一带300—400米，沧州、邯郸一些地区500—600米！由此造成地面沉降、地裂、海水倒灌入侵等一系列环境地质问题。

21世纪之初，河北省已属典型的资源型缺水省份，多年平均水资源总量205亿立方米，人均只有304立方米，亩均只有210立方米，仅为全国平均值的1/7和1/9。

水并不仅仅是没了，关键是剩下的还被污染了。河北省42条河流130多个监测断面有75％为五类或劣五类水质，无水体使用功能，保定府河、石家庄洨河、邢台牛尾河、邯郸滏阳河均为排污河道。

水污染不仅从城市向农村漫延，全省14座大中水库中近80％总氮超标，呈富营养化趋势；而且还从地面向地下渗透，工业废水不处理或处理不达标就排入河体，剧毒工业废水直接向地下排污，固体有害废弃物长期堆置自地面渗透，均污及地下原始水资源，逐年扩散、深化。几年前河北就已是 2/3 机井不符合饮用水标准，全省长期饮用含氟量超过国家饮用水标准 3—5 倍人口高达 940 万人，570 万人患上与氟相关的疾病。

所有这一切除了自然的变迁、亚洲季风的定期变化外，近现代大多是我们经济活动的结果。我们要解决我们的生产问题、吃饭喝水的问题。最早我们利用地表水生产和生活，当由于季风等原因长期干旱时，我们开始利用泉水进入农业生产领域，而水井多还是解决我们的生活问题。到了近代，当凿泉解决不了农业生产的需求时，井水开始被我们用于生产领域。抗日战争时期，日本在华北推行十万眼井计划，而 1942 年日本人在石家庄打下了华北大地的第一口机井后，更是让河北的地下水从此进入了万劫不复的时代。

实际上我们真得看一看我们经济社会的发展，从水的生态来看，我们又发展了什么呢?

我们一直是在向有限的水资源进行无限的索取。小时候课本还教我们水不是商品，今天她早已是稀缺资源。

京津冀地区由于气候变迁导致整个生态系统恶化，这固然是大自然规律作用的结果，但人类因自身欲望而以发展经济为名的活动造成的温室效应与气候演化的关系密不可分；人口快速增长以及人类自身生存对自然资源的滥加开发利用甚至人为的破坏污染，正在形成生态系统的恶性循环。

如果我们是水，我们怎样看水的历史?又怎样看人类的发展史呢?!

人类是异常自恋的动物，他们常说，水是生命之源。

在中国灾害防御协会灾害史专业委员会第十二届年会暨“海河流域灾害、环境与社会变迁”学术研讨会上的致辞

河北大学历史学院院长　肖红松

(2015 年 10 月 31 日)

尊敬的各位领导、各位学者，老师们、同学们：

大家上午好！

今天，我们欢聚一堂，隆重召开中国灾害防御协会灾害史专业委员会第十二届年会暨“海河流域灾害、环境与社会变迁”学术研讨会。首先，我谨代表主办方之一的河北大学历史学院对出席会议的领导和学者表示热烈的欢迎和衷心的感谢！

韶光流转，盛事如约，河北大学历史学科迈着坚实的脚步，铿然走过了 70 年的峥嵘岁月。河北大学历史学院的前身是创建于 1945 年天津工商学院的史地系，由侯仁之院士出任首届系主任。1953 年，史地系分为历史系和地理系。2000 年历史系与中文系合并为人文学院。2008 年 12 月，历史系从人文学院中分离出来，与宋史研究中心整合成立历史学院。历史学院与宋史研究中心“各自独立，密切合作，共建历史学科”。历史学院下设

3系3所1中心：中国史系、世界史系、考古文博系和华北学研究所、世界史研究所、考古文博研究所、文物及善本书籍电子整理中心，与中国社科院近代史研究所合建“华北历史与社会发展调研基地”。学院现有专职教师34人，其中博导7人，教授11人，有博士学位者29人，45岁以下的中青年教师均有博士学位，多来自南开、人大、北师大等名校，学术发展潜力巨大。

在20世纪50—60年代，河北大学历史学科以拥有漆侠、李光壁、钱君晔、傅尚文、周庆基、乔明顺、葛鼎华等史学专家以及与北京大学、南开大学等创办《历史教学》杂志而著称于世。改革开放以来，河北大学历史学科再创佳绩，1984年获得全国第二批、河北省第一个博士点。2001年宋史研究中心被确定为教育部省属高校人文社会科学重点研究基地。2005年，历史学科被评定为河北省强势特色学科，同年，中国近现代史博士点申报成功。2007年获准设立历史学一级学科博士后流动站。2010年，河北大学历史学一级学科博士点申报成功。2011年建成中国史一级学科博士点，世界史和考古学一级学科硕士点。

历史学院始终保持着浓厚的学术氛围、严谨的治学精神，紧跟时代步伐，不断加强自身团队建设，凝练富有地方特色的研究方向。2012年我校被列入教育部中西部高校实力提升工程计划以来，历史学院牵头实施“宋史与中外文明”一级项目中的华北学研究是学院倾力打造的学科方向和品牌，在海河流域生态环境、华北抗战史、城乡社会变迁、社会问题综合治理、华北地区人类文明起源研究等领域具有鲜明的特色和优势，对推动华北区域社会文化建设与发展、区域生态文明建设、华北新农村建设等具有重要的现实意义，更是为京津冀协同发展国家战略提供智库支持。近年承担国家社科基金项目10余项，先后整理出版《保定商会档案》《保定商会档案辑编》《保定房契档案汇编》《中国华北文献丛书·华北稀见方志文献》《中国华北文献丛书·华北史地文献》等大型华北区域特色文献，出版《华北学研究丛书》多种。杨学新副校长及其团队多年来关注海河流域生态环境与社会经济发展研究，收集了大量的档案资料、口述资料，已获批了两项国家社科项目，出版了两部专著和系列论文。我院的华北学研究正逐步得到各级领导、学者的认可，以后的研究更需要国内外、校内外各学科领域专家的指导、支持和帮助！

最后，我衷心地祝愿本次学术会议取得丰硕成果，祝各位领导、新老朋友们在河北大学期间身体健康。谢谢大家！

海河流域的历史黄患

中国灾害防御协会灾害史专业委员会　徐海亮

近六十年来，黄河、海河流域管理部门，冀鲁豫三省水利部门，历史地理学界、海洋科学、河口海岸研究、高校科研教学、地貌学界、工程与水文地质学界、遥感学界、灾害史学界等，对历史上黄河下游的泛滥进行了单一学科和综合学科的不断探索和研究。基于黄河文献、历史洪水、灾害研究和野外查勘，也基于一些新兴学科的交互渗透，立足于黄河河流地貌、黄淮海平原治理、平原水资源开发、黄河流域环境及历史水沙变化、国家历史大地图、重大自然灾害等诸多国家（含地方）重大基金课题和历史地理学的系列研究，黄河予以华北大平原的洪水灾害历史，基本已搞清楚，黄河洪水灾害在现今海河流域的各种体现和运行规律，是其中最突出和最基本的一部分。笔者自 20 世纪 80 年代开始，参加了有关野外查勘、科研教学工作，把黄河灾害史和下游河床演变、河道变迁史作为自己主要研究对象之一。兹汇报如下：

一、发生在海河流域的黄河重大河患
——文献研究途径

前人研究黄河，多从洪水灾害和河道变迁入手。民国年间沈怡主编过《黄河年表》，1957 年岑仲勉出版《黄河变迁史》，20 世纪 80 年代黄河水利委员会编撰过《黄河水利史述要》，90 年代姚汉源出版了《中国水利史纲要》，黄河河患或变迁改道的编年史，是此类专著中最基本的研究内容。《二十五史》中的河渠志、地理志、灾异志和人物志，集中了大量的基本资料，披露了重大的洪水灾害与救灾、治理活动。地理方志、野史或碑文、笔记、诗文、散文，也记录有一些洪水灾害事件。毋庸置疑，每个学者在自己研讨某专项问题时，一般要根据自己的需求在前人编辑的年表基础上先做专门性的年表的整理，再进行统计或数理分析，发现并分析一些规律性的问题。本文对这些大家熟悉的具体的年次性黄泛灾害事件、年表资料不再罗列赘述，仅仅回顾以往的工作过程，认识梗概，其中也提到了初学者容易疏忽的一些问题。

笔者在“七五”国家自然科学基金重大项目“黄河流域环境演化与水沙变化”课题研究中，曾利用《黄河水利史述要》的年表，分别和概括统计每 10 年河患发生频次，进行滑动平均处理，初步划分出以下河患频繁的阶段：（1）前 132 至公元 11 年；（2）268—302 年；（3）478—575 年，（4）692—838 年，（5）924—1028 年；（6）1040—1121 年；（7）1166—1194 年；（8）1285—1366 年；（9）1381—1462 年；（10）1552—1637 年；（11）1650—1709 年；（12）1721—1761 年；（13）1780—1820 年；（14）1841—1855 年，（15）1871—1938 年。以上有一半的

河患频繁阶段的黄泛，发生在海河流域。这是从整个时间序列来看，说明海河流域黄患灾害问题的严重性和经常性。

而黄河灾害又以场次性洪水，重大的河道变迁、改徙，甚至改道的典型事件，给历史研究带来显著的意义。除了年复一年的黄河灾害之外，典型的洪水事件以及河患后果，对研究黄河洪水灾害规律、河床演变，具有特别重要的意义。

笔者通过灾害史料的系统研究，归纳筛选出38次重大河患及河道变迁事件，在此基础上再划分15个河患频发阶段。涉及现今海河流域的重大决溢和河道变徙事件绝大多数发生在河患频发时期，而且从下表来看，发生在海河流域的黄泛河患事件，占了历史上重大河患与河道变迁事件50％以上的比率。

表1 古代黄河下游重大河患与变迁事件表

时间	河患与变迁事件情况	备注
前132年	东郡瓠子决口，泛淮河流域	
前109年	屯氏河支分	
前39年	屯氏支河绝	
1—5年	河汴决坏	
11年	河决魏郡，改行东郡（濮阳）东	徐福龄、邹逸麟、叶青超归纳为大改道
516—517年	冀州大水，堤防糜烂	《魏书》崔楷传
700年	人工分流，开马颊河	
893年	河口淤阻，小改道	
954年	自然分流，形成赤河	
1020年	天台埽决，泛淮河流域	
1034年	横陇埽决，脱离京东故道	
1048年	商胡埽决，出现北流	徐、邹、叶归纳

续表 1

时间	河患与变迁事件情况	备注
1060 年	北流支分出二股河	
1077 年	澶州曹村埽决，泛淮域	
1080—1081 年	澶州小吴埽决，北流	
1099—1100 年	口门上溯，迎阳苏村决，北流	
1166—1168 年	李固渡决，脱离滑澶河道	
1187 年	大溜回北，再南下	
1194 年	光禄村决，阳武以下脱离故道	叶青超归纳为大改道
1286 年	大决，中牟已有新分支	
1297 年	蒲口决口，有北徙之势	
1313 年	河决数处，次年河口浅 6 尺	
1344 年	白茅决口	
1391 年	黑洋山决口	邹逸麟归纳为大改道
1448 年	决二处，桃花峪以下大变，始变迁到明清河道方位	
1489—1494 年	北决冲运，北堤形成	叶青超归纳
1534 年	赵皮寨决口分流	
1546 年	南流尽塞，分流局面自然结束	邹逸麟归纳
1558 年	分流阻塞，皆不足泄，大决	
1578—1591 年	贾鲁大河湮塞	
1606—1607 年	人工疏导筑堤，归德徐州河相对固定下来	
1781—1783 年	仪封商丘小改道	
1677—1749 年	河口急速延伸	
1803—1810 年	河口急速延伸	
1843 年	中牟大决，是年淤积严重	
1851 年	丰县蟠龙镇大决，改徙入微山湖	

续表 2

时间	河患与变迁事件情况	备注
1855 年	铜瓦厢决口，改道入渤海	徐、邹、叶归纳

以上内容系笔者在 1989—1991 年期间完成国家自然科学基金重大项目“黄河流域环境演变和水沙变化”部分子课题成果，出自论文《历史上黄河水沙变化与下游河道变迁》，辑入吴祥定主编《黄河流域环境演变与水沙运行规律研究文集》（三），地质出版社 1992 年版；另辑录于徐海亮《从黄河到珠江——水利与环境的历史回顾文选》，中国水利水电出版社 2007 年版。

但是，以往研究黄泛祸及现今海河流域，多关注的是黄河主流经由河北入注渤海时期。实际上，在黄河主流夺淮时期，仍有部分决溢、泛水泛及冀鲁豫平原的海河流域地区，在所谓“安流八百年”期间的一些灾害事件，也可能被忽视。下面一一罗列：

元鼎二年（前 115），夏大水，关东饿死者以千数。平原、渤海、太山、东郡各郡普被灾。是年黄河主流仍经瓠子河泛及淮河流域，疑记载灾情似原北河仍流经旧道，泛水为害河北平原所致。

天会五年（1127），决恩州（治清河县），时主流已南徙，洪水仍系经原北流所为。

大定七年（1167），河水坏寿张县城。

大定二十年（1180），河决卫州（治今卫辉市）、延津……

大定二十六年（1186），河决卫州，淹及大名、青州、沧州。

大定二十七年（1187），河决曹（治今菏泽）、濮（治今鄄城北）二州之间。

清代以来，走明清故道或现行河道时，有以下决水泛及现今海河流域的事件：

顺治九年（1652），决封丘大王庙，从长垣趋东昌（今聊城），坏安平堤入海。

康熙六十年（1721），决武陟之詹店、马营口、魏家口。东冲张秋运河（今寿张县东）出海。

乾隆十六年（1751），决阳武，一支冲张秋（寿张东）过运入海……

嘉庆八年（1803），决封丘下冲张秋运河（寿张东）入海。

咸丰五年（1855），决兰阳铜瓦厢，至张秋穿运河（寿张东）入大清河入海。

咸丰九年（1859），自东阿县至利津牡蛎口约九百里，大清河已刷宽深……

同治二年（1863），兰阳复溢，淹鲁西、冀南十余县……

光绪二十八年（1902），惠民县刘旺庄决口。

光绪三十年（1904），决利津多处。

民国二年（1913），决濮阳县北岸双合岭，东流过张秋始入运河。

民国十年（1921），决利津北岸宫家坝，夺溜十之八。

民国十四年（1925），决濮阳、濮县交界处。

民国二十二年（1933），温县至长垣决口 72 处。

民国二十四年（1935），决鄄城。

姚汉源和周魁一先生则注意到魏晋时期及隋唐五代时期黄河下游被人忽略的灾情。[1]

---

① 参阅姚汉源《中国水利史纲要》98—100 页，水利电力出版社 1987 年版；周魁一《隋唐五代时期黄河的一些情况》，辑入谭其骧主编《黄河史论丛》，复旦大学出版社 1986 年版。

但是，不能不看到另一方面，从河北省和海河流域的历史洪涝灾害分析来看，重大灾害并不一定由黄河泛决造成。如20世纪90年代《河北省水利志》统计，在以黄河流经为主的前206年至1367年的1500多年间，计有53次洪涝发生；但1368年至1948年，计有284次洪涝事件发生①，频度加大。可见，导致该省洪涝灾害的，主要还是本地发生的洪水涝灾为主，并非皆为海河所为。20世纪90年代《海河志》统计的重大洪涝灾情简表②表明，该志所统计的重大灾情年次，有前177年、前17年、153年、237年、726年五次，均以本地洪涝灾害为主，而非黄河决溢导致。仅993年系黄河洪水导致，1084年系黄河与漳河共同造成。所以，河北平原和海河流域的灾情统计，发生重大洪涝灾情的年次，主导因素仍然是本地区雨洪，而非黄河外来洪水。这是对比了各种灾害研究著作才意识到的。

但两部当代志书也强调了黄河洪水造成的次生灾害，如黄泛引起的河北省历史上大量的耕地盐碱化问题。1958年之前，盐碱面积达到1358万亩，很大程度上系历史黄泛的环境效应形成。典型事件是1108年黄河漳水的洪水泥沙，将巨鹿县城掩埋掉。而且黄河长期经由河北平原入海，对平原本身和海河水系的形成与变迁产生过极大的影响。黄河洪量巨大、泥沙量大对海河流域平原地貌与水系的影响巨大。这两个问题，不少地理、水利和灾害史专著都有阐述，此处不再赘述。

文献学的研究方法，是海河灾害史研究中的基本方法，但非唯一的方法。

---

① 引自《河北省水利志》，河北人民出版社1996年版，第79页。

② 引自海河志编撰委员会编《海河志》第一卷，中国水利水电出版社1997年版，第140页。

二、通过确认历史时期的河道地望认识河患的时空分布——地理学方法

在文献梳理、考证、归纳工作之外，通常采用地理学的办法研讨历史上黄河在古今海河流域的灾害性泛滥、决溢、改道，即确认黄河故河道在古今海河流域中的时空特征，用历史地理学方法、野外考察、钻探地理学方法、遥感手段等。

（一）历史地理学的研究

谭其骧先生率领的历史地理研究团队，是探讨研究黄河下游河道变迁集大成者。与海河流域关联的黄河变迁河道，计有《山经》河道、《禹贡》河道、《汉志》河道、东汉河道、北宋前后期河道。谭先生在《山经河水下游及其支流考》[①] 一文里，指出《山经》大河自河南今荥阳广武山北麓起，东北流经今浚县，再北流经今内黄县西；走《汉书·地理志》中的邺东故大河，自今河北曲周县东北，以下北流；走《汉书·地理志》里的漳水，至今巨鹿县东北；再走《汉书·地理志》中的西汉信都故漳河，自今河北深州以下北流至蠡县南；再东北流走《汉书·地理志》中的滱水，到天津市东北入海，其下半段（今安新到霸州段）即《水经》中的巨马河。[②] 在《西汉以前的黄河下游河道》中，谭先生则利用《汉书·地理志》《水经》记载恢复和诠

① 谭其骧文载《中华文史论丛》第七辑，1978 年。

② 以上文字参阅邹逸麟等主编《中国历史自然地理》，科学出版社 2013 年版，第 205 页。

释了《禹贡》叙述的下游河道。[①] 他认为在今深州市以上，《禹贡》河道同《山经》河水线。自深州南起，自《山经》河水别出，折东从《山经》之漳水入于海；于《汉书·地理志》走“故漳河”至于今武邑县北，走虖池河到天津市东南入海。[②] 而《汉书·地理志》河道（简称《汉志》河），据《汉书·地理志》《汉书·沟洫志》和《水经·河水注》记载，在宿胥口以上，黄河河道同《山经》《禹贡》大河线，宿胥口以下，东北流至今河南濮阳西南长寿津，折而北流到今河北馆陶县东北，折东，经今高唐县南，再折到古今东光县西合漳水，再下东北经汉代章武县南，至今黄骅县（今黄骅市）东入于海。[③]

河北地理研究所吴忱根据多年的田野和室内研究，凭借顺直地形图反映的地面古河道，证明以上三条黄河故道的存在，撰《黄河下游河道变迁的古河道证据及河道整治研究》[④]，并且复原了东汉王景治河以后的河道，即从濮阳西自《汉志》河分出，向东北经范县，再折东北，经山东茌平县东，再折而北上，经禹城西再折东北，至临邑县北，折而东，过商河县折而北，在惠民县南向东，再折东北，过沾化西北，在其东北入于海。北宋前期，继唐、五代大势，黄河行经东汉河道，俗称京东故道。1028 年于澶州王楚埽决，1034 年河决横陇埽，走聊城、临清，在今惠民、滨州入海。1048 年决澶州商胡埽，经今河南清丰县、南乐县，河北大名、馆陶、冠县、临清、武强、枣强、冀州市，经武邑东合胡卢河（今滏阳河），经献县，东北至御

① 谭其骧文载《历史地理》第一辑，上海人民出版社 1981 年版。

② 参阅邹逸麟等主编《中国历史自然地理》，科学出版社 2013 年版，第 205 页。

③ 参阅邹逸麟等主编《中国历史自然地理》，科学出版社 2013 年版，第 205 页。

④ 吴忱论文载《历史地理》第 17 辑，上海人民出版社 2001 年版。

河、界河（今海河），至天津入海。系北宋后期称呼的“北流”河道河线。1060 年，在大名府魏县第六埽决而分流，东北行径一段西汉大河故道，下走西汉的笃马河（今马颊河）入于海。大致经山东冠县、高唐与夏津间，平原、陵县间，至乐陵东入海。时称二股河。是为东流河道。[①] 对河北平原古河道的研究全面揭示了黄河在海河流域泛滥、决溢、改道的主要轨迹。

以上各历史时期黄河河道的复原，自然为研究黄河在古今海河流域的泛滥致灾提供了强有力的时空变化背景和科学地望根据。

（二）野外考察和综合研究

笔者 1984 年随同黄河水利委员会黄河志总编室，对豫北黄河故道的野外考察，就属于第二种基本类型。当时，依据地方志和文献记载、地形图资料、50 年代航片，考察沿河南新乡、濮阳、安阳地区的黄河故道进行，直到河北大名、馆陶。那时候，地表还保存有高低不等的西汉、北宋黄河大堤，仅从地面查勘，在考察地探访水利、文物、志书编修部门，基本上可以满足调研需要，确认某时期的某段黄河故道。接着，接受武汉水利电力学院硕士研究生论文指导任务，则先于学生，研读了豫北黄河变迁这一地文大书。笔者后来接受国家历史大地图编撰任务，参加历史时期黄河变迁考证任务（前述“七五”期间国家自然科学重大项目研究中，包含重新研究考证黄河下游河

---

① 以上文字参阅邹逸麟等主编《中国历史自然地理》，科学出版社 2013 年版，第 218 页。另据徐海亮《黄河故道滑澶河段的初步考察与分析》，载于《历史地理》第四辑，上海人民出版社 1986 年版；辑录于徐海亮《从黄河到珠江——水利与环境的历史回顾文选》，中国水利水电出版社 2007 年版。

道变迁，课题组在钮仲勋研究员主持下，编绘了《历史期黄河下游河道变迁图》，1994 年在测绘出版社出版），课题组成员根据文献、野外查勘、新的遥感信息解译和大批地质钻孔、机井卡片资料等多种手段，提交了完整成果。笔者则进一步对黄河明清故道和金元河道进行类似的野外考察工作。笔者所使用的工具地图为 5 万、10 万、20 万比例地形图与各种比尺工程、水文地质图件，最后在 50 万比例的素图上完成黄河泛道的描绘，并提交编图考证文稿，也即背景文献资料和考证依据。

（三）钻探地球物理学方法

用钻探地层地球地理学方法对河北平原黄河故道考察，最早最有贡献的当为河北省地理研究所吴忱率领的团队。他们基于河北省地下水资源调查的生产任务，系统深入地用地层钻探方法，恢复了河北省黑龙港地区的浅层古河道带，从而大致确定了黄河在古今海河流域的大部分河道位置。吴忱等宣布，利用大比例尺地形图判读、遥感影像标描、历史地理资料考证、野外调查和描绘、岩芯样品分析测定等方法，对华北平原 50 米以内的古河道进行了复原与分期。① 1991 年，吴忱等编绘出版了《中国华北平原古河道图及说明书》（中国科学技术出版社），出版了专著《华北平原古河道研究》（中国科技出版社），分期查勘和考证了河北平原的黄河古河道分布、埋深、物理性质等等。如以下图幅。（来自吴忱等勘探、研究成果）

---

① 吴忱等：《华北平原古河道的形成研究》，《中国科学》B 辑，1991 年第 2 期。

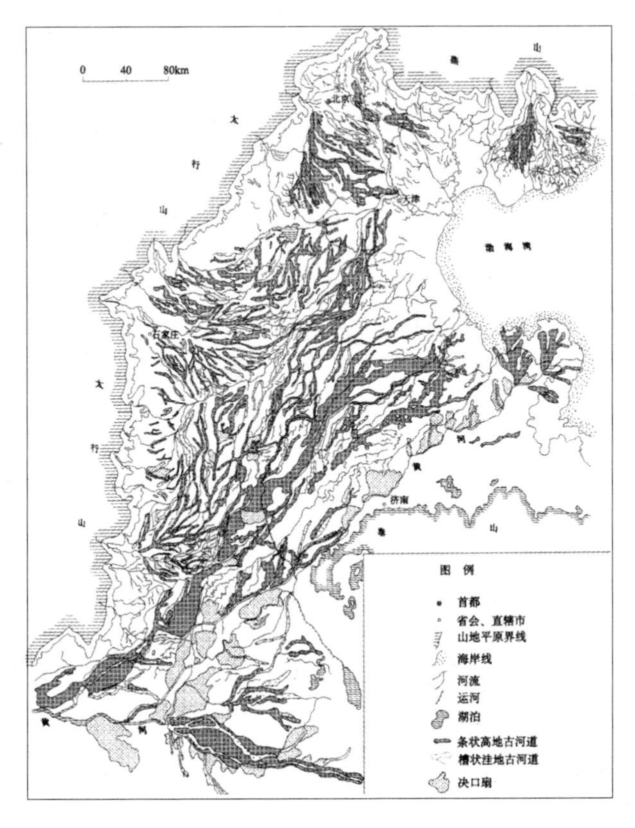

图1　河北平原地面古河道图

在系列工作基础上，吴忱等又发表论河北平原黄河古水系的论文，提出在河北境内存在的末次冰盛期—早全新世的黄河古河道带。[①] 本文论说的黄河灾害问题，均发生在历史时期，吴忱阐述的“典型浅埋古河道带”完全可以满足研讨（包括历史

① 吴忱等：《论华北平原的黄河古水系》，《地质力学学报》2000年第6卷，第4期。

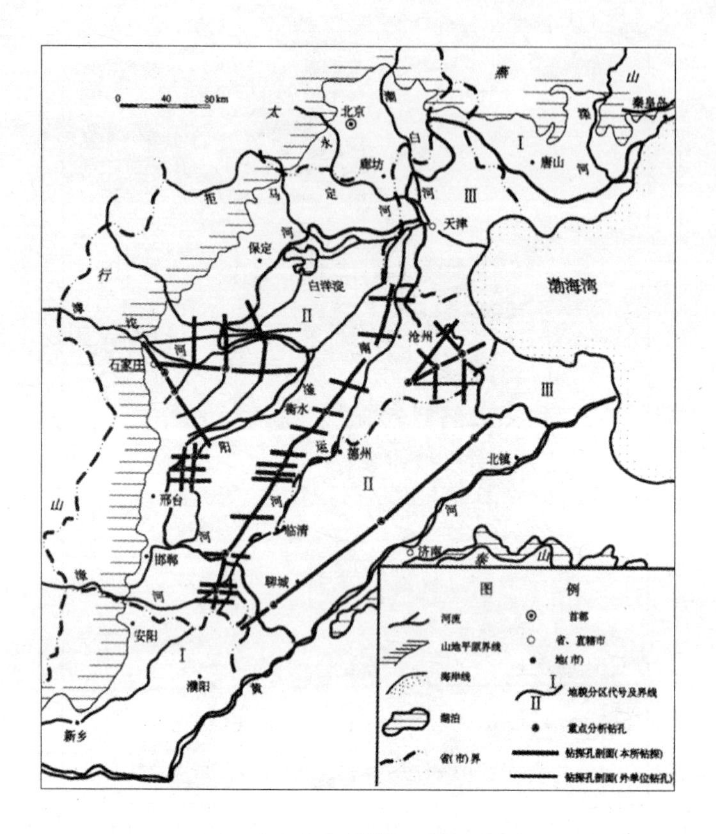

图 2　浅层古河道勘探剖面布置图

背景）的需要。其中，他对黄河浅埋古河道带是这样叙述的："黄河浅埋古河道带分布在豫北平原东部和鲁西北平原。其上游是分布在豫北平原的洪积扇。自河南滑县开始成为古河道带，向北东方向分成北、中、南三支。北支向北东方向，经河南省内黄，入河北、山东二省交界处又分成两支：一支向北与清河、漳河古河道带汇合，叫黄、清、漳河古河道带；一支继续向北东方向，经山东省冠县、临清、德州，河北省东光、沧州至青

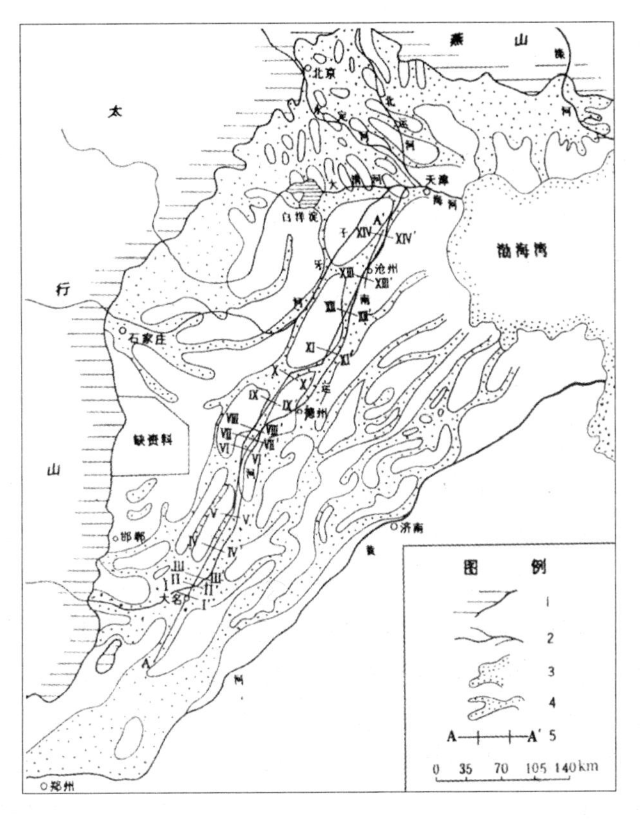

图 3 复原的河北平原浅层古河道带图

县。中支向东，经河南省濮阳，入山东省范县后向北东方向，经山东省莘县、聊城、高唐、平原、德州至河北省孟村。南支自范县向东，经山东省东阿、禹城、临邑、商河、惠民至无棣。”① 这样，河北省地理所科学、系统、概括地探索和研究了海河平原上以黄河故河道为主体的浅层古河道带，对于其走向、

① 吴忱：《华北地貌环境及其形成演化》，科学出版社 2008 年版，第 237 页。

范围、埋深、沉积相、沉积颗粒、古河道洪水水文要素复原，以及古河道分期，都有极其细微的分析。

基本结论：

1. 黄河泛滥、决溢和改道，是北宋末以前导致海河流域频繁洪涝灾害，严重影响与改造海河流域下垫面的灾害环境的一个基本致灾因素。但从海河流域与河北省洪涝灾害历史的重大事件来看，黄河灾害的频次与严重性，要亚于本地太行山前之洪水灾害。

2. 海河流域的黄河河患灾难、灾情，见诸各种水利志、水利史、灾害史专著年表。

3. 应该关注黄河离开海河平原，自淮入海期间，以及所谓“安流八百年”期间对于古今海河流域的侵害事件，不可轻易忽视。

4. 地理学的方法是更为精准、宏观探索和研讨黄河灾害的主要途径。包括卓有成效的历史地理方法、野外查勘及综合分析法、钻探地球物理分析和遥感技术分析方法等。这些方法，在文献分析归纳的基础上，将不同时期黄河在海河平原的具体位置、埋深复原，分析了黄河泛滥、决溢和变徙改道的规律，检测复原了黄患期间的历史洪水水文、泥沙诸要素，对于用科学的数理方法分析黄河灾害，有着重大的作用。

海河流域典型旱灾水文重建与社会响应

——以光绪三年大旱为例*

中国水利水电科学研究院　万金红

持续多年的干旱通常会导致区域严重的水资源匮乏，进而生态系统功能逐渐退化，甚至影响到区域人类文明的发展进程。①② 海河流域是我国人口最为集中的地区之一，特殊的地形地貌条件使海河流域受季风影响显著，降水的年际变率大，多年连旱等重大气候异常事件时有发生。尤其在当前气候变化日益加剧的背景下，持续的干旱会给区域的农业生产、人民生活和社会经济发展带来严重的影响。回溯历史，探讨历史时期极端干旱事件的水文环境背景及其社会影响，对于当前的抗旱减

* 基金项目：科技部基础性工作专项（2014FY130500）。

① 张德二、李红春、顾德隆等：《从降水的时空特征检证季风与中国朝代更替之关联》，《科学通报》2010年第1期，第60—67页。

② 马宗晋、高庆华：《中国第四纪气候变化和未来北方干旱灾害分析》，《第四纪研究》2004年第3期，第245—251页。

灾工作显得尤为重要。[①]

19世纪70年代中后期，直隶、山东、河南、山西、陕西等省发生了持续三年的大面积干旱，干旱灾害导致农业绝收，区域社会经济瓦解，更是造成数以万计的贫民死亡。根据故宫干旱灾档案和雨雪分寸档案的记载，此次干旱事件发生时间自1876年春季开始至1878年春季结束。其中1876、1877年灾情最为严重，因其处在清代光绪朝初年，习惯上称之为"光绪大旱"。针对此次干旱的研究占据了中国近代灾荒史研究中的重要地位，产生了大量与之有关的学术著作，如夏明方重点阐述了此次干旱灾害对华北地区区域经济社会的冲击，指出清政府的救灾乏力和贪腐行为加重此次灾害。[②] 满志敏认为受全球性特强ENSO（厄尔尼诺—南方涛动）影响，东亚季风减弱致使季风雨带位置发生变异，进而导致我国东部中纬度地区降水异常偏少进而产生严重干旱。[③] 郑景云等根据清代故宫雨雪分寸档案重建了黄河中下游地区300年的降水序列[④]，并指出黄河下游地区1877年平均降水量仅为335mm，比1736—2000年的多年平均值偏少45%；1876年的降水也比平均值偏少24%；虽然1878年全年的降水量与常年接近，但故宫的档案文献记录也指出当年多地发生了较为严重的春旱。

---

① Aceituno P, Prieto M D, Solari M E, et al. The 1877—1878 El Niño episode: associated impacts in South America. Clim. Change, 2009, 92: 389—416.

② 夏明方：《也谈"丁戊奇荒"》，《清史研究》1992年第4期，第83—91页。

③ 满志敏：《光绪三年北方大旱的气候背景》，《复旦学报》2000年第6期，第28—35页。

④ 郑景云、郝志新、葛全胜：《黄河中下游地区过去300年降水变化》，《中国科学D辑地球科学》2005年第8期，第765—774页。

本文通过整理分析历史文献资料，运用区域旱涝指数模型[①]，重建海河流域光绪大旱期间的地表水文环境，并梳理历史档案资料，还原了干旱灾害背景下的社会响应过程，以期为当前抗旱减灾提供技术经验支撑。

一、研究区域资料

（一）区域概况

海河流域属于温带东亚季风气候区，受副热带高压的影响，流域降雨量在时间和空间上变差很大，旱涝时有发生。海河流域人口密集，大中城市众多，在我国政治经济文化生活中具有举足轻重的地位。

（二）研究资料

主要资料包括：1. 故宫旱灾档案资料[②]；2. 华北地区1956—2000年水文资料；3. 华北地区旱涝等级资料[③]。其中故宫档案资料主要用于历史灾害社会环境的重建；华北地区地表径流深度资料和降水总量数据是根据海河流域水资源公报和海河流域水文资料整理；旱涝等级资料主要提供海河流域（多伦、大同、忻县、长治、张家口、承德、北京、天津、唐山、沧州、衡水、保定、石家庄、邢台、邯郸、安阳、新乡、德州、聊城）

① 万金红、吕娟、刘和平等：《1470—2008年中国西北干旱地区旱涝变化特征分析》，《水科学进展》2014年第5期，第625—631页。

② 谭徐明：《清代干旱档案资料》，中国书籍出版社2013年版。

③ 中央气象局气象科学研究院主编：《中国近五百年旱涝分布图集》，地图出版社1981年版。

19 个站点 1470—2000 年的旱涝等级资料。但是部分站点存在资料缺失的现象，其中多伦缺失 440 年，1910 年以后的旱涝等级资料比较完整。为解决年代缺失问题，本文借鉴有关文献①提出的区域旱涝指数模型方法，以弥补海河流域部分站点数据缺失的问题。重建的海河流域旱涝指数序列如图 1 所示。

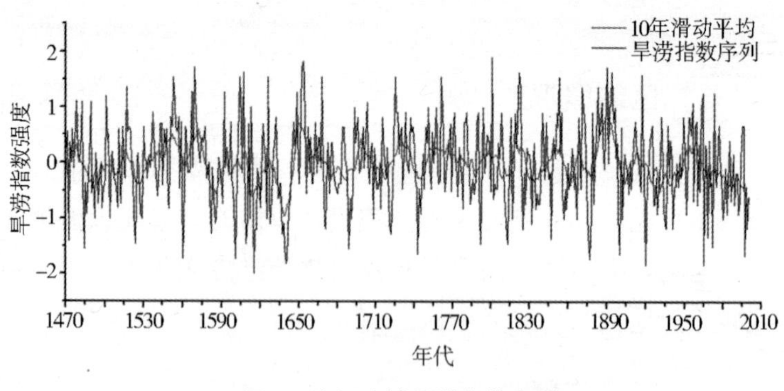

图 1　海河流域旱涝指数序列

二、海河流域地表水文序列重建

（一）海河流域水文系列建立

重建历史时期海河流域的天然径流和逐年降水总量，关键问题是如何将旱涝等级转换为天然径流和逐年降水总量。要将旱涝等级转换为天然径流和年降水总量，首先要确定海河流域

① 万金红、吕娟、刘和平等：《1470—2008 年中国西北干旱地区旱涝变化特征分析》，《水科学进展》2014 年第 5 期，第 625—631 页。

旱涝指数所对应的天然径流和年降水总量，进而在旱涝指数与天然径流、年降水总量之间建立一种转换关系，将旱涝等级转换为流域的径流深和年降水总量。根据1956—2000年海河流域还原的天然径流资料、年降水总量与旱涝指数建立回归方程。相关分析表明，1956—2000年海河流域天然径流系列与对应的旱涝指数系列存在良好的相关关系（r＝0.84）；海河流域年降水总量系列与对应的旱涝指数系列存在良好的相关关系（r＝0.79）。对上述系列进行逐步回归分析，通过交叉验证，求得回归方程为：

$$y_1 = 73.963 + 35.171x$$

$$y_2 = 1782.588 + 386.434x$$

式中y_1为海河流域逐年的天然径流重建值（mm）；

y_2为海河流域逐年的降水总量（亿m^3）；

x为海河流域逐年的旱涝指数。

利用海河流域年分辨率旱涝指数序列重建出的1470—2000年天然径流深序列和年降水总量序列如图2所示。

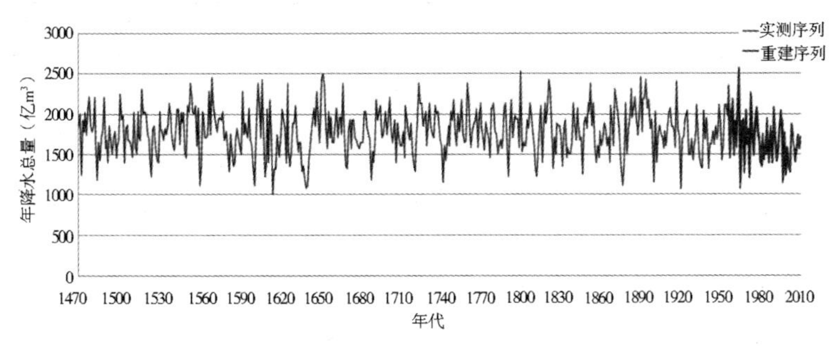

图2　海河流域降水量与地表天然径流重建结果

（二）海河流域 1876—1878 年大旱期间水文环境

光绪三年干旱始于 1876 年春季至 1878 年春季结束。根据重建的天然径流和年降水量序列，1876—1878 年前后海河流域的地表水环境概况如表 1 所示。海河流域自 1875 年降水和地表径流开始减少，但当年并未形成影响范围较广的灾害。如河南巡抚李庆翱在给光绪帝奏折中说到“直省上年（1875 年）地方旱欠，人心浮动”，说明 1875 年海河流域刚出现旱象，进入 1876 年旱象才日渐严重。从降水量来说，1876 年海河流域的年降水量仅为多年（1470—2010 年）平均值的 72.2%，到了 1877 年降水量进一步减少到多年平均值的 62.9%，进入 1878 年，全流域的旱情有所缓解，降水量恢复到多年水平的 80.7%；从地表天然径流来说，1876 年地表天然径流为多年平均的 40.1%，1877 年更下降到 18.1%，到了 1878 年，地表径流开始逐步增多，达到 57.7%。

表 1　海河流域 1874—1879 年地表水文环境

指标	多年平均	1874 年	1875 年	1876 年	1877 年	1878 年	1879 年
年降水总量（10^8m^3）	1774.05	1817.72	1431.28	1290.76	1115.11	1431.28	2133.89
天然径流（mm）	72.83	77.16	41.99	29.20	13.21	41.99	105.94

通过对故宫档案中雨雪分寸资料的分析可知，1877 年比 1876 年的受灾范围更广，干旱程度更严重。1876 年，春夏两季干旱情况十分严重，其中春季干旱严重区域集中在大清河、子牙河、漳卫南流域，如载龄等奏报说“本年五月十五日奉上谕：

近畿一带天时亢旱，直隶、山东两省暨豫省河北等府被旱地方较广”[①]；夏季北三河流域地区降水有所增多，如李鸿章奏“查，顺直各属于闰五月内普得透雨，赈济可从缓议”[②]，但漳卫南流域仍十分严重；尽管部分地区秋季的降水较常年稍多，但因前期受旱较重，旱情仍未得到有效缓解。

1877年全年干旱严重，随着时间推移，干旱的严重程度愈发严重，干旱范围也不断地扩大。如春季严重干旱仅发生在漳卫南流域；夏季则海河流域全境均发生严重干旱，漳卫南流域的降水量已较常年偏少70%以上；秋季，干旱的严重程度进一步加剧；冬季，旱情有所减轻，仅发生在子牙河、大清河和北三河流域部分地区。光绪三年李鸿章奏报称，“本年直境四月以后天气亢旱，并有蝗蝻萌生处所。至六月下旬始皆得雨，但未能普律深透。七八月间，续得数次而多寡不一，或此有彼无，如京东之永平、遵化，京北之宣化迭沾渥泽，秋收约有七八分。顺天、易州所属稍次，尚不失中稔。天津、赵州、定州、大名、顺德、广平各属均有歉收，保定、河间、正定、深州、冀州各属则被旱较甚，然其间情形又各不同。如南运河以东天津、青、静、沧南一带八月十五日得雨后又有九月初三日初十等日之雨，麦已普种，河西交河一带则未尽翻犁。深州属境灾欠，而该州本境收成尚好，且有一县之中，此乡不如彼乡，一村之中，此区不如彼区者。盖自京东西顺属而外，雨皆未匀也。其灾欠较重者，省之东南为景州、阜城、交河、献县等处，省之西南为

---

① 光绪二年闰五月初一日部尚书载龄等奏，中国水利水电科学研究院水利史研究所藏奏折复制件。

② 光绪二年闰六月二十三日（朱批）李鸿章片，中国水利水电科学研究院水利史研究所藏奏折复制件。

唐县、行唐、新乐等处，中路深、冀所属为武强、枣强等处”①。

1878年初春降水仍较少，入夏后各地陆续开始降水，如李鸿章在当年曾奏报说“直境上年（1877年）夏秋旱荒，（1878年）冬春又少雪雨，禾麦两季失收……入夏以后节次普沾甘霖，流民陆续归耕，秋稼及时布种，现已次第刈获……皆有秋成”②。

三、灾害社会影响

此次干旱灾害产生了巨大的社会影响（表2），据《中国三千年气象记录总集》收录的资料显示，直隶地区“岁大饥，斗米制钱千八百……”③ 除了粮食价格的飞涨，严重干旱还造成大量人口死亡。根据曹树基的研究，海河流域因旱造成的人员损失在2000万以上。同时，由于光绪元年《盛京东边间旷地带开垦条例》的促进作用，直隶和山东地区大量饥民涌入东北地区，并进一步导致东北解除封禁。

---

① 光绪三年九月二十一日直隶总督李鸿章奏，中国水利水电科学研究院水利史研究所藏奏折复制件。

② 光绪四年九月初八日李鸿章奏，中国水利水电科学研究院水利史研究所藏奏折复制件。

③ 张德二：《中国三千年气象记录总集》（肆），凤凰出版社2004年版，第3343—3407页。

表2 1876—1877年各地灾情简述

省份	1876年	1877年
山东	东省上年冬雪稀沾，今岁春夏又复雨泽愆期，耕获无望，……济南、东昌、武定、青州、莱州等府属情形尤甚。①	本年荒旱，东省饥民甚多，而直豫交界一带为尤甚，亟须妥为抚恤，以免流难。②
直隶	……自春入夏，天时亢旱，收成欠薄，现在粮价昂贵，贫民糊口维艰，著顺天府体察情形，应如何添设粥厂以资赈济之处即行妥议具奏……③	直属本年四月以后，天气亢旱……以致天津、赵州、定州、大名、顺德、广平六属秋禾被旱，保定、河间、正定、深州、冀州五属情形较甚……④

① 光绪二年八月初四日丁宝桢奏，中国水利水电科学研究院水利史研究所藏奏折复制件。

② 光绪三年十月十三日文格奏，中国水利水电科学研究院水利史研究所藏奏折复制件。

③ 光绪二年九月十七日顺天府尹万青藜等奏，中国水利水电科学研究院水利史研究所藏奏折复制件。

④ 光绪三年十二月十八日李鸿章奏，中国水利水电科学研究院水利史研究所藏奏折复制件。

续表

省份	1876年	1877年
河南	本年春夏之间雨泽愆期，各属得雨多少不等，河北一带地方较旱……经过彰、卫、怀三府察看地方情形，麦收既形欠薄，秋禾又未能及时播种，即间有种者，亦不甚畅茂，以致粮价日增，小民谋食维艰，盼雨益切。①	河南成灾地方，自春以迄夏秋，总未得沾透雨，麦既欠收，秋禾又未能全种，其种者大半枯萎，或苗而不秀，或秀而不实，秋收直无分数可计。②
山西	臣窃闻山西太原、汾州一带今夏亢旱，秋苗收成欠薄，而汾州府属之介休县、平遥县尤甚……今岁之灾荒异常，近十余年来所未有，纷纷议论……尤可惨者，贫民就食糊口已觉艰苦，更畏催料之吏胥追呼，竟至当质房地、典卖妻孥……③	晋省春夏亢旱……民间因饥就毙情形，不忍殚述，树皮草根之可食者莫不饭茹殆尽，且多掘观音白泥以充饥者，苟延一息之残喘……隰州及附近各县约计每村庄三百人中饿死者近六七十人，村村如此。④

① 光绪二年闰五月二十四日（朱批）河南巡抚李庆翱奏，中国水利水电科学研究院水利史研究所藏奏折复制件。

② 光绪三年八月三十日吏部尚书毛昶熙等奏，中国水利水电科学研究院水利史研究所藏奏折复制件。

③ 光绪二年十二月初九日御史张观准奏，中国水利水电科学研究院水利史研究所藏奏折复制件。

④ 光绪三年五月二十三日曾国荃奏，中国水利水电科学研究院水利史研究所藏奏折复制件。

结　论

本文以海河流域为例，利用历史文献资料，对1876—1878年的三年严重干旱的水文环境进行复原分析。研究表明：

就降水而言，1876—1878年的降水异常偏少，1876年干旱严重区域主要以海河流域南系为主，部分地区夏季降水较常年减少达49%，全年降水较常年偏少约30%；1877年随着季节的变化干旱也自西向东扩展，夏、秋两季及年降水较常年偏少50%以上。

从地表天然径流来说，1876年地表天然径流为多年平均的40.1%，到了1877年更下降到18.1%，到了1878年地表径流开始逐步增多到57.7%。严重的干旱灾害造成了严重的社会影响，海河流域人口因灾减少了2000万以上，同时大量逃荒的饥民直接促进了东北地方的开禁。

上山与下山：20 世纪 50 至 70 年代海河流域防洪工程建设*

中国水利水电科学研究院　张伟兵
水利部防洪抗旱减灾工程技术研究中心　吕　娟

引　言

海河流域历史上是洪涝灾害的多发地区。① 据历史记载，自 1500 年至 1949 年的 450 年间，受灾范围在 50 至 100 个州县的重大洪涝灾害出现 26 次。17 世纪以来，曾有 5 年洪水波及北京，8 年洪水淹没或淹及天津市区。1939 年海河大水，受灾县份 159 个，灾民近 900 万人，死亡 1.3 万余人。天津市淹浸长达

* 国家社科基金重点项目（14AZD128）。

① 海河流域的概念不同时期范围不同，天津大学水利系吕元平在《对海河流域某些大型水库的回顾与展望》一文中指出，海河流域最初的概念是指南系的漳卫南运河、子牙河、大清河，北系的永定河和北三河等五大水系。20 世纪 60 年代，河北省根治海河指挥部将徒骇、马颊河纳入海河流域。20 世纪 80 年代海河水利委员会成立后，又将滦河及冀东沿海诸河纳入海河流域，即今日海河水利委员会管辖范围。考虑本文研究时段和问题，本文所称海河流域，均就五大水系而言。

一个半月。[①]

中华人民共和国成立伊始，党和国家就着手治理海河。1957年，编制了海河流域第一部综合规划。1963年大水后，毛主席亲笔题词“一定要根治海河”，掀起了海河治理的高潮，并于1966年编制了海河流域第一部防洪规划。在这两次规划的指导下，经过近30年的治理，至20世纪70年代末，海河流域防洪工程体系初步建成，可以防御20—50年一遇洪水。[②] 那么，这一体系是如何形成的，经历了怎样的发展过程，以及这一体系在海河流域60年中的防洪减灾体系中处于什么样的地位，目前尚无较多论述。基于此，本文主要基于水利史志资料、水利专家回忆录，以及水利统计资料等，从水利科技史的角度出发，对中华人民共和国成立前30年海河流域防洪工程体系的形成过程进行较为系统的梳理与分析。

一、三年恢复时期及“一五”期间的防洪工程建设（1950—1957）

中华人民共和国成立初期，面对海河流域的洪水和防洪形势，防洪建设的主要任务是整修历代遗留的残缺水利设施，治理各河系中下游河道，特别是京津两大城市周围的大清河、永定河和潮白河，以防御低标准洪水灾害。1949年11月举行的各解放区水利联席会议上，决定1950年兴办的工程包括：南运

---

① 国家科委全国重大自然灾害综合研究组：《中国重大自然灾害及减灾对策》(分论)，科学出版社1993年版，第274—276页。

② 水利部海河水利委员会：《海河水利60年》，载《水利辉煌60年》，中国水利水电出版社2010年版，第119—120页；水利部海河水利委员会：《中国江河防洪丛书——海河卷》，中国水利水电出版社1993年版，第168页。

河、子牙河、大清河、永定河、蓟运河等河系的堵口复堤工程，永定河官厅水库工程，永定河泛区初步整理工程，金钟河疏浚工程，潮白河下游新河道工程等。[①] 1950年全国水利工作会议又指出，华北水系最近几年的治理，暂定以永定河、潮白河、大清河为主要施工对象。永定河开始官厅水库的建筑，并整理下游河槽。潮白河尽先完成下游整理工程，准备上游水库工程。大清河上游设法蓄水，下游完成独流入海减河。[②]

在这一方针指引下，从1950年至1957年，海河流域各水系开展了较大规模的防洪工程建设。其中最为重要的是永定河水系官厅水库的修建。

官厅水库不仅是治理永定河的重点工程，而且也是新中国兴建的第一座大型水库。该水库于1951年10月正式开工，1954年5月竣工。[③] 修建过程中，1953年就起到了拦洪作用。当年永定河来水3400立方米每秒，经水库拦蓄后，安全下泄827立方米每秒，削减洪峰75.6%。以后，官厅水库多次发挥防洪效用，保证了下游的安全。此外，还开展了河道堤防整治工程。

表1 1953—1979年官厅水库削减洪峰效益表

年份	入库洪峰流量（m^3/s）	相应泄洪流量（m^3/s）	削减洪峰（%）
1953	3400	827	75.6
1954	1420	346	75.6

① 《各解放区水利联席会议的总结报告》，载1949—1957年历次全国水利会议报告文件，《当代中国的水利事业》编辑部编，内部资料，1987年，第22页。

② 《1950年全国水利会议总结报告》，载1949—1957年历次全国水利会议报告文件，《当代中国的水利事业》编辑部编，内部资料，1987年，第75页。

③ 海河志编纂委员会：《海河志》（第一卷），中国水利水电出版社1998年版，第410页。

续表

年份	入库洪峰流量（m^3/s）	相应泄洪流量（m^3/s）	削减洪峰（%）
1958	1207	359	70.3
1959	2409	102	95.9
1967	1600	68	95.7
1974	1310	112	91.5
1979	1250	100	92

来源：海河志编纂委员会《海河志》（第二卷），中国水利水电出版社 1998 年版，第 239 页。

其余水系中，北三河水系于 1950 年新辟了潮白新河工程，全长 34.6 公里，泄洪流量 1900 立方米每秒。[①] 大清河水系开挖了下泄河道，包括新盖房分洪道、独流减河、赵王新渠等。[②] 子牙河水系则对献县泛区进行了初步整理。[③] 漳卫南运河水系中，主要对四女寺减河进行了三次较大规模的治理。[④]

这样，经过 8 年的治理，海河流域防洪标准得到提高，可以防御低标准洪水，并先后战胜了 1950、1954、1956 等年的大洪水。与此同时，这一时期编制完成了海河流域第一部综合规划，即 1957 年提出的《海河流域规划（草案）》，这是中华人

① 任宪韶等主编：《海河流域水利手册》，中国水利水电出版社 2008 年版，第 126 页。

② 海河志编纂委员会：《海河志》（第一卷），中国水利水电出版社 1998 年版，第 409—410 页。

③ 海河志编纂委员会：《海河志》（第一卷），中国水利水电出版社 1998 年版，第 411 页。

④ 徐正：《海河今昔纪要》，河北省水利志编辑办公室编辑，1985 年，第 235—237 页。

民共和国成立后开展的第一次全流域综合规划。不过，受苏联专家影响，该规划对流域洪水和自然地理特点认识不够，以致存在一些明显缺点。如：在蓄泄关系的处理上，片面强调水库的拦蓄作用，而忽视对中下游河道的疏泄，尤其是对尾闾出路重视不够，河道泄流能力偏小，以致各河上大下小和洪水集中天津的不利形势未能根本改变。同时，该规划设计和校核洪水都普遍偏小，致使水库安全标准偏低，给以后的流域防洪体系建设留下了很多遗留问题。

二、“二五”期间和三年调整时期的防洪工程建设（1958—1965）

1958年，“大跃进”运动开始，水利建设领域也不例外。稍早，1957年，水电部提出水利建设要“以小型为主，群众自办为主，以蓄为主”的三主方针。为执行中央精神和水利方针，1958年3月，中共河北省委在行唐县召开了沙河治理会议，制定了“依靠群众，从生产出发，以小型为基础，以中型为骨干，辅之以必要的大型工程”的水利方针，提出“大干一冬春，基本根治海河”的口号，要求到1959年，全省修建小型水库5万座、中型水库500座，遇一次降雨200毫米的洪水不出川。北京市委、市政府也提出了“一库带十库”的口号。[①] 全流域在“大跃进”的形势下，根据“以蓄为主”的精神，以《海河流域规划（草案）》为指导，在各河上游山区兴建了大量大、中、小型水库，掀起了群众性兴建水库的高潮，也因此被广大群众

① 海河志编纂委员会：《海河志》（第一卷），中国水利水电出版社1998年版，第416页。

形象地称之为“上山”。

初步统计，这一时期兴建并建成或基本建成的大型水库包括：北三河的云州、密云、海子、怀柔、邱庄和于桥，大清河的安格庄、龙门、西大洋、王快、口头和横山岭，子牙河的岗南、黄壁庄、临城和东武仕，漳卫河的关河、后湾和漳泽等。其中，水库总库容超过10亿立方米的共有7座，分别为：北三河的密云、于桥，大清河的西大洋、王快，子牙河的岗南、黄壁庄，漳卫河的岳城。

这批水库建成后，控制流域内山区面积80%以上，对于控制洪水和径流调节，发挥了巨大效益。① 1963年海河南系大水中，流域内大型水库拦蓄洪水总量的46.2%，削减洪峰48%—85%。② 突出的如于桥水库，在水库运用的30年中，拦蓄了12次超过下游堤防行洪能力（即400立方米每秒）的洪水。初步核算，防洪效益达8.47亿元。仅此一项，就远远超过水库总投资。③

另据河北省水利厅统计，河北省大中型水库1949—1989年40年间，共抗御可能造成下游河道漫溢的超标准致灾洪水230次，其中196次产生了实际的防洪经济效益，减淹土地约1.6万平方公里，防洪经济效益52.7亿元。其中，17座大型水库拦蓄致灾超标准洪水91次，减淹土地约1.4万平方公里，防洪经济效益47.6亿元。④ 大清河的安各庄水库、西大洋水库、口头、

---

① 水电部办公厅宣传处：《中国水利建设三十五年》，1984年，第335页。

② 海河志编纂委员会：《海河志》（第二卷），中国水利水电出版社1998年版，第197页。

③ 海河志编纂委员会：《海河志》（第二卷），中国水利水电出版社1998年版，第218页。

④ 河北省水利厅：《河北省水旱灾害》，中国水利水电出版社1998年版，第183页。

横山岭水库，以及子牙河的临城水库、东武仕水库等效益尤为明显。见表2。

表2 河北省部分大型水库防洪经济效益表

水库名称	工程投入（万元）		拦蓄致灾洪水次数	减淹面积（km^2）	防洪经济效益（万元）	防洪效益比	其他经济效益（万元）	综合经济效益（万元）
	总投入	防洪分摊投入						
安各庄水库	3572.66	1107.52	2	614.00	32090.00	28.98	6312.60	38402.60
西大洋水库	13783.46	7443.07	8	1770.73	80159.47	10.77	43827.26	123986.73
口头水库	1413.25	594.98	2	307.76	9954.17	16.73	14070.81	24024.98
横山岭水库	3804.72	2130.65	4	1149.80	32957.50	15.47	33273.49	66230.99
临城水库	2005.44	1784.84	16	863.34	29466.31	16.51	9425.83	38892.14
东武仕水库	6283.11	2890.23	3	300.62	33056.67	11.44	28320.22	61376.89

来源：河北省水利厅《河北省水旱灾害》，中国水利水电出版社1998年版，第184页。

当然，这一时期，为适应当时“大跃进”的形势，部分工程前期工作薄弱，边勘测，边设计，边施工，而且工作深度不够，在施工中赶速度、“放卫星”，忽视质量，尾工拖得太长，效益难以发挥，致使1964—1973年在根治海河的高潮中，再行投资几乎全部用于扩建、改造、加固和进一步解决移民安置等问题，给后来的防洪工程建设留下了很多隐患。

三、“三五”至“五五”期间的防洪工程建设（1966—1980）

1963年海河南系大水，引起党中央和国务院的重视。1963

年11月17日，毛主席题词“一定要根治海河”，掀起了海河流域水利建设的新高潮。由于当时尚无流域治理的统一指挥机构，1965年5月，经国务院批准，流域内各省相继成立根治海河指挥部和治理海河的地市县领导机构，领导根治海河工作。与此同时，水电部成立海河勘测设计院，部署海河流域防洪专业规划工作。并于1966年11月提出《海河流域防洪规划（草案）》，这一海河流域第一部防洪规划。① 此次规划，总结了中华人民共和国成立后大洪水发生的规律，提出了“上蓄、中疏、下排、适当地滞”的防洪治理方针，集中力量扩大中下游河道，重点对流域内主要行洪、排水河道做了安排，新辟了一大批泄洪入海河道，同时对中下游滞洪洼淀进行了初步整治，从而初步形成了海河流域防洪工程体系，解决了流域各河系的洪涝水出路问题。由于这一时期防洪建设以平原地区修建骨干防洪河道为主，与1958年开展的山区修建水库正好形成鲜明对比，因此，人民群众形象地称之为“下山”。同时，按照国家经济发展要求，根据各河系不同条件拟定了河道防洪标准。其中，海河南系按1963年型洪水设计，相当于50年一遇标准；海河北系按1939年型洪水设计，相当于20—50年一遇洪水。

（一）“三五”期间的防洪工程建设

“三五”期间重要的防洪工程建设有：子牙河水系子牙新河和滏阳新河的开挖、黑龙港水系的治理，以及大清河水系的治理。

1966年冬至1967年春，河北省根治海河指挥部决定组织开

① 任宪韶等主编：《海河流域水利手册》，中国水利水电出版社2008年版，第238页。

挖子牙新河，子牙新河全长144公里，其主体工程是两堤两河及献县枢纽、穿运枢纽和海口枢纽工程。子牙新河1967年汛前建成投入运用，自1967年汛期至1981年汛期，子牙河总来水量108.7亿立方米，其中通过子牙新河下泄66.6亿立方米，解除了沿岸和献县泛区的洪涝灾害。由于子牙新河深槽有排除沥涝的作用，因此原子牙河道的排沥负担得到减轻。据统计，1968—1981年14年间，子牙新河共输水65亿立方米，相应输沙1500万吨，减轻了献县以上及泛区的淤积。① 滏阳新河于1967年冬至1968年冬开挖，是治理海河的骨干工程之一，主要任务是配合大陆泽、宁晋泊滞洪工程将滏阳河流域的洪水导入子牙新河，是滏阳河流域洪水的主要出路。滏阳新河全长132.4公里，设计洪水按1956年洪水的两倍，设计流量3340立方米每秒，约为50年一遇；校核流量按1963年洪水6700立方米每秒，约为250年一遇。②

黑龙港水系的治理。黑龙港水系流域面积大，纵坡缓，下游泄水不畅，常遭水灾。当地流传民谣："黑龙港上下七十二连洼，淹了上洼淹下洼。涝了收蛤蟆，旱了收蚂蚱，不旱不涝收碱巴。""三五"期间，根据国务院和河北省委的决定，对黑龙港水系主要进行了扩挖南北排河系的治理工作。③ 南排河系的治理主要有南排河、江汉河、清凉江、老盐河，以及滏东排河等。

① 海河志编纂委员会：《海河志》（第一卷），中国水利水电出版社1998年版，第425页。

② 海河志编纂委员会：《海河志》（第一卷），中国水利水电出版社1998年版，第424页。

③ 赤毓春：《对根治海河的回忆》，载《再现根治海河》，河北省政协文史资料委员会编，河北人民出版社2009年版，第83—90页。

北排河主要是开挖河道，兴建穿运涵洞和海口防潮闸。[①] 经过大规模治理，黑龙港水系初步形成较完整的排水体系，由原来不足 3 年一遇，逐步提高到 5—10 年一遇。

大清河水系的治理，主要是扩建原有工程，包括新盖房分洪道，白沟河、白洋淀分洪道，独流减河的扩建扩挖等，以提高标准，使之更加完善有效。[②] 经过治理，大清河形成了较完整的防洪体系，南北两支设计泄量均达到 2700 立方米每秒，设计标准达到 10—20 年一遇，其中南支的校核标准达到 50 年一遇。[③]

（二）“四五”期间的防洪工程建设（1971—1975）

“四五”期间，海河流域的防洪工程建设重点是开挖永定新河，以及对漳卫河的治理等。

开挖永定新河。永定新河开挖于 1970—1971 年，是海河流域北系各河洪水的共同入海通道。新河全长 61.9 公里，防洪标准为 50 年一遇，校核标准为 100 年一遇。[④]

漳卫河的治理。漳卫新河的前身是四女寺减河，“四五”期间，先后进行了多次开挖疏浚。新河全长 257 公里，治理前，行洪流量仅为 850 立方米每秒，经过“四五”期间的治理，行

---

① 海河志编纂委员会：《海河志》（第二卷），中国水利水电出版社 1998 年版，第 328—330 页。

② 海河志编纂委员会：《海河志》（第二卷），中国水利水电出版社 1998 年版，第 72—74 页。

③ 海河志编纂委员会：《海河志》（第一卷），中国水利水电出版社 1998 年版，第 425—426 页。

④ 任宪韶等主编：《海河流域水利手册》，中国水利水电出版社 2008 年版，第 126 页。

洪流量达到3500立方米每秒。[1] 这一时期对卫运河主要进行了展堤、局部裁弯、挖深槽以及适当抬高水位等治理。经过“四五”期间的治理后，卫运河防洪标准达到防御1963年型洪水。[2]

这样，经过“三五”和“四五”期间10年的治理，海河流域形成了漳卫、子牙、大清、永定、北三河各自独立入海的局面，包括南排河等排沥河道，入海能力达到24 680立方米每秒，相当于中华人民共和国成立初期的10倍。防洪标准从1949年以前年年有灾，提高到50年一遇以上。加上“二五”及三年调整时期修建的水库工程，海河流域防洪工程体系已经初步形成。

（三）“五五”期间的防洪工程建设（1976—1980）

“五五”期间，海河流域较少进行新的防洪工程建设，主要是针对“大跃进”时期水库建设遗留问题及运行过程中出现的问题进行除险加固。这一时期，1976年发生唐山大地震，对流域内水库造成不同程度的损毁。同时，淮河“75.8”洪水后，水利部门对水库工程提出了新的标准，流域内部分水库达不到部颁标准。因此，各类水库的除险加固以及震毁工程的修复成为这一时期防洪工程建设的主要任务，大致可分为三类：提高防洪标准、提高工程质量、重新计算水文账对水库进行扩建。[3]

属于提高防洪标准的有岗南、岳城、官厅等水库。如官厅水库1952年规划设计时，推算出千年一遇的洪峰流量为8800

---

① 任宪韶等主编：《海河流域水利手册》，中国水利水电出版社2008年版，第124页。

② 海河志编纂委员会：《海河志》（第一卷），中国水利水电出版社1998年版，第427—428页。

③ 海河志编纂委员会：《海河志》（第一卷），中国水利水电出版社1998年版，第431—435页。

立方米每秒，以此作为官厅水库的设计洪水。“63.8”大水之后，北京勘测设计院进行了永定河洪水复查，泄量由原来的560立方米每秒，增至1215立方米每秒。“75.8”大水之后，水电部于1979年研究决定，再次扩建溢洪道，泄洪能力加大到4000立方米每秒。

属于工程质量方面的有王快、西大洋、安格庄、册田等库。这些水库经过多年运行后，暴露出各种质量问题。如王快水库在多年运用中，拦河坝铺盖多次发生裂缝、坍坑，几经翻修，效果不显著。1975年9月，决定改建为坝基垂直防渗工程。另外，水库保坝校核标准虽已达千年一遇洪水，但超标准洪水仍无保坝措施，1978—1981年，又做了上游坝坡加固工程。

属于重新计算水文账需要进行扩建的有口头、横山岭、邱庄等水库。不过，这一时期针对这类水库，主要是开展了规划设计工作，正式实施大多在20世纪80年代以后。

四、防洪工程效益总体分析

从1950年开始至1980年，海河流域经过30年的治理，共建成大中小型水库1900多座。其中大型水库29座，库容221.8亿立方米，控制山区面积83%。各河中下游建设蓄滞洪区31处，蓄滞洪容积达170亿立方米。各河下游开辟入海尾闾，如漳卫新河、滏阳新河、子牙新河、独流减河、永定新河、潮白新河等。洪水入海能力达24 680立方米每秒，相当于中华人民共和国成立初期的5倍。[①] 以上工程的建成，使海河流域防洪工程

---

① 吴仲坚：《海河流域防洪系统的建成》，载《再现根治海河》，河北省政协文史资料委员会编，河北人民出版社2009年版，第145—151页。

体系初步形成，达到 20—50 年一遇标准，有效地保护了北京、天津和京广、京津、京山铁路的安全。见表 3。尤其是在战胜 1963 年海河特大洪水中发挥了绝对主导的作用。

表 3 海河流域主要河道初始工况及承泄能力比较表

水系	河道	1949 年工况 (m^3/s)	工程		工程投入运行年份
			重现期（年）	承泄能力 (m^3/s)	
子牙河	滏阳河	250	50	3340	1965
	子牙河	800	50	6000	1965
	滹沱河	2500	50	3300	1959
大清河	潴泷河	500	10	3000	1960
	漕河		10	300	1960
	唐河		20	500	1959
	南拒马河	1000	20	4640	1960
	沙河		10	2500	1959
北三河	蓟运河（还乡河）		20	230	1960
	潮白河	1500	20	2540	1970
永定河		2450	20	2500	1964
南运河	四女寺以下		50	300	

来源：陆孝平、谭培伦、王淑筠主编《水利工程防洪经济效益分析方法与实践》，河海大学出版社 1993 年版，第 221 页。

分时期来看，1953—1957 年第一个五年计划时期是海河流域防洪工程建设的奠立时期。从防洪经费投入来看，这一时期防洪经费占到整个水利财政支出的 1/3。其次是三年调整时期，防洪经费占水利财政支出的 1/5。见表 4。

表 4 河北省不同时期水利财政支出与防洪建设经费支出汇总表

时期	水利财政总支出（万元）	防汛、岁修、堵口、复堤事业费（万元）	防洪经费占水利财政经费比例（%）
“一五”期间	23265.1	7619.9	32.75
“二五”期间	125188.6	4687.6	3.74
三年调整时期	54368.2	10313.8	18.97
“三五”期间	87847.8	10252	11.67
“四五”期间	141036.2	10050.1	7.13
“五五”期间	134342.3	9552.9	7.11
合计	542783.1	44856.4	8.26

来源：据《建国三十年水利统计资料》中表“省市区历年水利财政总支出”和表“省市区历年防汛、岁修、堵口、复堤（包括特大防汛费）事业费支出”整理。（水利部计划司《建国三十年水利统计资料》，1980 年）

水利部规计司曾在 20 世纪 80 年代对水利工程经济效益进行过系统分析。据该成果资料，1949—1980 年间，海河流域防洪总投入约 42.7 亿元，防洪效益约 433.8 亿元，投入与产出比约为 1∶10，效益是非常显著的。其中，“一五”时期和三年调整时期的防洪效益占到研究时段防洪效益的近 60%，“一五”期间防洪投入与产出比达到 1∶52，三年调整时期的防洪效益比也达到 1∶28。见表 5。这一统计与上述河北省有关数据结论基本一致，说明“一五”时期和三年调整时期是海河流域防洪工程建设史上的两个最重要时期。

表 5　海河流域不同时期防洪经济效益对比表

时期	减淹耕地（万亩）	防洪效益（万元）	防洪投入（万元）	折劳投资（万元）	占总效益比例（%）
三年恢复时期	268.79	17297.59	5411.82	154.30	0.40
“一五”期间	3748.07	1367146.81	26364.00	8568.08	31.52
“二五”期间	2155.70	308915.75	99198.14	35620.81	7.12
三年调整时期	4189.51	1096412.18	39450.81	10201.94	25.27
“三五”期间	1282.11	212515.69	65518.19	16497.61	4.90
“四五”期间	3041.56	583277.26	107289.31	40508.92	13.45
“五五”期间	3803.74	752367.02	83718.62	25752.11	17.34
合计	18489.48	4337932.30	426950.89	137303.77	100.00

来源：陆孝平等《建国 40 年水利建设经济效益》，河海大学出版社 1993 年版，第 84—85 页。

结　语

以上对中华人民共和国成立后海河流域前 30 年的防洪工程建设历程分阶段进行了梳理和回顾，初步有以下几点认识。

第一，海河流域防洪工程建设，大致经历了两次规划和三个阶段的治理，大约到“四五”末期，经过近 30 年的探索和实践，海河流域防洪工程体系初步形成。第一阶段为 1949—1957 年，国家对防洪高度重视，技术人员和人民群众的建设热情高涨，保证了防洪建设必要的财力、人力和物力，防洪效益显著，可以说是海河流域防洪建设史上最好的一个时期。第二个时期从 1958—1965 年，以在山区修建水库工程为主，称之为“上山”运动，并在防御历次大洪水中发挥了作用。但受“大跃进”形势影响，许多工程仓促上马，为以后的水利建设留下了很多隐患。第三个时期从1966—1980年，重点建设了平原地区的排水河道，被形象地称之为“下山”运动。特别是“三五”和“四五”时期，基本每年一条河进行治理，目前海河流域的防洪局面基本是这一时期奠定的。[①]

第二，海河流域防洪工程体系以近现代出现的特大洪水为治理目标，海河南系按照1963型洪水，北系按照1939年型洪水，并对超标准洪水做出了安排，并辅之以概率分析，具有很深的科学意义和现实依据，在海河流域防洪建设史上具有重要意义。

第三，我国历来有“大灾之后必有大治”的传统经验，1963年海河南系大洪水也开启了海河治理的新局面。但是，从水利与社会相互作用的角度来看，海河流域防洪建设一方面受着社会经济发展形势的制约和影响，建设进程呈现出明显的阶段性和社会性。防洪建设30年的曲折发展历程以及随着流域防洪工程体系的初步建成，也对统一的流域管理机构提出迫切需求。另一方面，海河流域防洪工程建设也呈现出自身发展的客观规律，海河流域自然地理条件特殊，洪水特性有其自身特点，这都需要在防洪建设中予以充分重视。忽视这一自然规律和特性，防洪建设的效益必然要大打折扣。

第四，中华人民共和国成立前30年，海河流域防洪工程体系虽然初步建设，并显现出显著的社会经济效益，对保证粮食生产、改变南粮北运局面起了重要作用。但是，我们必须要有清醒的认识，防洪减灾的任务依然任重道远。工程体系的建成仅仅是防洪减灾体系的第一步，20世纪80年代以后，我国防洪

---

① 程晓陶：《求真务实　治水安邦——深切怀念尊敬的徐乾清院士》，载《徐乾清文集》，中国水利水电出版社2011年版，第545页。

减灾方针提出工程建设与非工程建设相结合；21世纪以来，又提出由洪水控制向洪水管理转变，实现人与自然的和谐发展。海河流域防洪减灾体系建设依然有大量的工作需要开展。

海河是我国七大江河之一，海河流域防洪建设与发展是新中国防洪抗旱减灾发展的一部分，也是新中国水利史的重要组成部分。治水事业发展的历史分期问题是当代水利史研究的基本问题。《水利辉煌50年》为水利部纪念中华人民共和国成立50年组织编纂的史志资料，其中将中华人民共和国成立前30年划分为4个阶段，将“大跃进”时期单独划为一个时期；[①] 徐乾清院士长期从事防洪减灾规划与设计工作，他将中华人民共和国成立前30年划分为3个阶段，并认为1949—1957年是中华人民共和国成立后水利发展形势最好的阶段。[②] 从海河流域防洪建

---

① 《水利辉煌50年》编委会：《水利辉煌50年》，中国水利水电出版社1999年版。其中将1949—1999年新中国水利发展历程分为7个阶段。第一阶段为中华人民共和国成立之初的三年恢复和第一个五年计划期间，即1949—1957年；第二阶段为1958—1960年的“大跃进”时期；第三阶段是大跃进后的三年调整和第三个五年计划时期，即1961—1966年；第四阶段是“文化大革命”时期，即1966—1976年；第五阶段是“文革”以后，特别是中共十一届三中全会后的改革开放到八十年代末，即1977—1989年；第六阶段是九十年代初到1998年大水前，即1990—1997年；第七阶段是1998年以后。

② 程晓陶：《求真务实　治水安邦——深切怀念尊敬的徐乾清院士》，载《徐乾清文集》，中国水利水电出版社2011年版，第541—550页。该文章为徐乾清院士的访谈，徐院士将新中国治水活动划分为5个时期，第一个时期是1949年到1957年，并认为这是中华人民共和国成立后最好的年代。第二个时期是1958年到1965年“大跃进”年代，认为“大跃进”是大破坏，对各个行业都造成了难以想象的灾难，完全是人为灾害。“大跃进”到1961年已经撤了，但是后遗症的处理一直到1965年还没结束。第三个时期是1966年到1979年，前10年是“文革”，后几年是“文革”刚结束那一段，有连续性。第四个时期是1980年到1998年。第五个时期就是1998以后的情况。

设的实践来看，海河流域防洪建设发展进程与徐乾清院士的时期划分基本一致，但细部也呈现出自身的不同。大致从“五五”期间开始，海河流域防洪工程建设实际上基本告一段落，转入了以工程维护和管理为主的阶段。那么，其他大江大河流域的情况如何？在其发展进程中呈现出自身怎样的特性？防洪抗旱减灾是水利事业的核心任务，如果能对全国大江大河防洪抗旱减灾的建设历程逐一梳理分析，想必对充分认识新中国水利事业的发展脉络以及发展规律有更清晰的认识。

河北省群众改良利用盐碱地经验探析*

河北省社会科学院历史研究所　刘洪升

黄淮海平原盐碱地治理，是中华人民共和国成立后农业生产建设中的重大事件，对改变黄淮海平原多灾低产、扭转南粮北调和长期粮食短缺发挥了巨大作用，在国内外均产生了重大影响。然而，史学界对该问题的研究却十分薄弱，除有关省、市水利志书及地方志书有所记述外，其他研究文章尚不多见。鉴于此，本文仅就 20 世纪 50—70 年代河北省群众改良利用盐碱地的经验加以探讨，以期对黄淮海平原乃至全国盐碱地科学治理提供借鉴，对全国改造中低产田有所裨益。

一、盐碱地主要类型及其形成原因

历史上的河北，盐碱地分布广、程度重。据 1935 年河北省

---

* 本文为国家社会科学基金项目“新中国海河流域水环境变迁与经济发展关系研究”（15bzso22）阶段性成果。

建设厅调查，全省 90 县有盐碱地分布，面积达 770 余万亩[①]，且大多是不毛之地。1948 年，全省盐碱地扩大到 1300 余万亩。其中除张家口、承德地区的 110 万亩外，大面积的盐碱地主要分布在广大平原地区。另有滨海盐碱荒地 400 万亩。“大跃进”期间，全省盐碱地面积进一步扩展，1962 年曾达到 2300 多万亩。其中影响作物缺苗在 2—3 成的轻盐碱地 800 余万亩；影响作物缺苗在 3—5 成的一般盐碱地 800 余万亩；影响作物缺苗 5 成以上的重盐碱地 700 余万亩。全省有盐碱地县份达到 116 个，其中盐碱地占耕地面积 30％以下的 81 个县，盐碱地占耕地面积 30％—50％的 25 个县，任丘、青县、黄骅、大城、固安、容城、曲周、丰南等县占耕地面积 50％以上。[②] 根据土地含盐种类和分布地区不同，盐碱地可分成两大类：南运河以东多属于含食盐为主的氯化物盐土，即滨海盐碱地，群众俗称“油盐碱”；河西多系以含皮硝为主的硫酸盐土，也叫内陆盐碱地。

盐碱地的发生与发展原因是复杂的，从自然和历史条件来看，河北平原大部为黄河、海河冲积平原，地势低平，河流纵横阻隔，又多为地上河，形成许多大小封闭的洼淀，致地面、地下径流不畅，地下水浅（1.5—2 米）而矿化度较高（2—5 克/升）。在强烈蒸发的影响下，地下水及底土中的盐分随水分沿土壤毛管上升，并在地表及土体中累积起来，形成盐碱地。

河北省属于半干旱大陆季风气候，全年蒸发大于降雨数倍，尤其春旱多风，在强烈蒸发的影响下，底土及地下水中的盐分

---

① 《长芦盐区改良碱地委员会成立及第一次委员会议》，《改良碱地月刊》1936 年第 1 卷第 1 期。

② 《河北省土地盐碱化情况及今后防治意见》，河北省档案馆藏省水利厅档案 982—13—36。

极易聚集表层，形成土壤盐碱化。夏秋雨量集中，洪沥互相顶托，历来洪涝之后，水盐汇集，并抬高地下水位，加重土壤盐碱化。自中华人民共和国成立至20世纪60年代初，全省“平均每年沥涝一千万亩。历来洪涝之后，盐碱化就扩展加重”①。

地下水条件是内陆平原发生盐碱化的主要因素。一般地下水越浅，蒸发损失越大，地下水越浓缩，土壤盐碱化越重。据调查分析，在一般农业技术水平的旱作地区，当地下水含盐在1—3克/升，地下水位在1.5—2米时，土壤就开始发生碱化。有些地区地下水含盐量达到5—10克/升，地下水位虽在3米左右，土壤仍有盐碱化现象。由于水势就下，地形条件影响地面地下径流运动状况，盐碱地多分布在低处。因此，在各种洼地边缘、河流两侧等低平地区，历来就分布着各种不同程度的盐碱地。但在小地形局部高起处，由于蒸发的影响，易于聚集盐分，形成大小盐斑。

滨海地区原属海退地，本来就残留大量盐分，又受海潮海啸侵袭，海水与地下水顶托，地下水位一般在1米左右，矿化度高达5—10克/升，因而形成大面积的盐碱荒地。

这些乃是自然条件本身存在的内在因素，但是1958年以来土壤盐碱化所以发展很快，主要由于在蓄水、灌溉过程中，没有依据盐碱土发生的自然规律采取适当的防治措施。相反的，由于措施不当，大量增补了地下水源，促使地下水位抬高，这是盐碱化扩大的主要原因。

土壤盐碱化，对农业生产的危害极为严重，它不仅在春秋危害小麦正常生长，而且影响棉花及大田作物的播种保苗，经

---

① 方生：《河北平原盐碱地成因及其防治意见》，河北省档案馆藏省农业厅档案（简称省农业厅档案）979-5-214。

常造成作物歉收，甚至绝产。造成作物减产的因素主要为：一是播种面积大，收获面积小。禾苗因不断遭受盐害而死亡，使耕地荒废；二是禾苗因受盐害抑制，地力瘠薄，水肥不协调，有的连播几次才能拿苗，以致早苗少，晚苗多，壮苗少，弱苗多，不适应农时季节，最终减产失收。因此，群众有“种一葫芦打一瓢”“十年九不收，种子功夫一起丢”的说法。盐碱为害，成为河北农业生产长期落后，群众不能摆脱贫困的历史根源。

二、群众改良利用盐碱地的经验

长期改良土壤的实践经验累积使河北农民对盐碱土的性质产生了较为理性的认识，他们已经认识到了盐碱地生成和发展规律，他们根据表土返盐规律办事，群众总结的表土返盐规律大体是：潮湿重、干燥轻；板结重、松墒轻；缺肥重、多施肥轻；高温蒸发量大时返盐重，低温或多雨时含盐轻；春秋重、冬夏轻。用今天的话来说即是“盐随水来，盐随水去，气散盐存”“涝碱相随，旱碱相伴”的水盐变化运动规律。有经验的农民根据这个规律，总结摸索出了一套改良利用盐碱地的经验。

（一）根据返盐规律，积极排除地表盐分

盐碱地群众为了减少土壤表层盐分，保苗保产，普遍采用的办法大体有四：

1. 作畦平种，也叫土埂畦田。种碱地必须地面平整。景县前七里一带流传着“高低起伏地不平，费工费种少收成；高处秃、洼处茸，剩苗不过二三成”。由于雨水把盐分冲到洼处，含盐的水，通过水平渗透，经由高处蒸发，把盐分残留高地表面，

形成盐斑。所以有经验的农民见岗起土，遇坑填平，按地形修成大小不等的畦田。修做土埂畦田，利用汛期雨量集中的特点，蓄存雨水，就地渗透，把土壤表层盐碱压到较深土层，不致危害作物；同时还能减少地面径流，防止水肥流失，缓沥免涝。畦田大小和埂埝高度，应根据地形、土质灵活掌握。埂埝高度，一般不超过3分米，以免影响作物生长和邻近地区排水。埂埝以内，整平地面，严防洼高同畦，高处返碱，洼处受涝。畦田土埂必须筑实，严防降雨时跑水。群众对这一措施非常重视，他们说："宁舍春苗，不舍伏雨。"每逢大雨，要下地检查，发现冲坏，立即修整，防止跑明水，引起返碱。

2. 沟洫台田。沟洫台田"是改造洼碱地的成功经验"①。凡是低洼易涝易碱的土地，都适于修作沟洫台田，尤其适用于排水不畅、地下水位较高的封闭洼地，如河北省运河以东和唐山滨海地区，黑龙港、滏阳河流域、蓟运河中游封闭洼地，以及白洋淀周边。具体做法是：在自然地段两侧及两头，挖深、宽各一米的沟，把土均匀地垫在地面上变成高台地，面积以5亩左右为宜。如面积再大，沟就得适当加深加宽，反之应该适当缩小。一般台面高出地面30—60厘米。实践证明，"正常年台田作物比一般田增产2—3成，在受灾年台田则成倍增产"②。台田增产的原因有下列三点：一是防涝。在降雨过多时，台田地面不易积水成灾或出现"泥托"（汪水汪泥）现象。同时，台田四周布满沟渠，可容蓄大量雨水；沟沟相通，沟渠相连，排水

---

① 王辛等：《沧州地区修建沟洫台田治理碱洼地的经验》，《中国农业科学》1965年第12期。

② 王辛等：《沧州地区修建沟洫台田治理碱洼地的经验》，《中国农业科学》1965年第12期。

顺畅，可及时排走过多积水。二是治碱。挖沟垫地，相对降低了地下水位，可减少地下水上升蒸发；同时利用台田埂埝拦蓄雨水，把土壤表层的盐分淋下去，更能促进土壤脱盐。三是增加土壤肥力。台田土层加厚以后，土壤疏松，有利于微生物的活动，使土壤增加新的养分；同时由于上层的沙土与下层挖出来的黏土混合，起到了改良土壤结构、增加土壤肥力的作用。历年清沟时，把清出带有腐殖的肥土，铺撒地面，更能增加肥力。同时因垫土盖于原地表，打乱了土壤层次，一般台田杂草少，地下害虫少，有利于作物正常生长发育，这也是保证台田作物显著增产的原因之一。不过，台田只适用于黏土盐碱地，而沙性碱地因保不住壕，故不适用。

3. 灌水压碱。河北省的气候特点是春旱秋涝，全年蒸发大于降雨数倍，尤其春旱多风，在强烈蒸发的影响下，底土及地下水中的盐分，极易聚集表层（即群众所说的泛碱），形成土壤盐碱化。每年的四、五、六月份土壤表层的含盐量达到最高峰，而这时也正是春播繁忙季节，这就是种子为何难于发芽的基本原因，也是碱地农民最感苦恼的一个问题。因此，在春季施行碱地灌洗，降低表土含盐量是保证出苗整齐和提高碱地农业生产的重要方法。沧县等地群众利用南运河水，于春播前在耕地内放入12厘米深的水，使之渐渐渗下，并在地周挖设排水沟，使多余的水分排走。通过灌洗，土壤含盐量由0.08%降低到0.04%以下，出苗率达82%以上，且生长良好。播种前压碱要注意深耕，这样对毛细管作用减弱，压碱效果更大，盐分向下移动得快，洗碱比较彻底。其次，在保苗上由于掌握了小雨后灌溉的方法，成活率达到百分之百，雨后未经灌洗的庄稼死亡率竟达到60%。事实证明，在春播前合理地实行灌洗盐地，对改良土壤保证作物出苗生长的作用是很大的。①

此外，汛期放淤压碱收效更大。这是在有水利条件的地区应用的成功经验之一。淤灌后积聚河泥厚达三寸左右，由于其中含有大量的有机质及可为植物吸收的矿物质，每淤灌一次，可种三年好庄稼。

4. 铲除表层盐土——扫碱、刮碱、起碱。趁蒸发量大、返盐最盛的季节，根据表层盐土厚薄分别采取扫、刮、起等办法。据在景县十王店公社前七里调查：四月中旬，地表0.5厘米土层含盐量即占30厘米土层总含盐量的70%—80%，地表1厘米占80%—90%。可见适时除去表层碱土，脱盐作用最大。衡水地区群众说："碱地去层皮，拿苗没问题。"同时"万年湿"的油碱地，不起土不见干。从盐土种类上分，普腾碱、锅巴碱适合扫、刮，油盐碱、活岗碱适合起。黄骅县毕孟公社经验：花碱地的盐斑处土起深点，使之稍低于周围好土，以利于雨水压盐，把盐斑逐渐改成好地。时间最好在清明末到谷雨初，趁天晴无雨时进行。如遇秋吊，秋季已返盐，在立冬前后顶凌起、刮、扫也可。已秋耕的地碱土层太深，不能起、刮。至于起碱厚度，以起到硬底为止（自7—8毫米到1—2厘米不等）。

（二）提高耕作技术，改善土壤物理性质，抑制土壤盐分上升

水盐上升有害，水盐下降有利。盐碱地通过提高耕作技术，可以有效地防止盐分上升，保苗增产。主要措施包括：

1. 培养坷垃。根据群众经验，地面适当保持一些坷垃（鸡蛋、核桃大小的团块结构）有明显的防盐效果，所以南皮农谚

① 《关于沧县专区盐碱地生产情况的调查报告》，河北省农业厅档案979-4-45。

说“好地要面，碱地要蛋”。青县等地也有“碱地坷垃，孩子的妈妈”“一个坷垃四两油，有了坷垃不用愁”等说法。碱地所以喜欢坷垃是有科学道理的：坷垃把土块间的多面接触，变成少点接触，使毛管空隙减少到最小限度，以控制地下水上升和盐分的聚积。培养坷垃的办法是适时耕作，多耕暴晒。

适时耕作。盐碱地土壤过湿，耕后形成泥条，破坏土壤结构，会加剧返盐，巨鹿等地群众称之为“摔死”，有“一年湿耕摔死，三年不易拿苗”之说。如土壤过干，则不易耕翻，耕后形成大土块，也不能起覆盖防碱作用。在土壤墒情适中时犁耕，耕后土壤疏松，形成块状及核状土块，土壤孔隙增加，耕后表土形成一层块状覆盖，切断毛管上升道路，抑制盐分向上积聚。因此，在地下水位较低、水分含盐量不高的盐碱地应进行秋耕；如地下水位高、土壤水分过大，宜在春季土壤水分降低后再行耕犁，并且耕后不耙，播种前粗耙一次，以保持土壤疏松。

多耕暴晒。盐碱土有机质含量少，结构不良，含有盐分容易返潮，恢复未耕前的踏实状态。所以适时耕作，还应结合多耕暴晒。巨鹿一带农民经验：在较湿的重盐碱地上，第一次浅耕，以后逐层加深，耕后暴晒，待雨后种植。沧县一带群众的经验是第一次隔垡浅串，第二次完全耕通，这样可使表土很快干燥形成坷垃，待坷垃干透晒硬再行轻耙，就形成一层细碎的坷垃覆盖层，利于保墒防盐。

2. 深耕。也是改良盐碱地有效方法之一。1959 年交河县南皮公社堤口张大队，在过去不拿苗的重碱地上实行深耕，同时结合铺垫麦秸，播种小麦，亩产达 250 斤，麦后夏种玉米和大豆也生长良好，比往年增产五至十倍。沧县自来屯对盐碱麦田深耕一尺较浅耕5寸的增产30%。[1] 深耕可以疏松土壤，破除板结，切断毛管，既能防止地下水中盐分的上升，又能促使地面水下渗，加速淋盐。把含盐较高的表层土翻到底部，也能减轻其对作物的危害。同时，深翻过的土壤，通透性好，熟化过程及矿物质分解作用加速，还可以提高土壤肥力。

3. 实行“四干耕作法”，即干耕、干耙、干耩、干轧（砘）。在河北盐碱地区有“干耕干，好晒垡，干耩干轧养坷垃”的农谚。晒垡、养坷垃的四干耕作法，确能控制地下盐分上升，不过油盐碱和洼碱地，不可能做到四干，因此，群众又创造出一种折中办法：耕潮别耙潮，耩潮别轧潮，潮易反碱起黄袍。因耙潮和轧潮易使地表板结返盐，故应严格禁止。总之，重碱地不论哪种作业都得本着“宁干勿湿”的要求。

4. 勤中耕，多活垡。“种碱地无别巧，勤劳是一宝”，这是群众种碱地多年的经验总结。锄耪是切断土壤毛管，保持地面疏松，抑制盐分上升的重要措施，同时还能防旱保墒，增加空隙，提高地温。盐碱地中耕要求多锄、勤锄，无苗地段也要锄，防止局部地段不锄不管，形成永不拿苗的盐斑。献县经验：不立苗盐碱地要深锄，经过暴晒、淋盐，盐碱可以减轻，否则盐斑会逐年扩大。不过勤中耕也得灵活，雨后或灌水后不能进地，等地面稍干再进行中耕，防止踩实返盐。

此外，还应注意彻治蝼蛄。碱地多蝼蛄，是保苗的另一个大敌。据在沧县捷地公社调查，盐碱地死苗，由于蝼蛄的约占一半以上。有的老农说：“碱地两怕：蝼蛄串，碱气拿。”也有把蝼蛄和碱比作同胞姐妹，孪生兄弟，或者说“一胞双胎”的关系，所以治碱治虫，得双管齐下，不能偏废。

---

① 《土壤改良增产实例》，河北省农业厅档案979-5-148。

（三）增施有机肥，改善土壤结构，抑制返盐

盐碱与地力的瘠薄紧密相连。群众运用瘠碱相随规律治理盐碱地，主要采取以下四项措施：

1. 增施有机肥。俗语“要吃碱地饭，就得拿粪换”，可见碱地需要有机肥比好地更迫切。其原因：盐碱地缺乏有机质，土壤板结且薄，阴冷潮湿，施有机肥正好对症下药。施肥后发热吸水，又能克服碱地冷湿的缺点。粪肥的组织疏松，施肥能形成“隔盐层”抑制返盐。肥料种类以驴、马、牛粪及麦糠烂草等热性肥料最好。而人粪尿、炕土、猪圈粪等，属阴发寒，不宜上碱地。

防盐效果的大小也与施肥的深浅有关。在同样深耕深度及施肥量相同的条件下，深施肥较浅施肥盐分下降效果提高一倍。根据群众经验，施肥量大应适当深施，量少应集中盖施，以便改善作物根部土壤理化条件。此外，防盐效果的大小与施肥种类也有很大关系，施用未腐熟的秸秆能使土壤疏松，增加孔隙，较腐熟良好的物质隔盐效果更好。交河（今泊头市）等地高留麦茬，翻耕入土，改良效果明显。

2. 种植绿肥牧草。绿肥牧草有大量的根系，纵横穿插可使土壤疏松，增多孔隙，形成团粒改善结构。枝叶复蔽，叶面茎腾代替了地面蒸腾，因而降低了地面的盐分积累。当植株死亡时，枝叶及根系残存于土中，可以增加土壤有机质，也可改善土壤结构，加速土壤脱盐过程。因此，种植绿肥，不仅能提高土壤肥力，而且能增加地面覆盖，减少地面水分蒸发，减轻或防止耕层返碱，有着很好的改碱效果。适于河北一般盐碱地种植的绿肥牧草主要有苜蓿、田菁、紫穗槐、黄须等。

3. 铺草铺青。其作用是通过铺青增加土壤有机质，改良土

壤结构，加大保水蓄水能力，控制盐分上升。丰润县（今唐山市丰润区）每年台田铺草面积在十万亩左右。其方法是在雨季，把提前准备好的碎草或临时割的青草，铺在沟内，通过雨淋、脚踩、耕翻混合在土壤内，来年发挥巨大的防碱肥地的效能，特别是对碱斑、碱地头，在头一年铺上青草，来年即变成好地，铺一年可以保三年。

4. 压沙换土。耕地内的点片盐碱土地，采用压沙的办法效果最好，吴桥、沧县等地群众在点片盐碱土地上，采用这种办法的很多，广大群众反映："沙土压碱土，一亩顶二亩"，"土换土多打二斗五"。事实证明，碱地压沙后，可以减少土壤里的水分蒸发，抑制盐分上升地表，有利于种子的发芽及幼苗生长，同时沙土混入碱土中，土壤疏松，地下空气流通，也有利于渗水压碱，降低土埂中含盐的浓度。黏性碱地，地面盖层细沙，既减少蒸发返盐，又能降低黏重程度（破黏劲）便于耕作，并有防旱保墒作用。但数量不能过多。沙碱地客黏土作用更好，客入数量不受限制。农谚"沙掺黏成肥田"，就说明了黏、沙土适当混合的改土肥田作用。

（四）改进播种方法，防盐保苗

改进播种方法，对防盐保苗具有重要作用，主要措施包括：

1. 适时播种。根据地温及不同季节盐分运动的特点，掌握适时播种，对躲盐保苗有重要作用。沧州等地群众播种盐碱地的经验是春播宜迟，秋播宜早。春季适当晚播，地温升高，种子发芽出苗均快，生长势强，幼株健壮，抗盐能力也较强。秋播，在雨季以后大量盐分已淋入深层，表面盐分较少，适当早播，地温高，盐分少，出苗快，很少遭受盐害。反之，如秋播过晚或春播过早，因地温低，发芽迟缓，出土甚慢，幼芽易在土中受盐浸渍，造成缺苗断垄。景县后七里群众种碱地掌握“春晚秋早夏不忙”。盐碱地比一般地土温低，春播要适当晚些。如南皮农谚“枣芽长一寸，种棉不用问”，“麦黄（小满）种谷，牛肥人富”。秋季种麦要早 10—15 天，出苗快，扎根多，避碱害。所谓“夏不忙”，是指要等大雨洗盐后进行播种，以防盐害。

2. 浅播。碱地土温相对低，播深了出苗慢，种芽在土时间过长，吸碱水多，易受盐害，适当浅种一反身就出来，可免受害。任丘、青县等地有经验的老农种花碱地“三提耧”，即好地方深，碱地方浅，一般地方平耧端。

3. 沟播。根据水盐运行规律，低处盐轻，高处盐重，采用深开沟浅复土的播种办法，效果良好。即在播种前，在田间按行距开沟，在沟内播种。由于沟底土壤盐碱含量较低，墒情较好，加以埂上蒸发较强，沟内盐分迅速向埂上移动，因而相对降低了种子附近的盐分含量，利于种子出苗。直到 20 世纪 70 年代，深沟种植法经过人们的总结提高，逐渐在大田耕作上推广，成为一种“躲碱巧种”的好办法，深受各地农民欢迎。

4. 混播。为解决碱地保苗问题，群众采取多种作物混播。如高粱和豆子，棉花和黍子，多穗高粱与黍子，稙子与稗子或稷子，进行混播，尤其洼碱地高粱和青麻等，这样旱碱都易保苗，旱涝都有收成，群众叫它“双保险”。农民实际体验除保苗增产外，还能抑制杂草，调节用肥，尤其和豆类混播，兼有培养地力的作用。

5. 盐水浸种。为了减少碱地缺苗，应适当加大播种量，推行盐水浸种，提高幼苗抗盐能力。实验和生产的结果证明：盐水浸种出苗早、出苗率高，在 0.3％的盐土层种麦，仍可得全苗。

（五）运用作物耐碱性，因地种植，合理利用

一些种碱地的能手们说“碱地怕丢，东西怕偷”，“越扔越碱，越碱越丢”；也有的说“越丢越碱，越赶越收”。总之说明碱地怕撂荒，必须因土种植，合理利用，也就是赶茬种。轻碱和中等碱地尽量种粮食作物；重碱地保苗困难，粮食作物与耐盐植物轮作，使地面经常有植物覆盖，“宁长一片青，不留一片白”。尤其在蒸发量大的返盐季节，长着植物能变地面蒸发为叶面蒸腾，以免返盐。尤以根系发达、蒸腾系数高的植物改盐作用最大，如黍、稗、稷、多穗高粱、大高粱、禾子、大豆、棉花、向日葵、黄蒿、紫穗槐等。农民之所以选种这些植物，主要由于它们具有以下特点：

其一，耐盐性强。据测定，黍子在0.6%盐量的土中能正常生长，大高粱苗期能耐0.5%左右的盐量，达到0.9%才死苗；棉花耐到0.38%，到0.8%时才死苗；稷子苗期耐盐力在0.6%以上……故种植这些植物易保苗保收。

其二，分蘖性强。黍、稗、稷、多穗高粱等分蘖性强，苗期虽碱死一部，但能利用分蘖弥补缺株，保证一定的亩穗数，产量较稳定。南皮农谚“碱地不种黍，秋后准受苦”。反之，“碱地种黍缺苗三成不用补”。因这类庄稼“一颗一大片，半亩占满田”。

其三，增加土壤腐殖质。作物中棉花、向日葵、豆、黍、稗等，植物中苜蓿、紫穗槐、拔地蒿等残根落叶较多，在土壤中腐烂后，能中和盐碱，改良土壤结构，增加土壤中的大空隙，旱时能抑制反盐，浇水或遇雨又利于压洗盐碱。

其四，拔干地面，养坷垃。凡叶片大而多的作物全能拔干，使地面见湿见干抑制盐分上升，有一定的盐改作用。如豆子、

蒿子、苜蓿、向日葵等，其中以蒿子效果最好。从科学道理上分析，这些植物耗水系数高，如大豆为774，向日葵683，苜蓿831。[①] 任丘北席阜老农经验：种蒿子于第二年开花时拔掉，立即耕翻准出坷垃。接着种什么作物都好保苗，中等碱地至少可长二年庄稼。向日葵、苜蓿等作用和蒿子相仿。

根据盐碱轻重、作物的抗碱能力，各地群众因地制宜，合理安排种植。滨海地区，水源充足，排灌设施齐全之处，种植水稻；排灌齐全、水源不足的，推行水旱轮作，可以充分发挥水的效益，扩大盐碱地的改良范围。对于保苗困难的重碱地，在地多人少、地势较高的地区，先种三四年苜蓿，然后再种粮食作物，能连续收几年好庄稼。人多地少的地区，尽量缩短栽种一般耐盐植物的年限，先种一年蒿子，以降低土表含盐量，之后种植耐盐较强的粮食作物，如稷子、高粱、秋大麦等。对于中等碱地与轻碱地，根据地势高低分别种高粱、黍、禾子、黄须、棉花、爬豆等。而地势过低极易受涝害的地区，多种植稗子、稷子、高粱、陆稻等。

三、群众改良利用盐碱地经验的分析探讨

河北群众形式多样的治碱改土措施，是在继承传统改良经验的基础上，在长期生产实践中不断摸索出来的宝贵经验，他们已经认识和掌握了“盐随水来，盐随水走，气散盐存”的水盐运动规律。其治理盐碱地的原理主要是从治水入手，降低地下水，控制地表蒸发，防止土壤返盐。指导思想是通过完整的水利、农业等综合治理技术体系，控制与降低地下水位，养地

① 《沧州地区群众改良利用盐碱地的经验》，河北省农业厅档案979-5-214。

用地结合，增进土壤肥力，以发挥盐碱地的生产潜力。根据这一思想，群众改良利用盐碱地措施大致可归纳为十七个方面：即围、台、平、淤、反、种、晒、换、压、干、沟、肥、适、耪、盖、刮、防。具体说，围是修埂围田保蓄水分，利用雨水压洗盐碱；台是沟洫台田，挑沟垫地降低地下水位；平是平整地面，防止高处聚碱，发生盐斑；淤是利用汛期混有大量泥沙的河水淤地；反是深耕反地，加厚耕层，提高渗透性能，以利压洗盐碱；种是根据土壤含盐量选种耐盐性的作物，进行合理安排；晒是早耕不耙，晒垡养坷垃；换是换土客沙；压是灌水压盐降低表土盐分；干指干耕干耙，干耕表土易成坷垃，干后再耙不致闷碱；沟是深沟播种；肥是增施有机肥，提高肥力，改善土壤结构，抑制盐分上升；适是适时播种，根据碱地地温低的特点，掌握“秋播早、春播迟”，利用较高土温，早出苗躲避碱害；盖是用圈粪、烂草、麦糠、稻壳等覆盖地面，减少蒸发，抑制返盐；耪是勤耪勤锄，保持表土松墇，破坏表层毛细管，减少蒸发，抑制返盐；刮是冬春两季刮碱扫盐，清除聚集在表层的盐分；防是防虫，以利保苗。这些方面只是根据治理原理划分的。实际上盐碱地的形成是自然、社会及人类活动多种因素综合影响下产生的。因此，群众改良利用盐碱地的方式往往是因时因地制宜进行综合治理，这是群众经验的显著特点。正如有的学者所指出的，河北“群众耕种治碱用碱措施是综合的，有效的，是防与治相结合、适应与改造相结合、避碱与抗碱相结合的成套措施，其作用表现在抑制盐分上升，促进盐分淋洗”①。这些经验，“具有严密具体、针对性强、简便易行、收

① 张伯藩：《总结运用群众经验，改好用好盐碱地》，河北省农业厅档案 979-5-214。

效较快的特点，内含着丰富的科学内容”，“是极其可贵的”，对保证盐碱地的农业生产起了很大作用，发挥了保苗增产的实效。其经验不仅丰富了中国土壤科学的知识宝库，而且对盐碱土的改良利用也提供了重要的理论依据，在中国土壤科学发展史上占有重要地位。群众治碱改土经验也不可避免地有其局限性。因为有些措施“很大程度上，还是依赖于自然或只从目前着眼，所以在进一步提高盐碱地区的农业生产上受着一定的局限”①。尽管如此，河北群众改良利用盐碱地的经验仍不乏重要的启示意义，盐碱地改良利用的形式灵活多样，不拘一格，改土与改种相结合，除涝、抗旱与治碱相结合，农业措施与水利措施相结合，以农业措施为主、用地与养地结合，等等，其思路和方式对今日盐碱地的治理工作仍具有借鉴和参考意义。

① 《关于沧县专区盐碱地生产情况的调查报告》，河北省农业厅档案 979-4-45。

家庭的解体与重生：历史视野下的唐山大地震*

中国人民大学清史研究所暨生态史研究中心　夏明方
中国社会科学院日本研究所　王瓒玮

导　言

1976年7月28日发生的唐山大地震，无疑是中国乃至人类历史上最严重的地震灾害之一，其对于震区社会的影响直到今天仍未消除。但是，与中华人民共和国成立以来的三年困难时期和2008年汶川地震相比，其在国内外学术界，尤其是人文社

---

* 2013年9月，受澳洲国立大学Helen James教授的委托，我们试图从历史的角度对唐山大地震引发的人口、婚姻与家庭问题进行解释，并受邀参加在澳洲国立大学举办的国际研讨会。会议论文英文版，已正式出版（Xia Mingfang，Wang Zanwei："The disintegration and revival of families：The Great Tangshan Earthquake in a historical perspective"，Charles Thomas Publisher，LTD，2016）。由于当时对档案资料的发掘有限，对当事人的访谈有待进一步开展，暂时未能做出更加深入的分析，更多是对现有研究的综述或拓展，在此谨表歉意。本次发表中，对材料及分析部分进行了一定的补充及修改。此外，在文献搜集、实地访谈过程中，曾得到唐山市委办公室的大力支持，在此一并致谢。

会科学领域，并没有引起足够的重视。

这样说，并不意味着学术界对唐山地震没有任何的研究。事实上，就在地震发生之后，中国科学界就已经对唐山地震的发生原因感到迷惑不解，进而开展了大量的调查研究，广泛探讨与唐山地震有关的一系列自然现象，并在理论上形成一定的突破。主要成果有《唐山地震考察与研究》《一九七六年唐山地震》《唐山大地震震害》《唐山地震孕育模式研究》《唐山强震区地震工程地质研究》等。

与此同时，一批从唐山地震中幸存下来的人文社会科学学者，他们在唐山地震十余年之后，主动运用复兴于其时的中国社会学的理论与方法，结合自己的亲身经历以及大量社会调查，对唐山地震的社会经济影响以及灾区社会恢复和社会问题展开全面深入的研究，揭示了地震前后唐山地区人口、家庭、婚姻、生育以及社会心理、社会习俗方面的巨大变动及其重新整合的历程，具有重要的学术价值。以此为契机，地震社会学在中国应运而生，成为中国灾害学领域的重要生力军。其代表作品有：《瞬间与十年——唐山地震始末》（1986 年）、《地震社会学研究》（1988 年）、《地震社会学初探》（1989 年）、《唐山地震的社会经济影响》（1990 年）、《河北省震灾社会调查》（1994 年）、《地震文化与社会发展——新唐山崛起与人们的启示》（1996 年）以及《唐山地震灾区社会恢复与社会问题的研究与对策》（1997 年）。

一部分来自医学界的相关学者，也以大量临床实践作为案例，侧重探讨地震对不同个体的心理、精神所造成的短期及中长期影响，将人文关怀渗透到医学研究之中，是为中国灾害心理学的先声。另一方面，唐山地震亦成为文学创作的重要素材。曾参与地震救灾的钱纲，以十年时间坚持不懈地追踪访谈，全景式地记录了地震当时唐山人民的种种表现。其作品《唐山大地震》被认为“在一定意义上结束了中国当代报告文学没有灾难书写的历史”。经过几十年的不断积累，以唐山作家为创作主体，带有强烈地域特色的“唐山大地震文学”已在中国文坛中占据一席之地。他们运用不同的文学体裁，真实地再现了地震对人们日常生活的强大冲击，以及灾后社会重构与整合的各个层面，为深化唐山地震的研究提供了丰富的感性材料。

但是上述研究与反思，也存在诸多不足之处。大体说来，这些研究仅仅局限于唐山地区和此次唐山地震，很少与此前中国历史上发生的重大地震或其他灾害事件连接起来，进而从一个更长的时段来探讨唐山地震对于人口变迁和人口行为的影响；另一方面，随着时间的迁移，中国社会又发生了一系列极其重要的变化，此种变化是如何与唐山地震纠结在一起共同影响着曾经是灾区的社会，影响着灾区的社会恢复和重生进程，更是少有人问津。因此，在前人研究的基础上，如何发挥历史学家的优势，充分发掘和利用迄今尚未受到重视的官方档案、新编方志以及文学作品、口述史料等，以中国社会最重要的社会单位——家庭作为考察对象，从人口的迁徙、婚姻、生育、抚养、丧葬等诸多方面，对家庭在灾前、灾时、灾后以至今天等不同时期的形态及其变化进行系统的考察，以期从一个更长的时段探讨地震灾害的社会影响及其漫长的修复过程，将是一个很有意义的话题。

一、众说纷纭：唐山大地震人口损失之谜

在探讨唐山大地震给家庭带来的长期影响时，首先要解决的问题是，究竟有多少人死于这场地震？然而，唐山大地震中的死亡人数早已成为国内外各界争论的焦点，各种版本流传

于世。

1979年11月22日，在大连市召开的全国地震会议暨中国地震学会成立大会的最后一天，地震专家才首次披露地震受灾人数。经有关部门核准，当时的新华社记者徐学江报道，“唐山大地震中，总共死亡二十四万二千多人，重伤十六万四千多人”①。

事实上，通过对唐山大地震档案的系统梳理可以了解，政府的不同职能部门在震后曾做过多次统计调查，死亡人口数字不断形成，直至今日，这项工作也仍在持续进行。

最早的调查开始于地震发生之后。当时的唐山地委会抽调200多名干部，组成13个调查组，分赴各地进行灾情摸底，并于1976年8月25日形成了初步的灾情汇报。这很有可能是政府最早掌握的地震死亡人口数字，具有较高可信度。报告显示，“唐山地区所属市县共计死亡261 000人，震亡率为3.7%。唐山市区死亡191 000人，市区震亡率远高于县城”②。

1976年9月22日的另一份灾情汇总报告有着更为具体的描述，“经过一段的调查了解，各方面的损失情况是，人口伤亡情况，死亡263 299人，其中唐山市191 300人，占全市人口的18%；唐山地区各县69 654人。重伤138 623人，其中唐山市64 031人，占全市人口的6.1%，唐山地区各县69 376人”。报告还提到，“人口伤亡情况是初步统计，唐山市还有17 599人下落不明，我们正在进一步核实”。③ 同年12月，中共河北省委据此

① 《人民日报》1979年11月23日。

② 《中共唐山地区委员会关于灾情的报告》（1976年8月），唐山市国家档案局所藏档案，档案号：090-07-0342。

③ 《抗震救灾工作总结情况介绍灾情数字》，唐山市国家档案局所藏档案，档案号：092-07-0086。

数据向国务院进行了汇报。①

1977年1月18日，唐山市公安局以户籍为依据，针对唐山市区震亡人口情况进行汇总，结果显示，唐山市区震亡总人口数（不含流动人口）为135 919人。②

1979年国家地震局在欲对外公开地震伤亡人数之时，责成河北省革委会对数字进行核实。12月18日，河北省革委会在复函中汇报“唐山市区的死亡人口被确定为135 919，重伤81 630人；唐山市及唐山地区各县（包含流动人口）死亡人数为217 495人，重伤142 366人”。

至此，上面的统计暴露了两个值得深入探讨的问题：一、官方公布的地震死亡数字，为何没有以1976年8月唐山市革委会的调查为基础？二、死亡人数的数字是否包含重伤死亡及人口失踪者？这些条件说明的缺失，为后来地震伤亡数字再建工作留下了统计盲区。因此，清尸、震后重伤死亡、地震失踪等情况需要进一步厘清。

据档案，“至1976年12月，唐山地区各受灾区县共处理尸体172 000多具，其中不包含家属自行掩埋的尸体数以及其他未清理的尸体数”③。

在重伤员中，还存在进一步的生命损失。虽然只有1000人左右被详细统计在案，但从档案中的数字估算，真实的死亡数很可能更多。震后3天内，玉田县收治的22 836伤员中，死亡

---

① 《抗震救灾工作向党中央国务院的报告》，唐山市国家档案局所藏档案，档案号：092-07-0085。

② 《唐山市公安局震亡人口统计》（1977年1月10日），唐山市国家档案局所藏档案，档案号：092-07-0255。

③ 《唐山抗震救灾指挥部关于唐山灾区清尸防疫工作情况的报告》（1976年12月30日），唐山市国家档案局，档案号：092-07-0021。

1821 人。据当时情况估计，震后不久运送各县救治的伤员，死亡率在 30%左右。[①] 另据政府后续统计估算，唐山地区共有167 439名重伤员，其中近 10 万人被转到外地医治，只有88 230人治愈返回，其余79 209人去向不明。[②] 他们可能在外地安家，也可能不治身亡，仍需要进一步查证。省内救治者中的死亡数与治愈数均不详。此外，如前所述，还有17 599人失踪。

除唐山地区之外，北京、天津乃至河北省其他受灾地区伤亡者人数也应被统计在伤亡者数据中。根据对新方志的重新计算，我们可以判断这些地区地震死亡人数大致为24 713—25 558人。[③]

---

① 《抗震救灾医疗情况（第 8 期·绝密）》（1976 年 8 月 2 日），唐山市国家档案局，档案号：092-07-0213。

② 冀发（1977）10 号《中共河北省委河北省革命委员会关于唐山抗震救灾工作的报告》，唐山市国家档案局，档案号：092-07-0018。《情况报告》（1977 年 4 月 15 日），唐山市国家档案局，档案号：092-07-0086。

③ 20 世纪 80 年代末 90 年代初开始，各地开始新修地方志。但由于政区变化等原因，省市区县等各级方志中的数据并不相互一致。通过逐一统计对比后，发现结论大体相差不多。北京市数据来源：北京市地方志编纂委员会《北京志·政务志·民政志》，北京出版社 2003 年 4 月第 1 版，第 78 页。顺义县地方志编纂委员会编《顺义县志》，北京出版社 2007 年版，第 93 页。怀柔县志编纂委员会编《怀柔县志》，第 32 页，第 139 页。昌平县志编纂委员会编《昌平县志》，北京出版社 2007 年版，第 104 页。延庆县志编纂委员会编《延庆县志》，北京出版社 2005 年版，第 90 页。密云县志编纂委员会编《密云县志》，北京出版社 1997 年版，第 75 页。北京市海淀区地方志编纂委员会编《北京市海淀区志》，北京出版社 2004 年版，第 122 页。北京市朝阳区地方志编纂委员会编《北京市朝阳区志》，北京出版社 2006 年版，第 55 页。北京市东城区地方志编纂委员会编《北京市东城区志》，北京出版社 2005 年版，第 57 页。北京市西城区地方志编纂委员会编《北京市西城区志》，北京出版社 1999 年版，第 35 页。北京市崇文区地方志编纂委员会编《北京市崇文区志》，北京出版社 2004 年版，第 37 页。北京市宣武区地方志编纂委员会编《北京市宣武区志》，北京出版社 2004 年版，第 89 页。北京市丰台区地方志编纂委员会编《北京市

丰台区志》，北京出版社2004年版，第53页，第101页。北京市石景山区地方志编纂委员会编《北京市石景山区志》，北京出版社2005年版，第35页，第101页。北京市门头沟区地方志编纂委员会编《北京市门头沟区志》，北京出版社2006年版，第34页。《通县县志》，102页。平谷县志编纂委员会编《平谷县志》，北京出版社2001年版，第108页。通州区地方志编纂委员会编《通县县志》，北京出版社2003年版，第102页。天津市的数据来源：天津市地方志编修委员会编著《天津通志·地震志》，天津社会科学院出版社1995年版，第78—79页，表1—7整理，该数据为天津市抗震救灾指挥部的统计。天津市和平区地方志编修委员会编著《和平区志》，中华书局2004年版，第53页。天津市河北区地方志编修委员会编著《河北区志》，天津社会科学院出版社2003年，第574页。天津市河东区地方志编修委员会编著《河东区志》，天津社会科学院出版社2001年版，第64页。天津市河西区地方志编修委员会编著《河西区志》，天津社会科学院出版社1998年版，第79页。天津市南开区地方志编修委员会编著《南开区志》，天津社会科学院出版社1995年，第46页。天津市红桥区地方志编修委员会编著《红桥区志》，天津古籍出版社2001年版，第56页。塘沽区地方志编修委员会编著《塘沽区志》，天津社会科学院出版社1996年版，第41页。《汉沽区志》，第36页。《大港区志》，第113页。天津市东丽区地方志编修委员会编著《东丽区志》，天津社会科学院出版社1996年版，第131页。天津市西青区地方志编修委员会编著《西青区志》，天津社会科学院出版社2003年版，第60页。天津市津南区地方志编修委员会编著《津南区志》，天津社会科学院出版社1999年，第123页。天津市北辰区地方志编修委员会编著《北辰区志》，天津古籍出版社2000年版，第62页，第136页。武清县地方史志编修委员会编著《武清县志》，天津社会科学院出版社1991年版，第123页。静海县志编修委员会编著《静海县志》，天津社会科学院出版社1995年版，第120页。河北省市资料来源：廊坊市志编修委员会编《廊坊市志》（第一卷），方志出版社2001年，第46页。《沧州市志》编纂委员会编《沧州市志》（第一卷），方志出版社2006年，第46页。遵化县志编纂委员会编《遵化县志》，河北人民出版社1990年版，第30页，第101—102页。邯郸市志编纂委员会编《邯郸市志》，新华出版社1992年版，第66页。河北省衡水市地方志编纂委员会编《衡水市志》，方志出版社2002年版，第200页。河北省保定市地方志编纂委员会编《保定市志》，方志出版社1999年版，第211—212页。河北省张家口市地方志编纂委员会编《张家口市志》，内蒙古科学技术出版社1998年版，第178页。

在这些数据的基础上可以看到，官方之“死亡二十四万二千多人，重伤十六万四千多人”的结论仍然与事实存有差距。因震后各个时期所做统计数据的不完善性，以及调查地域的不一致性，目前已很难对地震当时的伤亡做出极为准确的数字重建。但是通过各类文献的比对，较为明确的答案可能是，若按唐山地区户籍人口统计，大致应有200 000人遇难；若按唐山地区实际震亡人口统计，遇难者应在260 000人左右；但若考虑地震伤员的陆续死亡情况，17 599名失踪者，以及北京、天津等其他地区因震死亡人数，此次震灾死亡总数或如民间所言，至少300 000万人或更多。仅在唐山地区产生伤员700 000余人，重伤者160 000余人，出现震后孤儿孤老共 7000 余人，8000 多户家庭全家蒙难，截瘫伤残者达 5000 余人。

这里需要注意的是，在民间质疑过程中，政府对死亡数据的估计采取的态度也并非一味僵硬。2005 年 8 月起，我国自然灾害死亡人数不再是国家机密。2008 年，随着唐山市地震遗址公园内纪念墙的落建，20 余万死难者的具体信息也逐渐清晰。经粗略计算，截至 2014 年 5 月 17 日笔者实地调查为止，纪念墙上共有218 880左右遇难者姓名。① 而姓名补刻正持续进行。

① 唐山市地震纪念墙高 7.28 米，全长 493 米，共由 12 块大理石组成，分为 4 组。其中正反面刻有名字的石碑共 7 块，每一块碑又由横 24 块、竖 12 块的小碑组成，每一小石碑刻有 40 名死难者姓名（但个别小碑因记录遇难者所属地域或不足 40 人）。由此，截至 2014 年 5 月 17 日现地调查为止，墙上共计约为218 880左右遇难者姓名。这些死难者以唐山地区为主，对海外华侨及日本死难者的姓名也有记录。

二、补偿性增长与计划生育：家庭人口的损失与恢复

邹其嘉、王子平等学者在探讨唐山市地震前后人口变动过程时指出，人口生育补偿规律是唐山市震后人口自然变动发展的一个必经阶段，大体上经历了负向增长期、生育补偿期、向常态自然人口规律复归期等三个阶段。其中的1978年和1982年是人口生育补偿期的两个生育高峰，主要原因在于震后唐山年轻人口比重增加，并迅速进入初婚年龄，大量破损家庭短期内完成重组。但是作者并没有考虑到震后国家计划生育政策对人口生育的影响，也没有与此前的三年困难时期对人口的影响进行比较，以致对灾后人口增长机制的描述未尽准确，尚有诸多进一步商榷之处。

对于第一个阶段，当然没有疑问，但需要补充的是，仅仅计入人口的绝对损失，并不足以说明问题，还应将由此造成的相对损失包括在内，如此，其造成的破坏性便更为突出。但是到了第二个阶段，则因计划生育政策的影响，使此前中国历史时期常见的灾后人口反馈机制发生明显的变动。1959—1962年三年困难时期，唐山市区人口出生率下降，并达到该时段的最低值，仅为13.8‰。此后，1962年到1967年间，人口开始出现补偿性增长高峰，其中1963年，出生率达到50.2‰。

然而，值得注意的是，唐山大地震虽然使唐山市区的死亡率达到前所未有的134.7‰，但此后人口并未出现更大的补偿性增长高峰，仅在1981—1983年间略有回升。这说明计划生育政策对唐山市区人口的增长形态起到了非常明显的调解作用。除此之外，1981年国家新颁布的《婚姻法》将结婚年龄由原来的

“男二十、女十八”提高至“男不得早于二十二周岁，女不得早于二十周岁”，结果使河北省当年结婚人数激增。这也很可能是1981—1983年唐山市区出生人口小高峰出现的影响因素之一，但不是地震人口损失引发的。

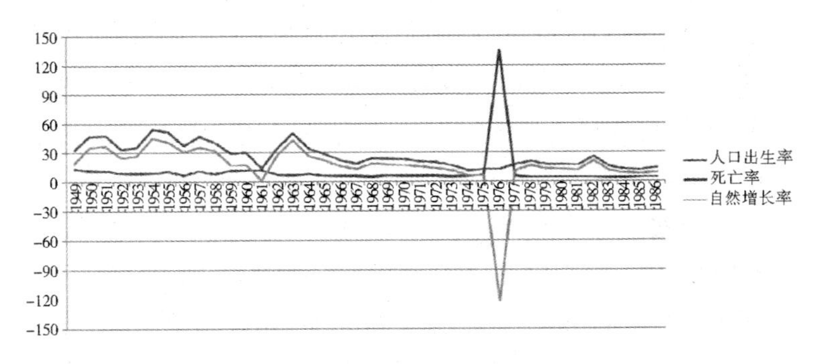

图1　唐山市区1949—1986年人口出生率、死亡率变化图①

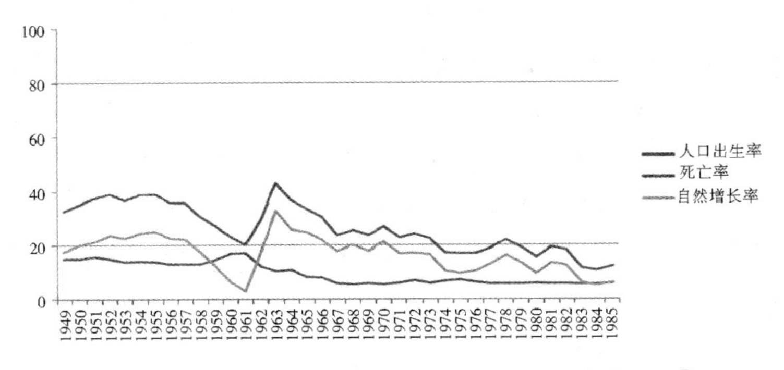

图2　丰南县1949—1985年人口出生率、死亡率变化图②

① 河北省唐山市地方志编纂委员会：《唐山市志》卷一，方志出版社1999年第1版，第251页、253—254页。

② 丰南县志编纂委员会编：《丰南县志》，新华出版社1990年版，第584—585页。

即便如此，马尔萨斯揭示的灾后人口补偿机制仍然以其顽强的力量发挥作用。震后一段时期，在不影响计划生育的大前提下，国家对地震重组家庭夫妇的生育给予了政策上的特别调整。所谓的“地震孩”“团结孩”就是这一政策的结晶。

1977—1982 年间，国家对地震灾区生育实施调节的具体措施是：震后初期，重组家庭中，夫妇一方不足两个孩子，均可再生育一个；1978 年间，生育政策宽松到不论一方有几个孩子，只要一方没有孩子，都让生一个“团结孩”。但时间不长，这种政策就停止了。为了控制人口增长，保证城市一对夫妻只生一个孩子，1983 年到 1984 年，重组家庭只要一方有一个孩子，即不能再安排生育。但新的政策出台后，再婚夫妇一方有两个孩子的丧偶者，另一方系初婚或未生育过的可以照顾生育一个孩子。这样的解决方式，解决了一大批重组家庭的生育问题。而 1986 年，唐山市区仍有 178 户地震重组家庭，其中一般是男方有三个以上孩子，女方年龄较小系初婚，孩子的年龄较大，家庭关系因此不和谐，有的夫妻关系已经到破裂的边缘。对于这样的家庭，唐山市计生委认为，可以予以照顾生育一个孩子。①

此举反映了政府在震后社会恢复阶段为维护家庭稳定做出的努力，但实际执行中，很多人却主动放弃了再次生育的权利，即使生育，也要根据当年的具体指标来完成。因此，“地震孩”政策对震后灾区的恢复调节究竟起到何种作用，其中诸多细节尚待进一步商榷。

---

① 市计生委（1986）10 号《关于解决震后重组家庭照顾生育问题的请示》，唐山市国家档案馆，档案号：105-01-0239。

三、破镜何以重圆：家庭生活的解体与重构

地震的冲击使唐山市区每家每户均有不同程度的减员，由此造成的家庭构成的诸多巨大变化，对震区家庭形态、婚姻观念和家庭生活均造成了深远的影响。地震重组家庭、截瘫患者家庭以及地震孤儿的抚育与孤老赡养成为震区突出的社会问题。地震社会学家们震后所做的一系列调查与研究，对分析震后家庭表现出来的种种变化特征，具有重要的参考价值。

在约300 000人死亡、700 000人成为伤患的巨大人口变动中，仅唐山市区，至少有25 448个家庭受到最沉痛的打击，其中全家震亡 7218 户，震后“一方丧偶者达12 869人，孤儿 2652名，孤老 895 名，截瘫人员 1814 名”①，可谓支离破碎。从数字统计来看，家庭平均人口，也从 1975 年的 4.37 人减到 3.55 人，每户减员 1 人，直到 1982 年，才有所恢复，达到 4.12。此后由于核心家庭户数逐渐增多，唐山市家庭平均人口数有减少的趋势。

① （80）市革民字第 134 号《关于我市幼老瘫三院生活管理情况的调查报告》，唐山市国家档案馆，档案号：107-1-1015。另外，据 1976 年的另一份档案文献的初步统计：“父母双亡又无亲属抚养的幼儿约 2768 人，子女死亡无亲属抚养的老人约 776 人，重伤转外地的截瘫伤员约 4122 人。”《唐山市革命委员会关于受灾幼儿、老人和截瘫人员安置管理的通知》，唐山市国家档案馆，档案号：107-1-84。

表1　唐山市家庭平均人口变化示意图①

	实有人口	总户数	平均人口
1975 年底全市	1061926	242804	4.37
1976 年底全市	937925	264160	3.55
1982 年全市	5892195	1430694	4.12
1982 年市区	1338304	348340	3.84

注：1975 年、1976 年“全市”应指原统计表中显示的“路南、路北、郊区、东矿、一劳改、二劳改、公安学校、看守所”；1982 年“全市”应指市区和所辖县。1975、1976、1982 市区这三组数字，有较强可比性。

此外，可以利用 1983 年全国第三次人口普查中的相关数据对地震在唐山市区的家庭造成的破坏力稍做估计。1982 年河北省的家庭规模比重为，“汉族 1—3 人户占总户数的 38.42%，4—7 人户占 56.91%，8 人以上户占 5.04%”②。而 4—7 人的人口规模应多属于二代际的家庭，加之血亲与姻亲的关系，平均每个家庭应有 6 位直系亲属。而唐山市区 12.8%的震亡率，即表示几乎每个家庭都有亲人丧生。这与地震亲历者的回忆比较相符，“不幸在那时是家家都有、人人都有的平常事了，相互见面的第一句话是‘你家死了几口’，人们的眼睛里已经看不到眼泪”③，地震对家庭的破坏景况可略见一斑。

---

① 1975 年、1976 年数字来自《唐山市公安局关于一九七六年人口发展变化情况和有关统计问题的说明》，1977 年 1 月 20 日。1982 年数字来自《唐山市志》卷一，方志出版社 1999 年 11 月第 1 版，第 270 页所载 1982 年人口普查数据。

② 河北省地方志编纂委员会编：《河北省志》第十二卷（人口志），河北人民出版社 1991 年版，第 125 页。

③ 侯海峰：《刺痛心目的唐山震后景象》，载冯骥才、马智主编，陈建功等编著《唐山大地震亲历记》，团结出版社 2006 年版，第 50 页。

地震的来临，使灾区人民赖以生存的一切生活物质基础消失殆尽，也使正常的家庭生活陷入种种突如其来的改变之中。半数以上的家庭，纷纷以亲缘、血缘、地缘或业缘为纽带，组成“共产主义大家庭”，过着一种群居式的生活。还有三四成的家庭选择在空旷的场地搭起一家一户的“防震窝棚”，依靠组合成的新居住区实现共同生活。待震区简易住房大批建成之后，这种应急式的生活方式迅速消失，灾民开始向小家庭模式回归。

此时，地震的影响开始以另一种形式在家庭的层面显露出来。其中最突出的是震后重组家庭大量涌现。震前唐山市因离婚、丧偶而再婚的家庭比例极小，仅有1%左右，震后到1979年底，重组家庭占地震中丧偶家庭的半数以上。至1982年，重组家庭在市区达7515户。当时唐山的社会舆论一反传统婚姻观念中排斥再婚的思想，对这样的重组家庭普遍持同情与支持的态度。其中有不少是叔嫂婚、两代联姻，两者在20世纪70年代的中国社会不仅并不常见，而且也很难为人们所接受。政府也采取特殊的生育和就业政策，如重组后一方无子女可再生一胎，农业户口可转为非农户口，继子女可以顶替接任继父母的工作岗位等，鼓励灾民重组家庭。但是绝大多数重组家庭都是建立在同病相怜的相互安慰与理解之上，并没有深厚的爱情基础，他们中有些人存在这样的想法，“感情可以培养，很多人也是先结婚后恋爱”①，实际上很不稳定，离婚率远高于普通家庭。其后经过长期的磨合，这种家庭模式终于渐趋稳定。②

① 何印素口述，许和平整理：《生存与爱协奏曲》，载唐山市政协文史资料文员会编《唐山大地震百人亲历记》，社会科学文献出版社1995年版，第607页。

② 徐金奎：《试析唐山震后重组家庭的特点及其不稳定性》，《国际地震动态》1988年11期，第12页。

那些因身体重度残缺而无法生育的截瘫患者，也被特别批准结婚。其中很多病人，在外地养病期间相识、相爱，他们于1979年11月至1980年6月陆续返唐后，纷纷要求结婚。对此，基层民政部门有两种不同意见，一是依据当时婚姻法规定，即有生理缺陷、不能发生性行为者禁止结婚，坚持认为应依法办事；一是认为准许结婚有利于双方的精神恢复，应作为特殊情况对待。经过省政府的慎重考虑，后一种建议被采纳。[①] 20世纪90年代以降，人们的思想逐渐解放，截瘫伤患的婚姻开始得到政府的大力支持。市政府和民政部门还专门拨款，于唐山市路南区筹建了“康复村”，并为入住的25对截瘫情侣举行集体婚礼。此外尚有只同居不结婚的现象[②]，体现了现代家庭模式的多元化。

也有一部分地震中的丧偶者和截瘫者，此后再没有重新组建家庭，而是选择独身一人，孤独终老。对此唐山市政府采取依靠集体、国家补助，分散管理，尽量就地安置的原则，予以赡养。对于地震孤儿，则允许亲属、父母生前所在单位或社、队以及社会各界人士进行收养。在3000多名被收养的孤儿中，少数走入了国际家庭。至于无亲属抚养，或未被收养的孤儿，则进入国家在石家庄、邢台、唐山三地建立的五所孤儿学校。这些孩子，享受了来自社会大家庭无微不至的爱护，但是国家的抚养只能保证其生活水平维持在社会平均生活水平线上，且标准一致，与孤儿多样性的发展诉求往往发生冲突，不少孤儿在长大成人后出现了自卑、焦躁、敌对、依赖等种种变异心理。

---

① 《民政局关于殡葬、婚姻、区划、民族宗教》，唐山市国家档案局，档案号：092-11-0088。

② 讲述人：唐山市截瘫疗养院王院长，采访日期2013年6月20日。

还有一些年纪幼小的地震孤儿，无人知道他们的姓名，为了生活上的需要，孤儿院便统一为这群孩子改姓“党”。但是据知情者透露，随着时代的变化和年龄的增长，他们对自己的祖先的追索之愿也愈加强烈。以血缘为纽带的家族观念，开始对地震幸存儿产生长期的心理影响。

四、国家与集体的纠葛：从民间追忆到公共纪念

对罹难者的纪念行动中，隐藏着的是以家庭为纽带的个体与国家之间在纪念仪式上的较量与博弈，以及国家在此一过程中的适应与调整。

“入土为安”曾是中国城乡各地最普遍的信仰与风俗，唐山亦不例外。“文化大革命”开始后，为铲除所谓的“封建迷信”，唐山地区开始推行大规模的殡葬制度改革，要求实行火葬，废除土葬。地震前，市郊的火化率高达 80%，各县平均 45%。[①]但是始料未及的灾难，打破了常态下的丧葬行为。短时间内土葬数以万计的尸体，迫切需要大量的荒地，家属们为此开始激烈的争夺，甚至发生口角与暴力冲突。[②] 此后，为防止疫病，唐山市抗震救灾指挥部和防疫部门开始组织清尸队，对浅埋和裸露的尸体进行无害化处理，并在指定的地点集中埋葬。

这样一种应急性的丧葬形式，对政府此前大张旗鼓推行的

---

① 唐山市档案馆《唐山市民政局关于政权建设、殡葬改革、婚姻登记等问题的报告、通知》，1983 年 6 月—11 月，第 16 页。

② 陈永弟：《唐山地震纪实——幸存者的自述》，山西人民出版社 1991 年第 1 版，第 230—240 页。

文明化殡葬改革形成了很大的冲击，以致在震后相当长一段时期内形成被当地政府官员称为“土葬回潮”的现象。据不完全统计，1982年唐山全市火化率下降到16.5%，迁安、滦南、乐亭、迁西、玉田等五县火化率不足5%。

地震那一年的阴历十月初一夜，到处闪烁着亲人焚纸拜祭的点点火光。但是随着十年重建唐山运动的兴起，废墟逐渐被清理干净。唐山人于是不约而同地来到十字路口，选好地点，燃一把火，再为亲人送去纸钱，愿亡灵得以安息。年复一年，这种来自不同家庭约定成俗的自发性行为逐渐演变为唐山的公祭日，政府要求每年的这一天全市各单位都要组织有意义的纪念活动。① 随着时间的流逝，数十万被集体埋葬的死难者家属，越来越不知应在何处祭奠和告慰自己的亲人。为死难者立碑，成为唐山所有幸存者共同的心愿。于是在政府的组织和规划之下，诸如抗震纪念碑、抗震纪念馆、抗震纪念广场等建筑纷纷建立起来，以政府为主导的纪念活动也周期性地举办，以“弘扬抗震精神、加快经济发展、扩大对外宣传、树立唐山形象”。政府的动员、组织、宣传工作扩大和加强了地震纪念的社会影响力，使地域性活动演变成为受全国乃至全世界人民共同关心、瞩目的事件。

结　语

最后需要强调的是，尽管存在这样那样的不足，中国政府的举国救灾体制在唐山地震中还是发挥了巨大的作用。它不仅

---

① 阎瑞庚：《唐山老街祭》，载唐山市政协文史资料委员会编《唐山大地震百人亲历记》，社会科学文献出版社1995年第1版，第229页。

在灾时，在唐山市区夷为平地、社会功能几近崩溃的情形下，使近百万受灾民众得到了快速的人力、物资救援与医疗急救；更为重要的是，在过去的近四十年的时间里，它一直承担着“家长式”的义务，持续不断地哺育和关怀着这里的地震孤老与截瘫患者，并且因应民众的要求，对灾后救援与恢复模式不断地进行反思与调试。从最初对生者的救援到今日对死者的追忆，唐山大地震的灾后恢复总算画上了一个并不圆满的句号。如此长期的社会善后，不仅是中国地震救灾史上绝无仅有的，也是世所罕见的。

京津冀生态环境发展之殇及应对

河北省社会科学院　把增强

京津冀生态环境建设现状各异、差距较大，但因地缘关系又一直休戚与共。尤其近年来受生态环境不断恶化的影响，京津冀三地更是面临着共同的治理难题。当然，京津冀一体化的国家战略，也内含着生态环境协同发展的要求，并呼吁三地生态环境共建共享机制及早到来。实际上，生态环境的协同发展、共享共建，不能仅仅着眼于解决表面问题，而应从更深层次的生态学理论来考量。从生态学基本原理出发，探讨京津冀生态环境建设的路径，不仅能够摆脱生态环境传统治理中治标不治本的问题，还可切实构建更为科学、合理、有效的生态环境协同发展机制。

一、问题丛生：京津冀生态环境发展之殇

京津冀区域地质地貌环境复杂，资源与环境在经济发展中长期被过度利用，整个区域的可持续发展能力严重受损。如果继续以当前模式发展下去，轻则会进一步拉大整个地区的贫富

差距，重则会导致整个区域资源总量的浪费和生态环境的毁灭性破坏。当前，在京津冀协同发展的国家战略下，无论是从环境与资源的利用现状，还是从城镇建设的现状，抑或经济发展中的三地产业协作来看，以往经济发展中不计生态成本的做法都须彻底改变，因为既往对于生态环境的巨大破坏在某种程度上已经阻碍了京津冀区域经济社会的可持续发展。其具体表现主要有以下几个方面：

一是生态环境容量与资源承载力严重超限。据《京津冀蓝皮书：京津冀发展报告（2013）——承载力测度与对策》（中国社会科学院、首都经贸大学联合发布）显示，"北京的综合承载力已进入危机状态，天津已达警戒线，河北发展空间有限"①。具体来讲，人口超载（2015 年京津冀内部互补可承载人口 9800 万，而实际则达到 1.12 亿）、水资源短缺（现有水资源仅能承载六成人口）、大气污染（近年多次连发雾霾橙色预警）、垃圾围城、交通拥堵等，一直都在困扰着京津冀区域的正常发展。而就区域内部来讲，京津地区发展所需的资源和环境又大部分取自河北地区，故而河北地区尤其是环京津周边河北地区的生态环境容量和资源承载力对于京津地区的长远发展具有一定的制约性。正是由于京津地区的生态屏障与城市水源等均来自周边河北地区上风上水的位置，相对来说，这些地区的生态环境破坏和资源开发利用也较为严重，甚至有些地方出现了过度开发利用的现象，并直接导致了生态贫困地区的增多。比如，河北张家口是京津地区的重要生态屏障，但其也因生态环境和资源的过度开发利用而成为京津地区环境污染的源头重地，风沙

---

① 《京津冀环境承载力已接近极限　北京危机四伏》，新浪河北网，2013 年 3 月 20 日。

源重点治理区就位于这个地区。

二是无序的城镇建设对生态环境产生了破坏性影响。城镇化是未来我国经济社会发展的必由之路。经过多年发展，京津冀区域的城镇化建设取得了重要进展。仅就城镇化率较低的河北来看，据有关学者统计，在2000年至2012年间，城镇化率也由26.33%提高至46.8%，城镇人口数量从1741万增至3411.55万。① 然而，在城镇一体化发展中，由于没有清晰的生态环境与城镇建设的界限，致使很多生态环境空间被挤占。尤其是各地大规模工业园区的建设，不仅挤占了大片生态环境，因工业园区建设而产生的各种产业垃圾的随意排放还造成了严重的水、大气等环境污染。生态环境的承载能力，在不断增多的各种生态失衡问题中遭遇了前所未有的挑战。与此同时，不断严重的生态环境问题也影响和制约着城镇建设的进一步发展。据郭倩倩、耿海清、任景明统计，“京津冀城市建设用地面积从2004年的2949平方公里增加到2012年的3776平方公里，区域城乡格局逐步由自然景观为主的农村包围城市转为以钢筋混凝土为主的城镇包围农村”②。由此可以想见，伴随着京津冀地区人口的继续增长，以及城镇建设规模的进一步加大，如果没有有序的监管，生态环境和资源的承载能力必将持续走低，城镇建设与生态环境之间的矛盾也将无法调解。

三是不恰当的产业协作发展导致生态环境不断恶化。当前，对于环境资源的价值，社会各界人士，尤其是企业界人士，尚

---

① 蒋春燕、张振、王晓奕：《河北省城镇化与大气环境污染相关性研究》，《石家庄铁道大学学报》（社会科学版）2014年第2期。

② 郭倩倩、耿海清、任景明：《以一体化破解京津冀环境问题》，中国环保网，2014年6月17日。

未有充分深刻的认识。[①] 表现在具体的实践中，就是哪里污染了治理哪里，什么产业出现了环境问题，治理什么产业，甚至为了确保某地环境质量，而将污染源外迁或转移，从而引发一系列新的生态环境问题。其实，重污染企业由内城向外城迁移或由大城市向中小城市转移，并非必然会为外迁或转移之地提供较好的发展机会，有时反而会在一定程度上打乱其发展计划，乃至阻碍其经济发展；另一方面，伴随着重污染企业的迁移，污染源也不断随之扩散，直接导致跨区域污染。生态环境具有系统性、无界限等特点，京津地区虽然将污染源转移到周边的中小城市，但其仍然不能全部摆脱环境污染的影响。譬如近年来的雾霾天气，虽然起于河北省重工业较多、污染排放较为严重等生态缺点，但其所造成的生态问题并非仅仅影响河北地区，京津等地虽然甩了重污染企业的包袱，也无一幸免。

二、“病情严重”：京津冀生态环境凸显之症

从京津冀区域生态环境建设来看，北京、天津抑或河北的每一个地区，首先都是一个个独立的生态系统，并时刻以自我为中心与外界产生联系，尤其是生态系统的非生物环境部分，如大气、水等，更是由中心向四周扩散，从而实现不同地区之间的远向相通。某一局部生物个体的生态系统如此，整个地球的生态系统也是这样。[②] 以此审视京津冀区域的生态环境建设，主要存在以下突出问题：

---

① 吴永立：《生态文明背景下企业环境成本核算体系的构建》，《石家庄铁道大学学报》（社会科学版）2014 年第 4 期。

② 蔡晓明：《生态系统生态学》，科学出版社 2000 年版，第 30 页。

一是生态贫困问题凸显。京津冀区域是一个互相依存、互为依托的整体，就生态环境来说，无论是地质、地貌，还是气候、土壤，乃至生物群落，都自成系统，并共进共荣。多年以来，京津与河北地区的关系就像是“城市和农村、中心和外围的关系”[①]，并在发展中很大程度上剥夺了周边地区的发展机会，尤其是京津地区对于周边河北地区生态环境和资源的过度开发，更是形成了较为严重的生态贫困带。在这些地区，生态环境和资源在尚未充分为己造福的情况下，却要优先供给京津地区；而与此同时，京津地区发展又在无意中对这些地区形成抑制，并直接导致这些地区与京津地区之间区域差别和贫富差距的日渐拉大。当然，面对日益严重的生态问题，北京和天津也采取了一系列措施进行治理，但其所采取措施往往只能起到暂时性缓解作用，真正从根本上顾及当地发展和生态环境问题的则比较少，故而这些生态贫困区也变得越来越敏感且难以治理。

二是水资源过度开发严重。对水资源的过度开发也是引发生态问题的重要原因。长期以来，作为“资源型”缺水地区，“京津冀地区水资源开发程度高达109%”，其中“尤以海河南系和冀中南地区水资源超采最为严重”。如果按照这一用水标准，即便是平水年份，京津冀区域用水“年均赤字近90亿立方米，其中地下水68亿立方米”，“年均挤占河湖生态用水量15亿立方米”。[②]尤其是河北地区，作为京津地区的水源地，在自身水资源严重短缺的情况下，始终全力以赴为京津地区提供充足、清洁的水资源。据有关专家统计，“天津用水的93%、北京用水

① 吴殿廷：《京津冀一体化中的生态环境问题》，《领导之友》2004年第5期。

② 李慧：《京津冀水利一体化如何破冰》，《光明日报》2014年9月21日第2版。

的80%来源于河北”[①]。如此一来，更是致使河北地区水资源严重匮乏甚至难以为继。水资源的过度开发和利用，不仅使得诸多河道、河口及地下水位处的生态问题频现，并在短期内难以修复，而且，由于城镇建设和经济社会发展中的污染物的任意排放，无论是地表水还是地下水，都受到了不同程度的污染，水体和水质的恶化直接影响了京津冀区域的整体用水工程。

三是大气污染严重且难以治理。京津冀是我国现阶段污染最为严重的地区。据国家环保部统计的数据显示，2013年，京津冀区域空气质量整体较差，平均达标天数比例为37.5%，所有城市PM2.5和PM10年均浓度均超标，部分城市空气质量重度及以上污染天数占全年总天数的40%。[②] 进入2014年以来，京津冀区域更是多地连发十数天雾霾天气，北京和天津空气中的PM2.5有三到四成源自区域的输送，即京津地区的空气污染有相当部分来自周边河北地区的污染空气扩散。在治理大气污染上，京津冀地区均做了种种努力。比如，2014年，北京市全年淘汰老旧车47.6万辆，并进一步强化用车排放达标监管；同年，河北全年淘汰了1500万吨炼铁、1500万吨炼钢、3918万吨水泥、2533万重量箱平板玻璃；2015年5月，天津按照每公斤1.5元的标准开征施工扬尘排污费，这一烟尘排污费征收标准较之以前上调了10倍。[③] 应该承认，随着环保力度的空前加强，近期的京津冀空气质量已经有所改善，但因产业布局依然不够精良、能源结构依然不够合理等原因，京津冀区域的大气

---

① 张藏领：《京津冀之间，既要讲大局也要讲公平》，《环境经济》2014年第8期。

② 《2013年京津冀区域所有城市PM2.5和PM10年均浓度全部超标》，新华网，2014年3月26日。

③ 谢雨、余荣华、朱虹、史自强：《让蓝天多起来——京津冀大气污染防治综述》，《人民日报》2015年5月29日第6版。

污染问题依然顽固存在，如何才能根治仍然是亟须思考并加以治理的一大难题。

四是生态合作补偿机制不够健全。生态环境建设是一个世界性问题，生态补偿更为世界所关注，不仅在中国是这样，世界上任何一个国家无不如此。而且，国外在生态补偿问题上的研究已经取得了很多有益的成果。比如，国外将生态补偿的方式大多归为公共补偿、限额交易、自愿补偿、征收环境税费、生态产品认证计划、生态旅游、信托基金与捐赠基金等七类，并大多强调生态环境的系统性、整体性和对生态产品提供者补偿的公平性①，这对我国的生态补偿的研究和实践有着重要的借鉴意义。就京津冀区域而言，由于环京津河北周边地区生态环境和自然资源的过度消耗，使得生态环境保护问题逐渐凸显。只有借鉴国际经验，按照生态环境的整体性、系统性特点建设绿色的生态体系，才是京津冀区域的长久发展之计。但就目前来看，三地大多处于各自为战的状态，区域分割低效治理环境问题严重，尚未形成从政府到民众、从资源到环境、从共享到共治的生态合作补偿机制。实际上，治理生态环境污染需要各方共同努力，尤其是在生态补偿方面，京津地区应该与河北地区协同处理、积极应对，切实避免因河北生态环境敏感地区出现生态问题而殃及京津两大城市的现象。

三、破解有道：京津冀生态环境建设之策

当前，京津冀协同发展已纳入国家发展战略。在此背景下，

---

① 郭平、蒋秀兰、贾文学：《国外关于生态补偿的研究综述》，《石家庄铁道大学学报》（社会科学版）2015 年第 3 期。

建立系统完整的京津冀生态文明制度体系，用制度保护生态环境，实现生态环境共享共建共治，刻不容缓。欲如此，相关各地务须彻底摆脱只顾自身发展而不顾其他的“自扫门前雪”心态，真正实现各方生态环境协同联动，形成一个统一、完整的生态环境享有格局及共建共治机制。而面对频发的生态环境问题，借助生态学原理进行分析并提出解决之策，不失为一个重要途径。

一是构建三地统一的生态系统架构。在京津冀一体化大背景下，那种自给自足、各自为战的传统方式根本无法满足整个区域的共同发展，区域间的协同合作发展，尤其是生态环境协同发展统一管理机构的构建已迫在眉睫。生态环境的流通性、无界性本质，决定着无法将其进行区域性划分，比如大气污染，京津冀虽然具有彼此固定的行政区划方位，却无法将大气固定于一地，在这种情况下，一地之污染必将影响其他区域的空气质量。因此，构建一个系统完整的生态环境共享共建共治的协作机制，不仅应建立专门的生态分区，还要建立严格的分级管理制度。生态区域不同，生态环境的破坏程度也会有所区别。以此认识为基础，统筹各类生态环境破坏状况，划分等级，并有针对性地制定较为可行的治理方略。与此同时，京津冀三地的生态环境分级管理制度要力求统一，并建立明晰的各级生态奖励和问责制度，进而形成更为有效的三地协同治理机制。

二是建构三地统一的生态系统模型。生态系统模型，是考察和描述生态系统的基本方法，主要包括整个系统的基本成分、组织结构、行为功能等，并对系统的特性和行为进行简要描述。通过各种生态系统模型的建构，理出它们之间相互依存、相互影响的关系，通过改变其中的功能因素来转变其主要功能，使整个大的生态系统向着更加优化、更为高效的方向发展。同时，生态系统在建构过程中能够清晰体现其开放性，这对于京津冀区域生态环境的整体把握具有重要意义。生态环境，一方面，可在小生态系统中以外界环境身份担负起提供无机营养元素的输入和输出平台的职责；另一方面，可在京津冀大生态系统中担负起作为生产、消费和分解者生存和依赖的无机环境角色。建构生态系统模型，可清晰辨别出生态环境的发展现状及所出现的问题，并可通过分析模型，有针对性地对生态环境做出调整，从而达到既治标又治本的目的。

三是切实尊重生态环境的承载容量。每一个生态系统都有其自身能够承载的负荷力，水、土地、大气、森林等生态系统都具有此种特性。从京津冀区域发展的总体目标来看，我们既要考虑经济的快速发展，也要重视生态环境的保护和污染防治，尤应考量每个地区生态环境的承载容量。考察生态环境的承载容量，就必然需要严格掌握生态红线，明确划定区域内水、土地、煤炭等的消耗上限，在能源消耗强度与能源消耗总量两个方面实现“双控”，并以当前治理成效为标准，秉持水、大气、土壤环境质量“只能更好，不能更坏”的原则，明确用水指标，强化水土保持，做好风沙源治理及防护林建设，改良土壤环境，严控生态空间超标征用占用，督促各级政府切实负起环保职责。① 当然，红线标准的制定，也离不开对于生态环境容量的划定。比如，排污量和可排污染物标准的划定，清洁生产以及清洁生产扶持量的划定，不同区域控制和防治程度的划定，等等。在此基础上，实事求是地制订京津冀区域生态环境整体规划方案和政策计划，并以之作为生态环境保护的重要标准和依托。

---

① 王喆、周凌一：《京津冀生态环境协同治理研究——基于体制机制视角探讨》，《经济与管理研究》2015 年第 7 期。

四是提升整个生态系统的生物多样性。生物多样性能够为整体生态系统提供多方位服务，如森林的存在，不仅缓解了空气污染、水土流失及物种灭绝的困境，而且在吸收并贮存了上百万年的太阳能后，又为人类社会提供了煤炭、石油等发展能源。然而，长期以来，为了谋求物质财富的极大丰富，人类在农业生产上追求了太多高产、高效的农业品种，从而在不经意间引发了各种生态环境问题。比如，单一品种农作物的种植，不仅导致土壤中微生物和微量元素逐渐偏离了平衡状态，影响了土壤肥力，在某种程度上造成了土地沙化，甚至还会引发该品种农作物病虫害的发生，且一旦发生不易治理。而如果适当保持生态环境中的物种多样性，维持土质中各种元素的平衡，即便遭遇病虫害，也不会出现整片农作物全部受害的现象，更不会影响到整个生态环境的平衡发展。因此，提升整个生态系统的生物多样性，尤其是植物的多样化种植，不仅能够增强生态系统的稳定性，抵御生态环境的恶化，还可在生态环境建设中起到不可忽视的作用。

五是注重生态学高新技术的开发和应用。治理生态环境问题，生态学高新技术的开发和应用，不可忽视。尤其是一些新出现的生态现象、生态问题，如PM2.5、土地荒漠化、水体富营养化等，无不涉及生态学高新技术的理论和实践。对于此类问题，只有积极研发高新技术才能实现有效治理，否则就会成为治理难题。当然，高新技术的开发和应用，不应止于口头空喊，而应切实体现在政策规定和贯彻落实上，这就需要彻底摒弃以往制定政策前忽视实际可操作的缺点，从问题产生的本源入手寻找治理生态环境的可行性措施。先进的理念和技术，可以减少决策失误，提升对生态环境的利好影响。在具体操作中，就是从影响生态环境的产业项目着手，以更为先进的技术和理念对建设项目进行严格监督和把控，尤其是对于从北京和天津转移到河北的高污染、高耗能、高耗水“三高”产业，更要从一开始就做好规划，彻底解决从选址到生产、从生产管理到污染防范、从后期治理到前期保护等各方面潜在的问题，从根源上防止新的环境污染的出现。

六是构建生态环境协同发展长效机制。在绵延的历史长河中，生态环境为人类的生存和发展提供了充足的物质基础和良好的生存环境，但这个生态系统同样存在可持续发展的要求。然而，在传统的区域发展模式中，京津冀三地尤其河北地区一直是以重工业为产业发展重点。京津冀一体化成为大势所趋之后，京津地区虽然通过向河北地区转移重工业的方式缓解了其本身存在的生态问题，但这种治标的方式依然无法摆脱周边河北地区生态环境质量低下的影响。其实，生态环境问题并非不可解决，只要三地打破原有固化的仅限自身区域的规划模式，实现三个区域的一盘化，构建起协同发展的长效机制，从根本上进行预防和治理，生态环境问题就会根治。

永定河的环境变迁及生态修复对策初探*

河北省环境科学研究院　李洪波

一、永定河水系概况

永定河，古称漯水，隋代称桑干河，金代称卢沟，元、明代有浑河、小黄河等别称。由于河道迁徙无常，俗称无定河，历史上曾留下多条故道。到清康熙三十七年（1698），清政府通过进一步疏浚河道，加固岸堤，才将史称的无定河改名为永定河。

永定河水系是海河的一级支流，位于海河流域的西北部，东临北三河，南界大清河。永定河是海河水系北系的最大河流，全长 747 公里，流域面积为47 016平方公里。全河流经山西、内蒙古、河北、北京、天津五省（市），在天津汇于海河，至塘沽注入渤海。

* 受国家水体污染控制与治理科技重大专项课题“海河北系永定河——洋河段水污染控制与水质改善技术集成与综合示范”（2015ZX07203-005）资助。

永定河上游有两大支流，南为桑干河，发源于山西省宁武县管涔山，中途纳入壶流河、岔道河两分支；北为洋河，发源于内蒙古兴和县，有洪塘河、清水河等支流。两河汇合于河北省怀来县夹河村，开始称永定河。发源于北京延庆县的妫水河也流入永定河。三河汇入官厅水库，经三家店出山进北京。

永定河河道受地形影响，上下游形态差异较大，表现出较强的空间异质性。上游处在太行山、阴山、燕山余脉，内蒙古黄土高原，海拔 1500 米以上，植被、地形、气候条件差，土壤侵蚀严重，致使永定河水泥沙含量极大；自官厅水库至门头沟三家店段，长度 108.7 公里，属于典型的山谷性河道，平均海拔 500—100 米，短距离内落差从 450 米降至 100 米，山峦重叠，沟谷曲曲弯弯，坡度变化大，水流湍急；下游从三家店出山，入京津平原到渤海口，形成古道洪冲积扇面，海拔在 25 米至 100 米之间，河道属游荡型河道，没有固定的河道形态，水流相对平缓，泥沙大量沉积，致河床高于地面，历史上改道多次，极易发生漫溢决口。1985 年永定河被国务院列入全国四大防汛重点江河之一。20 世纪 70 年代以来，随着全球气候变化，永定河流域持续多年干旱少雨，下游常年处于断流状态。

永定河流域位于欧亚大陆东部中纬度地带，属寒温带大陆性季风气候，风多雨少，气候干燥，冬季干冷漫长，夏季短促炎热，昼夜温差悬殊。多年平均气温 7.8℃，最高气温 40.9℃，最低气温－26.2℃。流域内多年平均降雨量为 406mm，年平均蒸发量为 2120.5mm。降水的时空分布很不平均，且降水多分布在 7、8、9 三个月，占全年降水量的 70％—80％，常发生中小面积高强度集中暴雨。

流域内植被覆盖度低，植被状况较差。流域属高原背山区，群山环抱，山峦起伏，黄土丘陵面积广阔，有不少山间盆地。

一般盆地区植被较好，水土流失轻微；而广大黄土丘陵区沟壑纵横，植被很差，水土流失十分严重。

二、永定河环境变迁及生态环境问题

（一）水资源变迁

永定河流域水资源主要来源于降水，由地表径流和地下水构成。地表径流主要来源于桑干河和洋河，二者合计径流量占永定河总径流量的90%以上。永定河流域平均产水系数0.14，与海河流域平均产水系数0.2相比低30%。永定河上游、下游属于游荡型河流，河床经常变动，善淤、善决、善徙，历代溃决迁徙危害严重，1954年建成官厅水库，并在上游建设多座水库及其他水利工程，才基本控制了上游洪水。

官厅水库位于河北省怀来县和北京市延庆县境内，1951年动工，1954年竣工，1958年开始供水，初建库容为22亿 m^3，1989年7月扩建到41.6亿 m^3，是中华人民共和国成立后建设的第一座大型水库。近50年来，官厅水库来水量以年均2300万 m^3 的速率锐减，导致来水量相应地由20世纪50年代的20亿 m^3 减少到2009年的2200万 m^3，而后逐渐回升到2013年的1亿 m^3。2012年底水库库存水量仅为1.37亿 m^3，供水能力严重不足。官厅水库水量的锐减加剧了北京市水资源的供需矛盾，危及北京供水安全。同时，水量的减少使污径比相对增大，加剧了水质恶化。与此同时，三家店引水量相应减少，但占三家店来水量的比重却不断攀升，使得三家店径流量在官厅水库建库后以年均3500万 m^3 的速率减少至基本为零。其直接影响是永定河平原段多年持续干涸，河床裸露，风沙肆虐。1980—

2008 年永定河北京段的地下水埋深呈下降趋势，其中城近郊埋深从 1980 年的 15m 增加到 2008 年的 30m。

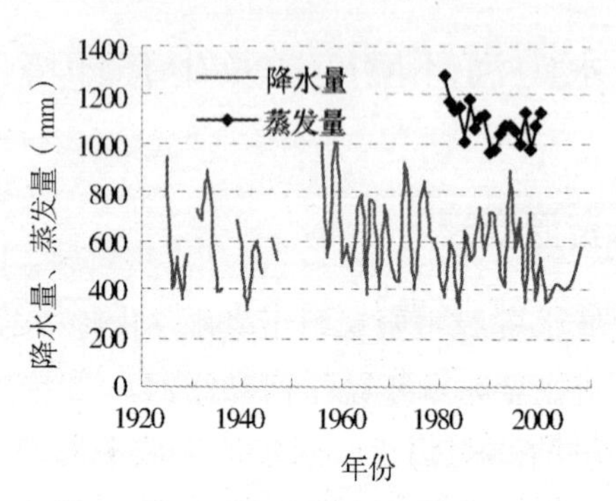

图 1　永定河流域（北京段）1925—2008 年间降水量及 1981—2000 年间蒸发量

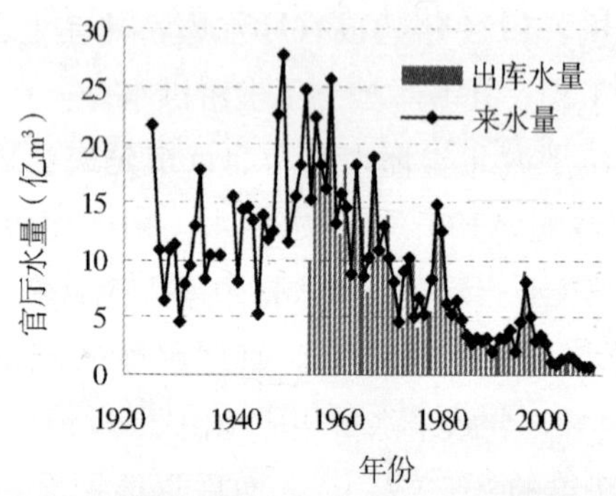

图 2　1925—2008 年间官厅水库来水量及 1955—2008 年间官厅水库出库水量

相关研究表明①，官厅水库来水的减少主要是由官厅水库上游地区用水量增加、用水结构变化、水库层层拦截造成的，而

① 于淼、魏源送、刘俊国等：《永定河（北京段）水资源、水环境的变迁及流域社会经济发展对其影响》，《环境科学学报》2011 年第 9 期，第 1817—1825 页。

与流域的降水量（r＝0.041）和蒸发量（r＝0.288）相关性很弱。1997年官厅水库上游地区用水9.17亿m^3，比1979年增加了8%，其中农业灌溉用水比例由99%降至87%，城镇用水比例由1%升至13%（程大珍等，2001），而同期官厅水库来水却减少了66%。截至2004年，官厅水库上游地区已建成总库容约13.99亿m^3的大型水库2座、中型水库16座和小型水库257座（胡春宏等，2004），以至当降雨量相同时，1980—1997年官厅水库的径流量较1956—1979年平均减少15%—20%（程大珍等，2001）。

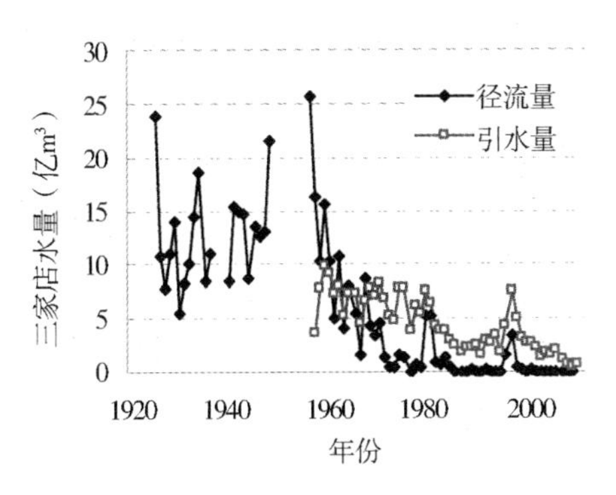

图3　1925—2008年间三家店径流量及1957—2008年间三家店引水量

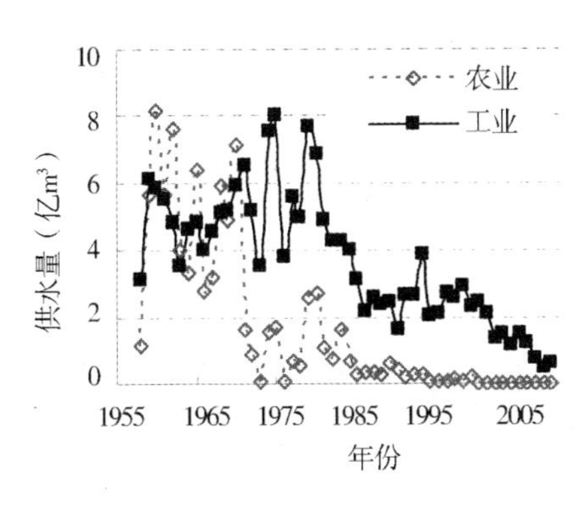

图4　1958—2008年间官厅水库供应工农业用水量

（二）水环境变迁

从20世纪80年代后期开始，随着入河污水量的逐渐增加，水质由点到线逐渐恶化，在20世纪90年代中期达到污染的高峰。自2000年以后，随着国家和地方对水污染控制力度的加大，入河污染负荷逐渐下降，水质逐渐改善，但目前依然没有达到水功能区划的目标。张家口市环境监测站监测数据显示，2009年之后流域整体水质有显著改善，有12项地表水水质指标达到或优于地表水Ⅲ类标准，但氨氮、化学需氧量、总磷、高锰酸盐指数等仍然不能达到相应标准，限制着流域整体水质达到优良水平。

国家环境保护部全国主要流域重点断面水质自动监测显示（图5），2009—2013年官厅水库入库八号桥断面在丰水期的水质相对较好，可达到III类甚至II类水质标准，而在平水期和枯水期，水质则明显变差，有50%的监测数据为V或劣V类，主要污染物为氨氮，无法满足恢复官厅水库饮用水水源地功能的要求。

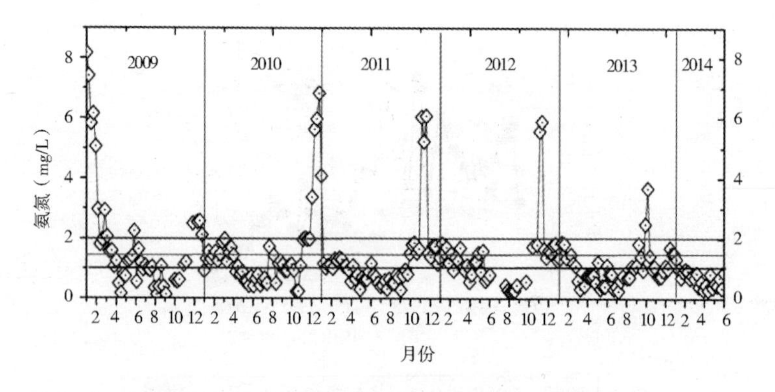

图5　2009—2013年八号桥断面氨氮监测结果

2002年到2012年常规监测资料亦显示，虽然官厅水库上游洋河和桑干河水质有逐渐改善的趋势，但是2012年流域8个监测断面的总氮指标大多数仍为IV类或V类水质；总磷也呈逐渐改善趋势，2012年流域8个监测断面的总磷指标基本上保持在III类水标准，但由于河流总磷水环境质量标准高于湖泊水环境质量标准限值，所以总磷也是官厅水库污染的主要因子。

官厅水库在20世纪70年代已经受到污染，但程度较轻。20世纪80年代初，官厅水库受农药污染，乐果平均值超标，挥发酚、氰、氨氮等最高值超标。1983—1985年官厅水库水质有所好转，达到清洁水平，但1986—1991年氨氮等有机污染加重。1997年水库被迫退出城市生活饮用水体系，1998年官厅水库水质下降为劣V类，重度污染，此后水质稳定在IV类。总氮和总磷等富营养化指标超标，处于轻度至中度富营养水平，库区蓝藻水华时有发生。

（三）其他生态问题

永定河除水质尚不能达到相应标准外，还存在着水土流失、河道淤积、植被稀少、河岸破坏、河床斑驳、生态水量少等生态问题。

永定河流域夏季多暴雨、洪水，冬春干旱严重。上游黄土高原森林覆盖率低，土壤侵蚀严重，河水混浊，泥沙淤积，日久形成地上河。

山区河段，山峦起伏，沟壑纵横。流域内土壤多为沙性土，河床为砂砾石组成，河道坡降大（纵坡9.54‰），冲刷大，造成河岸侵蚀，水土流失严重。

上游水库拦蓄使得下游水量锐减，多条河流或河段呈常年或季节性断流。山前平原段又有一定数量的闸坝和灌渠等水利工程，部分河道受灌溉、采沙等人为活动干扰严重，致使河水断流，河床坑洼斑驳，流域天然水系遭到破坏，河道水力连通性被分割。

三、生态修复对策

永定河对于我国的环保事业具有特殊的意义，我国的环境保护事业就是从永定河官厅水库开始起步的。1972 年北京市成立了官厅水库保护办公室，河北省成立了三废处理办公室，共同研究处理位于官厅水库畔沙城农药厂污染官厅水库问题。之后，中央到地方相继建立环境保护机构，有关环境保护的法规先后出台。

从永定河水系区位来看，永定河贯穿京津冀，尤其是与北京紧密相连，永定河流域承担首都的水源、防洪、生态、旅游等多种功能，是北京市重要的水源地和生态屏障。同时，洋河的主要支流清水河流域崇礼县，是 2022 年北京、张家口联合申办冬奥会雪上项目的比赛场地。奥运会的举办，对当地的生态环境也提出了更高的要求。在京津冀协同发展大形势下，做好永定河的生态修复有着至关重要的意义。

要做好永定河生态修复，应从以下几个方面着手：

第一，河流水质达到相应水体功能要求的标准是首先要解决的问题。建立永定河水质目标管理技术体系，根据河流功能和水质目标科学计算环境容量和区域污染负荷，精准治理区域污染源。在点源治理方面，应进一步加强污水处理厂及管网建设，提高污水处理效率提标改造，工业废水达标排放等；在面源控制方面，强化农业面源管控，减少化肥农药使用，加强畜禽养殖粪污处置等，同时关注城市面源管理。

第二，水生态环境良好的重要标志是河流具有足够的生态流量。节水优先，严格执行水资源管理的“三条红线”，构建区域尺度的健康社会水循环系统；调整产业结构，提高农业灌溉水利用率，降低万元工业增加值用水量；必要时需谋划流域内和跨流域调水。

第三，小流域环境整治，构建生态型小流域。充分尊重和利用流域内山水相间的自然地理、地貌特征，通过栽植水土保持林、沟头防护、石谷坊、铅丝石笼护坡、蓄水池、浆砌石坝等工程措施，以及建立封育保护区、禁垦禁牧等管理措施，给河流本身的自然恢复过程让出充足的时间和空间，有效提高植被覆盖度，增加水资源涵养量，减少水土流失，减少河流泥沙淤积，防灾减灾。

第四，生态河道、湿地建设。针对河道长年受水力冲刷作用而造成的河道形态、植被单一，河床侵蚀严重等问题，应用近自然修复技术，从水量、水位、水环境与水生态等方面入手，利用现有的河岸边洼地、空塘，构建多级串联自然人工湿地生态水廊道系统。增加河岸的稳定性，调节水流流速和方向，减少河道侵蚀，提高河流生境的多样化，保持和增加水生生物多样性。有些治河工程的建设，造成自然河流的渠道化及河流非连续化，使河流生境在不同程度上单一化，引起河流生态系统不同程度的退化。在河流的生态修复和恢复中应引以为戒，要尊重和利用河道的空间结构差异，尽可能提高河流形态的异质性，使其符合自然河流的地貌学原理，为生物群落多样性的恢复创造条件。

第五，建立可持续的流域生态管理机制。永定河属于跨界河流，在行政区内应实行严格的水质目标管理，确保污染物排放总量和监测断面水质达标；上下游应协调共管，建立适宜的生态补偿机制，构建跨界生态保护与水资源可持续利用的管理模式。

白洋淀湿地典型植被芦苇储碳、固碳功能研究*

河北大学生命科学学院　李　博　刘存歧　王军霞　张亚娟

自工业革命以来，全球大气中CO_2、CH_4和N_2O等温室气体浓度显著增加，其中CO_2浓度已从工业化前约280mL·m^{-3}增加到了2005年的379mL·m^{-3}，温室效应引起的全球性的气候变化受到各国的普遍关注。① 1997年《京都议定书》首次以法律的形式规定了工业化国家分阶段的温室气体减少排放限额。因此，自20世纪70年代以来，有关温室气体的研究愈发受到

---

* 本文系基金项目“水体污染控制与治理科技”重大专项（2008ZX07209-007）。

① 参见水利部应对气候变化研究中心《气候变化权威报告——IPCC报告》，《中国水利》2008年第2期，第38—40页。

世界各国政府和学术界的关注①，但这方面的研究过去多集中在森林、草原和农业生态系统上②。湿地作为地球上水陆相互作用形成的独特生境，与森林、海洋一起被列为全球三大生态系统。湿地普遍具有较高的初级生产力，其中植被可以通过光合作用吸收大气中的 CO_2 从而发挥储碳、固碳的重要生态服务功能，在全球碳循环中占有重要地位。因此，近年来对湿地在相关方面的研究也逐步展开，有些研究已较为深入。湿地植物净同化的碳仅有 15%再释放到大气中，表明湿地生态系统能够作为一个抑制大气 CO_2 浓度升高的碳汇③；全球湿地植物的平均固碳能力为 0.05—1.35kg・m^{-2}・a^{-1}④；北方泥炭地湿地植物的固碳能力为 0.31kg・m^{-2}・a^{-1}⑤；温带草本沼泽湿地生物量较高，中国三江平原湿地植物的固碳能力为 0.80—1.20kg・m^{-2}・a^{-1}⑥；

---

① Bluemle J.P.,Sabel J.M.,Karlén W:“Rate and magnitude of past global climate changes”,Environmental Geosciences, 1999,vol.6,pp.63—75.Adams J.M.,Piovesan G:“Uncertainties in the role of land vegetation in the carbon cycle”,Chemosphere, 2002, vol.49, pp.805—819.Falkowski P.,Scholes R.J.,Boyle E.,et al:“The globalcarbon cycle:a test of our knowledge of earth as a system”,Science, 2000, vol. 290,pp.291—296.

② 周广胜、张新时：《全球气候变化的中国自然植被的净第一性生产力研究》，《植物生态学报》1996 年第 20 卷第 1 期，第 11—19 页。

③ Brix H.,Sorrell B.K.,Lorenzen B:“Are Phragmites dominated wetlands a net source or net sink of greenhouse gases?”,Aquatic Botany,2001,No.69,pp.313—324.

④ Aselmann I.,Crutzen P.J:“Global distribution of natural freshwater wetlands and rice paddies,their net primary productivity,seasonality and possible methane emissions”,Journal of Atmosphere Chemistry,1989,vol.8,No.4,pp.307—358.

⑤ CrillM.P.,Bartlett K.B.,Harriss R.C.,et al:“Methane flux from Minnesota peatlands”,Global Biogeochem Cycles,1988,vol.2,pp.371—384.

⑥ 马学慧、吕宪国、杨青等：《三江平原沼泽地碳循环初探》，《地理科学》1996 年第 16 卷第 4 期，第 323—330 页。

中国长江口湿地植物的固碳能力为 1.11—2.41kg·m^{-2}·a^{-1}①。但对于华北地区湿地植被的储碳、固碳能力的研究尚未见报道，故本文以白洋淀湿地芦苇为例，研究探讨华北地区典型湿地植被的储碳、固碳能力，为该地区的碳循环研究提供依据。

一、材料与方法

（一）研究区域概况

白洋淀湿地（38°43′—39°02′N，115°38′—116°07′E）位于华北平原中部，是华北地区最大的淡水湖泊，对于保证全流域、华北地区和北京、天津等重要城市的环境安全具有重要作用，被誉为“华北之肾”。本区在地质构造上属于新生代冀中坳陷，在地貌上位于永定河和滹沱河的两个冲积扇所挟峙的扇间洼地之中，地势较平坦，海拔 5—10m，自西向东微倾，坡降 1/6000 左右。白洋淀流域因受河流泥沙的冲淤和人为影响，微地貌结构十分复杂，淀区被 39 个村落、3700 条沟壕分割成大小不等、形状各异的 143 个淀泊，上游由潴龙河、孝义河、唐河、府河、漕河、瀑河、萍河和白沟引河等河流注入，淀水经东部赵北口东流与海河相通，年均地表径流量 45.15 亿 m^3。该区属温带大陆性季风气候，冬季寒冷干燥，夏季炎热多雨，多年平均气温 7.3℃—12.7℃，最高气温 43.5℃，平均年积温 2992℃—

① 梅雪英、张修峰：《长江口典型湿地植被储碳、固碳功能研究——以崇明东滩芦苇为例》，《中国生态农业学报》2008 年第 16 卷第 2 期，第 269—272 页。

4409℃。全流域多年平均降雨量为563.7mm[①]，年内分配不均，7—9月占年降水量的80%，年均水面蒸发1761.7mm，蒸发和渗漏量接近$3\times10^{8}m^{3}$。白洋淀地貌景观以水体为主，淀底西高东低，海拔5.5—6.5m（大沽高程），最适宜水位为7—9m。20世纪60年代以来在白洋淀上游建水库150多座，总库容达36.36亿m^{3}[②]；白洋淀周边建有防洪堤坝，最高水位12.8m。白洋淀水位在20世纪50年代最高，20世纪80年代和21世纪初的水位明显低于其他年份；各年内的水位变化趋势明显，水位最低值一般出现在6月，最大值出现在9月。根据安新县水利局记录，1920—2003年白洋淀共有7次干淀记录，其中20世纪80年代干淀次数最多、历时最长，1984—1988年共有5年时间连续干淀。近年来，由于降水不多，上游来水很少，白洋淀淀区面积又逐渐萎缩。[③]

淀内以沼泽为主，土壤营养物质丰富，生物种类繁多，是芦苇的理想产地。芦苇在白洋淀的分布广泛，是白洋淀分布面积最大、最典型的水生植被，在湿地功能的发挥过程中起着不可忽视的作用。但是自20世纪70年代以来，由于遇到干旱周期，加之上游工农业用水不断增加，导致湿地面积不断萎缩，苇地面积相应波动，芦苇品质变差，芦苇产量也由60年代的8万吨下降到1996年的1.5万吨[④]，不仅影响到当地农民的收入，也影响到湿地生物多样性的保护及其生态服务功能的发挥。

---

① 赵翔、崔保山、杨志峰：《白洋淀最低生态水位研究》，《生态学报》2005年第25卷第5期，第1033—1040页。

② 朱宣清、何乃华、张圣凯等：《白洋淀水域动态与演变的遥感研究》，《地理科学》1992年第12卷第4期，第370—378页。

③ 安新县地方志编撰委员会：《安新县志》，新华出版社2000年版，第10—17页。

④ 安新县地方志编撰委员会：《安新县志》，新华出版社2000年版，第10—17页。

（二）研究方法

采样工作在2009年7月进行，样地选择在鸳鸯岛、北田庄和圈头区域的典型苇地，随机选取样方（1m×1m）。

地上部分生物量测定：统计样方内芦苇密度，之后采用“W”方法在样方内随机取芦苇9株，齐地割取，标记后带回实验室烘干称重。将每株芦苇按照茎、叶片和叶鞘等构件分类，80℃恒温烘干至少48h至恒重。以平均单株干重乘以密度得到样方内的生物量，现存量即为地上部分净初级生产力。

地下部分生物量测定：将地上部分齐地割取后，用铁锹挖出样方内（25cm×25cm×60cm）土样放入网筛，筛选、冲洗、烘干至恒重，称重得到地下部分生物量。地下部分生产力以地上部分现存量的30%—80%计算。

碳的换算：以白洋淀湿地芦苇的有机质生产为基础，根据光合作用反应方程式推算每形成1g干物质需要1.62gCO_2，进而计算固定碳的数量。

二、结果与分析

（一）白洋淀芦苇的储碳、固碳能力

白洋淀湿地属温带大陆性季风气候，四季分明，日照充足，土壤营养物质丰富，生物种类繁多，是芦苇的理想生境。根据表1数据可见该区域芦苇生物量较高，为5.76—7.88kg·m^{-2}，平均6.64kg·m^{-2}；碳储量较大，为2.52—3.44kg·m^{-2}，平均2.9kg·m^{-2}。芦苇的地下根茎为多年生，在土壤内纵横伸展，采样区域亦无大规模人为挖取，所以地下部分生物量大于

地上部分，地下/地上生物量比率为 2.38—3.30，平均 2.90，即地下部分碳储量是地上部分的近 3 倍。

表 1　白洋淀芦苇的生物量及碳储量　　单位：kg・m^{-2}

项目	生物量		碳储量	
	范围	平均	范围	平均
地上部分	1.44—2.09	1.7	0.63—0.91	0.74
地下部分	4.32—5.79	4.94	1.89—2.53	2.16
合计	5.76—7.88	6.64	2.52—3.44	2.90

本区域芦苇具有较高的初级生产力（表 2），其初级生产包括地上部分和地下部分。地上部分可以分为茎、叶片、叶鞘等构件，生物量合计达 1.44—2.09kg・m^{-2}・a^{-1}，固碳能力达 0.63—0.91kg・m^{-2}・a^{-1}，不同构件固碳能力顺序为：茎＞叶片＞叶鞘；地下根茎部分为多年生，年生产力为地上部分的 30%—80%，即地下部分固碳量为 0.19—0.73kg・m^{-2}・a^{-1}。综上，白洋淀湿地芦苇具有很强的固碳能力，可达 0.82—1.65kg・m^{-2}・a^{-1}，具有显著的生态服务功能。

表 2　白洋淀芦苇的净初级生产力及固碳能力　单位：kg・m^{-2}・a^{-1}

项目		净初级生产力	固碳能力
地上部分	茎	0.85—1.23	0.37—0.54
	叶片	0.31—0.41	0.14—0.18
	叶鞘	0.20—0.49	0.09—0.21
地下部分		0.43—1.67	0.19—0.73
合计		1.87—3.78	0.82—1.65

（二）白洋淀湿地固碳能力同其他类型生态系统的比较

2000年中国陆地植被固碳能力为4.94×10^{12} kg·a^{-1}，平均0.49kg·m^{-2}·a^{-1}①；全球植被固碳能力平均为0.41kg·m^{-2}·a^{-1}②。据此可以推算白洋淀湿地芦苇的固碳能力是全国陆地植被平均固碳能力的1.7—3.4倍，全球植被平均固碳能力的2.0—4.0倍。与中国不同生态系统的固碳能力相比③，由于白洋淀湿地的芦苇种群郁闭度较高，其平均固碳能力强于城市、河流、湖泊等生态系统，与相同植被覆盖度的常绿阔叶林、落叶针叶林、常绿针叶林、落叶阔叶林等森林生态系统（表3）相当。④

表3　不同生态系统的固碳能力⑤

编号	生态系统类型	平均植被覆盖度（%）	固碳能力（kg·m^{-2}·a^{-1}）
1	常绿阔叶林	64.2	1.63
2	落叶针叶林	41.8	1.08
3	常绿针叶林	55.5	1.07
4	落叶阔叶林	48.1	1.06

① 何浩、潘耀忠、朱文泉等：《中国陆地生态系统服务价值测量》，《应用生态学报》2005年第16卷第6期，第1122—1127页。

② 李银鹏、季劲钧：《全球陆地生态系统与大气之间碳交换的模拟研究》，《地理学报》2001年第56卷第4期，第379—389页。

③ 何浩、潘耀忠、朱文泉等：《中国陆地生态系统服务价值测量》，《应用生态学报》2005年第16卷第6期，第1122—1127页。

④ 梅雪英、张修峰：《长江口典型湿地植被储碳、固碳功能研究——以崇明东滩芦苇为例》，《中国生态农业学报》2008年第16卷第2期，第269—272页。

⑤ 梅雪英、张修峰：《长江口典型湿地植被储碳、固碳功能研究——以崇明东滩芦苇为例》，《中国生态农业学报》2008年第16卷第2期，第269—272页。

续表

编号	生态系统类型	平均植被覆盖度(%)	固碳能力($kg \cdot m^{-2} \cdot a^{-1}$)
5	灌丛	45.2	0.75
6	沼泽/湿地	39.2	0.61
7	耕地	40.5	0.48
8	海边湿地	30.2	0.37
9	城市	30.1	0.23
10	河流	32.8	0.22
11	湖泊	19.4	0.15

三、结论与讨论

芦苇在白洋淀湿地典型生长在高于水面的台地以上，水中不能形成优势群落。台地上沉积物粒度细，其中氮、磷、有机质含量也较高，土壤肥沃，利于芦苇的生长发育，为芦苇的较高储碳、固碳能力打下了坚实的基础。此外，从芦苇自身的生理特性分析，生长在台地上的芦苇叶周围的碳含量远高于水环境中，芦苇具有类似于陆生植物的气生叶，可以通过光合作用使环境中的碳含量不再成为光合作用效率的限制因素；芦苇植株发达的根茎、密集着生的叶片以及高强度的蒸腾作用，可减弱呼吸作用，降低叶面温度，从而储藏较多的净光合作用产物。所以，白洋淀湿地芦苇具有较高的储碳、固碳能力。

湿地植被一般具有较高的地下/地上生物量比率，多年生植物的根茎常年保持在地下更是如此。梅雪英等研究发现长江口芦苇带湿地的地上/地下生物量比率为2.96；亦有研究认为，芦苇不仅具有较高的地上/地下生物量比率，且不同地点的比率变化很大（表 4）。[①] 本研究发现，白洋淀湿地芦苇的地上/地下生物量比率为 2.38—3.30，平均 2.90，地下部分碳储量是地上部分的近 3 倍，因此，地下的根茎部分是白洋淀湿地芦苇碳储存的主要场所。

表 4　不同研究地点芦苇的地上地下干物质量[②]

地点	地上部分	地下部分
瑞典 Umeå	0.31±0.15	5.47±1.25
瑞典 Lake Tåkem	0.34±0.05	4.53±1.71
丹麦	0.56±0.09	6.22±1.06
荷兰	1.31±0.12	3.58±0.54
匈牙利	1.95±0.79	2.80±0.99
罗马尼亚 Danube Delta	2.59±0.23	4.09±0.76
罗马尼亚 Octaploid	4.14±0.75	11.18±5.69
捷克	0.83±0.05	3.40±0.52

白洋淀湿地芦苇的生物量较高，为 5.76—7.88kg·m^{-2}，平均 6.64kg·m^{-2}，植株碳储量较大，为 2.52—3.44kg·m^{-2}，平均 2.9kg·m^{-2}，且地下部分的生物量大于地上部分，两者比值为 2.38—3.30，平均 2.90，地下部分碳储量是地上部分的近 3 倍。白洋淀湿地芦苇具有较强的固碳能力，为 0.82—

① 梅雪英、张修峰：《长江口典型湿地植被储碳、固碳功能研究——以崇明东滩芦苇为例》，《中国生态农业学报》2008 年第 16 卷第 2 期，第 269—272 页。

② 梅雪英、张修峰：《长江口典型湿地植被储碳、固碳功能研究——以崇明东滩芦苇为例》，《中国生态农业学报》2008 年第 16 卷第 2 期，第 269—272 页。

1.65kg · m^{-2} · a^{-1}，是全国陆地植被平均固碳能力的1.7—3.4倍，全球植被平均固碳能力的2.0—4.0倍。与中国不同生态系统相比，白洋淀湿地的芦苇种群固碳能力强于城市、河流、湖泊等生态系统，与相同植被覆盖度的森林生态系统相当。

海河流域水污染环境灾害分析

河北大学化学与环境科学学院　梁淑轩　秦　哲　梁博隆

引　言

海河是我国华北地区主要河流之一，流域面积 31.82 万 km^2，包括海河、滦河和徒骇马颊河三大水系。① 海河流域是中华文明的发源地，开发最早的地区之一。目前，流域内大中城市多，人口密度大，工农业生产发达，政治经济地位十分重要。但是该区是全国七大江河流域中水资源最匮乏，同时又是水污染最严重的地区。生活污水和工业废水向河道的大量排放，造成海河流域水生态系统的破坏，使其丧失本有的功能。

纵观历史，海河流域先天性环境脆弱，灾害频发，主要自然环境灾害为洪、涝、旱、碱，其中，尤以洪涝灾害发生最为频繁，而如今的海河流域以人为环境灾害最显突出，主要表现

① 尚志海、刘希林：《试论环境灾害的基本概念与主要类型》，《灾害学》2009 年第 3 期，第 11—15 页。谭徐明：《海河流域水环境的历史演变及其主要影响因素研究》，《水利发展研究》2002 年第 12 期，第 15—20 页。

为环境污染型灾害及生态破坏灾害。人类对自然环境和资源的不合理开发利用，加剧了生态环境的破坏，从而增加了水环境灾害的发生频率和受灾程度。目前，海河流域生态环境的危机仍然处于激化的过程中，局部有所改善而总体继续恶化，且区域间的冲突加剧。

国外对环境灾害的研究始于20世纪70年代，90年代以来国内外学者对环境灾害进行了广泛研究，与国外相比，国内对环境灾害的研究要晚20年，对环境灾害与环境问题或环境污染之间的关系还非常模糊。

本文基于水资源历史演变情况和近年来的水质数据，从环境科学的角度去探讨环境灾害，分析了海河流域水污染导致的灾害根源，从深入探讨危机的成因入手，提出了减缓措施建议。

一、海河流域水环境历史演变

海河流域是近2000年变化最大的流域，明清以前，大清河、御河上游有良好的植被，也一直是清水河流，明清以来含沙量才逐渐提高，明代拒马河为永定河所迫，归于大清河，其后永定河下游夺大清河，大清河尾闾成为高含沙河流。海河流域历代湖沼洼淀面积见图1。流域水环境的演变与降水、气温、植被等自然因素关系密切，同时，人类活动也是重要影响因素，并且干扰程度越来越大。近现代海河流域水资源的主要特点是水资源总量少，降雨时空分布不均，经常出现连续枯水年，加之人类活动干扰，导致洼淀逐渐缩小。

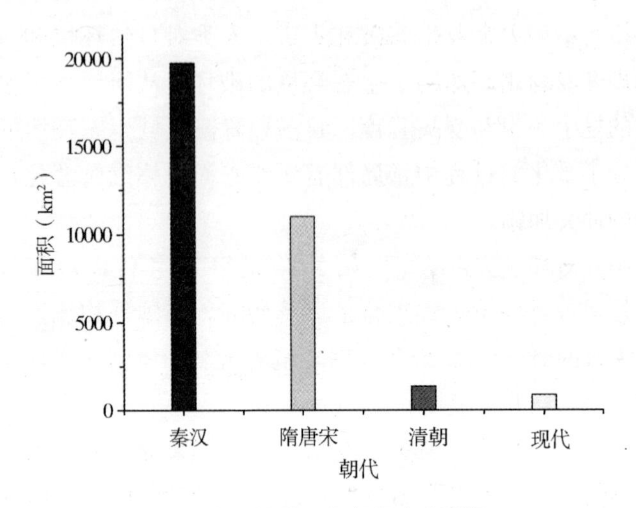

图 1　海河流域历代湖沼洼淀面积

近几十年来，淀泊水体面积大幅减少，60—80 年代耕地面积快速增加，70、80 年代，土地利用以耕地为主导。根据遥感影像，海河流域土地覆盖类型变化见图 2。1978 年后，国家实施改革开放，随着城市化和经济的快速发展，耕地面积持续减少，而经济效益高的生产性用地类型表现出明显的增长，工业用地迅速增加，污染强度进一步加大，这对海河流域的生态环境造成不良影响。

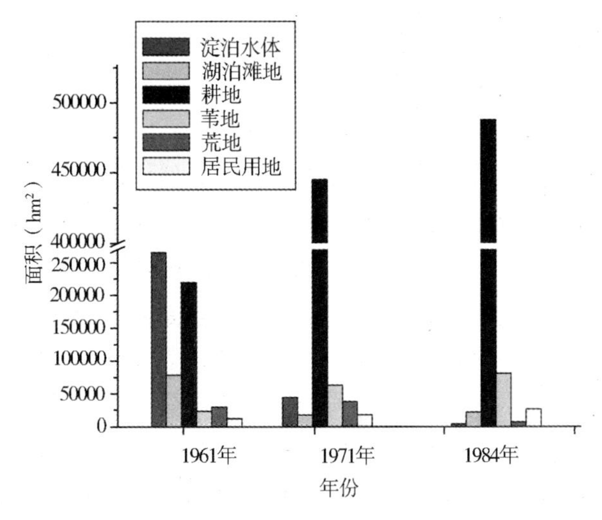

图 2　不同遥感影像反映的土地覆盖类型

二、海河流域水污染状况

海河流域是我国钢铁、煤炭、石油、化工及粮食基地，其产值、产量在国民经济中占有重要地位。随着流域社会经济不断发展，水资源利用率提高、排污加重，海河流域成为我国七大江河中水资源最紧缺、水污染最严重、生态环境最脆弱的流域。

根据《2015 中国环境状况公报》，海河流域 64 个国控断面中，Ⅰ类水质断面占 4.7%，Ⅱ类占 15.6%，Ⅲ类占 21.9%，Ⅳ类占 6.2%，Ⅴ类占 12.5%，劣Ⅴ类占 39.1%。海河流域是全国污染最重的流域，劣Ⅴ类水体比例远高于全国（8.9%）。

水污染是困扰海河流域水环境的最为严重的问题之一。海河流域水污染有以下特点：（1）相当一部分重要的地面水源地受到污染或污染威胁；（2）本流域多数大中城市是以地下水为主要水源，地下水源地受到污染威胁；（3）中下游地区的生态环境破坏严重。由于水资源缺乏，中下游平原地区的河流基本干涸，无天然径流，城镇排出的污水得不到任何稀释，形成不少污水河，如北京的通惠河、排污河，保定的府河，大同的御河，沧州的沧浪渠，邢台的牛尾河，唐山的陡河等。另有一些河流虽有一定基流，但因排污量很大，污染仍然非常严重，如卫河、南运河、洋河、漳河上游、滦河潘家口上游河段。由于水体功能下降造成的损失是巨大的，甚至难以估量，存在水生态水环境退化的潜在风险，海河流域生态环境的危机已对流域国民经济的可持续发展构成了严重的威胁。其水污染防治迫在眉睫，任重道远。

三、海河流域环境污染灾害的分析及减免措施

（一）灾害分析

历史上海河流域洪、涝、旱、碱等自然环境灾害频发，其中尤以洪涝灾害发生最为频繁。而今日的海河流域以人为环境灾害最显突出，主要表现为环境污染型灾害及生态破坏灾害。由于人们把生活污水和工业废水向河道大量排放，使得海河流域大面积的水域污染及富营养化，进而造成饮用水源污染，鱼类大量死亡，水生态系统破坏，使其丧失本有的功能。

海河流域严重的水污染已经不仅仅是制约经济发展的问题，同时也影响了社会的安定，威胁到流域内人民的生存和繁衍。

海河流域由于水资源严重匮乏[①]，造成大量未处理的污水被引去灌溉。全流域污灌面积已经超过1000万亩，占流域总灌溉面积的10%以上。污水灌溉造成地表水、地下水、土壤、农作物等农业生态环境的污染和破坏，对人体健康构成了很大威胁。天津等地的研究表明，长期污灌使病原体、致突、致癌物质通过地下水、粮食、蔬菜、鱼等食物链迁移到人体内，造成污灌区人群寄生虫和肠道疾病发病率、肿瘤死亡率大幅度提高。

（二）海河流域污染原因分析

1. 区域性和结构性污染严重

流域内虽有北京、天津等经济发达、排污强度低的地区，但多数城市的经济发展低于全国平均水平，高耗水、重污染行业比重较大，治理水平总体较低，尚未实现区域经济建设与环境保护的协调发展。海河流域的水污染主要是工矿企业的废污水和城镇生活污水中携带的大量污染物进入河流水体造成的。近年来乡镇工业发展迅速，污水排放量急剧增长，主要污染行业有造纸、化工、酿造、电力、钢铁、石油化工等，其中造纸、化工、酿造这三个行业排放的污染负荷占全流域总污染负荷的一半以上。

2. 河道干涸、功能退化

流域内河流的径流量小，在非汛期有些河流甚至干枯，水体自净能力差，这使得流域内水污染问题更加严重。一些河道虽然有水，但主要是由城市废污水和灌溉退水组成，基本没有

---

① 赵高峰、毛战坡：《海河流域水环境安全问题与对策》，科学出版社2013年版。李健：《海河流域污染防治与对策》，《长春师范学院学报》（自然科学版）2008年第5期，第71—73页。

天然径流，有河皆干，有水皆污，已成为海河流域的一个突出问题。河道干涸还引发河道内杂草丛生、土地沙化、土壤盐分累积。

（三）污染防治建议

1. 强化环境管理，加大执法力度

要把法律手段、经济手段和行政手段有机结合起来，提高管理水平和效能。依法管理环境，加大执法力度，坚决扭转以牺牲环境为代价，片面追求局部利益和短期利益的倾向，纠正有钱铺摊子、没钱治污染的行为，严肃查处违法案件，对各企业污水处理设施要确保其正常运转。

2. 认真贯彻流域规划，切实提高实施效果

近年来，我国针对海河流域的污染制订了一系列的水污染防治规划，并结合南水北调工程在漳卫南运河子流域出台了一系列水污染防治管理指南。这些水污染防治计划在实施后已取得了部分预期效果，但在改善水质方面进展仍不明显。对此必须加强统一领导，建立切实可行的考核机制，对目标任务进行量化、细化，对未完成目标任务的地区，责任追究不能只是一纸空文，要真正地贯彻执行。

3. 进行产业结构调整，严格执行产业政策

海河流域要从可持续发展的战略高度来审视水污染问题，国家要采取宏观调控手段，调整海河流域的产业结构布局，逐步形成节水型经济结构，研究并制定相应的产业政策，提高市场准入的门槛，禁止建设重污染项目，实行耗能少、耗水少、污染少、占地少和技术密集度高、附加值高的四少两高的产业政策。严格控制在水资源紧缺的地区建设耗水量大的工业项目，取缔严重污染的中小型企业。通过产业结构调整，不仅达到缓

解和消除海河流域水环境危机的目的，而且可以将这种干预推广为一项长期的污染预防政策，促进海河流域经济结构的战略性调整和可持续发展。

4. 严格执行排污许可证制度，促进水环境质量好转

我国现行的排污许可证制度是在1989年提出的，实践证明，这是一种行之有效的污染控制环境政策，通过发放排污许可证，既使排污企业可以继续进行现在的生产，又可达到污染控制的目的。大力推行排污许可证制度，依法按流域总量要求发放排污许可证，把总量控制指标分解落实到污染源。强化执法，一旦发现有违反许可证管理规定的行为，立即对其进行纠正、处罚，甚至终止排污许可，不断促进水环境质量好转。

结　论

水资源不足与水污染是海河流域内河流生态系统面临的重要问题，人类活动是海河流域水环境演变的主要因素，水环境状况直接取决于人口和水土资源的需求强度，为减轻水环境灾害的发生频率和受灾程度，① 亟须进一步优化产业结构，加强流域内水污染治理和生态修复。

同时，还亟须进行专门性研究，建立有效的风险预警系统，实施科学的工程措施，控制环境灾害的发展，将灾害损失减少至最低程度。

---

① 温小乐：《农业环境灾害评价的技术程序与指标体系初探》，《农业资源与环境学报》2010年第2期，第66—68页。

中国近500年大灾县数直方图

中国地震局地质研究所　高建国

中国是世界上自然灾害最严重的国家之一。我们对于灾害的历史研究得很不够，很多是“亡羊补牢”，而且从中吸取的教训不够、方法不多、重视欠缺。1983年，笔者提出灾害学概念，只有一句话，即灾害学是研究因灾害造成的人口损耗及其对策。现在大多数定义包括人和物质。笔者认为，这些定义都没有问题，但人高于一切。只要这一个因素，问题处理起来要单纯得多了。

目前灾害学研究存在如下问题：

一、所有分析灾害的图，都是自然因素图，如烈度图、雨量分布图，没有灾害图。

二、对于过去的案例研究得很不够。

三、重大自然灾害很快会集体失忆，即使是巨灾，也不会超过五年，核心价值观中也未得以体现。

四、有些声称是灾害研究但其实并非灾害学范畴的，而是其他学科的技术，离解决灾害问题还相差很远。

五、大部分研究都是近六十年的，五千年成果没有充分体现。

六、历史上最严重的灾害只有两种：饥荒和瘟疫。这两种灾害死亡上千万人的案例有的是，其他灾害没有超过死亡百万人的。对于这两种灾害，关注度不高。什么叫灾害？人类不认识或者没有办法控制了，才叫灾害。

七、灾害学研究中文科、理科割裂现象严重。相互的文献很少参考。文理交叉的基金项目很难申请到。在重大灾害面前缺乏文、理科对话。尤其是理科生缺乏历史知识，这不能责怪理科生，主要原因是缺乏语境，即历史学的表达方式理科生不感兴趣。举例：理科生对《中国地震历史资料汇编》不感兴趣，而换一种语境，则对《中国地震目录》感兴趣。即便同是社会科学，凡交叉学科，如经济史、历史经济，法制史、历史法制，相互看不惯，研讨会相互不邀请。搞历史经济的认为经济史论文连文献都没有搞清楚，搞经济史的认为历史经济没有理论。这里不仅存在语境问题，还存在历史学的严重危机。现实不会顾眷历史，只埋头于故纸堆，不顾及当今社会发展的需求，出路何在？

1998年，出版人钟洁玲率先提出“读图时代”。图像的优点是生动形象，“读图时代”满足了人们在快节奏生活时代对信息的需求，并在解释真相、还原真相时有着重要的作用。往往洋洋数千言、数万言的文字篇幅，只需一两幅图就能表达。

2009年9月1日，我到日本东京参加第六届北京—东京论坛后在成田机场等飞机时，从书店购一本《世界の历史》小书。书中只用2张图就把欧洲铁路历史讲清了（图1、图2）。

2013年，我应邀在郑州大学、河南大学讲课，图示1943年河南饥荒，起到“读图”作用。这样我开始对历史上大灾做系统研究，试图用图表示历史上的大灾。

傅斯年说，“史学便是史料学”；我以为，灾害史便是案例学。没有案例，就没有灾害史。当前，我们对于案例不是研究得

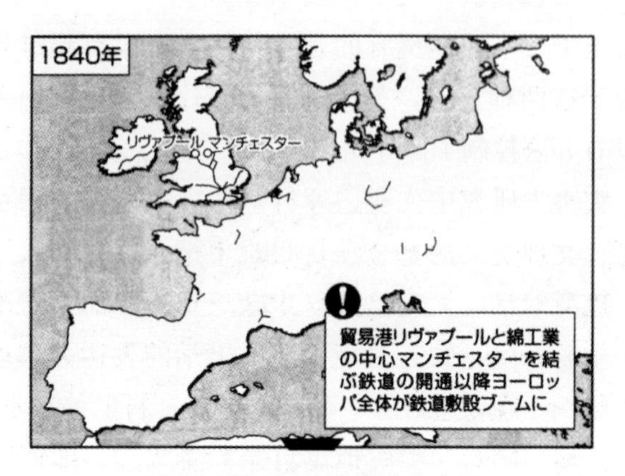

图 1　1840 年欧洲铁路分布图

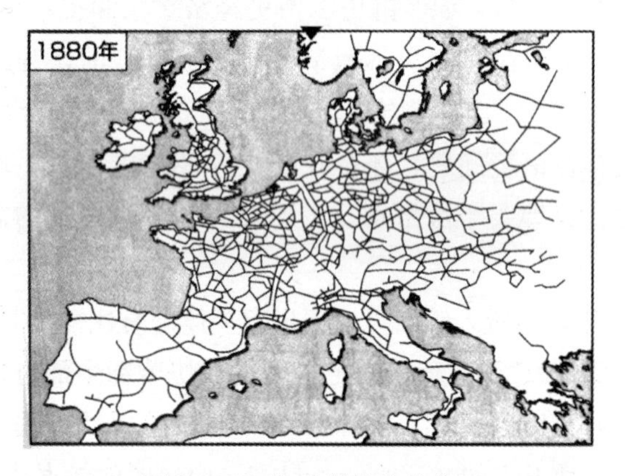

图 2　1880 年欧洲铁路分布图

多了，而是太少了。尤其是对大灾、巨灾研究得不够，以致同类灾害一而再，再而三发生。《战国策·楚策》：“见兔而顾犬，未为晚也；亡羊而补牢，未为迟也。”连“亡羊补牢”都没有做到，更不用说“预防为主”了。

近 20 多年来，我查阅了 2000 余部新编地方志，分析了古人记录灾情的习惯。对于灾情中死亡人数的描述，定量的少，如：

湖北峡州（今宜昌市）：至大三年六月，峡州路大水、山崩，坏官廓民居21 829间，死者 3467 人。[①]

而定性的多，如：

陕西临潼县（今西安市临潼区）：光绪三年（1877），秦晋自去冬今春及夏不雨，赤地千里，人相食，道殣相望，其鬻女弃男者不计其数，为百年之奇灾。[②]

湖北洪湖县（今洪湖市）：民国二十年（1931）入夏以来，霪雨连绵，经月不止。8 月份全月平均雨量 361 毫米，外洪内涝，发生特大洪水，死者枕藉，瘟疫大作。[③]

福建福清县（今福清市）：清康熙元年（1662），大水，田、屋被淹，溺死人无数。[④]

其中，“不计其数”“死者枕藉”“死人无数”等描述，尽管没有明确的数目，但应该是一个大数目。姑且定义在 100 人以上。联合国救灾署把场次灾害死亡人数 100 人以上定义为大灾。

经过初步搜集、整理，共计找到有史以来大灾资料14 861条，并按照时间进程作图（图 3），过去没有把中华人民共和国成立前和中华人民共和国成立后灾情连在一起，因为中华人民共和国成立后的灾情用年度总统计数据，而中华人民共和国成立前难以找到。用本方法就可以完成两个时期的资料对接。

---

① 湖北省宜昌县地方志编纂委员会：《宜昌县志》卷二《自然环境》，冶金工业出版社 1993 年版，第 113 页。

② 陕西省临潼县志编纂委员会：《临潼县志》卷四《自然灾害志》，上海人民出版社 1991 年版。

③ 洪湖市地方志编纂委员会：《洪湖县志·自然环境》，武汉大学出版社 1992 年版，第 85 页。

④ 福清市编纂委员会：《福清市志》卷二《自然地理·第八章自然灾害》，厦门大学出版社 1994 年版。

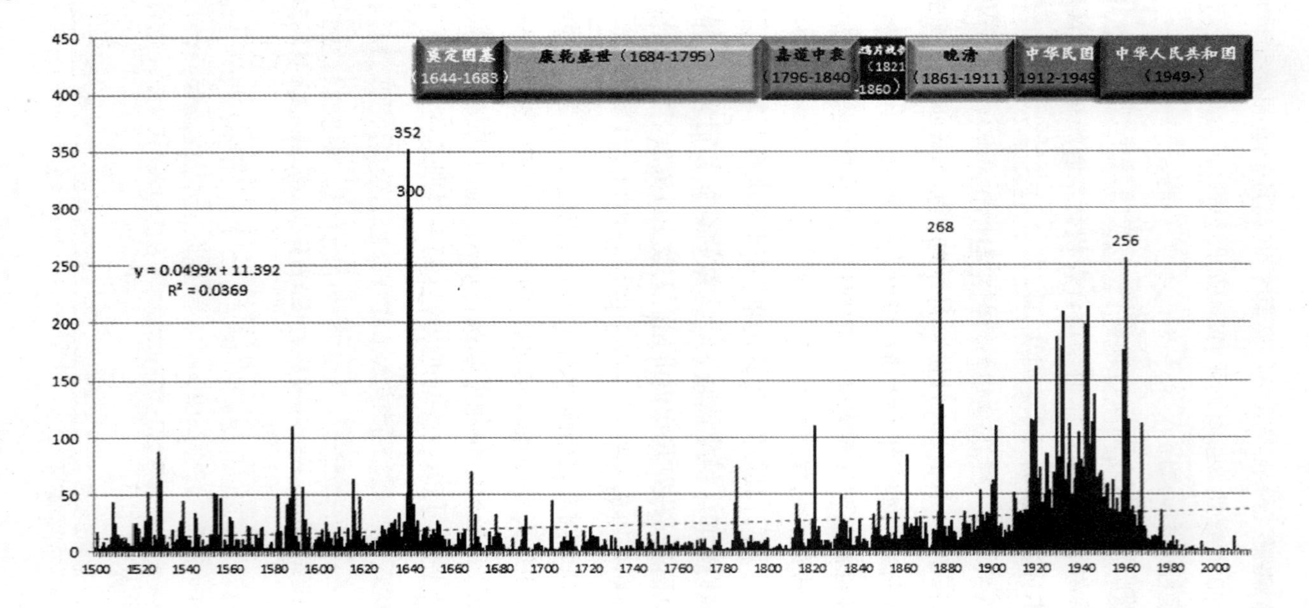

图3　1500—2013年中国大灾县数直方图

灾害最严重的时期有三段：第一段为明末，1640 年（352 县）、1641 年（300 县）为中国近 500 年来灾害最严重时期，对这段时期的研究程度远少于第二段；第二段为 1877 年（268 县）、1878 年（129 县），处于其次，称之为“丁戊奇荒”，学界研究这一时期的灾荒最勤，据统计已出版论著 7 本，论文上百篇，每年都有新著；第三段为 1959 年（176 县）、1960 年（256 县）、1961 年（115 县），被称为“三年困难时期”，研究程度也少于丁戊奇荒时期。

1800 年以来，以时段来说，1918 年（115 县）—1946 年（138 县）为最严重时期；以年度来说，为最“黑暗”年份。我国新民主主义时期的三大敌人，即帝国主义、封建主义、官僚资本主义。这三大敌人，好比三座大山，沉重地压在旧中国人民的头上。几乎无年不大灾，无年不死亡大量人口。这不仅在中国，就是在世界上也是相当罕见的。这与前三个 1—3 年尺度不同，是连续 29 年时间。

清代晚期，灾情较大年份具有一定的周期性；民国时期这种周期性已经消失，为“天灾人祸”集中发生时期；中华人民共和国成立后，可以分成两个时期，1949 年（70 县）到 1976 年（36 县）为灾害多发期，共发生 859 县，年平均 52.8 县；1977 年（8 县）到 2007 年（0 县）为灾害少发期，共发生 92 县，年平均 3.0 县，减少了 49.2 县，减灾效果十分显著。2008 年（13 县）是转折期，主因是四川汶川地震，是否个别现象，有待进一步观察。

“康乾盛世”，是中国清王朝前期统治下的盛世，是中国封建社会的回光返照，同时也是中国古代封建王朝的最后一个盛世。起于康熙二十年（1681）平三藩之乱，止于嘉庆元年

（1796）川陕楚白莲教起义爆发，持续时间长达 115 年。1681 年（12 县）到 1796 年（8 县），共计发生大灾 982 县，年平均 8.5 县。115 年少灾的原因有待于灾害史专家解答。

论中国传统救灾体系的概念与实践

——以义仓和社仓的讨论为中心

中国社会科学院历史研究所　吴四伍

近年来，中国灾荒史研究得到长足的进步，新的专著和资料不断涌现。但是，有关中国救灾体系的理论研究却明显滞后，一些关键性概念仍处于模糊之中。其中，作为传统救灾重要内容的粮食仓储研究中有关义仓和社仓究竟何种关系的问题，目前学界尚无定论。① 特别是对义仓与社仓持相同或不同看法的都大有人在，且无定论。两仓关系背后实质是民间仓储的复杂多样性，值得学人重视。

---

① 有关义仓和社仓的讨论，目前学界尚无定论，自然也影响到人们的一般认识。从常用工具书来看，有关义仓、社仓的概念差异较大。有认为两者并无区别者（见张作耀等主编《中国历史辞典（第二册）》，国际文化出版公司 2000 年版，第 641 页）；有赞成两者相似又有区别者（见郑天挺等主编《中国历史大辞典（上卷）》，上海辞书出版社 2000 年版，第 1584—1585 页）；还有强调社仓即为义仓，但有所变化者（见赵德馨主编《中国经济史辞典》，湖北辞书出版社 1990 年版，第 309 页）。至于义仓、社仓的起源和性质，更是有多种说法，兹不赘述。

一、义仓与社仓相同说

所谓粮食仓储就是古代社会为了救灾专门储备粮食而形成的一套独特的社会救济制度。其中义仓和社仓就是以民间力量为主、民间管理为本筹建和管理的重要备粮救灾组织。从以往研究来看，坚持两仓相同的说法并不少见。

较早的说法有，清代《潘潢复积谷疏》曰："夫社仓即义仓也，盖始于汉耿寿昌，盛于隋长孙平、唐戴胄之徒，唐又最盛，计天下积至数千万以上。"① 陆曾禹在所著《钦定康济录》批注："所在为义仓，则与社仓无异矣。"② 杨景仁所著《筹济篇》，亦注："至义仓昉于隋长孙平，劝同社共立。康熙十八年题准：乡村立社仓，市镇立义仓，固与社仓无异也。" 又曰："十八年，直隶士民捐输义仓积谷。此义仓之制，与社仓大概相同者也。"③ 在他们看来，两者名称各异，实质相同。

近代以来，不少学者赞同此说。吕思勉先生说："长孙平之所立，自人民自相周赡言之，则曰义仓，自其藏贮之地言之，则曰社仓。二名可以互称。"④ 韩国磐在《隋唐五代史纲》指出：义仓亦称社仓。⑤ 张弓所著《唐朝仓廪制度初探》也认可此看

---

① （清）俞森：《潘潢复积谷疏》，《义仓考》，《中国荒政全书》第2辑第1卷，第79—80页。

② （清）陆曾禹：《钦定康济录》，《中国荒政全书》第2辑第1卷，第270—274页。

③ （清）杨景仁：《筹济篇》，《中国荒政全书》第2辑第4卷，第429—434页。

④ 吕思勉：《隋唐五代史》，中华书局1959年版，第963页。

⑤ 韩国磐：《隋唐五代史纲》，人民出版社1977年版，第48页。

法，并举出日本学者堀敏一氏“义仓又叫社仓”的说法加以佐证。①

最近，张岩在对清代两仓实践的考察中，强调两仓的共同性，认为两仓历经诸多变化：“人们也便习惯于把社仓、义仓完全当作两个概念。实际上，二者的区别远不如人们想象的那么明显。……可见，社仓、义仓均为积贮在民、归民自行管理且功能一致的同类仓储，它们同处于社会最基层，充当着救助荒歉的第一道防线。”② 白丽萍也指出：“当然，就清代而言，义仓和社仓更多的只是名目不同，无论在建造地点、谷本来源上，还是在管理制度及功能方面都十分相像。……义仓的举行完全是按照社仓来进行的。当然，就整体而言，社仓在前期发展较好，而义仓在晚期发展似更为强劲。”③

值得注意的是，不仅不少学者强调义仓和社仓两者相同，甚至可以混用，而且在清代仓储实践中，两仓混用的情况也不在少数。如乾隆三十六年（1771）上谕称：“食为民天，积贮所宜亟讲。王制以三十年之通制国用，尚矣。自汉耿寿昌、隋长孙平、宋朱子，三仓之法立。历代悉仿行之。”④ 依据此条，可见乾隆将清代粮食仓储分为常平仓、社仓和义仓三中，义仓和社仓两仓区别明显。但是，乾隆其他上谕又提到“积贮之法，不出常平、社仓”⑤。“积贮者生民之大命，常平、社仓今久行

① 张弓：《唐朝仓廪制度初探》，中华书局1986年版，第138页。

② 张岩：《论清代常平仓与相关类仓之关系》，《中国社会经济史研究》1998年第4期。

③ 白丽萍：《论清代社仓制度的演变》，《中南民族大学学报（人文社会科学版）》2007年第1期，第129—134页。

④ 《清高宗实录》卷883，第830页。

⑤ 《清高宗实录》卷1106，第802页。

之，毋庸缕述古制矣”[①]。

此类有关社仓和义仓认识自相矛盾的情况，并非乾隆皇帝独有，道光时期也时常出现。道光十二年（1832），上谕曰：“若社仓、义仓二者，系民间自为经理，不更有以辅常平之不及欤？义仓起于隋长孙平，当社立仓，丰则取之，歉则散之；社仓行于宋朱子，夏贷冬偿，主守则属于乡之行义，收敛则请于郡之长官，二者岂非久远之利欤？”[②] 据此可知两仓之明显区别。道光十八年又有上谕：“备荒之法，莫如义、社二仓。义仓劝课当社出谷，即委社司简校收积，遇荒赈给，法非不良也。苟非其人，敛散皆弊，官吏因而持之，害不可胜言矣。社仓之法，略与义仓同。何以隋唐行之，不久便废，至朱子而独有成效？朱子社仓记，推原朝廷未改设社仓之意，试详述之。”[③]

除了上谕外，不少奏章也对义仓和社仓的相同之处有所论述。乾隆八年，湖北巡抚晏斯盛上奏《推广社仓之意》一折，认为社仓即为义仓，“社仓之法，自隋开皇时长孙平请立义仓始，其时建仓当社，谷本皆出于民”[④]。大臣德保亦称“社仓，即古之义仓也。而捐输出纳之法，悉主于官，则非复义仓之初制也”[⑤]。

无论是学人还是时人，坚持义仓和社仓相同看法的大有人在。不过，他们并非完全忽视两者的差异，而是觉得两者的共同性或者相似性更为重要。

---

① 《清高宗实录》卷1205，第124页。

② 《清宣宗实录》卷210，第90页。

③ 《清宣宗实录》卷308，第798页。

④ （清）晏斯盛：《推广社仓之意》，见贺长龄编《皇朝经世文编》卷40，户政十五，仓储。

⑤ （清）德保：《义仓图说序》，见贺长龄编《皇朝经世文编》卷40，户政十五，仓储。

二、两仓相异说

相比坚持义仓和社仓两者相同的看法，在整个中国灾荒史研究领域中，坚持两仓相异说的人更多，也更为普遍。其代表人物为于树德。

1921年，于树德撰文《我国古代之农荒预防策——常平仓、义仓和社仓》，认为义仓和社仓之间存在明显区别，主要有：一是仓名不同，其蕴含意义也不同，前者为富者捐出义谷、义金救济贫民，后者是社员互相救济；二是仓谷来源不同，义仓是富户捐出，而社仓是社员共同筹措；三是管理主体不同，义仓由官府，而社仓由人民自己管理；四是设仓地址不同，义仓主要设置于州县市镇，而社仓主要设置于乡村。[①] 当然，于文并非完全忽视社仓和义仓常为人们混同使用的现象，但是他更多看重两者区别。

不过，于树德更多从仓储的结构性特征观察和判断，对于义仓与社仓的历时性变化并非给予更为清晰的阐述。于树德设定很多标准，在很多仓储实践中难以实行，如义仓主要设市镇，社仓多设乡村，但乾隆时期方观承所建的直隶义仓就设置于乡村。又如晚清诸多义仓仓谷均来源亩捐，为各社员所有。事实上，判断义仓与社仓的区别，更为重要的是两者的起源和管理性质问题。

---

① 于树德：《我国古代之农荒预防策——常平仓、义仓和社仓》，《东方杂志》第18卷，第18—29页；第14卷，第17—33页。

（一）两仓的起源问题

关于两仓的起源，于树德认为义仓起源于隋朝，社仓起源南宋，此亦为目前学界的主流观点。此种观点并非于树德首创，溯源可至南宋。其时董煟所著《救荒活民书》，为最早荒政书籍之一，被学人誉为中国历代荒政指南书的“母本”①。该书对备荒仓储讨论甚为详备，其中专立“社仓”一章，为备荒诸措施之首，“常平”“义仓”次之。在董看来，社仓起源于南宋，义仓起源于隋朝，两者泾渭分明，似乎无需强调。此后相关仓储研究著述，沿袭此种观点者众多，最具代表性者为清代俞森所著《义仓考》《社仓考》。作为古代讨论仓储的专著，它们关于义仓和社仓起源的讨论，所持观点与董著基本类似。②

不过，认为两者均起源于隋朝的观点也大有人在。明代祁彪佳所著《荒政全书》，专有“厚储章”，记录历代有关仓储之圣谕、案例、诏书、奏疏、议章等，其义仓条目曰：“敛之于民，聚之于官，此义仓所由名耳。然惟敛之于民，而民或未乐输；聚之于官，而官或有侵蚀，故后来一变为社仓，而其法为更便。”又曰：“社仓非始于朱晦翁也，隋时义仓之始，便令输之当社，则已居然一社仓矣。”③ 清代苏州丰备义仓仓董潘遵祁也说：“社仓则隋开皇时始有之。唐宋以来，或不曰社仓，而曰义仓。历代行之之法，互有异同。”④ 又有：“窃闻社仓之设，起

---

① ［法］魏丕信：《略论中华帝国晚期的荒政指南》，《天有凶年——清代灾荒与中国社会》，生活·读书·新知三联书店2007年版，第97页。

② （清）俞森：《义仓考》，《中国荒政全书》第2辑第1卷，第65—85页；《义仓考》，同上，第86—137页。

③ （明）祁彪佳：《救荒全书》第五卷，远山堂稿本，北京图书馆藏。

④ （清）潘遵祁：《丰备义仓碑记》，《长元吴丰备义仓全案》，卷首，刻本。

于隋之当社共立义仓，历唐宋元明，至今无异名，即周礼委积之法也。”①

近代以来，此类观点也层出不穷。1929年郎擎霄在《中国民食史》中写道：“社仓与义仓用语，在沿革上相混同。宋代以前，俱系义仓，而亦有将义仓称为社仓者；惟宋以后，或将社仓认为义仓，或将义仓认为社仓。”② 与于树德着眼于两者的结构特征不同，郎擎霄更强调两者之历史演变。在他看来，宋代为两者区别之关键，宋代以前皆为义仓，而宋代以后义仓和社仓遂有区别，但仍存在混同。

1935年，冯柳堂在《中国历代民食政策史》中谈到隋唐时期社仓的变化，进一步厘清隋朝义仓和社仓的变化：“社仓原为隋长孙平所建置之义仓，其后改变办法，移设州郡，转为官办，并按亩随赋征纳社本，顿失当社置仓由民经营之原意。事经官办，养民善政，转为扰民。”③

在冯看来，社仓起源于隋朝，而非南宋，朱子社仓不过是隋朝义仓的自然延续。他特别强调隋朝开皇十五、十六年间义仓的转变：

“（一）不由劝课而改为上、中、下三等税纳粮，以充仓储，是由民间自由输纳一变而为一种赋税矣。（二）不在当社置仓而移设于州县，遂开后世官吏勒派及挪移支用之弊。（三）此即后世官办义仓之滥觞。至长孙平所主张之义仓，即朱熹所办之社仓。社义诸仓，原本一气，因仓本及组织管理之变更，而亦两

---

① 《高桥镇劝捐建设社仓积置义谷序》，《江东志》，佚名纂，上海图书馆藏抄本。

② 郎擎霄：《中国民食史》，上海商务印书馆1933年版，第204页。

③ 冯柳堂：《中国历代民食政策史》，商务印书馆1934年版，第96—97页。

岐矣。”[1]

冯文坚持社仓起源于隋朝之说，首次探讨隋朝义仓所经历重大转变，对于理解早期义仓、社仓的演变，具有重要意义。同时期徐渊若所撰《农业仓库论》，亦赞成此种看法：“社仓亦由长孙平所建议，初与义仓名异实同，后因义仓改为官有，两者遂迥异。自唐至宋，设立义仓者较多而社仓者极寥寥。”[2] 民国时期，冯文的观点遂为大多数仓储研究者所接受。如近代仓储研究的集大成者于佑虞的《中国仓储制度》一书，关于义仓和社仓的论断与冯文基本一致。[3]

近年来，探讨社仓起源之人仍络绎不绝。台湾学者梁更尧在所著《南宋的社仓》中论述道：“社仓虽然创自朱熹，但是并非一全新的制度，其渊源可追溯至隋代的义仓，近则取法于北宋王安石新法中的青苗法。朱熹针对现实问题而将旧有制度加以变化，使得源出于旧有制度的社仓具有了新的意义。隋代的义仓，又称为社仓，南宋社仓的名称，实渊源于此。……（隋唐）形态改变后的义仓，才是后世义仓的起源。”[4] 梁文论点是社仓首创于南宋，但并不否认其与隋朝义仓之渊源。他关于强调朱熹社仓有借鉴青苗法之处，于树德、朗擎霄诸文中已阐述甚详。陈春声亦有同感，“一般认为，南宋乾道四年朱熹在家乡建宁崇安县借用本府常平米设置社仓之举，为社仓制度建立之始。不过，朱子所订社仓法，实际上是隋开皇五年长孙平建立

---

① 冯柳堂：《中国历代民食政策史》，商务印书馆 1934 年版，第 65—67 页。

② 徐渊若：《农业仓库论》，商务印书馆 1934 年版，第 138—139 页。

③ 于佑虞：《中国仓储制度考》，正中书局 1948 年版，第 60—61 页。

④ 梁庚尧：《南宋的社仓》，《经济脉动》，中国社会科学文献出版社 2005 年版，第 190 页。

的义仓制度和北宋熙宁二年王安石推行的青苗法的变通和发展”①。最近，许秀文发表论文称，隋唐时期出现的社仓，只是设置地有所改变的义仓，并非特别社仓，因此唐宋只有义仓制度，社仓则首创于南宋朱熹时期。该文并不深究隋朝义仓和社仓的变化，却首先认定朱子社仓为标准社仓，似乎主观判断过多，又无具体论证。②

实质上，学人们对隋朝出现社仓这一史实并无质疑，争论的焦点是，社仓的标准模式是隋朝社仓还是朱子社仓。显然，观察朱子社仓的运行实态，考察其历史地位和影响十分重要。

朱熹筹建社仓时曰：“予惟成周之制，县都皆有委积，以待凶荒。而隋唐所谓社仓者，亦近古之良法也。今皆废矣。独常平、义仓尚有古法遗意，然皆藏于州县，所恩不过市井惰游辈；至于深山长谷，力穑远输之民，则虽饥饿濒死而不能及也。又其为法太密，使吏之避事畏法者，视民之殍而不肯发，往往全其封镭，递相付授，至或累数十年不一訾省。一旦甚不获已，然后发之，则已化为浮埃聚壤而不可食矣。”③ 在朱熹看来，创建社仓的目的，是为改正原来的仓储建设和管理的顽疾，即：一、设仓地址不能止于城，二、仓储管理不能独于官。因此，朱熹邀请地方绅士共同办理，春借秋还，实施社仓自我经营。从民间仓储的整体发展来看，朱子社仓实现了三个重要突破，一是民间精英力量的参与，尤其是改变原有仓储由官员独自管理的格局；二是实行春借秋还，社仓开始自我增殖，开启仓储

---

① 陈春声：《清代广东社仓的组织与功能》，《学术研究》1990 年第 1 期，第 76 页。

② 许秀文：《浅议南宋社仓制度》，《河北学刊》2007 年第 4 期，第 115 页。

③ （宋）朱熹：《建宁府崇安县五夫社仓记》，《晦庵集》卷七十九，四库本。

自我经营之路；三是社仓地址扩展至乡村。朱子社仓对于整个民间仓储的发展具有里程碑式意义。

不过，相对隋唐民间仓储而言，朱子社仓的创造性更多表现为继承一面。朱子社仓仍然遵循民间仓储发展的道路。从朱熹的建仓意图来看，朱熹承认隋唐有“社仓”的存在，且与当时另外存在的“义仓”有所不同。而他建立社仓的目的在于补救以往仓储建设和管理的缺失。这一举措在其看来，继承“古法遗意”为其根本目的所在。相对隋朝义仓而言，朱子社仓确有继承发扬之意味。从朱子社仓的突破内容来看，其最大创造之处在于“春借秋还”的经营方式。这一点实质借鉴青苗法，学者已有论述。但是从义仓所强调民间力量的参与及设仓范围扩大这两个根本改变来看，却是继承隋朝义仓旨意无疑。明代陈龙正为“社仓”案注称：“隋社仓，唐宋义仓，一事而异其名者也。……朱子仍社仓之名而默变其官贮之法，隋唐秕政返为纯王，损下转而益下矣。然当时亦可但令民间自添社仓，未尝革去官府义仓，须令民间社仓既多，官府义仓一概不用，然后全利而无害也。”[①] 陈氏认为隋朝社仓和唐宋义仓为同一事物，却又指出朱子社仓在仓储史上的重大改革意义，即改变此前义仓的官营性质，倡导民间力量参与创建社仓，此为不易之论。

对隋唐义仓和朱子社仓的考辨，义仓和社仓均起源于隋朝的观点更为妥帖。不过，众多学者强调社仓为朱子首创的原因也值得重视，一方面基于朱子社仓本身的重大变革及其深远影响，另外一方面则为古代学人的传播，如南宋董煟推重社仓，将其列为备荒措置之首，后人亦多以此为据，广为流传。此外，恐怕也与朱熹个人影响及理学后来的倡导与流播有一定关系。

---

① （清）俞森：《义仓考》，《中国荒政全书》第2辑第1卷，第80—81页。

（二）两仓的性质问题

究竟何种特征能够决定义仓和社仓的本质区别，是设仓地址的不同，即属城还是属乡，还是管理主体的性质的差异，即官管还是民管？显然，不同的标准参照得出的结论自然不同。

南宋董煟认为："社仓乃公私储积，救济小民，使兼并者无所肆其侵渔之心。……义仓者，民间储蓄以备水旱也。"① 此类观点，就是以仓谷来源为其区别标准。但是，更多人以社仓地址为区分标准。如清代区分义仓和社仓的最重要标准，即"乡村立社仓，市镇立义仓"。因而，属城还是属乡，成为许多人判断是义仓还是社仓的最重要标准。目前大多数研究皆是依照此标准，代表研究如陈春声、张岩等。②

义仓、社仓之区别在于地址不同，这一论断，最早可溯至元朝。元人张大光曰："古有义仓，又有社仓。义仓立于州县，社仓立于乡都，皆民间积贮，储以待凶荒者也。"但这一标准，近年来却受到诸多国内学者的质疑。任放在讨论长江中游仓储与市镇关系时指出，"从总体上看，倒是社仓多设在市镇，义仓多设在乡村"③。而白丽萍在《清代两湖平原的社仓和农村社会》一文中，通过有关两湖地区社仓、义仓的精心统计，得出"社

---

① （宋）董煟：《救荒活民书》卷上，《中国荒政全书》第1辑，第78—91页。

② 陈春声：《论清末广东义仓的兴起——清代广东粮食仓储研究之三》，《中国社会经济史研究》1994年第1期，第50—65页；张岩：《论清代常平仓与相关类仓之关系》，《中国社会经济史研究》1998年第4期，第52—58页。

③ 任放：《明清长江中游市镇与仓储》，《江汉论坛》2003年第2期，第80—83页。

仓在分布地点上，呈现出以乡村为主，兼及城镇的格局”[1] 的结论。尽管白、任两文观点略有不同，但共同置疑清代义仓、社仓之区别并非始终恪守“乡村与市镇”的选址标准，还是很有力度。黄鸿山强调除了考虑仓址外，还应考虑仓制的规模和经营方式。他认为一般社仓规模较小，义仓规模较大，义仓经营主要靠捐输，而社仓为借贷。[2]

实际上，海外学人对此亦多不赞同。萧公权在20世纪60年代所著《十九世纪的中国乡村社会》中谈到清代义仓和社仓的区别时，就指出属城和属乡并不是区别义仓和社仓的唯一标准，另外一个重要的规律是社仓设立乡村，而义仓可设城，亦可设乡。[3] 而日本学者星斌夫则认为清代义仓起源于乾隆十一年方观承所倡导的义仓，其特点是免除册报，具有某种独立的特征。[4]

理解两仓争论不休现象的关键在于，以某一特征来区别义仓和社仓，实质是将两者看作一个简单的结构性概念，自然无法辨别历时性含义极强的义仓和社仓。清代义仓、社仓的特点更多表现为因地制宜，因时而异。清代仓储政策的演变与具体区域的特征均成为两者区别的重要原因。在政策方面，不同时代的义仓和社仓呈现出不同特征，就区域特征而言，不同地区的义仓和社仓又表现出各自特点。

---

① 白丽萍：《清代两湖平原的社仓与农村社会》，《武汉大学学报》2006年第1期，第75—81页。

② 黄鸿山：《长元吴丰备义仓研究》，苏州大学2004年硕士学位论文，第9—10页。

③ Kung-Chuan Hsiao: *Rural China: Imperial Control in the Nineteenth Century*, University of Washington Press, 1960, pp.144—145.

④ ［日］星斌夫：《中国福利政策史研究——以清代赈济仓为中心》，国书刊行会，1985年，第354—380页。

三、清代义仓与社仓的实践

清代社仓建设的标准原型为朱子社仓，讲究春借秋还，立社长经理，官府监督，年年册报。其中雍正朝建设力度较大，乾隆朝也有所拓展，此时全国各省基本上都有设立，湖广、河南、陕西等地社仓建设成效显著。但嘉道以后，社仓日渐衰落，大多为人们所废弃。

清人义仓和社仓的概念混淆使用，更多是由于清代义仓发展的曲折。以清代义仓演变为坐标，义仓和社仓经历了三种不同关系：一是最初与社仓没有区别的义仓；二是方观承等所着力区别的义仓，但实质与社仓存在根本相同；三是以陶澍丰备义仓为代表，以及同光时期兴起的积谷仓储，在这一时期，义仓和社仓有了实质性的区别。

顺治年间，个别义仓开始被恢复和加以建设，均为零星行为。康熙年间，陕甘总督年羹尧试图在陕西推行义仓建设，将原任四川夔州府知府胡其恒留于陕西专门办理义仓，然康熙对此并不认同，他说："义仓之法，一州一县则可，若论通省，似乎难行万分。可则行之，不可则止。"[①] 河南一省，也曾推行义仓，但效果甚微，至乾隆年初，仍只有 8 万余石，仅为社仓积谷的六分之一强。[②]

直至乾隆十一年，直隶总督那苏图才首先倡导捐输以谷，建设义仓。[③] 然其重要筹划者实为时任布政使的方观承。后来，

① 中国第一历史档案馆藏：《宫中朱批奏折》，财政类，仓储，第 1101 函第 10 号。

② 中国第一历史档案馆藏：《宫中朱批奏折》，财政类，仓储，第 1138 函第 32 号。

③ 中国第一历史档案馆藏：《宫中朱批奏折》，财政类，仓储，第 1137 函第 12 号。

方调任山东巡抚，继续筹建义仓。他上奏朝廷，强调所设义仓与社仓有别，曰："（义仓）大约与兴社仓事目相仿佛，而社仓例惟借种，义仓则借与赈兼行，而所重尤在猝然之赈也。借直如民间之自通有无，赈不啻各村之家藏储蓄。而其大要则设仓宜在乡而不在城，积谷宜在民而不宜在官，不过官为稽核，不致侵损浥变耳。"① 在方看来，其倡导的义仓为借赈兼行，士民自管，毋庸册报，而非原有只借不赈的社仓。这也是日本学者星斌夫强调所在。然而，考察方观承义仓的建设效果，笔者对此还是颇有置疑。

方观承建设义仓的想法，很得乾隆赏识，试图在全国推广，但无论是自身实践，还是全国推广，效果均甚为有限。乾隆十二年，乾隆下令将方观承的奏折寄往山西、陕西、河南各省督抚，询问能否仿照山东、直隶另设义仓。三月，陕西巡抚徐杞汇奏，陕省无须设立义仓，其理由为："若再另设义仓，且无论现在公用不敷，仓费无出，而有仓无捐，徒滋靡费。盖出产总惟此数，捐于社仓者不能再捐于义仓，捐于义仓者不能再捐于社仓，此盈彼绌，一定之理。今陕省因连岁丰收，官绅所捐粮石亦俱添贮各社，均资赈、借。义仓备赈之意，久已兼行于社仓等情。查义仓之设，原以佐常、社各仓动赈之不敷。陕省自设社仓以来，不拘常、社，赈借兼动，原与他省社仓之止系动借者不同，与直隶、山东专资动赈之义仓无异。"② 在徐看来，直隶、山东所设义仓和一般省份的社仓有所区别，其特点在于赈借兼行，而陕省社仓早已具备此项功能，加之义仓和社仓并行举办，势难兼顾。同样，河南巡抚硕色也主张"仍力行社仓

---

① 中国第一历史档案馆藏：《宫中朱批奏折》，财政类，仓储，第 1138 函第 5 号。

② 中国第一历史档案馆藏：《宫中朱批奏折》，财政类，仓储，第 1138 函第 27 号。

之法”，不必另设义仓。认为“义仓社谷，名异实同”，“今若于社仓之外更立义仓，则官须分款劝捐，民须两处分纳，恐丰于此者必绌于彼。……若勉为迁就之计，令其酌量分捐，则谷石仍止于此数，并无增加；若令其尽捐义仓，则旧有社仓转同虚设。名虽加一仓储，实未增添谷石”。[①] 而甘肃尽管认为“义社两仓互为表里，均属备荒之善政”，但是因为“甘省土瘠民贫，人情啬陋”，故从无捐贮，亦无从筹办。[②] 以此观之，方观承所倡义仓，原拟先在北边省份推行，再至全国推广，然北方各省或很少响应，或办理效果极差，自然无法达到推广全国的目的。

至乾隆三十七年，大学士刘统勋奏办年终汇办一事，开列各省未将义仓案卷汇奏者，共有奉天、江苏、安徽、福建、山东、陕西、湖南、云南、四川、广东、贵州等十一省。[③] 随后，自乾隆三十年起，至乾隆四十年止，贵州、安徽、奉天、云南、湖南、山东、广东等七省先后上奏，阐明其“向未设立义仓”。湖南巡抚敦福，认为义仓无须另设，积谷统归社仓，“臣查义仓谷数一项，湖南各属乡村市镇，士民捐输谷石，向系统归社仓收贮，以资闾阎接济，并无另设义仓名色”[④]。而安徽巡抚裴宗锡则称“查安省各属，惟徽州府有商捐惠济仓谷三万石，历系该商自行经历。此外并无义仓，向无具奏年底之案”[⑤]。

丰备义仓是晚清义仓发生重大变化的代表。道光三年，以陶澍先后在安徽、江苏兴建丰备义仓。丰备义仓禁绝推陈出新，春借秋还，强调只积储，不出借，不粜放。它从根本上改变了

① 中国第一历史档案馆藏：《宫中朱批奏折》，财政类，仓储，第1138函第32号。
② 中国第一历史档案馆藏：《宫中朱批奏折》，财政类，仓储，第1138函第8号。
③ 中国第一历史档案馆藏：《宫中朱批奏折》，财政类，仓储，第1171函第26号。
④ 中国第一历史档案馆藏：《宫中朱批奏折》，财政类，仓储，第1172函第2号。
⑤ 中国第一历史档案馆藏：《宫中朱批奏折》，财政类，仓储，第1171函第16号。

以往民间仓储的经营机制。陶澍先在安徽实施，后又在江苏实施，影响很大。如道光四年，江西巡抚程含章又奏请设立省城义仓[①]；道光十八年，林则徐在湖北省城亦积极筹设丰备义仓[②]；道光十九年，贵州巡抚贺长龄在贵州奏设义仓。[③] 此类仓储，皆有仓储来源稳定，并不强调春借秋还，重在积谷赈济的特点。至同光时期，全国此类仓储发展迅速，成为各地积谷备荒的主要形式。其特点除上述内容外，还有为民捐民储、官督绅办、自我经营等方面。

清末积谷仓储的发展取得很大的成就，但更重要的是仓储运营机制发生了变化。陈春声曾细致阐述广东一省此类仓储的发展。[④] 实际上晚清义仓的发展，其规模远超想象，它在江南、四川、江西等地均有很大发展。

清代仓储政策的实施，往往以省为单位，因此而呈现不同的特征。如方观承所兴建的直隶义仓，全省皆为义仓，尽管几乎全部设置于乡村，仍以“义仓”为名。此外，河南的社仓、江南的丰备义仓均体现了义仓和社仓的区域性特征。

结　论

义仓和社仓的互相混淆现象，背后反映的是两仓复杂的发展历程。实际上，两仓的差异不仅表现在结构性的特征上，从

---

① 中国第一历史档案馆藏：《录副奏折》，3/57/3362/25。

② 中国第一历史档案馆藏：《录副奏折》，3/57/3374/34。

③ 中国第一历史档案馆藏：《录副奏折》，3/57/3374/38。

④ 陈春声在《论清末广东义仓的兴起——清代广东粮食仓储研究之三》一文中对清末广东一省义仓的发展有所论述，全国其他地方如江南、四川、江西等地，情况基本相同。

设仓地址，到赈济方式，以及管理主体等，都有一定的区别。但是，这种差异又在整个历史长河中不断演变。他们在各自的发展过程中，互相学习，不断融合。有的义仓的赈济方法学习朱子社仓，有些社仓也不只是建在乡村。两仓的发展伴随地方力量和资源的参与，呈现具有各地特色的地方民间仓储。因而，清代义仓和社仓体现出非常明显的地方特色。清代两仓的实践证明，作为最为重要的两种民间仓储，义仓和社仓在不同历史阶段、不同区域呈现的各种形态，反映了历代民间仓储本身实践的复杂性与历时性，而非一个简单的结构性事件。这样看来，单就某一时代、某一仓储进行辨析，于树德所订诸多标准，虽有可取可赞之处，但放到具体的历史境域中考察义仓和社仓流变纷争，前者的标准又显得过于简单。

显然，义仓与社仓的争论已经触及民间仓储的根本特征问题，也涉及整个传统粮食救灾体系的理论问题。区别两仓的标准，无论是社仓地址，还是赈济方式，抑或管理主体，都成为传统民间仓储发展的重要方面。更为关键的是，这些结构性特征在具体的时空中，特别是特定的地方实践，伴随独特的地方力量和地方资源的参与，形成极富地方特色的新式民间仓储，如直隶义仓、丰备义仓、积谷仓等。目前，人们或者回避问题，将义仓、社仓混合讨论，采用比较笼统的“仓储”“仓贮”概念[①]；或者单列一类仓，义仓或社仓，显然这些都只会增加两仓的混乱。正视两仓的异同，思考整个民间仓储发展的多样性与复杂性，进而思考整个粮食仓储的独特性，才是未来建构中国传统救灾体系的重要路径。

---

① 林化：《清代仓贮制度概述》，《清史研究通讯》1987年第3期，第7—13页；吴滔：《论清前期苏松地区的仓储制度》，《中国农史》1997年第2期，第41页。

明成弘之际西安府旱荒关系研究
——以备荒仓储为例*

陕西师范大学西北历史环境与经济社会发展研究院　汪　宁　卜风贤

引　言

在明朝历史上，15世纪后半叶历来被视为明朝由盛而衰的一个重要转折点。李洵先生讲过，“中国封建社会开始发生新的也是重大的变化大约在15世纪中叶以后。这个变化是伴随着明王朝的衰弱开始的。”① 这一时期基本对应于明朝成化（1465—1487）、弘治（1488—1505）两朝。明清以来的史料也多以成弘时代作为具有转折性质的坐标点以追忆。② 而正是从成弘时代开始，明朝进入了自然灾害频发期。这一时期关中地区的旱荒记

---

* 教育部人文社会科学重点研究基地重大项目（10JJD790035）“两千年来西北地区灾荒与灾害地理研究”。

① 李洵：《正德皇帝大传》，辽宁教育出版社1993年版，第3页。

② 刘婷玉：《成弘之际的“盛”与“变”——作为转折时期的成化、弘治时代》，《明朝在中国史上的地位》，“明史在中国史上的地位”国际学术研讨会会议论文集，2010年6月24日，第74页。

载呈现连年不断之势，旱荒的严重性很大程度上考验着明初以来建立的基本完善的备荒仓储制度。历经277年近三个世纪的大明王朝，实际上从一开始就在承继前代荒政基础之上，建立了一整套备灾、救灾制度，并且在立法监管和实施程序上都有相当完善的一面，但是，随着明中后期国家财政压力日趋加大，吏治腐败，备荒仓储日渐衰败，加之自然灾害频发且强度大，荒政建设愈来愈得不到有效发挥，一旦自然灾害发生，社会民生愈来愈得不到救济保障。那么，从前期救荒制度和程序的相对完善到中后期几乎形同虚设的荒政建设，这一转变如何进行？旱灾发生后，以备荒仓储为主的荒政建设对饥荒的形成壮大有何影响？这即是本文将要探讨的旱荒关系问题。从旱灾发生，到饥荒形成，这看似简单合理的逻辑关系并不是直接关联的，其间有多种因素共同作用，本文即是从备荒仓储这一主要角度探讨旱与荒二者关系的形成。文章时间划定为成化十八年至弘治十七年（1482—1504），地理区域上选取明西安府，包括长安、咸宁、咸阳、兴平、临潼、泾阳、高陵、鄠、蓝田、盩厔、三原、渭南、醴泉、富平等14县；同州（辖朝邑、郃阳、韩城、澄城、白水等县）、华州（辖华阴、蒲城等县）、耀州（辖同官县）、乾州（辖武功、永寿等县）、邠州（辖淳化、三水、长武等县）等5州，共计27县。

一、明代西安府备荒仓储总况

明朝统治者承袭前代经验教训，高度关注备灾救荒。明人孙绳武曾说："盖岁之有荒，如人之有病。人，与其治病，不若保身；荒，与其议救，不若议备。故备荒不厌详，而救荒务得当。”[①] 徐三重也说道：“为守令者，积谷备荒为第一务。”[②] 民以食为天，在所有备灾措施中，仓储无疑占据着非常重要的地位，自《周礼·大司徒》有言“县都之委积，以待凶荒”以来，历代将之视为“天下之大命”。

明代仓储类型总分为国家粮仓和地方粮仓。国家粮仓由中央政府控制，主要是京仓和水次仓，前者主要提供军队粮饷、官员俸禄、王室享用粮，后者专门用于转运各地输往京城的水运粮。地方粮仓主要有官办常平仓、民办社仓或义仓，以及各王府的私家粮仓。[③] 万历《明会典·户部》记载，在各布政司府州县卫设有地方粮仓。陕西布政司共直辖 42 所粮仓，在各布政司中仅次于山西 79 所，其中西安府设有永丰仓、华州设潼关仓[④]。正统五年三月，镇守陕西都督同知郑铭奏，西安府仓贮粮二十二万四千九百六十石有奇。[⑤]

明初北方边粮供应主要是军屯和商屯，但随着成化、弘治时代人民追求财富崇尚奢华的社会风气之转变，越来越多军屯和商屯受到官豪侵占，另有土地兼并、屯田赋役繁重等原因，北方几个主要省份的民用粮和粮食折银就被迫用于边粮供应，显然加重了人民的经济负担，各地备荒仓储用粮必然减少。如

---

① 孙绳武：《荒政条议》，《中国荒政全书》（第一辑），北京古籍出版社 2003 年版，第 585 页。

② 陈梦雷等：《古今图书集成·经济汇编·食货典》卷 102《荒政部·艺文九·救荒议》，中华书局、巴蜀书社 1985 年影印版，第 83250 页。

③ 唐文基：《明代粮食仓储制度》，《明史研究论丛》，2004 年第 00 期，第 331 页。

④ 万历《大明会典》卷二十二《户部九·仓庾二·各司府州县卫所仓》，明万历内府刻本，第 247 页。

⑤ 乾隆《西安府志》卷十四《食货志中》。

《明经世文编》中就有记载，“照得顺天及直隶保定八府实畿，内近地陕西、山西极临边境，河南、山东俱近京师，凡各边有警，其粮草马匹一应军需，俱借四省八府之民攒运供给”①。这一时期西安府早已失去盛唐时期全国政治经济中心的焦点地位，但由于明代在西北地区驻扎了大量的边防军队，致使关中地区尤其是其首府西安府成为巨大粮饷军需供应地和转运地。正如明朝陕西官员杨一清所奏：“陕西为天下重地，西安一府又陕西根本重地，三边仰给多系于此，兵荒之后，民穷财尽，加以边方多事粮草，催征势不可缓。”② 这些沉重的边粮运输给陕西百姓造成了极大的负担，不堪重负的百姓皆纷纷逃离。

边粮供应赋役的繁重自然使得西安府人民愈来愈无粮可存，加上民众逃移，田地抛荒，备荒仓储日渐虚空。实际上，从宣德年间起，明朝仓储就从地方粮仓开始逐步废弛，宣德四年，吏部听选官欧阳齐说：“洪武中于各州县置仓积粟，今各仓多废。一遇荒歉，民无所望。”③ 西安府当然也避免不了这种大趋势。正统十年六月，陕西右都御史陈镒奏：“陕西民饥，按月发粟赈济，缘仓廪积储十空八九。”④ 弘治十三年五月，监察御史戈福言：“各边仓廒，十空六七。”⑤ 仓储空虚直接关系到旱荒年里的地方赈济，一旦遭遇旱荒，最便捷的地方仓储赈济不足，封建社会农家本已无所储，饥荒自是加速发展蔓延。

---

① （明）马文升：《为会集廷臣计议御虏方略以绝大患事疏御虏》，《明经世文编》卷六四《马端肃公奏疏》，明崇祯平露堂刻本，第 462 页。

② （明）杨一清：《关中奏议》卷六《一为旱灾事》。

③ 《续文献通考》卷二七《市籴考》。

④ 《明英宗实录》卷一三一〇。

⑤ 《明孝宗实录》卷一六二。

二、明成弘之际西安府旱荒概况

明成化末年至弘治末年西安府旱荒始自成化十八年，十九年时旱情进一步加剧，在成化二十年至二十二年到达旱荒顶峰，二十三年旱荒还未缓解，又遭遇地震，饿殍满途，死亡甚众。进入弘治朝后，见于正史及地方志的旱荒记载较少，但弘治元年至十年仍有连年旱情记载，十七年、十八年旱情再次出现。看似进入弘治朝后旱荒有所缓解，实则不然，下文将详细解答。表1是成化末年至弘治末年西安府旱荒相关记录。

表1 成化末年—弘治末年西安府旱荒记录表

时间	地点	旱荒记录	文献出处
成化十八年（1482）	西安等七府	六月免陕西被旱灾地方税粮十之八。六月奏：陕西八府，唯汉中府灾轻，其余西安等七府有征者不能十之五。十九年四月，免陕西镇番等卫税粮一万余石，以去年旱灾故也	《明实录》
成化十九年（1483）	陕西	复旱	《续通志》卷一七三《灾祥略·旱》
成化二十年（1484）	关中	关中大旱，山枯川竭，野无青草，民逃死过半。父老咸以为往西未有此灾者	乾隆《陇州续志》卷八《艺文》
	泾阳县	连岁大旱，百姓流亡，人相食	康熙《泾阳县志》卷一《祥异》
	白水县	夏六月旱，饥，地震	乾隆《白水县志》卷一

续表 1

时间	地点	旱荒记录	文献出处
	朝邑县	大祲，人相食，大徙	万历《续朝邑县志》卷八《纪事志》
	武功县	岁饥，民相食，流移者十之六七	正德《武功县志》卷二《官师志》
	渭南县	岁大饥	嘉靖《渭南县志》《官职传一下》
	咸阳县	大祲，人相食	万历《咸阳县新志》卷九《纪事》
	华阴县	大荒，民至相食，十亡八九	万历《华阴县志》卷七祥异
	永寿县	大旱饥	康熙《永寿县志》卷六《灾祥》
成化二十一年（1485 年）	陕西	正月奏：陕西、山西、河南之境赤地千里，井邑空虚，尸骸枕藉，流亡日多	《明实录》
		四月奏：陕西比岁饥荒，至人相食，盖因官司贪纵残暴，不恤民艰，赋役不均，赈济无法，剥下奉上……	《宪宗实录》卷二六四
	关中	连岁大旱，百姓流亡殆尽，人相食，十亡八九	嘉靖《陕西通志》卷四十《灾祥》
	咸宁县	连岁大旱，百姓流亡殆尽，人至相食	康熙《咸宁县志》卷七《祥异》
	蓝田县	大饥，人相食	雍正《蓝田县志》卷四《外附蓝田纪事》

续表 2

时间	地点	旱荒记录	文献出处
	周至县	岁大旱，民多流亡	乾隆《周至县志》卷十三《祥异》
	澄城县	大饥，死者枕藉，人相食	嘉靖《澄城县志》卷一《灾祥》
	泾阳县	连岁大旱，百姓流亡，人相食	乾隆《泾阳县志》卷一《地理志》
	咸阳县	连岁大旱，百谷殆尽，人相食	乾隆《咸阳县志》卷二一《祥异》
	白水县	荐饥，人相食，民徙	顺治《白水县志》卷下《灾祥》
	同官县	大饥	乾隆《同官县志》卷八《人物志》
	高陵县	关中大饥，盗贼蜂起	嘉靖《高陵县志》卷四《官师传》
	同州	荐饥，人相食，大徙	天启《同州志》卷十六《祥祲》
成化二十二年(1486)	陕西	六月，陕西旱，虫鼠食苗稼，凡九十五州县	《明史》卷三十《五行志三》
	西安府	七月不雨，西安大饥，斗米万钱，死亡载道	康熙《陕西通志》卷三十《祥异》
	咸宁县	地裂，坏民庐居甚多，七月不雨，斗米万钱	康熙《咸宁县志》卷七《祥异》
	白水县	夏六月，旱，虫食禾苗，民饥	乾隆《白水县志》卷一《地理志》

续表 3

时间	地点	旱荒记录	文献出处
	咸阳县	七月不雨，大饥，斗米万钱，人相食	乾隆《咸阳县志》卷二一《祥异》
	乾州	大饥，武功民王瑾杀宿客而食之	《续文献通考》卷二二一《物异考》
	临潼县	七月不雨大饥，斗米万钱，人多死	康熙《临潼县志》卷六
	富平县	大饥	光绪《富平县志稿》卷十《故事志》
	同官县	大旱，虫鼠食稼	乾隆《同官县志》卷一《舆地志》
成化二十三年(1487)	关中	七月二十二日关中地震，声如雷，山多崩圮，屋舍坏，男女死者千九百余人，冬大饥，民死亡过半	康熙《陕西通志》卷三十《祥异》
	西安府	六月，以旱灾伤免陕西西安府、州、县、临洮等卫粮一十八万六千余石，草二十九万八千余束	《明实录》
	咸阳县	连岁旱大饥，人相食，又地震	民国《重修咸阳县志》卷八《祥异》
	白水县	秋地震，声如雷，是岁仍饥	乾隆《白水县志》卷一《地理志》
	同官县	大饥，人相食	乾隆《同官县志》卷一《舆地志》

续表 4

时间	地点	旱荒记录	文献出处
弘治元年(1488)	西安等府	六月奏：山、陕、河南比岁旱灾，而西安等四郡尤甚	《孝宗实录》卷十五
弘治二年(1489)	西安等府	四月，陕西巡抚等官以西、延、平、庆、临、巩等府州县并西安府等二十卫所连岁荒旱，军民逃亡者众	《孝宗实录》卷二五
	韩城县	饥	乾隆《韩城县志》卷七《闻人》
弘治三年(1490)	西安等府	四年正月，以旱灾免陕西西安等府、西安左等卫弘治三年秋粮子粒有差	《孝宗实录》卷四七
弘治四年(1491)	陕西	陕西自去岁六月以来，山崩地震，大旱早霜，冬雷星变	《孝宗实录》卷四八
弘治六年(1493)	西安等七府	九月丁酉，以旱灾免陕西西安等七府夏税有差	《孝宗实录》卷八十
弘治七年(1494)	西安等府	十月，以旱灾免陕西西安等七府并西安等八卫粮二十七万四千八百八十石有奇	《孝宗实录》卷九三
		十一月，以陕西西安等七处岁歉，命户部开中茶一百万斤招商纳粮以备赈济	《孝宗实录》卷九四
		十二月，以灾伤免陕西西安等八府、西安左等二十二卫所弘治七年粮草十之三	《孝宗实录》卷九五
弘治八年(1495)	西北	秋七月，西北诸省大旱	孙之騄《二申野录》
弘治九年(1496)	西安等七府	闰三月，以旱灾免陕西西安等七府及西安左等二十一卫所夏税子粒有差	《明实录》

续表 5

时间	地点	旱荒记录	文献出处
弘治十年(1497)	西安府	是岁，西安旱，十一年三月，以旱灾免陕西西安……弘治十年分粮米一千七百余石	《孝宗实录》卷一三五
弘治十七年（1504）	大荔县	旱	民国《平民县志》卷四《杂记志》
	白水县	饥	乾隆《白水县志》卷一《地理志》

西安府在明成化朝之前的宣德、正统两朝也有较严重的旱荒，且出现了仓储空虚的问题。正统十年（1445）就已出现了仓储空虚的记载，“六月奏：陕西民饥，按月发粟赈济，缘仓廪储积十空八九，无从措置。”① 成化末年（1482—1487）这场大旱荒可以说是在明前期几乎连年不断的旱荒基础之上的一次大爆发，主要有以下几个特征：第一，波及范围广，陕西八府中除了汉中府稍轻之外，西安等七府均被灾严重。明朝西安府 10 多个州县几乎都有记载。第二，持续时间长。旱荒自成化十八年起，至二十三年结束，连续六年旱荒不断，多地地方志记载“连岁大旱”，而在弘治十年十二月仍有上奏：“陕西等地先因成化十九等年地方旱灾重，百姓逃窜，至今未全复业。”② 第三，荒情严重，“大旱、大饥，斗米万钱、人相食”等记载不绝于各地地方志。第四，多灾并发。成化二十二年，虫灾、鼠灾、地

① 《明实录》。

② 《明实录》。

裂相继发生，二十三年，“关中地震，声如雷”，这些都再次加剧了旱荒的严重程度。

另外，本文除收集一般性的旱荒史料之外，还特别注意搜集地方志艺文篇中有关旱荒的诗歌。诗歌语言简洁凝练、感染性强、传播广且流传久。旱荒中的诗歌对于某一特定地区底层人民在旱荒中的困苦生活有着非常细致深刻的描述。更为重要的是，像诗歌一类的旱荒材料更容易撇去灾害记录中的政治属性和官方话语模式，从大量简短而千篇一律的灾荒记录中窥探出最广大底层人民的生活状况。而关于“人”的灾害体验方面的研究目前还比较缺乏，著名灾荒史学家 Andrea Janku（安维雅）曾经说过：“当我们寻找灾害体验中人的维度时，就会发现相关的研究仍是惊人的缺乏。”① 夏明方教授也早已提出目前中国灾害史研究具有“非人文化倾向”②。

成化末年在陕官员都御使梁璟③在赈济过程中目睹了这次大旱荒，其诗句摘录如下：

（一）匹马驰驱未敢安，可怜黎庶日凋残。无端猬役终身苦，百结鹑衣透骨寒。

村落荒凉鸡犬散，妻孥奔走道路难。鸾坡肉食知多少，莫道身心得自宽。

---

① ［德］安维雅著，曹新宇、刘希付译：《临汾方志传记中的灾害体验 1600—1900》，《清史研究》2009 年第 1 期，第 1 页。

② 夏明方：《中国灾害史研究的非人文化倾向》，《史学月刊》2004 第 6 期，第 16—18 页。

③ 梁璟，字廷美，崞县人。天顺八年进士。授兵科给事中。成化时，屡迁都给事中……九载秩满，擢陕西左参政……先后在陕十五年，多政绩。《明史》卷一八五《列传第七十三》。

（二）偏野苗枯百姓疲，旬宣到处总堪悲。山中橡子拾无种，路上榆株剥尽皮。

地脉已干天尚旱，仓粮放绝众犹饥。彼苍肯降知时雨，应遣愁怀不锁眉。

（三）累岁无收民计穷，马蹄不驻走西东。沿途老少啼饥泪，尽日尘沙卷地风。

凶吉果然缘善恶，灾殃何独到疲癃。阿谁为国为霖雨，一洗从前旱魃空。

（四）不作新诗叹独贤，忍看黎庶半颠连。驽骀力竭心应碎，丰稔期悠眼欲穿。

梦里喜瞻云作雨，醒来愁见月当天。何时挽得天河水，洒向人间解倒悬。

这几首诗歌描绘画面丰富，信息量非常大。首先，旱荒中树皮被剥尽，村落荒芜，鸡犬飞散，男女老少一路相携逃亡。这一画面展现了旱荒中人们饥寒交迫、颠沛流离的悲惨场景。第二，诗歌不仅仅停留于事实本身的描述，更多的是“借景抒情”。第三首诗中，作者将灾殃与凶吉因缘对比，称凶吉善恶都有因有果，互相转化，而为何灾殃（这里指旱荒）唯独侵袭本已受苦受难之人？这一对比表达了作者对灾民苦难之极之恶的愤愤然，再次强化了旱荒中饥民的困苦不堪。值得一提的还有“梦里喜瞻云作雨，醒来愁见月当天”一句，这句将现实与虚幻之梦结合，将梦境与现实进行对比，反映出旱荒中的人们对于雨之渴望。最后，作者发自肺腑地呼喊出“何时挽得天河水，洒向人间解倒悬”，成为遭遇旱荒的人民心中最美好的祝愿。

相比成化末年的大旱荒，弘治年间旱荒似乎有所缓解，多为实录中笼统地记述针对旱情相应的蠲免粮草、粮税等，仅见韩城县、大荔县、白水县等地方志中有饥荒记载。但是在杨一清的《关中奏议》中，他细致描述了西安府在弘治十七年、十八年的旱荒情形，摘录如下：

> 据陕西布政司呈，据西安府申节，据华、耀、同、邠、乾、商六州并咸宁、长安、高陵、淳化、渭南、蒲城、白水、永寿、朝邑、泾阳、蓝田、郃阳、华阴、三原、澄城、临潼、兴平、武功、三水、同官、韩城、醴泉、咸阳、富平、鄠县二十五县申据，各该州县人民田恺等各告称境内地方弘治十八年四月五月无雨，夏田薄收，税粮办纳不前。六月初旬方得微雨，安种秋苗，未及长茂，自本月至八月初旬六十余日一向亢旱无雨，又兼狂风昼夜不息，官司竭诚祈祷，止获微雨洒尘，致将各民所种糜、粟、菽、豆等苗俱各吹晒焦枯，秋成无望，人民十分饥荒，陆续逃移出外趁食去……①

从这篇奏议来看，弘治十七、十八两年西安府荒情也非常严重，这与表1中这两年有关旱灾非常简单的记载似乎有一定矛盾，但相比成化末年旱情本身非常严重，荒情也不可避免地加剧这一情况，弘治末年这次旱荒或许正是小旱导致大荒的特殊旱荒关系，即旱情并非特别突出，但荒情由于别的因素同样严重，而这别的因素很大程度上就是备荒仓储的空虚。

---

① （明）杨一清：《关中奏议》卷五《一为急处救荒事》。

三、明成弘之际西安府大旱荒中的仓储

成弘两朝相继发生旱荒之后，朝廷和陕西地方政府都开展了一系列赈济措施。成化十八年六月“免陕西被旱灾地方税粮十之八”，二十年“停岁办物料，免税粮，发帑转粟，开纳米事例振之”，这些见于正史中的赈济并无特殊性而言，多为例行公事般的宏观性描述。这里仍然以杨一清在《关中奏议》中的微观细致描述来揭开这一时期西安府旱荒过程中最突出的仓储空虚问题。

杨一清于弘治四年补陕西提学副使，弘治十五年又督理陕西马政。马政是历代政府对官用马匹的牧养、训练、调配等国家重务的管理。马匹数量的多少和质量的优劣代表着一个王朝的富强与否。明王朝就非常重视马政，洪武皇帝曾说：“古者掌兵政委之司马。问国君之富，数马以对。是马于国为重。”① 杨一清在这一时期担任西北军事重地陕西的马政管理，又于弘治十七年升任陕西巡抚，他记录了西安府弘治末年的那场旱荒。

这场旱灾从弘治十七年秋季开始，到弘治十八年春季，前一年的秋旱使得秋播尚未长茂，来年又遇旱灾和狂风，最终导致夏粮收之甚少，继而下一轮的秋播又难以下种，而税粮照旧征役，人民本已穷困，被迫逃移躲避沉重徭役。② 这样的一场普通旱灾在历朝历代发生过无数次，相对许多大旱荒而言，这次旱灾至少从搜集到的文献来看，并未直接造成大面积的严重旱荒。然而，在杨一清接下来的叙述中，我们可以看到相对较轻

---

① 《明太宗实录》卷十五。

② 参考（明）杨一清《关中奏议》卷六《一为旱灾事》。

的普通旱灾是如何一步步演变为较严重的饥荒的：

陕西各府卫地方供给三边粮草重大，差役浩繁，节因边敌侵犯，兼天年薄收，饥馑逃亡，生气未复，即今钦命大臣处置边储催征积年拖欠未完粮草，幸得年丰有收，方可供办，今所在告报灾伤夏田既多无收，秋成恐亦难望，虽中间轻重不同，虚实难保，终是实有灾伤去处为多，而西安府所属附近州县被灾尤甚，且民惟邦本，赋由民出，今公私匮竭，仓廪空虚，各边军士张口待哺急之，则有民穷盗起之忧，缓之则贻后时……①

查得各该州县预备仓粮多者不过万余石，少则三二千石，甚至止有数百石，陕西布政司查报在库官银八万三千余两，俱该供边并折支俸粮布花之数，尚恐不敷，亦难动支籴买粮米，夫以堂堂巨省，而仓库空虚至此，臣昼夜思之寝食俱废，窃惟救荒以赈济为先，以储蓄为本……又恐春夏之交，米价益贵，民食愈难，官廪既空，官银莫措，饿夫张口以待哺，官司束手而无施……赈济转输两无，所赖公私告急，内外俱困，仓皇狼狈，何可胜言?②

陕西共该四十余卫所，其弊殆不可胜计……即今在仓库空虚，此亦所致一端，近将查出盗支识字人役并卫所……续据各官会呈查出，盗支仓粮二千三百五十二石八斗一升七，合折银一百三两一钱七分三厘七毫……且据一

---

① （明）杨一清：《关中奏议》卷六《一为旱灾事》。

② （明）杨一清：《关中奏议》卷五《一为急处救荒事》。

时卷簿所查，尚有此数，岁复一岁，所侵盗不知几何……是皆百姓膏血之余，军士不得实惠，而徒为奸人渔猎之资，深可痛恨。[①]

这里提到了陕西地方在这次旱灾发生前的几点关键的社会特征：

首先，陕西各府卫承担着供给三边军用粮草之责，且书目浩繁。陕西尤其是关中地区自古以来农业较为发达，粮食产量也较高，边地用粮就近取材，在明成化时，河西诸卫屯粮只能支三个月，一年里绝大多数月份都要靠西安府人民运输接济。[②]本已穷困的农家百姓要跨越千里崎岖山路向边地军区运送粮食，且“所赋十倍于正赋”，农民自家本无粮可储，一旦遭遇天灾，饥荒自然顺势而起。另外，在明朝刚建立时，西北边军的设立主要是为防止蒙古侵犯，而这一时期仅仅是明中期，以西安府为主的关中人民即已承担如此繁重军需。而过了成弘时代，嘉靖时期蒙古军已居套内，紧张的军事局面必然会有更多的军粮需求，自然灾害偏又频繁发生，关中人民的饥苦生活可想而知。

其次，公私匮竭，仓廪空虚。洪武初于各地建预备仓，有前代常平仓之意，但是各地预备仓在一开始就存在管理上的弊病，正统以后，时废时兴，其储粮额也一直无定例，成弘时期对此争议不断，但总的趋势是自明中期至后期愈来愈少，这也是明代社会经济由盛转衰的实际体现。[③] 而陕西西安府地区，更

---

① （明）杨一清：《关中奏议》卷六《一为地方事》。

② 田培栋：《明清时代陕西社会经济》，首都师范大学出版社 2000 年版，第 186 页。

③ 唐文基：《明代粮食仓储制度》，《明史研究论丛》2004 年第 6 辑，第 334—335 页。

是深受预备仓衰败之影响。弘治末年这次旱荒距离成化末年大旱荒仅仅 17 年时间，社会经济尚未完全恢复，仓粮赈贷匮竭，仓储管理弊病日久横生，到弘治末年各州县预备仓粮仅数百石至万余石，在库官银八万三千余粮，根本不够供给边军，更不够籴买粮米以赈民困。

最后，杨一清还分析了导致仓储空虚的原因。他首先提出了军费支出、地形闭塞而经济贸易往来较少、民间尚无积储之风习等原因，但除此之外，身为陕西马政督理的他进一步从陕西地方的特殊性角度指出了导致仓储空虚的更为重要的原因。明初朝廷在各边军内部设立独立的都司卫所，军政与民政相分离，边军储粮自行管理。但这种管理形式容易因监管不力而方便军队官员侵吞克扣，同时在监管地方民运粮和盐粮方面也受到限制，因此明廷于宣德至正统年间开始实行边军仓粮地方管理化，“英宗初，命廷臣集议，天下司府州县，有仓者以卫所仓属之，无仓者以卫所改隶”①。陕西于正统元年将行都司甘州中等 13 卫所仓改隶陕西布政司，这样陕西地区的边军卫所仓粮就由户部与陕西地方共同管理。但是这种管理体制的调整又加重了仓官、吏胥与地方豪强势力的勾结舞弊，盗卖军粮现象时有发生。杨一清在奏议中就提到了弘治末年西安府内存在的这一情况。仅西安城内三卫，官军俸粮、布花、在库官钱以及仓粮等地方百姓“膏血之余”被该官旗军吏人等盗用，其数目不可胜数，在城外卫所此种情况恐怕更严重。

以上三点都说明了一个问题，即弘治末年西安府仓储空虚，普通旱灾来袭，地方无力赈济，饥荒随之蔓延加剧。值得一提的是，杨一清还将此次旱荒与成化末年对比，“成化十九、二十

① 《明史》卷七十五《职官四》。

年间，旱荒彼时，承平之余，仓库有积又无边患，尚且赈贷不敷，饿殍填渠，人至相食，后蒙宪宗皇帝准开救荒事例，措置银粮甚多，又将江南漕运粮米数十万石差官由汉江及河南地方二路转运，移民就食，赖以全活，而死徙之民，已不可救。户口耗凋，至今未复。今公私匮乏，既非昔比，边疆骚扰，又昔所无，若明年岁果不登，将来事变，岂直如成化年间而已”[1]。显然，成化末年的严重旱荒与其本身遭遇的旱情有密切联系。那时仓储尚有一定积蓄，然赈贷不力，朝廷又转运江南漕米，即使如此，大旱荒依然造成了人口大量饥死、流移。而此后仅过了十多年，至弘治十七年再次遭遇程度相对较轻的旱情之时，仓储则严重匮乏，赈济的效率大大降低。成化时期西安府仓储尚有积储，而到了弘治时期就几乎仓粮耗尽，虽无严格的时间断定，然而这也在一定程度上说明了成化、弘治两朝正是陕西仓储管理弊病丛生，仓储空虚日渐明显的一个转折时期。

明成化末年西安府的大旱荒是明朝西安府第一次大旱荒的集中爆发，此时正值明朝鼎盛时期。明朝自洪武初实行一系列休养生息政策，积累了大量社会财富，到成弘时期物阜民丰，商业也大为繁荣，而陕西地区在之前的天顺、成化还因几任政绩可观的地方官作为甚多而迎来“天成之治”，但是盛极必衰，这种所谓“盛世”不仅短暂，在看似“盛世”的历史表象背后，往往潜藏着另一番面相。本文从自然灾害诱发备荒仓储管理层面之弊病这一角度来辨析明中期西安府旱灾与饥荒的关系，从中也能更深刻地理解处于明朝转折时期的成弘时代。从成化年间开始，仓储虽有积蓄但赈济即已不敷，到了弘治一朝，仓库渐空虚，加上平日里繁重军需劳民伤财，一遇边患，军费支出

---

① （明）杨一清：《关中奏议》卷五《一为急处救荒事》。

占用地方官银，加上军队卫所仓粮官银被大量盗走的恶劣现象，百姓之膏血被浪费殆尽，一旦遭遇普通旱灾，家无积蓄的百姓就几乎毫无抵抗力，暴露出非常高的社会脆弱性。所有这些因素在旱灾来袭之时被迅速触发，旱灾仅仅是饥荒的诱导因子，而备荒仓储之弊病乃是旱荒不断蔓延加剧最为深刻的因素。

明清大地震与晋南地区的城市重建

山西大学历史文化学院　郝　平

引　言

山西在历史上是一个地震多发的省份，境内由大同、忻州、太原、临汾、运城等一系列断陷盆地所构成的山西断陷带，就是地震发生的主要区域，其中就强烈地震而言，今天运城、临汾二市所在的晋南地区则是最为集中的所在。现在追溯起来，明清时代发生在晋南地带的强烈地震有三次，分别是明嘉靖三十四年（1555）的华县8级地震①、清康熙三十四年（1695）的临汾8级地震、嘉庆二十年（1815）的平陆6¾级地震。地震之后，百姓殒命，城郭丘墟，村落陵夷，震区遭受到巨大破坏，地震因此成为影响区域内社会发展进程的重大事件。

对历史地震的研究向来是学界关注的重要领域，对明清晋

---

① 虽然这次大震的震中在陕西华县，但波及山西南部诸县，受灾严重，影响巨大，故将这次大地震列入本文讨论的范围。特此说明。

南地震的考察也不例外，大量成果麇集于对震级、发震构造、震源破裂区、死亡人口、次生灾害、应急对策等方面①，视野多集中于“就震言震”“就灾言灾”的层次。近年来随着社会史研究的不断推进，学界对从社会史角度开展历史灾害问题研究的呼声渐显，笔者曾撰写《从历史中的灾荒到灾荒中的历史——从社会史角度推进灾荒史研究》② 一文以响应这一研究趋势。就地震来说，已有学者将震灾与地方治理问题结合起来进行考察③，给人以启发，但总体来看，地震社会史的研究并未很好地展开。近年来大量地震碑刻、地震档案资料的整理出版，给进一步的研究提供了极好契机。

众所周知，作为政区治所的城郭都市是地方政府的统治中心和政治、文化权力的象征，往往也是一定区域内的经济中心地，地震对城郭都市的影响及震后恢复情况无疑是官方最为关切的所在。由此，对城市重建问题进行探讨就成为考察地震与地方社会关系的重要切入点。从上述理念出发，本文以明清晋南三次大地震中的城市为考察对象，试对相关问题加以探讨，

---

① 较重要的成果有：宋立胜《1556年华县8级大震死亡人数初探》，《灾害学》1989年第4期；王汝雕《陕西华县大地震引发世界罕见的地震次生灾害链——从山西荣河蒲州陕西朝邑三城的工程场地条件谈起》，《山西地震》2006年第2期；王汝雕《1556年华县地震“震亡83万人”质疑》，《山西地震》2007年第2期；李昭淑、崔鹏《1556年华县大地震的次生灾害》，《山地学报》2007年第4期；苏宗正《1695年临汾地震震害及有关问题》，《山西地震》1995年第3—4期；王汝雕《1695年临汾大地震史料的研究与讨论》，《山西地震》1995年第3—4期；齐书勤《清康熙临汾大地震的应急对策》，《地震研究》1996年第3期。

② 郝平：《从历史中的灾荒到灾荒中的历史——从社会史角度推进灾害史研究》，《山西大学学报》（哲学社会科学版）2010年第1期。

③ 任晓兰：《论明代地震灾异与地方治理——以嘉靖乙亥陕西大地震为例》，《长春工业大学学报》（社会科学版）2008年第5期。

浅陋不当之处，敬祈方家指正。

一、灭顶之灾：大地震对晋南城市的巨大破坏

明嘉靖三十四年十二月十二日（1555年1月23日）陕西华县发生8级地震，有关史料曾如此记载这次地震："山西、陕西、河南同时地震，声如雷，鸡犬鸣吠。陕西渭南、华州、朝邑、三原等处，山西蒲州等处尤甚……压死官吏军民，奏报有名者八十三万有奇。"① 据现代科学推算，此次地震极震区烈度达到十一度，是我国古代见于文献记载的伤亡最为惨重的一次大地震。

稷山县生员程士真在回忆震后晋南地区的惨景时说："蒲州尤甚焉，民居、城廨、宗室、庙宇尽行倾毁，压死宗室一王，殿下百余名，尊官、举监、生员、人民难以数计，大约九分；解州等处则次焉。……是震也，自中夜底明而不息，至周二岁而方止。"② 可见，此次地震对晋南地区的城郭都市造成了极大破坏，其中最为严重者无疑是蒲州城。有史料记载蒲州城郭受创情形称："有声如雷，地裂水涌，城垣房舍倾圮殆尽，人民压溺死者不可胜纪。"③ 可知此次地震对蒲州城的冲击是毁灭性的。根据记载，蒲州城内的州公署、抚按察院行台署、分守河东兵备道署等衙门建筑亦全行倒塌；另蒲州城内外的河中书院、儒

---

① 《明世宗实录》卷430，第3页。

② 《稷山县阳平村三官庙地震碑》，王汝雕编：《山西地震碑文集》，北岳文艺出版社2003年版，第268页。

③ 光绪《永济县志》卷23《事纪》，光绪十二年刻本，第29页。

学、文庙、养济院、申明亭、舜庙、城隍庙、社稷坛、风雨雷电山川坛、惠民药局等建筑也被震毁或震塌。大地震还加剧了黄河洪水对蒲州城的威胁，“城覆于隍，堤庙尽崩坏，河流直与岸平，每涨辄入城门”①。另一处灾情严重的所在是临晋城。地震发生时临晋县内“有声如雷，初自西北来，轰轰然土气冲天，地裂成渠，井水外溢”②。城垣、县衙、文庙等建筑在地震中倒塌大半，“凡邑之厅事、廨舍、公馆、城垣瞬息倾圮，而庙学为甚。覆而死者几千人，虽贤愚贵贱弗分也”③。连保存在临晋县衙内的旧县志，因地震而“湮没十之八九”④。再次，猗氏、荣城、河津、解州、安邑、夏县等地也遭到很大的破坏。猗氏县城“官民庐舍祠宇大倾，伤人畜无算”⑤，城墙、县署、儒学、文坡泉、射圃、武王庙等场所，在震后倾圮无存。荣河县城“坏城垣及官民庐舍万余，压死人甚多，地裂泉涌，平地水深三四尺”⑥，城内的布政司、文庙等建筑皆被震塌。地震导致重修于嘉靖二十四年的河津县城垣“仅存断壁，门楼、警铺尽坏”⑦。盐池周边的解州、安邑二城同样破坏严重。解州“城垣庐舍尽倾，压死人畜无算，至次年春未息”⑧，州学、城隍庙、关帝庙等建筑被震毁；安邑城内“衙门尽塌，城郭室庐倾十之七八”⑨，

① 《蒲州重修黄河石堤碑》，《山西地震碑文集》，第 349 页。
② 乾隆《临晋县志》卷 6《杂记上》，光绪六年重印本，第 20 页。
③ 《临晋县重修儒学碑》，《山西地震碑文集》，第 251 页。
④ 乾隆《临晋县志》卷 1《上篇·旧志序》，第 3 页。
⑤ 雍正《猗氏县志》卷 6《祥异》，光绪六年重印本，第 34 页。
⑥ 光绪《荣河县志》卷 14《祥异》，光绪七年刻本，第 2 页。
⑦ 嘉庆《河津县志》卷 3《城池》，光绪七年重印本，第 1 页。
⑧ 乾隆《解州志》卷 11《祥异》，乾隆二十九年刻本，第 4 页。
⑨ 乾隆《解州安邑县志》卷 11《祥异》，乾隆二十九刻本，第 8 页。

县内“压死人口万余”①，县学、文庙等建筑被震坏。夏县城“城催隍湮，土涌井沸，官廨民居十毁八九”②，“压死人民殆及千数”③。其他如闻喜、芮城、绛县、曲沃、稷山、襄陵、临汾、洪洞等地均有不同程度的破坏，或城墙倒塌，或官衙民舍倾颓。

清康熙三十四年四月六日戌时（1695 年 5 月 18 日晚 8 时左右）山西南部的平阳府一带发生震级同样为 8 级的强烈地震。此次地震的受灾范围，北起平遥、汾阳，南至河南省的洛阳等地，西起永和，东抵河南省的获嘉一带，约为一个纵长约 330 公里、横宽约 200 公里的区域。④ 重度破坏区集中于平阳府所属的临汾、襄陵、洪洞、浮山四个县域。史料记载，地震后的平阳府“东西南北九十余里，城郭、衙舍、民房靡遗半间，人塌死六分”⑤，襄陵县内呈现出一派恐怖景象：“丛丛燎火若乱烽，乍暗还明光灿灿。断胫折臂已非人，带血披发真鬼域。”⑥ 由于地震发生于人口稠密的地区，时间又在夜间，加之震后地裂地陷等地质灾害严重，致使人员伤亡数量较大。地震档案载称：“俱查平阳府地震原卷，当时被灾共二十八州县，内被灾较重十四州县，统计压毙民人五万二千六百余名。”⑦ 现择要对重灾区的城市受损情况加以论述。

---

① 《碧霞元君圣母行宫记碑》，山西地震局编：《山西省地震历史资料汇编》，地震出版社 1991 年版，第 163 页。

② 《夏县大禹庙重修正殿碑》，《山西地震碑文集》，第 311 页。

③ 乾隆《解州夏县志》卷 4《学校》，乾隆二十九年刻本，第 1 页。

④ 武烈等编著：《山西地震》，地震出版社 1993 年版，第 143 页。

⑤ 《长巷村祠堂灾异碑》，《山西地震碑文集》，第 477 页。

⑥ 雍正《襄陵县志》卷 24《艺文》，雍正十年刻本，第 41 页。

⑦ 中国地震局、中国历史第一档案馆编：《明清宫藏地震档案》（上卷贰），地震出版社 2005 年版，第 773 页。

临汾作为平阳府治所在，城内官署林立，民房比邻，人口稠密。平阳府主城城垣、东关城墙、南北城关在地震中倾塌，城内的平阳府署、清军厅、督粮厅、理刑厅、军厅署、粮厅署、文庙、学宫、考院、预备仓等官署衙门被震毁；城内外的文昌祠、尊经阁、敬一亭、明伦堂、七贤祠、晋山书院、永利池、三太守祠等主要建筑也完全倾塌。[①] 震后的襄陵城也成为一片废墟，“城垣、学校、公署、民居倾覆殆尽，死者不可胜计”[②]，城垣“东北倾塌数十丈，城楼雉堞无存”[③]。城内的县署、察院、布政分司、按察分司、常平仓、学宫和库房等重要建筑多数被震塌。其他如寅宾馆、申明亭、旌善亭、翔凤坊、文庙大成门、明伦堂坊牌、城隍庙和养济院等建筑也在地震中倾圮。洪洞城同样满目疮痍，“地裂涌水，衙署、庙宇、民居半为倒塌，压死人民甚众”[④]，城内“栋梁催折，俱成瓦砾之堆”[⑤]，县署、预备仓、学宫等建筑被震塌，承流坊、宣化坊、旌善亭、敬一亭、启圣祠、名宦祠、乡贤祠、城隍庙、祝国寺和师旷庙等建筑被震毁，甚至护城的沙堤也在地震中被震坏。另一个重灾区浮山县城垣在震后倾圮，“西南隅几成沟壑”[⑥]；南关“房屋尽倾，仅存瓦砾遗址。其近南河一带，坡凌上下，傍崖穴居”[⑦]；浮山县县署、察院等官署被震塌，城内的文庙魁星楼、亚元坊等建筑被震毁。除以上四个重灾区之外，其他周边地带的城郭亦有严

---

① 参见康熙《临汾县志》卷8《祥异》，康熙三十五年刻本。

② 雍正《襄陵县志》卷23《祥异》，第3页。

③ 雍正《襄陵县志》卷5《城郭》，第1页。

④ 雍正《洪洞县志》卷8《杂撰》，雍正九年刻本，第14页。

⑤ 雍正《洪洞县志》卷9《艺文》，第106页。

⑥ 同治《浮山县志》卷5《城池》，同治十三年刻本，第1页。

⑦ 同治《浮山县志》卷5《城池》，第2页。

重损坏。如翼城县城的门楼、女墙、角楼、奎光楼等被震塌，县城北关门楼全部倒塌①，县城内的布政分司、按察分司等官署被震倒②，文庙及文庙内的尊经阁、东西厢房倒塌③。再如隰州州城，“四周倒塌甚多，西北隅尤甚”④，万泉县城“城堞房屋多倾坏”⑤。

嘉庆二十年九月二十一日子时（1815 年 10 月 23 日零时前后），晋南地区再次发生强烈地震。此次地震震中在平陆县，震级为 6¾级左右。根据已有的资料推断，这次强震的重度破坏区包括山西省的平陆、解州、安邑、虞乡、芮城，河南省的陕县和灵宝，其中以平陆县最严重。关于此次地震的详细情况，除方志材料可作依凭之外，宫藏地震档案资料的出版也为研究提供了极大便利。地震发生后，山西巡抚衡龄汇总省内各地的灾情，从十月初八日起多次向嘉庆皇帝奏报地震灾情。从他的奏折中我们可以清晰掌握当时的人口伤亡情况（见表 1）。

表 1　平陆地震伤亡人数一览

州县	档案记载伤亡人数	州县	档案记载伤亡人数
平陆县	压死男女 8676 人	猗氏县	压死男女 37 人
解州	压死男女 1101 人	荣河县	压死男女 2 人，压伤 4 人
安邑县	压死男女 273 人，压伤 33 人	夏县	压死男女 15 人
芮城县	压死男女 1885 人	永济县	压死 171 人
虞乡县	压死男女 552 人，压伤 66 人	闻喜县	压死男女 20 余人

① 乾隆《翼城县志》卷 6《城池》，乾隆三十六年刻本，第 1 页。

② 乾隆《翼城县志》卷 7《公署》，第 1 页。

③ 乾隆《翼城县志》卷 8《学校》，第 3 页。

④ 康熙《隰州志》卷 7《城池》，康熙四十九年刻本，第 2 页。

⑤ 乾隆《万泉县志》卷 7《祥异》，乾隆二十三年刻本，第 13 页。

续表

州县	档案记载伤亡人数	州县	档案记载伤亡人数
运城	压死盐池雇工 3 人，城内压死 100 余人	临晋县	压死男女 8 人

资料来源：中国地震局、中国第一历史档案馆编《明清宫藏地震档案》(上卷贰)，地震出版社 2005 年版，第 742—746 页。

地震除造成人员伤亡外，还使得受灾州县内的诸多建筑物被震塌或震毁。具体分为两类：一类是州县城内城垣、仓库、衙署、寺观等公共性建筑物，另一类是广大乡村的民房民舍。笔者现将城乡的受损情况列表如下（见表 2），这样可以更为清晰地明了城市的破坏程度：

表 2　平陆地震城乡建筑物受损情况一览

州县	城市建筑	乡村建筑
平陆	城垣、衙署、仓库、监狱倒塌	受灾村庄 120 多个，民房、窑房倒塌十之三四
解州	城垣、仓库、监狱、考棚、寺庙均有倾倒	民房倒塌无数
安邑	仓库、监狱、城墙俱有坍塌	受灾村庄 105 个，倒塌房屋 9800 多间
芮城	城关、仓库、监狱稍有坍裂	受灾村 80 个，塌房甚多
虞乡	仓库、监狱、考棚、城垣均有倾塌	受灾村庄 97 个，房屋震塌甚多
运城	署内库墙倒塌，禁墙倒 8400 余丈，三盐场城楼、城门及围墙亦有倒塌	盐池内庵厦房屋倒塌 474 间

续表

州县	城市建筑	乡村建筑
永济	城楼、垛口坍塌约十分之一、二，东北城楼稍裂，仓库倒塌一间	县内各村庄共倒塌瓦、土房200余间
夏县	震塌垛口数个	土房倒塌180余间，窑房倒塌250余间
临晋	北门城楼倒塌、垛口塌损约十分之一，龙王庙大殿损坏	县东南方向的村庄倒塌民房12间
猗氏	—	县内村庄倒塌民房253间
荣河	—	各村倒塌房屋数间至数十间不等
万泉	—	东乡部分窑房有倾颓

资料来源：中国地震局、中国第一历史档案馆编《明清宫藏地震档案》（上卷贰），地震出版社2005年版，第742—746页。

从城市的受损情况来看，平陆、解州、安邑最为严重，城市诸多建筑要素均出现大面积坍塌，虞乡、运城亦较为严重，芮城、永济、临晋稍次之，城市建筑实体仅有小部分损毁，而夏县、猗氏、荣河、万泉等城最轻。

二、筑城修廨：后地震时代的城市重建

在传统时代，代表国家权力象征的官衙廨署基本都坐落于城郭都市之中，地震之后，首先恢复城郭之内的建筑实体，发挥其代表国家对地方社会正常实行权力控制的机能，无疑是震后所有重建措施的首要之选。因此城市重建活动自然成为三次地震之后均极为重视的环节。

嘉靖三十四年地震结束之后便很快掀起了一场涉及晋南大部分区域的筑城运动。据统计，该年山西全省共有 9 座城市有过筑城行为，其中 8 座位于晋南地区，即蒲州、曲沃、荣河、解州、夏县、平陆、河津、绛县，全系因大地震的破坏而重修。如蒲州城，“嘉靖三十四年地震城坏，河东道赵祖元、知州边像重修”①；曲沃城，“（嘉靖）三十四年，知县张学颜因地震重修”②；绛县城，“（嘉靖）三十四年，地震，楼堞倾圮，邑令陈训复加修葺”③；荣河城，“（嘉靖）三十四年，地震城圮，知县侯祁重筑，雉堞俱易以砖，增三门楼，南北各连重门”④。现择要论述如下。

先看蒲州城。该城因靠近震中而灾情严重，震后“堂堂钜镇，一望丘墟，奸宄肆掠，河东几乱”⑤，地方社会秩序出现了不稳定的局面。蒲州知州边像积极组织地方力量筹措资金，先后重建了蒲州城垣、州治公署、按抚察院行台和中分司等建筑，这对保证蒲州行政机构的正常运转起到了明显的作用。此外，边像还十分重视城市文教建筑的重建，对损毁的文庙进行重修。

再看荣河城。知县侯祁对荣河城的城市重建做出了突出贡献。该县城墙在地震中损坏严重，侯祁从荣河晋南小县、民穷财困的实际出发，为节省民力，巧妙利用旧城遗址，“建筑雉堞，俱易以砖，增三门楼”。明代后期重臣张四维对地震后的晋南社会乱象及侯祁竭力重修荣河城池的行为有详细记述：

---

① 乾隆《蒲州府志》卷 4《城池》，乾隆十九年刻本。

② 乾隆《新修曲沃县志》卷 7《城池》，乾隆二十三刻本。

③ 乾隆《绛县志》卷 3《城池》，乾隆三十年刻本。

④ 乾隆《荣河县志》卷 2《城池》，乾隆三十四年刻本。

⑤ 乾隆《蒲州府志》卷 7《宦绩》，第 37 页。

乙卯岁季，秦晋地大震，邑败数十城。一时凶宄乘便剽劫，邑西则有沿河犷夫乱流而东，邑东则有藩府屯卒乘原而西，民汹汹莫必其命，则城池之守又惟此时为要。……（侯祁）始至（荣河），即练乡兵，倡勇敢，精器械，扬威武。诸盗既慑，城守是先。遂略地势而相视之，辟新制、联旧基，周缭共得里九余步十三。通邑民而均役之，凡几人役一丁，得丁凡四千丁，四日一役，日役者一千丁，用以不妨农务。虑财用而委输之，凡监司给济若干金，富民愿助役者若干金，而公区办若干金，共得百余金。量难易、命徒庸、计时日、平远迩。令既具，择邑父老之良与子弟之能者分督之，奖率有术，糇待咸裕，板榦斯竖，箕锸丕作。经始于五月丙寅，越六月丙午城成，凡为日四旬有一。于是城东西南为门者三，南北为重门者二，门各冠以重楼，并西城为楼者四。崇墉造天，严扉重闭，烽橹连望，实备实美，烨若神造，屹然河汾之巨防矣。①

从引文中我们清晰地看到，一位普通知县在震后地方社会失序、民生凋敝的情况下，勘址擘画、筹措资金、发动民力、有序实施的详细过程，正是当时震后晋南城市重建的普遍写照。

其他数座城池也得到不同程度的修缮，夏县知县王言大先后重修了县署衙门、儒学和书院等破损建筑。平陆县知县赵重器重修县城东城楼，修葺察院、布政分司等主要建筑。临晋县公署、儒学和益抱亭等建筑被地震毁坏，由知县李世藩组织本县士绅重建。猗氏县知县韩应春则先后重修县署、儒学等被震

---

① （明）张四维：《荣河尹望海侯君重建邑城碑》，载氏撰《条麓堂集》卷25《碑文》，《续修四库全书》第1351册，上海古籍出版社2002年版，第673页。

塌的场所。稷山县知县孙倌重修了县城城墙和文庙学宫。绛县知县陈训重修了破损的城墙。

康熙三十四年的大地震之后，晋南诸多城市同样遭受灭顶之灾，地域社会一时出现失序的现象，史料记载说“乡村无籍儿，乘机扰良善”①，揭示了脱籍群体冲击正常社会秩序的事实。城市重建由此也迅即展开。

首先看位处震中的平阳府城的重建，地方官府采取了诸多措施。震后该城的社会秩序一度混乱，流言四起，“或云盗猝至，或传地当陷”②，这些乱象都对地方统治造成不小的冲击。基于此，平阳知府王辅设法控制城市社会秩序，其率领兵丁“日夜巡阛阓，擒其不法者置重典”③。同时，王辅还组织人力从速掩埋死者，避免疫病的产生，“死者给以棺，不足；继以席，又不足；为大冢数十，男女各以类从，俾无至暴露”④。王辅的措施对于安定人心、稳定社会秩序产生了良好的效果。平阳府中建筑林立、人口殷盛，城居之民担心余震来临，纷纷逃出城外，这使得平阳城内一片萧条。王辅对此发布榜文招徕民众，规定凡自愿在城中建房者，官府将给予资金补贴。此项举措效果明显，居民纷纷返城，“今城内大中楼南，居民邻次，人犹称王公街”⑤。震后府城城墙全部倒塌，由工部员外郎倭伦和知府王辅负责重修，仅垛口就重筑“一千五百八十四垛”⑥。府衙也

---

① 雍正《临汾县志》卷 13《艺文》，雍正八年刻本，第 23 页。

② 雍正《临汾县志》卷 13《艺文》，第 24 页。

③ 雍正《平阳府志》卷 20《宦绩》，乾隆元年刻本，第 27 页。

④ 雍正《平阳府志》卷 20《宦绩》，第 27 页。

⑤ 雍正《平阳府志》卷 20《宦绩》，第 27 页。

⑥ 雍正《平阳府志》卷 7《城池》，第 1 页。

塌毁，完全不能使用，后由王辅等人多次重建增补。[①] 平阳府行署和试院被震毁，先由知府王辅简单修葺，后任知府又在原有的基础上再次重修。[②] 平阳府府学由户部员外郎倭伦和知府王辅共同监督重修，建成后“闳敞穆邃，规制视昔有加”[③]。除官府加意重修之外，地方士绅群体也在城市重建中发挥了重要作用，例如，平阳府的东关城在地震中被完全毁坏，城居士绅王名毂、贾镕和蒋统等人主动捐资用于东关城的重建。[④]

再看襄陵、洪洞、浮山等城。襄陵城垣东北处被震塌数十丈，震后由恽东生、宋继均两任知县相继重修完成。[⑤] 塌毁的襄陵县衙也得到了重修。襄陵县文庙在地震中被震坏，“正殿仅蔽风雨，外而戟门剥落，两庑荒凉”，知县宋继均与士绅共商筹资重建。[⑥] 洪洞县也重修了震毁的城墙和县衙，城内的儒学也在震后的第三年即康熙三十六年由知县李宣进行重建，但限于地方财力而暂时无法全面修复。康熙五十年（1711），洪洞县乡绅刘志将其续修完成。[⑦] 浮山城的重建则更多见地方士绅的身影。浮山县士绅张大纶积极捐资协助修建了被震塌的县城城墙。[⑧] 还有浮山县的察院“以地震倾圮，无存”，在康熙六十一年（1722）由本县士绅张垚、张大统和张嗣昌等人捐资重建完成。[⑨] 震后浮

---

① 雍正《平阳府志》卷 8《公署》，第 1 页。
② 雍正《平阳府志》卷 8《公署》，第 4 页。
③ 雍正《平阳府志》卷 9《学校》，第 2 页。
④ 雍正《平阳府志》卷 7《城池》，第 2 页。
⑤ 雍正《平阳府志》卷 7《城池》，第 2 页。
⑥ 雍正《襄陵县志》卷 24《艺文》，第 83 页。
⑦ 雍正《平阳府志》卷 9《学校》，第 26 页。
⑧ 同治《浮山县志》卷 22《人物》，第 16 页。
⑨ 同治《浮山县志》卷 10《公署》，第 3 页。

山县“学宫倾圮，鞠为茂草”，士绅张大统“出资数千金独力捐修”，还创建了“尊经阁以补前所未备”。[①] 士绅力量的壮大及广泛参与是康熙地震后城市重建过程中的明显特征。

嘉庆二十年的平陆地震发生后，地方社会秩序一度混乱，“灾黎露处无室可归，呼号凄楚之声哀鸣遍野”[②]。山西省府对此推出了较为细致的重建抚恤标准，“水冲民房修费之例，全塌瓦房每间给银一两二钱，土房给银八钱，半塌瓦房给银五钱，土房四钱，照旧例每户不得过三间”[③]，这对稳定地方社会秩序起到了重要作用，“民情均极安静，地方宁谧”[④]，没有发生大规模的民变事件。社会秩序平稳之后，至第二年春天气候转暖时“酌分缓急，陆续兴修”[⑤]，城市重建全面铺开。至于修建资金的来源，山西巡抚衡龄在奏折中强调遵循旧例，全部为地方自行筹措，“查晋省州县城垣，如有修补工段，向系城乡居民按里捐修；其官建庙宇、书院，亦系居民捐办；贡院系各州县捐修；惟衙署、仓、狱，系地方官借款扣廉陆续粘修”[⑥]。即便是中央政府没有拨发修缮城池的银两，但嘉庆帝依旧关注受灾州县城垣衙署的重建情况，不时通过廷寄向巡抚衡龄追问工程进展。在自上而下的督促严令之下，因地震塌损的晋南城池普遍得以修缮。

---

① 同治《浮山县志》卷22《人物》，第16页。

② 光绪《平陆县续志》卷上《职官·宦绩》，光绪六年刻本，第60页。

③ 中国地震局、中国第一历史档案馆编：《明清宫藏地震档案》（上卷贰），第745页。

④ 中国地震局、中国第一历史档案馆编：《明清宫藏地震档案》（上卷贰），第768页。

⑤ 中国地震局、中国第一历史档案馆编：《明清宫藏地震档案》（上卷贰），第780页。

⑥ 中国地震局、中国第一历史档案馆编：《明清宫藏地震档案》（上卷贰），第780页。

三、不平衡的恢复：对重建问题的认识

大震之后，虽然晋南城市普遍得以重现震前壕深城高、睥睨蔽日的壮阔景象，但若从多个视角对城市重建加以比较的话，我们会发现一个共同的特性，即在城市重建过程中，多个方面都体现出明显的不平衡性特征。

首先，时段的不平衡，集中体现在嘉靖三十四年和康熙三十四年两次大地震之后的恢复重建上。与清代相比，嘉靖时期的明政权在应对地震时存在着诸多不足，譬如中央朝廷反映相对滞后，应急救灾措施实施的力度与地震灾情相比很不相称。略加考索即可发现，这种局面的出现是有一定的历史背景的。嘉靖年间正是明政权外患最为严重的时期，“北虏南倭”之患在此时最为告急，以致绝大部分国力耗费在防倭抗虏上，朝廷财力极度匮乏。嘉靖地震发生后，张四维的话确切地说明了政府无力救灾重建的窘境：

> 大变所摧，基址仅存，民敝不任，财匮莫出，鸠工兴务有甚难于时者，人瘼天灾于斯极矣。①

所以在嘉靖地震后的城市重建中多见地方官府自救的情况，而鲜见中央朝廷的庞大财力支援。而康熙三十四年的地震与之相比，可谓有着天壤之别。此时正是康熙王朝的鼎盛时期，三藩既定、台湾收复，国内政治安定，国库充裕，这给朝廷从容

① （明）张四维：《荣河尹望海侯君重建邑城碑》，载氏撰《条麓堂集》卷25《碑文》，《续修四库全书》第1351册，第673页。

开展震后重建创造了雄厚的基础。当时，户部依据康熙二十二年（1683）崞县七级地震的赈恤标准，议定“每大口给银一两五钱，小口给银七钱五分”。康熙帝在审定时，考虑到此次晋南地震伤亡惨重，将赈恤标准调整为“每一大口增银五钱，给银二两”[①]，共计支出“赈济银十二万六千九百两零”[②]。同时为了缓解地震对本地区社会经济的巨大冲击，还决定停征重灾区“临汾、洪洞、浮山、襄陵四县、平阳一卫本年额赋”，对于灾区范围内家贫且无力修整被震塌房屋的百姓，则每户拨银一两用于修缮。同时还“发西安捐纳银二十万”，为地震中遭受严重破坏的建筑提供补修、重修资金，并派遣工部员外郎倭伦前往平阳府会同地方官员共同主持灾区州县的重建工程。[③] 其主要任务就是重修和重建被震塌的城垣、官衙府署、府县学校等重要城市建筑。

其次，区域的不平衡，集中体现在康熙三十四年地震后四个重灾县恢复重建的不同步上。特征之一是，与襄陵、洪洞、浮山三城相比，平阳府城重建周期短、恢复程度高。这是因为该城是平阳府府治所在，像平阳府署、督粮厅、理刑厅、按察分司等官衙府署大量集中于此地。在地震结束后，这些被震塌或震坏的地方行政机构暂时无法正常运转，严重影响到朝廷政令的畅通和官府的权威。为了尽早结束这种不利状况，朝廷在赈济和重建资金的拨发上就有意识地向府城倾斜。其中，朝廷仅投入该城的重建资金即达白银“二万九千五百一十五两六钱

① 《清圣祖实录》卷166，第20页。

② 《清圣祖实录》卷166，第9页。

③ 康熙《临汾县志》卷8《祥异》，第6页。

七分一厘”①。虽然一时无法确定其余三城的确切数目，但从它们城池衙署等重要建筑的重修不断推迟，甚至部分重建工程被拖延到震后数十年后的情况来推测，其资金远不如平阳府城充足。为了使平阳府城、襄陵、洪洞和浮山等四城间恢复程度的比较更明显，在这里特意将各城内重要建筑受损和重建的数目通过表格的形式展示出来。见表3。

表3　四个重灾区震后城市重建情况一览

	重要建筑的受损情况	重建重修的建筑
临汾县	平阳府城（即临汾县城）、东关城、南北城关在地震中倾塌。平阳府署、清军厅、督粮厅、理刑厅、军厅署、粮厅署、府文庙、府考院、分巡道、预备仓、文昌祠、晋山书院等地震中倾塌 临汾县署、县学、察院、大中楼、关帝庙等在地震中倒塌	平阳府城（即临汾县城）、东关城、南北城关、平阳府署、军厅署、粮厅署、府文庙、分巡道、预备仓、平阳学宫、府考院等 临汾县署、县学、大中楼、关帝庙等
襄陵县	襄陵县城、县署、察院、学宫、库房、寅宾馆、申明亭、旌善亭、翔凤坊、常平仓、文庙大成门、城隍庙、养济院、尊经阁、文昌祠等在地震中倾圮	襄陵县城、县署、学宫、库房、常平仓、城隍庙、养济院等
洪洞县	洪洞县城、县署、学宫、护城沙堤、预备仓、承流坊、宣化坊、旌善亭、敬一亭、申明亭、城隍庙等被震毁	洪洞县城、县署、护城沙堤、学宫、城隍庙等

① 康熙《临汾县志》卷8《祥异》，第6页。

续表

	重要建筑的受损情况	重建重修的建筑
浮山县	浮山县城、南关、县署、察院、文庙魁星楼、亚元坊等被震毁	浮山县城、县署等

资料来源：雍正《平阳府志》卷7《城池》、卷8《公署》、卷9《学校》；乾隆《临汾县志》卷2《城池》、卷4《祀典》；雍正《襄陵县志》卷6《公署》、卷7《学校》、卷9《庙祠》；雍正《洪洞县志》卷3《官司志》、卷5《秩祀》、卷8《杂撰》；同治《浮山县志》卷5《城池》、卷9《学校》、卷10《公署》。

通过表格中各城倒塌建筑与重修建筑数量的对比结果，可以发现平阳府城在震后一定时期内的恢复程度远高于襄陵、洪洞和浮山等城。由于朝廷的重视和重建资金的充沛，使得同样是“满目疮痍”的平阳城在重建速度和成果上都领先其他三城。

特征之二是，在重建中，襄陵城远远落后于其他三城。无论是史料记载还是现代地震科学测算，均认定襄陵城在地震中的损失程度是仅次于临汾县的。① 但是，襄陵城内重要建筑物开工的时间晚，重建的周期长。比如，襄陵县署在倒塌后，就先后历经诸来晟、恽东生、宋继均、吴世雍、赵懋本等五任知县的重建，整个县衙才得以全面修复。② 而同属重灾区的浮山县衙在震后的第二年便重修完好。③ 本次地震后，襄陵东北城垣倾塌数十丈，康熙四十六年（1707）知县宋继均仍在“加修垛口及

① 王汝雕：《1695年临汾大地震史料的研究与讨论山西地震》，《山西地震》1995年第3—4期，第163—169页。

② 雍正《襄陵县志》卷6《公署》，第1页。

③ 同治《浮山县志》卷10《公署》，第1页。

楼并门”[1]。被震塌的襄陵县学宫因缺少资金，重修工程被迫拖延，一直推迟至康熙四十四年（1705）才得以修复。[2] 康熙四十二年（1703）夏天大雨连绵，襄陵城内的南驿道泥泞不堪，往来行人难以通行。知县恽东生召集本县士绅商议尽快修复驿道，“即倡输劝募，拣达者董其役”，对于道路泥泞处则“运城中地震瓦砾填其间”。[3] 由此推测，直至震后的第八年，襄陵城内房屋倒塌产生的瓦砾仍没有全部清理完毕。在康熙五十七年（1718）重修襄陵县库房竣工的记事碑文中，知县周之翰专门提到本城震后重建的概况，“襄邑坤震后，岁月几移，司牧数更，而修者十之一二，缺者十之八九”[4]。由以上看出，与其他三城相比，在地震后的数十年间襄陵城的恢复重建进程是十分缓慢的。对于襄陵城重建缓慢的原因，一篇保留到公元1977年的墨书题记对此就有详细的解释，“不意于初六日戌时徒遭地震，时有临汾、洪洞、浮山灾有重轻……三县皆报灾七八灾异。襄陵之城关灾有十分，幸逾我县令犹影征粮，止报灾三分。……三县又发下二十万修理银两，我襄不在其内，此大灾中不幸也”[5]。可见，震后的襄陵知县诸来晟为了尽早完成本年度钱粮赋税的征收，向上级虚报少报了襄陵县的灾情。这样做的结果，就导致襄陵城的重建没有得到来自朝廷的资金支持，连因受灾免交赋税钱粮的政策优惠也没有享受到。随着时间的不断推移，襄陵城与其他三城在恢复程度上的差距终变得越来越大。

最后，城乡的不平衡，集中体现在乡村恢复重建的极度缓

---

① 雍正《平阳府志》卷7《城池》，第2页。

② 雍正《襄陵县志》卷13《官师》，第8页。

③ 雍正《襄陵县志》卷24《艺文》，第85页。

④ 雍正《襄陵县志》卷24《艺文》，第84页。

⑤ 《襄陵县四柱村水陆殿立柱墨书题记》，《山西地震碑文集》，第436页。

慢上。在传统时代，官方最为关注的是大量衙署建筑集中的城池之内，对乡村社会并不太过关心，保证乡村地区不发生威胁其统治的重大事态，以及能够保证赋税的顺利征收，即达到了地方官府的底线。这使得地震后官方对乡村地带的重建事务通常体现出“不作为”的现象，村落重建多见村落民众“自力更生”式的自我重建。因此，地震后我们看到的是乡村社会的不断沉沦，不少村落因地震而被迫迁移就是明证。地震后，地质灾害频发，村落民众为取得继续生存的空间，不得不将村落迁移至他处。例如，现在位于浮山县城西北 5 公里处的张庄乡中村，就是在清康熙三十四年临汾大地震后形成的。据村民世代口口相传，在很久以前，此村原来正西方向不远处有个村子叫高村，东边则有个村子叫宋古堡，这两个村落的建筑在临汾大震后全部毁坏，村内百姓也在地震中伤亡惨重。因此，两个村子里幸存下来的村民出于避害躲灾的目的，就选择在两村之间的地方重建家园，并取名为高中堡。这个新的村名就是村民从原来两个村庄的名称中选择了“高”字和“堡”字而得出的。后来村民以新村重建于两村之中，又将村名改称为现在的中村。① 而多数村庄鉴于震后原有村址已经严重破坏，担忧如果选择在旧址重建，安全性会大打折扣，所以比较倾向于异地重建。譬如，今属洪洞县大槐树镇的梗壁村，该村地势低洼，原名龙泉沟。嘉靖三十四年地震后该村地基下沉，房屋倒塌大半，村民被迫搬迁于邻近的堡寨旁边。因为新建的村庄依堡而建，而且梗阻了洪安涧河的洪水，故名梗壁村。② 同样的还有今浮山县天坛镇的河底村。该村坐落于浮山县城东北 10 公里处的蛇蚂河

---

① 浮山县人民政府编：《浮山县地名录》（内部资料），1983 年，第 77 页。

② 洪洞县人民政府编：《洪洞县地名录》（内部资料），1987 年，第 50 页。

畔，原名为石壁村，因村民靠石崖建房定居而得名。康熙三十四年的临汾大地震使得本地石崖出现部分的坍塌和滑坡现象。为了躲避大地震带来的地质灾害，村庄整体迁移至蛇蚂河旁，村名也由此改为河底村。[①] 除此之外，甚至还出现过因震后的地质灾害而导致原来的村庄一分为二，变成两个村落的情况。今临汾市尧都区内大阳镇的东堡头村和段店镇的西堡头村，从源头上讲其实都属于堡头村。出土于西堡村的乾隆四十二年(1777)《王金印墓志》详细记载了堡头村是如何变成东堡头、西堡头两村的。原来堡头村在康熙三十四年的大地震中遭到严重破坏，现在东堡头和西堡头两村之间仍有巨大的沟壑作为分界，这条沟壑就是当时临汾大地震最明显的印记。[②] 墓主王金印的祖父即王氏族长王生民，在地震后决定率领本族宗亲全部迁于堡头村的西面居住，“而村遂以西名之”[③]，这便是现在西堡头村名的来历，而原来的堡头村随之变成了东堡头村。

余论

从上文考察可以看出，明清时期的三次大地震给晋南地区造成了极大的破坏。区域性的官衙公署、公共设施、民用建筑等受到了重创，大量人口在震灾中伤亡，区域经济遭受到突发性的打击。同时，大地震的发生也为重整区域社会秩序提供了重要契机，除了国家政策的扶持外，灾区的各级地方官员也能

---

① 浮山县人民政府编：《浮山县地名录》(内部资料)，1983年，第42页。

② 齐书勤编著：《三晋地震图文大观》，山西科学技术出版社2004年版，第110页。

③ 《王金印墓志》，《山西地震碑文集》，第589页。

积极组织民众开展力所能及的自救措施，体现出“心系民生”的博大情怀，赢得了当地民众的爱戴，从而提高了区域社会秩序良性运转的效率。尽管如此，从这三次大地震的恢复重建上，我们仍然看到了种种的不平衡，诸如时段的不平衡、地域的不平衡、城乡间的不平衡等。造成这种不平衡的原因有很多，但国家并没有很好地把握这一契机恐怕是其中一个重要的因素，由于受国家应对灾后重建的理念、地方区域经济等条件的制约，灾后重建中显现出的程度较为严重的失衡态势无疑为此后晋南地区经济社会发展的进程埋下了多种隐患。

清代豫省河工帮价探原*

中国人民大学历史学院　刘文远

河工需费，以“夫、料”二者最为大端。最初多由官府强制征派，后来雇募、购买渐多。明代中后期推行赋役改革，货币化遂成大势所趋。不过各地情形不一，且并非一帆风顺。与历代相比，清代由于经济发展，市场地位更加重要，公共工程特别是河工建设中，运用市场手段筹集必需资源渐成主流，类似河夫这样的力役，多为河兵或雇募取代，治河所需物料，也基本采用购买的方式进行筹备。但这种官府购买，绝非市场主体之间的平等交易那么简单。由于官民之间地位不对等，交易的公平与自愿很难保证，勒买、强征之弊史不绝书，交易“赋

* 中国人民大学科学研究基金（中央高校基本科研业务费专项资金资助）项目成果（项目批准号 14XNJ014）。

役化”往往成为最后的归宿。[①] 本文所讨论的清代河工帮价的产生与演变，就与此有密切关系。

一、清初河工办料之弊与“徭役化”

正如前辈学者已经揭示的那样，清代河工帮价是由于官定例价严重背离市场价格而产生的加价。从乾隆中期以后的经济发展来看，物价因素最为重要，应无疑问。[②] 本文拟在前人研究的基础上，对清代河工帮价产生的具体原因及经过做一简要梳理，并试着分析其背后动因。由于河工帮价最初出现在河南，而且主要体现在岁修料价上，因此即围绕河南河工岁料展开。

河工物料征集，采用市场购买的方式起源很早。但“名为和买，而未尝还其值”[③] 的现象更所在多有。自明代开始，河工筹备物料，就强调要运用市场手段，按“时价”购买。通常的情况，采取的是“官办”之法，即是将款项发给出产州县，由州县在限定期限内购买交工。州县则派给民间，甚至直接按地亩摊派。这样虽然给价，已非公平交易，经手官员更从中滋弊，给百姓造成额外负担。据明代河臣潘季驯总结，共有“交修措

① 据李晓在《宋朝政府购买制度研究》一书揭示，宋代政府采购虽然也采用和买方式，但当“和买供不应求、经费少或和买任务难以完成之际，官府就会很容易地转用科买解决问题。可以说宋代几乎所有物品的和买都有蜕变为科买的记录，并且总的演变趋势是和买逐渐减少，科买愈益盛行”（上海人民出版社 2007 年版，第 313 页）。有关明代交易赋税化，参高寿仙《市场交易的徭役化：明代北京的“铺户买办”与“召商买办”》，《史学月刊》2011 年第 3 期。

② 对此，郭成康《18 世纪中国物价问题和政府对策》（《清史研究》1996 年第 1 期）及陈桦《清代河工与财政》（《清史研究》2005 年第 3 期）等文已有详论，不再赘述。

③ 《金史》卷二十七《河渠志》。

索”“扣减价值”“折干肥私”“盗用官物”“四弊”，“误工而兼以病民”。[①] 虽然购料由官府拨款，原则上也按“时价”征购，但由于采纳了派买的方式，在物价、腐败等因素的作用下，这种市场化行为的同时就伴随着赋役化的特征。

河南采取的正是这种所谓的“官办”方式。对此，清初就有人注意到其弊端。顺治十一年，户部给事中苏文枢题陈中州苦累三事，其三即为“分买物料而借名多派，运纳柳稍而抑勒稽延，稽察工程而滥委多人”，提醒“管河大臣严行察禁”。[②] 康熙朝，河工较多，筹集物料给民间造成的负担也日渐严重。靳辅指出，由地方官府组织购买，必假手胥吏，胥吏层层剥蚀，料户有可能分文难取，而且必须运料到工，经收官员又格外苛求，“小民不堪其命”[③]。河南巡抚贾汉复也称“河工之积弊多端，而地方之受累无穷”，其中民间运料送工，官员往往“折数加收”，“私折乾没”，“稍不如愿，措抑不收”。[④] 至康熙末年，河南更因“频年荒旱，野无青草，料物费不可胜”[⑤]，而民间负担之重，甚至使官员产生将引发动乱的担忧。

雍正元年，刚刚升任监察御史的马尔齐哈就奏称，河南为治河采买、运送物料，“耗尽民力，恐致生变”。此时他还未正式上任，但因觉形势紧迫，如果上任后才奏，“恐致误事”，故

---

① 潘季驯：《严剔河工弊端疏》，《行水金鉴》卷四十六。

② 《豫河志》卷十四，经费一，河南省河务局，1923 年。

③ 靳辅：《治河工程》，《行水金鉴》卷一百一。

④ 贾汉复：《严厘河工积弊檄》，《清经世文编》卷一百三。

⑤ 《恪勤公家传》，《陈鹏年集》，岳麓书社 2013 年版，第 722 页。

"随折密奏"。[①] 十天以后的奏折中，他对情况做了更详细的汇报，"河南连年荒旱，民间乏食，至食糠秕。巡抚杨宗义将河工应办料物派之州县，州县派之里民。每草一斤各给官价一厘，已属有名无实，又令自备车脚运至工所，所费不止十倍。加以司料之人重秤强收，以致短少，勒令补足，故一当此役，多至破家，甚至无料可办，拆毁草房以供应者，巡抚尚嫌弃污秽不中工用。又闻民间或有大树，即指称桩木，吏胥往查对记，令其斫伐，自运工所，车费之外需索无已，民弗能堪。又闻征收钱粮火耗之外，又加三钱，名曰河费。种种扰害无可告诉，民怨巡抚至于入骨，人情惶恐，朝不谋夕"。他认为，"中州腹心之地，关系重大"，建议"嗣后一应料物，大发正项钱粮，照依时价，官办官运，不许丝毫再派民间"，以杜此弊。[②]

如果说马尔齐哈并未亲身到河南勘察，不过从河南效力来往人员访闻，以及与河道总督陈鹏年交往了解而得，未必无夸张成分的话，一年后的一件有关河南河工积弊的条陈，对其所言可加佐证。这件条陈将河南河工之累归纳为"买草""派夫"二事。其中的买草之累指的是，河南购买工料俱派各县办运，"每草一斤开销正项一厘，在各州县采买价值，以及运送脚费，大约秫秸谷草一斤需费三四厘不等，合计每县一年办草数次，每次不下三十万斤，除正项外，每运约赔五六百金，统计一年约赔数千金，承办州县先犹挪动库银，再图弥补，今则正项随征随解，火耗亦解补亏空，无项可那，不得不按派里民，押令

---

① 《玛尔齐哈奏谢升为监察御史折》，《雍正朝满文朱批奏折全译》，黄山书社1998年版，第8页。之后有两件奏折署"马尔赤哈"，查其折内容，当为一人，应是后来升任内阁学士和刑部左侍郎的"马尔齐哈"。

② 《马尔赤哈奏报豫省河工百姓苦累之情折》，《雍正朝满文朱批奏折全译》，黄山书社1998年版，第12页。

办运”。雍正帝在条陈上批示，“凡似此累民之举，皆令据实入告，而尔等吏治如此，朕亦无奈，唯仰天垂泪而已”，并命将此朱批交河南巡抚石文焯、副总河嵇曾筠、河南布政使田文镜一同阅看。[1]

之后三人分别上折，奏明实情及解决办法。嵇曾筠奏折中分析，民间运料负担的成因是河南运料需要车运交工，没有江南官造浚船之便，因此漕规中规定的每斤一厘的料价，未免不敷，只是因为沿用既久，不敢遽更成例。他的解决办法是，一方面向朝廷申请“量给车价，以资运送”，同时以购买山柴、采割官柳等方式缓解秸草购运负担，“非若从前办料专责成于州县”，“以纾民力”。[2]

田文镜在折中则解释说，以前不过因为连年歉收，导致价格昂贵，加上运脚费用，实达三四厘之多。但去年秋收，每斤包含运脚已降到二厘，今年丰收在望，每斤一厘已够买办，只是挽运转输，“自不得不稍借民力”，实则“原非苦累，而稍借民力，亦分所宜然”。他认为，物料令民间派买，是因为秫秸谷草均系产自民间，既然交给州县办理，势必散之里下，难道要舍弃附近的材料，“另向他处购求者乎”？而且修理河工，是为百姓“各保其地土，全其家室，是虽有运送草束之劳，亦属分所当然。况古来国家凡有工役差徭，动烦民力，我朝百姓除完正项钱粮之外，毫无一事，较之往古，劳逸不啻天渊相隔”。由田文镜奏折中，我们可以看到，在他眼里，由民间负担转运之

---

① 《河南巡抚石文焯奏复河工夫料条陈折》所附条陈，雍正二年五月十八日，《雍正朝汉文朱批奏折汇编》第三册，江苏古籍出版社1989年版，第74页。

② 《副总河嵇曾筠奏复豫省河工办理物料募雇夫役情形折》，雍正二年五月二十一日，《雍正朝汉文朱批奏折汇编》第三册，江苏古籍出版社1989年版，第87页。

费，属于“稍借民力”，而且是百姓“分所宜然”，并未认为此举有何不妥。雍正帝完全赞同田文镜的意见，朱批中称：“小民无知，凡有此等借力之事，当预为申明利害，将往古旧制、本朝恩泽、原系暂用不得已等处皆令愚民明白知道，则此等怨声自息矣。”① 君臣一唱一和之间，豫省河工运料负担，似乎消弭于无形。

河南巡抚石文焯的奏报，也提到不得不“借民力运送”的缘由，主要是由于民间四轮车运量较小，用车甚多，难以雇觅，不得不派之百姓。他也提到了丰收价落，“每百斤不过一钱”，并称与总河齐苏勒商议，采用委员就近购买的方式，不许派累民间，但若需料太多，附近买完，也只有发价到相近州县买办，“少借民力，亦出于万不得已”。②

由前述奏折中可知，在有治民之责的田文镜、石文焯，以及雍正帝来看，物料由民间运工并没有问题，雍正帝还特地在田文镜奏折上朱批道：“览奏，朕释怀矣。”他们把这种对百姓的额外负担，仅看作是“稍借民力”而已，认为对百姓来说，这是分所应当之事，甚至直接称之为“工役差徭”。③ 如果说此前还属于地方官的私派的话，至此经过皇帝的首肯，已经合法化。豫省河工物料的市场采购“徭役化”趋势，也便难以逆转了。

非但如此，在稍后进行的豫省河工则例的编订中，无论土

---

① 《河南布政使田文镜奏复河工草料借用民力情由折》，雍正二年五月十七日，《雍正朝汉文朱批奏折汇编》第三册，江苏古籍出版社 1989 年版，第 62 页。

② 《河南巡抚石文焯奏复河工夫料条陈折》，雍正二年五月十八日，《雍正朝汉文朱批奏折汇编》第三册，江苏古籍出版社 1989 年版，第 73 页。

③ 《河南布政使田文镜奏复河工草料借用民力情由折》，雍正二年五月十七日，《雍正朝汉文朱批奏折汇编》第三册，江苏古籍出版社 1989 年版，第 62 页。

方价值还是物料价值，都较此前有所降低。如岁抢修所用秸料，原来每斤给银一厘，雍正五年，减为岁修七毫，抢修九毫，雍正十二年编纂河工则例，一律减为每斤七毫。即使是原来每斤一厘的价格，也较明朝中期每束十五斤，每束连运脚二分的定价为低。[①] “价值愈减，采买愈难”，地方官按亩摊办，“时价不无贵贱，运送不无远近，额定七毫之价，委属不敷”。乾隆元年，河南巡抚富德奏请增价至九毫，为部议驳。次年，钦差赵殿最等到豫省查勘，亲见民情苦累，恐贻误险工，奏准将河南岁抢修物料每斤均给价九毫，以敷采买之用。[②] 但其购买方式，并未改变。乾隆三年议准，岁抢修物料，每年八月由布政司拨银，移解道库，转发厅印各官分头采办，承办之官务必于十二月内全数交工，迟误者严参。表面上看，这次所增价值已经包括了运工车费，每斤给银九毫，“俾运工车价敷足，小民益可踊跃趋事”[③]，似可使交易回到市场化的轨道，实际情况却并非如此。

二、河工帮价改章与摊征

乾隆三十年五月，河南巡抚阿思哈做了一件引发后来持续近半个世纪争议的事情，那就是豫省河工岁修办料改章。[④] 事件的背景，仍然是豫省河工办料之弊。他奏称，到任以后，随地

---

① 商大节：《河南管河道事宜》，明嘉靖刊本，国家图书馆藏。

② 《豫省续增成规》卷一，国家图书馆藏。

③ 嘉庆朝《大清会典事例》卷六九二，河工·物料。

④ 光绪朝《大清会典事例》载“三十年定准，豫省河工岁料官为代办，每斤帮给运脚银一厘，帮价于沿河三十二厅州县按粮摊征还款，嗣又改为通省摊征”。（卷九〇七，河工·物料）改章的具体内容，详见阿思哈监修的《续河南通志》卷二三。

咨访，“皆以民间办料为累”，细加体察，“始知百姓于此实有苦累者”，而苦累根源，分为“运料”“交料”二端。

豫省河工岁修物料，向由沿河三十二州县按地派买，由于业户地亩多寡不同，派买料物多少不一，大户有能力自行运送工所，但零星小户出料有限，离工路远，必须雇车运送。所需雇费，加之“沿途既须盘搅”，而且交工时往往等候多日，也需花费，负担十分沉重。遂有“料头”出而包办，讲定料价、运价及其他花费，就近购买，但层层盘剥，花费不止数倍。即使如此，也比百姓自行运交省便，“以致甘心吃亏”。此为运料之累。

既然“料头”能就近购买，百姓何不自己就近买办？阿思哈认为，“业户不齐”，无人肯秉公出头，即使有人出头，也难保无侵蚀之弊。因此他提出可以试行官为代办，先由官府动用闲款，就近采办物料，运送工所，事毕核算，除了官给例价之外，其不敷部分，由业户缴纳归款。如此，比“料头”包办，费用必然大减。

至于交料之累，主要是河员在经收物料之时往往浮收，“有加三四者，甚有加七八者，农民辛苦运来，已经狼狈，乃复重秤虚喝，为累益深”。其根源，不完全在于贪污侵蚀，而在于陋规。由于每年河道总督到河南组织防汛，长达三个月，所带官弁兵役以及随工官员多达一二百人，所有花费，均由管河厅员筹备，再加上各项规费，“费用浩繁，难以悉数，河员赔垫既多，不免浮收物料以图抵补”。对此，阿思哈的建议是，请皇帝降旨严加饬禁，“不咎既往，杜其将来，俾河员得免供应之烦，无所借口，不致再有浮收。倘或故违，立予纠参，重治其罪，则交料之苦，亦可永除”。①

对此奏，乾隆帝朱批道：“所奏是，该部议奏。”也许正是因为他这明显赞同的倾向，导致工部对阿思哈的建议全部议准，并称“豫东二省采办物料，久经议定章程，原属官为经理”，也就是说，本来就是官办形式，民间运料，不过是地方官员自行按地派买而已。对阿思哈的建议，工部认为“应如所奏，先行试办，仍俟试行有效，体察民间果不致有受累之处，议定章程，再行据实奏闻”。至于交料之弊，经收河员浮收物料以弥补陋规，本来就应严禁，应如所奏，令河道总督严加约束，如有违反，严参治罪。工部的复奏经过乾隆帝批准“依议”，改章正式启动。②

经过一年的试行，结果皆大欢喜。据阿思哈奏报，是年乘七八月间新料登场之际，委派佐杂官员，就近按价公平采买，给发现银，丝毫不许克扣，“卖料之民见价无短少，无不踊跃愿售”，并派大员往来督查，佐杂人员监督交兑，随到随收，经收河员不敢浮收，“事半功倍”。根据该年办料条款所载，此次试行改章，实际上对购运价格进行了较大的调整。秸料由每斤9毫，谷草每斤7毫，连同运费，均提到1厘4毫，麻每斤提到2分。原定例价部分仍由官府拨款支付，而增加的部分，则以“贴”费的形式，摊派民间。该年岁修购料5005万斤，需银70 070两，草300万斤，需银4200两，麻15万斤，需银3000两，共需银77 270两。官发例价38 313两零，不足部分38 957两，先由官府从司库闲款中垫支，再由沿河三十二州县按地派征归

① 录副奏折03-1004-026，乾隆三十年五月十三日河南巡抚阿思哈奏。本文所引档案，如无特别说明，均为中国第一历史档案馆藏。

② 乾隆《续河南通志》卷二三，河防，乾隆三十二年刊。

款。这样算下来，秸料一项，每斤除例价银9毫外，业户还应贴运费钱1文，征收钱粮1两的业户，应贴运费69文。此项费用，按阿思哈的说法，较之往年“不及十分之一”，“且又无需自办，坐享其逸，欣喜逾常，感戴皇仁，欢声遍地，不数日间，尽将贴费如数完纳”。[1] 此奏得到乾隆帝一个“好，知道了”的批示，河工岁料帮价也获得了合法身份，正式付诸实施。这次改章，实际上是将原来的差徭货币化的过程，经过货币化，对例价与市价之间的差价给予弥补，同时也使得物料购买再次有可能回到市场化的轨道。

然而，此次改章也为以后的加派留下了更大的漏洞。表面上看，是改为官办，但阿思哈在奏折中特别强调，办料是百姓分内之事，只因为运交之累，才代为官办，还担心行之日久，“民间忘其原委，反视民事为官事，殊失代办本意”，所以在官为代办的同时，让地方公举老成绅士，随同委员办理，使知原委，“以示至公”。[2] 如果真的改为官办，尽管民间已经摊征不敷款项，倒说明是回归市场轨道，但保留所谓“民办”色彩，则时刻提醒百姓此并非市场交易行为，而是百姓的义务，以后在办料方面如有更大的负担，百姓责无旁贷。前面已经提到，就连工部都已经承认，豫省河工物料，本来就是“官办”，阿思哈反复强调所谓“民办”的性质，是对此前派买物料行为的正式确认，“官”“民”一字之变，办料由官府的职责变成了百姓的义务，其市场交易的色彩荡然无存，而成为纯粹的赋役。正是在此次改章之后，河工办料正式出现了“帮价”之名。之所以称为“帮价”而不是单纯从价格角度称为“加价”，“帮”之一

---

① 录副奏折03-1004-096，乾隆三十年十二月二十日河南巡抚阿思哈奏。

② 乾隆《续河南通志》卷二十三，河防。

字，便道出所有玄机。[①] 而其特意留下的所谓“民办”色彩，也为以后的反复加派提供了借口。

此外，对于例价之外不敷款项的处理，也留下了很大的缺口。该章程中，并没有明确规定百姓到底应该承担多少，只是说官府先垫支款项，以时价就近购买，事后核算，除去例价由正项钱粮开销，其余不敷部分，再由沿河州县摊还。乾隆三十一年新料登场时购买，价格较低，不敷款项，每地丁 1 两，贴运费 69 文，确实不多。但如果大工迭起、荒歉连年、料价腾贵之时，不敷款项该如何处理？显而易见，根据阿思哈改章的思想，也只能仍由沿河州县百姓负担。

这也就不难理解，为何在乾隆四十三年以后，关于河南办料苦累百姓的说法反复见于奏章。曾经在乾隆五十年担任河南巡抚的毕沅，有一首诗描述豫省民间办料之苦，其中道：“中州沃壤全平阳，早秋播种多高粱，其实贫户饱饘粥，其秸打埽筑坝，借以供河防，年年冬月办岁料，派向沿河卅六州县要，官价不敷，吏役又侵冒，签提血比求取盈，那顾灾余黎民忍饥耐寒，破家析产仰天叫，然犹常例尚可支。大工一起，经费奚啻百倍蓰，需料数千万万计，经年累月，堵闭靡定期……买料不已，派运料按里出车，老牛疲驴悉索靡孑遗……官司蒙蔽饱欲壑，折收短价，金珠磊落，不怕白日青天欺，胥役因缘以作奸，需索稍拂意，动以贻误大工严例恐吓相惩治，嗟嗟蚩氓，诛求到骨髓，惟有撤屋伐材，卖男鬻女，聊救眼前一死耳。”[②] 诗中

---

① 关于“帮价”一词，可以追溯到明朝，在马政、河工以及其他徭役等赋役改革中出现的所谓“帮贴”制度，大多是徭役货币化后的一种表现，限于篇幅，本文不做详细介绍，拟另文探讨。

② 毕沅：《塞黄河决口诗六首·集料》，《毕沅诗集》，人民文学出版社 2015 年版，第 853 页。

描述河工物料派买的弊端，其情之惨，甚至到卖儿卖女以救一死的地步，同时也谈到岁料派买官价不敷，吏役侵冒，以致百姓“破家析产”的情形。

自乾隆四十三年仪封大工之后，豫省黄河进入了水患多发期，此后连年决口，大工屡兴，需料繁多，工料价格也成倍增加。购买岁修物料，原来民间每银1两帮贴69文的费用已远远不足。乾隆四十四年，经大学士阿桂等奏准，因物料价格上涨，岁料与大工需料一同加价，例价之外，秸每斤加银1厘4毫，麻每斤加银2分2厘，例价仍由正项开支，而加价则摊征归款。[①] 这只是临时性的增加，不能成为定例。乾隆五十年，河南巡抚毕沅奏请，秸每斤连例价定为3厘5毫，麻每斤定为2分2厘，“价值稍宽，亦可免官吏苛派追呼短价勒买之弊”。加价部分，仍遵循原来章程，由司库垫款，事毕归于沿河州县摊征。[②] 官府正项开支仍为例价部分，实际财政支出并未增加，反倒是民间的帮贴部分，仅秸料部分，由原来每斤5毫，增加到每斤2厘6毫，增加了5倍有余。原来每地丁银1两摊征69文，增价后，就要摊征345文。与大工加价不同，岁修必须每年备料，如果都按这样的标准，沿河三十二州县相当于加赋三分之一以上，必然给百姓造成沉重负担，同时也无法保证按期还款。事实上，自乾隆四十四年至五十年的六年间，积欠的帮价垫款就达到了68万余两。

此时，如果仍按旧例在沿河三十二州县摊征，必然“积累愈重，悬款愈多”，不但百姓负担沉重，民怨沸腾，同时官府垫款日多，财政压力也会越来越大。为改变这种局面，乾隆五十

---

① 嘉庆朝《大清会典事例》卷六九二，工部·物料。

② 录副奏折669-0757，乾隆五十年十月初九日河南巡抚毕沅奏。

一年，毕沅奏请将岁修帮价改为通省摊征。此前积欠 68 万余两，在通省分六年摊征归款，以后每年的帮价，均“于通省州县按粮摊征”，“如此则众擎易举，款项亦不至悬宕”。① 此奏经军机大臣议准，著为定例。② 在毕沅等人看来，经此次改章通省摊征，将帮价负担在全省内均摊，沿河州县负担有所减轻，相当于实现了“均赋”的效果，同时也有助于按期还款，保障官府的财政收支。问题到这里似乎得到了解决。

三、“加赋”禁忌与永免摊征

毕沅等期待民间踊跃还款的情形并没有出现。到六年之后的乾隆五十七年，就连原来规定分六年摊征还款的帮价积欠也仅归款不足 30 万两，还有 38 万两未完。自乾隆五十一年至五十四年，共摊征岁修帮价银约 117 万两，实际还款不过 35 万两，未完银 82 万两。③ 由于大工加价也同时摊征，河南钱粮积欠日趋严重，据河南巡抚穆和蔺统计，从乾隆五十一年至五十六年，已缴帮价近 88 万两，未完积欠银 215.6 万余两，此外还有应摊未摊银 80 余万两，使河南省一跃成为全国钱粮积欠大户。鉴于“应征之项日积日多，小民既困于追呼，而帑项仍悬于无着，关系均非浅鲜”，穆和蔺提出，必须及早改定摊征章程。

在给皇帝的奏折中，穆和蔺分析到，帮价积欠严重，一方面是由于没有严格的考成制度，官员催征不力；另一方面则由

---

① 朱批奏折 04-01-05-0067-018，乾隆五十一年三月十五日河南巡抚毕沅奏。

② 《清高宗实录》卷一二五一，乾隆五十一年三月辛酉。

③ 录副奏折 043-1351，乾隆五十七年河南巡抚穆和蔺奏各案帮价完欠清单。

于帮价每年核算摊征数额，多少不一，条目纷繁，“愚民莫由周悉，竟似一岁而重完数年之赋，一户而负欠十数款之多，甚或疑为官吏私征，延挨观望”，以致疑误不前。他建议，此后严定考成，按征收地丁正项制度，对催征不力官员予以严处，同时，根据历年帮价数额，酌中定议，每年以30万两作为帮价定额，归入地粮银内分款并征，每正银1两，加银不过9分，百姓“晓然于止有此数，官吏无从高下其手”，“按年随正清完，永无辗转增多之累”。[①]

全省定额摊征，给人第一感觉就是“加赋”。众所周知，自康熙五十一年康熙帝发出“滋生人丁，永不加赋”之后，“加赋”即成清朝的政治禁忌，即使有“加赋”之实，也必回避“加赋”之名。无论是乾隆三十年还是五十一年的河工帮价改章，无不着重强调，帮价摊征，是百姓分所应当的义务，官府不过是为百姓分忧而已，所以其“民办”的色彩一直不能抹去。穆和蔺也特地在奏折中强调，此项摊款，“在小民本属分所应输，并非加赋”。与此前没有定额，根据实际需要核算的摊征不同，此次对每年的摊款定额化，并且与地丁正项同样征缴，其“加赋”的痕迹无论如何也难以掩饰。也正因此，军机大臣和珅等议奏时即给予了严厉的批评，“此项帮价归入地粮银内分款并征，既足为小民之累，而积款递压，官吏从中借以侵挪影射，仍复悬宕不结，终属不成事体”，甚至认为，江南、山东等地都有河工，“并无帮价名目，未尝贻误要工”，因而认为“摊征一项徒为豫省官吏侵冒之地”。[②] 乾隆帝也是大为光火，认为将岁

① 朱批奏折04-01-05-006-0619，乾隆五十七年二月初四日河南巡抚穆和蔺奏。

② 录副奏折046-0724，乾隆五十七年二月十七日管理户部事务和珅，户部尚书福长安、董诰奏。

修帮价作为定额，不过是“以小民之脂膏，徒为不肖官吏影射侵渔地步”，下令对自开始创议设立帮价之后的该省巡抚，以及其他经征地方官员，连同此次奏请的穆和蔺，一并严加议处，并将积欠帮价分别着赔，同时禁止豫省岁抢修物料增给帮价，只可按例价开支，更不能任意摊征。①

然而这一近乎釜底抽薪的方案并未给这件事情画上圆满的句号。豫省地方官员以州县办料艰难，“例价九毫，若交民间办运，既滋派累之端，若令州县贴赔，又必致亏挪之弊”，因此提出对穆和蔺提议的帮价予以减半，每斤加帮价 5 毫，共需帮价银十四五万两，在通省知县以上官员养廉内公摊。由于既不动帑，又不摊征，这个建议得到了朝廷的默许。嘉庆四年，刚刚署理河东河道总督的河南布政使吴璥考虑到豫省军需帮价亦由官员捐廉归款，“再摊秸料帮价，则各州县竟无余养廉办公”，既使官员有贪赃滥索借口，更会贻误工需，因此重提河工帮价摊征的建议，奏请将此十四五万两帮价，摊入通省地丁征收。②得到的结果仍然是部驳和皇帝的严斥。嘉庆帝称按地摊征，使“使豫省群黎均受其累，为民上者岂忍出此！”并举出其父七年的谕旨，对吴璥等人大加责问，“圣谕煌煌，至为明切，豫省岂无档案可稽，而竟敢踵为此奏乎！”吴璥和会衔的河南巡抚吴熊光、刚刚升任湖广总督的前豫抚倭什布都被交部严议。③

事情似乎应该到此结束。但嘉庆十一年，实任东河总督的吴璥再次奏请对豫省岁修给予帮价。当时因为物价普遍上扬，

---

① 《清高宗实录》卷一三九七，乾隆五十七年二月丙辰。

② 朱批奏折 04-01-35-047-3541，嘉庆四年五月十四日署理东河总督吴璥、河南巡抚吴熊光奏。

③ 《清仁宗实录》卷四十六，嘉庆四年六月辛卯。

人工和物料的价格急剧上涨，雍正年间所定例价远不足用，不独河南一省，江南、山东等地地方和河道官员都提出加价的请求。在这样的背景下，吴璥对河南、山东两省河工夫料价格进行通盘考虑，除了秸料之外，原来没有帮价的麻斤、土方等，也都应给予一倍帮价，其中豫省秸麻两项，每年以帮价 30 万两为额，在通省地丁内摊征，山东以 3.5 万两为定额，在兖沂曹济四府摊征。[①] 结果又被户部议驳。嘉庆帝更直斥“是小民于常赋之外，岁有摊征，永定为额，与加赋何异！此非病民而何！吴璥等率行奏请，实属谬误”，下令将吴璥及会衔的河南巡抚马慧裕、山东巡抚长龄交部严加议处。[②] 经吏部查议，吴璥、马慧裕各降二级调用，长龄降一级调用，奉旨改为留任，但“以该督抚等情节较重，且系奉特旨交议之件，虽有加级纪录，应俱不准抵销”[③]。

豫省河工岁修帮价摊征，自乾隆三十年创议始，四十余年间屡经反复，因“率请摊征”而被议处的督抚大员就有十余位。至此，因为嘉庆帝一句“与加赋何异”，使其最终定性，也因此最终避免了摊派民间的结果。

四、结语：市场与赋役之间的河工帮价

正如许多学者已经揭示的那样，在自然经济时期，政府收入主要依靠无偿实物征敛，随着社会分工和市场经济的发展，赋税制度开始由实物税向货币税转化。政府得到货币税的同时，

① 朱批奏折 04-01-05-008-1907，嘉庆十一年十二月初二日东河总督吴璥等奏。

② 《清仁宗实录》卷一百七十二，嘉庆十一年十二月丁酉。

③ 录副奏折 152-0193，嘉庆十二年正月初四日大学士管理吏部事务庆桂等奏。

也就是市场发育的过程。政府对货币的需要，不过是要运用其购买力，从市场中更为便捷地获取所需要的资源。由于市场能够以更高的效率配置资源，从长期来看，政府对于市场的依赖会越来越大。但还应该看到，政府在多变的市场面前，往往存在信息滞后、反应迟钝等问题，很难作为一个灵活的市场主体充分发挥作用。在这种情况下，利用政府的强制性从市场直接掠取资源，就有其便捷的一面。越是市场波动大，特别是价格上涨较快，同时政府本身受到预算制约的情况下，这种强制性就会越发突出，进而由市场交易演变成赋税征收。在中国历史上，这样的例子不胜枚举。

在河工物料的筹集方面，我国历史上很早就引入了市场手段，而且对于“公平”“按时价购买”的强调，在文献中也比比皆是。这就说明，利用市场越来越成为政府获取物料的首选方式。但在执行的过程中，这种本应公平的市场交易行为要受到诸多条件的限制，如政府财政预算是否充裕、政府能否及时收到市场波动信息并调整购买决策、政府工作人员是否廉洁等。特别是当政府刚性预算与市场价格之间发生差异时，市场交易能否得到保障就成了问题。

从清代的情况看，如果不考虑腐败等因素，这个问题也越发严峻。一方面，政府财政高度预算化，定额化财政体制为财政支出设定了严格的界限，特别是雍正朝和乾隆初年建立了完善的价格则例，形成了系统的“例价”制度；另一方面，自乾隆中期开始，物价持续上涨，使得政府采购价与市场价之间的价差越来越大，在当时的财政制约下，政府首先考虑的不是及时有针对性地调整价格制度，而是本能地将这笔预算外的开支转嫁到民间，帮价制度由此产生。从乾隆三十年到嘉庆十一年的几次“改章”行动中可以看到，帮价摊征的数额逐渐增加，从最初的3万多两，增加到最后的30万两，同时，摊征方式也从原来的临时性加派，发展到后来的定额化，从沿河州县摊征，变为通省摊征。其赋税化的趋势已经完全显现出来。如果不是穆和蔺定额化摊征触犯了清朝“永不加赋”的政治禁忌，物料采购将会按照其自身的逻辑展开，那将会是另外的一幅景象。

但这种“赋税化”不一定是完全的“赋税化”，赋役并不能替代市场的作用，这是显而易见的。当帮价摊征变为赋税，补充了市场价与例价之间的价差之后，官府可以有充裕的资金到市场购买所需物料，市场会重新发挥作用。在阿思哈和毕沅的奏折中，都能看到他们对“照依时价公平采买”的强调，说明在经费允许的情况下，可以保证市场的运作。但如果以后仍旧出现价差，又会如何？毕沅的奏折中所说的一句话，已经给出了提醒，“价值稍宽，亦可免官吏苛派追呼短价勒买之弊”，反过来说，如果经费不敷采买，官吏又会通过科派、勒买等强制性手段来掠取资源，于是再次走上“赋役化”的道路。① 但是当清朝政府自行斩断了这条道路之后，这部分额外的需费该如何筹集就成了清朝执政者面临的一个重要问题，其如何选择，不但关系到河工建设的效率，甚至关系到整个国家的命运。

---

① 录副奏折669-0757，乾隆五十年十月初九日河南巡抚毕沅奏。

碑刻所见清前期山西灾害应对及官民互动

山西大学历史文化学院　白　豆

近年来，有关清代灾荒的研究已经取得了十分丰富的成果，从灾害史的角度而言，学者们逐渐突破了对灾害原因与影响、救灾措施本身的研究，开始探讨自然灾害与社会结构之间的复杂关系。[①] 在研究视角上，逐步着眼于对不同群体应对灾荒的全方位、立体式的考察研究，但其中有关民间自救方面的研究则较少涉及。就史料运用而言，以往的研究多利用官方文献，对于民间文献（包括碑刻、民谣、抄本）的挖掘利用则明显不足。对于山西碑刻资料中的灾荒解读主要出现于学者灾荒论著中的部分章节和为数不多的几篇论文中。研究多集中于碑刻中特大灾荒的灾情描述和灾后重建与反思，而对于整体清代灾害分布

① 参见复旦大学历史地理研究中心主编《自然灾害与中国社会历史结构》，复旦大学出版社 2001 年版。曹树基主编《田祖有神——明清以来的自然灾害及其社会应对机制》，上海交通大学出版社 2007 年版。

规律及地方民众的灾情意识与影响力方面则研究不足。[①]

在山西现存的大量碑刻资料中，有相当一部分碑刻都或多或少地提及了清代山西境内各地区所发生的大大小小的灾害。可以说，这些记载灾害的碑刻为我们研究清代山西地方社会的灾害提供了重要的史料，部分还原了灾害在地方社会中的真实景象。地方民众的灾情意识也在碑刻资料中显现出来，民众视野下的灾害是否与官方保持一致，又是否会对地方社会造成影响，都是本文要探讨的问题。

一、碑刻所载清代早中期山西地方灾害的灾情及应对方式

就碑刻灾害资料本身而言，它更加详细贴切地描绘了灾害发生地区的灾民对灾害的切实感受，以及灾害对乡村地方社会的构建所产生的深远影响。笔者现将已收集的清代山西 30 个县市[②]的碑刻灾害资料进行总结归纳，借此对清代山西灾害的时空分布规律进行估计。

---

① 详见郝平《丁戊奇荒——光绪初年山西灾荒与救济研究》，北京大学出版社 2012 年版；艾志端《铁泪图》，江苏人民出版社 2011 年版；郝平《碑刻所见 1695 年临汾大地震》，《晋阳学刊》2011 年第 2 期；郭春梅《河东碑刻中的光绪旱灾》，《文献季刊》2005 年 10 月第 4 期；郭春梅：《清光绪村社灾情碑研究》，《文物世界》2003 年第 5 期。

② 收集到碑刻资料的 30 个县市包括：晋中地区（寿阳县、榆次区、灵石县、古交市、太原市尖草坪区、太原市杏花岭区、盂县、和顺县、左权县），晋北地区（浑源县、左云县、灵丘县），晋西地区（孝义市），晋南地区（运城市盐湖区、安泽县、浮山县、曲沃县、临汾市尧都区、洪洞县），晋东南地区（长子县、晋城市城区、黎城县、陵川县、沁源县、阳城县、武乡县、长治县、高平市、沁水县、平顺县）。

清代早中期山西碑刻灾害中，旱灾为最，水旱灾害的数量占了所有灾害数量的一半之多。从山西各地区灾害发生次数来看，山西晋东南地区为灾害多发区，其次是晋中和晋南地区，晋西、晋北地区的灾害数量相比较少（也存在碑刻留存较少的因素），而且各地均以水旱灾居多，可见水旱灾是山西地方发生频率较高的灾害。

清代碑刻中所记载的常见性灾害呈现出了一定的时间分布特征。旱灾主要发生在春季、夏季和秋季，存在春旱、夏旱、秋旱及春夏连旱和夏秋连旱等情况。清代出现春夏连旱和夏秋连旱的现象比较多，而此类灾害对农业的影响也较为严重，一般直接影响农作物收成；水灾主要发生在夏季和秋季，特别是夏季居多；清代山西蝗灾则是与旱灾相伴而来的，一般有蝗灾必定先有旱灾，所以蝗灾一般发生在夏季。可见夏秋两季是山西地方灾害的频发期，在此时间段，经常出现数灾并发的情况。夏秋灾害严重与否直接影响到地方社会的农业收成与民众生活。

清代碑刻中对灾害的描述一般都是带有目的性的，它通常作为某一事件的起因被民众记录下来，重在反映因此产生的社会影响力，在清代山西碑刻中则集中表现为灾害演变过程中民众的灾情意识及灾害应对方式。而且，碑刻中对清前中期山西地方灾害的记载方式也有所不同，不仅有通篇记述灾情及乡绅救灾的赈济碑，也有因灾重建或重修庙宇的庙碑记，还有灾后对生活设施的重建与整修的相关碑刻记载，同时部分墓志铭中也记载了主人公生前的救灾事迹。不同的碑刻类型对山西地方灾害的记载，不仅反映了清前中期山西地方灾害的发生概况，同时也反映了地方民众在应对灾害时的不同反应。

（一）灾情赈济碑

此类碑刻内容多是地方民众对乡绅救灾事件始末的具体阐述和对其救灾行为的褒奖。此类碑刻所记载的乡绅救灾方式主要有积极抗灾、广施钱粮、设立粥厂、以工代赈等。例如《赵乡官蠲荒碑》和《邑侯张公御灾碑》就表现了地方乡绅积极抗灾；《赈饥碑》《己亥岁赈饥碑记》《谨叙好善乐施两次救荒赈济碑志》都具体描述了地方乡绅通过施粥或广施钱粮平抑物价等方式救灾；《夏门道工代赈碑记》则是为救灾而实施的以工代赈。不论是乡绅的个人救灾行为，还是地方官与乡绅的联合救灾行为，都对减轻地方灾害发挥了积极的作用。

据顺治十三年的《邑侯张公御灾碑》[①] 所载："先是夏初亢旱，侯步祷三日，雨足倏报。蝗大至，侯喟然曰：蝗不至武陵，独可至盂耶？乃率百姓，日夜竭蹶以与蝗从事；又与民约计蝗之石斗升合偿以钱。其被灾者给籽种得及时补种荞麦，绅士亦量捐□助，而民以苏。"碑文记载的是清顺治十三年发生在盂县的蝗灾事件，此次蝗灾在《盂县志》中被描述为："顺治十三年蝗，不为害。"[②]《山西通志》中也有相同记载："徐沟、盂县蝗，不为灾。"[③] 在清代，政府对勘不为灾的灾害不会进行赈济，自然在官方文献中也不会有所记载。但是在《邑侯张公御灾碑》中，我们看到此次蝗害也曾真切地对盂县民众的生活产生影响，而邑侯张公在引导盂县民众抗蝗减灾以及恢复农事生产方面所发挥的引导性作用也是不容低估的。邑侯张公在蝗害早期就积

① 《邑侯张公御灾碑》，碑佚，据清乾隆《盂县志》收录。

② 光绪《盂县志》卷五，灾异。

③ 雍正《山西通志》卷一六三，祥异。

极御蝗，又在蝗灾过后给被灾者种子进行积极补种，将蝗害给民众造成的损失降到最低，以致蝗不为害。可见，虽然《盂县志》和《山西通志》都认定此次蝗不为灾，但是我们从碑刻中看到地方县令和民众是认定此次蝗为灾的，并进行了及时的抗蝗举措。值得肯定的是，在勘灾不成灾的情况下，地方县令和民众仍然能依靠自身的努力积极对抗蝗害。

康熙三十六年的盂县《赈饥碑》记载："康熙三十四年七月严霜，岁乃大饥。我父母东岭蔡公，发常平以救之。越明年五月旱，六月霪雨，至于秋八月，高下书成立于莱。自秋祖春，平米五百，糟糠入市，掘草根脱木衣而食之。公慨然曰：'余不忍吾民之饿死于路也。'于是捐俸设糜，募施舍，立男女二厂。男厂设于八腊庙，公视之；女厂设于龙王庙，邑尉刘公主之。又择绅缙之公正者分理之。手定条约，井井有法，几于一字一句读也。自三十六年二月十五日起，至夏六月止，活人无算。"① 这次灾情在《盂县志》中也有提及："清康熙三十四年盂县七月陨霜杀禾；康熙三十五年秋旱霜杀禾；康熙三十六年春饥，斗米钱五百。"② 从康熙三十四年就开始的这场灾害，持续到康熙三十六年朝廷才下令"以平定等十一州县比岁不登，免今年田赋"③。但是据《赈饥碑》所载，早在康熙三十四年，盂县就已经出现了大饥的现象，蔡公已经开始发常平仓粮予以救济，但是康熙三十五年和三十六年的持续灾害，终于使物价抑制不住地上涨，民众已经开始食草根树皮了。蔡公为减少地方灾民不断饿死的情况，设立粥厂进行施舍，施粥从康熙三十六年二月

① 《赈饥碑》，碑佚，据清乾隆《盂县志》收录。

② 乾隆《盂县志》卷二，饥祥。

③ 光绪《山西通志》卷八十二，荒政。

十五日起，持续到夏天六月份，救活民众不计其数。从《赈饥碑》中我们了解到，此时盂县地区的常平仓对于早期救灾还是发挥了一定的效用，但是在连年灾的打击下，常平仓也失去了平粜物价的能力。在国家免田赋的政令下达之前，地方官绅对灾民的有效赈济在减少灾害进一步扩大方面发挥了巨大作用。

此外，灾情赈济碑不仅叙述了灾情及官绅救灾的事迹，同时它还记载了地方民众对灾情的认识和看法。在康熙三十六年的《赈饥碑》中，我们看到碑文的结尾就提到："呜呼！天灾流行，国家代有如公之法可以补周礼荒政之所不逮也。爰载于石，以为后世式。至各当事捐俸为倡，以逮尚义之家，董率之老，皆记于碑阴，共垂不朽云。"

（二）因灾修建庙宇碑

历代地方社会在对待灾害问题上，多被认为是消极被动应对。在科学技术尚不发达、国家赈济仍待完善的情况下，无力的地方民众只好把弭灾寄托在神灵崇拜上。一般均是临灾、应灾时进行大规模的庙宇祈祷活动，或是兴起修建庙宇高潮。这在碑刻资料中也得到体现。在 77 通碑刻中，有 44 通碑刻记载的内容均是庙宇因灾重修或新建，其中一次较大规模的修建高潮发生在康熙乙亥大地震以后。此类碑刻一般先是描述具体庙址，接着是庙宇的修建和整修状况，然后是新建或重修庙宇的原因、整修成果及美好愿望，最后附上捐助者名单。旱灾和水灾是清代早中期山西地区经常发生的灾害，这也在修建庙宇碑中得到体现，绝大多数的庙宇碑显示重修庙宇的原因为水灾或旱灾。庙宇碑的大规模竖立，反映了因灾修建庙宇的频繁程度，同时也表明了地方民众应灾时的精神需求和美好愿望。

在此类碑刻的记载中，笔者发现篆写者总是极力渲染因灾祷庙或修庙对于弭灾的极大作用。例如在《山西太原府□□□□□□麻会村圣母庙碑记》中就提到：“□与众庙院祷祝，许建圣母庙三楹。后得痘症者个个果获全慰。”① 在《苌池村白龙神庙碑记》中记载：“乾隆丁巳岁，自春徂夏，四月亢旱不雨，耕泽鲜闻，心忧者久之。居民侯世良、李良、尹昌富等勃发一念，以神密迩东疃，当亦足以福我小民。爰虔诚致告，神果应之甚速，是日即得霖雨，乡人遂以于耜举趾。越六月，又不雨，□齐往事，神之应复如前。夫神之灵依然也，未祷罔灵，祷焉辄应。”② 据《建修龙王庙碑记》所载：“迨癸丑年自春讫夏又连月不雨，殳老祷祝无应。五月廿八日，张天喜儿等十数童子特请童子龙王祝之，廿八日即雨。里人崔乃林、张得礼、王荣共议创建童子龙王庙，与风伯一雨师并尊。六月初二日议定，又雨。里人灵之，逐鸠工庀役。初四日大雨泽尺，人莫不欢欣行舞，共讶神奇。”③ 这些碑文无疑都强调了庙宇在应对灾害时发挥的重要作用。

此外，我们发现地方民众在因灾重修庙宇这件事上保持了近乎一致的赞成态度，修庙碑记所载的捐助者名单显示，重修庙宇的捐助者包括了大量的普通地方民众。例如清雍正十一年的《重修碑记》记载了雍正十年安泽地区因旱重修麻衣寺时的捐助情况：“石渠村常守进施银二钱，生员黄宠施银四钱，生员常镜施银三钱，生员常锦施银三钱，生员常开世施银二钱，生员常廷麟施银肆钱，常锡施银五分，岭南□村庄祀……”④ 碑文

---

① 《山西太原府□□□□□□麻会村圣母庙碑记》，现存于古交市圣母庙院内。

② 《苌池村白龙神庙碑记》，现存盂县苌池镇东苌池村白龙神庙。

③ 《建修龙王庙碑记》，现存孝义市杜村乡柳窊村龙王庙。

④ 《重修碑记》，现存和川镇岭南村麻衣寺。

不仅记载有本村民众的捐助，同时还罗列了周边地区善士的捐助名单，可见地方民众因灾重修庙宇的热情。据清乾隆二十七年的《日月碑记》所载，安泽地区在乾隆二十四年发生大旱，四方求祷而不应，于是社人相议决定重修本地的龙王庙，并决定"愚本社人竭躬努力督工□各出己资材"。立碑时又将施财信士的名字刻于碑上："任□施钱二十，王文宽布施杨□□□□，田美德施钱五十，王明忠施钱三十，□龙施钱三十，李如仁施钱三十，张招施钱二两五十，秦福清施钱五十，王通顺施钱四十，吕光□施钱三十，安烈施钱二十……共□银六十两。"①

地方民众将消灾希望寄托于神灵崇拜之上，可以说是一种消极和不科学的应灾方式，但是在科技尚不发达的清代，这种方式一定程度上给地方灾民以希望，对于维护灾中地方社会的稳定起了很大的作用。

（三）因灾修渠碑

此类碑刻多是记载灾后地方民众对地方水利设施的重建和修缮，同时也是灾荒碑刻中最能体现民众将防灾意识直接应用到实际生活中的部分，它集中表现为修建护城河堤和开利导渠等。例如孝义县的《邑侯方公重开利导渠碑记》② 就记载了孝义县邑侯方公为杜绝汾河泛滥所带来的危害，带头重开利导渠并成功修建东西渠和南北渠，造福当地百姓的事情。文中提到"夫欲筹安全之策，杜泛滥之患，莫善于开渠"，就是地方民众防灾意识增强的体现。

灵石县的《修石堤碑记》《邑侯陶公督修护城河堤碑记》和

---

① 《日月碑记》，现存安泽县冀氏镇沟口村枣林庄。

② 《邑侯方公重开利导渠碑记》，原碑已佚。碑文自乾隆三十五年版《孝义县志》。

《重补修石堤碑记》三通碑刻所记载的石堤均为灵石县城河堤，其中《修石堤碑记》和《邑侯陶公督修护城河堤碑记》所反映的同为嘉庆十二年陶县令修堤事件。灵石城河石堤分别于嘉庆十二年和嘉庆二十三年进行了两次整修，嘉庆十二年整修石堤时“易土为石”，嘉庆二十三年依旧延续此传统，两次对石堤的整修都十分及时。《修石堤碑记》是灵石县令陶廷飏本人对嘉庆十二年修建灵石城河石堤事件的记载，《邑侯陶工督修护城河堤碑记》是当地岁贡生刘任南对陶县令督修城河堤的记载。二者所反映的内容基本一致，所以二者可以相互佐证。[①]《重修补石堤碑记》则是对嘉庆二十三年整修灵石城河堤的记载。为便于比较观察，现将嘉庆十二年和嘉庆二十三年两次修建石堤的具体过程摘录于下：

修石堤碑记

如十一年七月，霪雨连绵，横流浸溢，水入东北二门，居民震恐。维时余偕少尹设法堵泄，民渐以安。访之父老，言历来惧此患者不一而足，心窃幽之。揆厥由来，大抵水居其上，城处其下，浸剥勘虞。查旧有长堤一带，向例每年需役，各里民夫垒泥筑堰，潦草从事无惑乎。一经冲刷殆尽，岁殚金钱究归无补。爰谋诸绅耆为经久计，自非坚筑石堤不可，众论翕然。然易土为石需用不资，又不得仍前派夫重为里民困。余为捐俸首倡，延有力者为集腋之举，择首事二十人或分头劝捐，或督工经理。诹吉兴工，鉴石

① 两者对于工程起止时间略有差异，《修石堤碑记》记载修建时间为四月到十月，《邑侯陶工督修护城河堤碑记》记载修建时间为二月到八月，但两者在修建总时长上一致，大致在六个月左右。

煅灰，计长一百陆拾余丈，堤根六尺，堤身一丈，底宽一丈，上宽八尺，里面墙石，中罐以灰。自四月经始，十月告成。是举也，役力半年，资万计，然功归实用，而费不靡，论工授食，而民不累，一劳永逸，有备无患……①

重补修石堤碑记

灵石郭外柳堤，所以御水卫城者也。自十一年土堤奔溃，暴涨灌城，经陶前任倡议诸绅士捐资，始易以石。迄今十载，水不为患，人得□居，厥功伟也。惟东北一隅，正当其冲，水石相激，日就剥削。上年闰六月大雨浃旬，山水冲决四十余丈，几又灌城之势。因思昔年不惜重费改建石堤，一时之良法美意，诚为盛举。今骤被冲坏，若不及时补修，每当大雨时行，城垣漫灌，街市成渠，关系匪轻，诸绅士急公好义之前工尽弃。爰谋之众首事，亲往履勘，指示工程，于补修塌堤外，又即旧堤跟脚处小堰四十余丈，后置石垛四处，以杀水势冲突之患。庶几哉永获盘石之安亦特使前人之功垂于不朽，而后人亦将庇赖无穷矣……②

由上述碑文我们得知，城市洪灾已经给城市居民生活造成了一定的影响，而灵石县城东北的小水河暴涨是诱发城市洪水的主要原因。据碑刻所载，灵石东北角的小水河在给民众提供灌溉便利的同时，也在夏秋河水暴涨时给民众带来了灌城的危害，所以修筑石堤成为城市防洪的主要措施。通过两次不同时

① 《修石堤碑记》，现存于灵石公园碑廊。

② 《重补修石堤碑记》，现存于灵石公园碑廊。

期修建同一石堤的比较，我们大体可以看到，以嘉庆十二年为界，嘉庆十二年以前土制河堤每遇大水冲刷都会崩塌灌城，自嘉庆十二年灵石陶县令整修河堤以石堤代替土堤之后，大约有十年的时间灵石地区没有再受到水灾的困扰。在《重补修石堤碑记》中我们看到，嘉庆十二年石堤修建时的防灾意识仍然对十年后的灵石民众产生影响，它促使灵石地方民众及时重新补修石堤，使灵石民众有了更为积极的防灾意识。他们认为，若不及时补修，每当大雨时，水会灌城，后果不堪设想，所以对石堤进行了及时补修。同时，又对石堤进行了加固，“以杀水势冲突之患”。无论是作为灾害的直接承受者还是作为救灾的直接参与者，地方基层民众都始终是灾害当中的重要角色。地方民众的防洪措施有效地遏制了洪灾对城市的破坏。

（四）墓志铭

墓志铭中也有对地方灾情的描述，但一般还是较多凸现墓主身前的救灾事迹。《州司马李凤漳墓志铭》《清故待赠继庵赵公墓志》《李西斋墓志铭》《诰授光禄大夫都察院掌院事左都御史裕庵蒋公墓志铭》《齐林生墓表》《刘太老夫人彭太君合葬墓志铭》等墓志铭中都或多或少地提到墓主生前所经历的灾荒及墓主积极救灾的事迹。有时甚至一篇墓志铭中会提到墓主生前的多次救灾事迹。例如康熙十四年的黎城《州司马李凤漳墓志铭》中就列举了李凤漳生前的四次救灾经历：“庚辰、辛巳大凶大疫，公济饥瘗殣不惜物力。己丑姜瓖叛，揄揶而猴冠者乘乱窃发，公里门戈马无虚日，他人悉远避山谷，公独不去，葺砦保障一方。官兵利人之有动，诬以逆，执而杀之若刈草菅，公见之力为解免，谓重险不顾也。庚戌自春经徂夏不雨，公捐米助设粥厂，就食者日千人，存活甚多。辛亥、壬子复大饥，施如其前。”[①] 根据《黎城县志》所记载，从康熙九年开始，春夏不雨，饥荒已经略显，开始出现了捐粟煮粥的救济活动，到康熙十年的夏天，黎城又出现大饥，“县令同邑绅出粟设粥厂，日就食者几千人，存活甚众”。康熙十一年春复大饥，“太守暨县宰再同邑绅等煮粥赈饥”，县志中对于灾情和救济步骤的描述正好与《州司马李凤漳墓志铭》中的步骤一致。我们应该注意到，康熙十年还是在县令的带领下进行赈济，到康熙十一年已经在太守的带领下进行赈济，可见灾害的严重程度已经由县级上升到了府级。

此外，墓志铭不仅记述了墓主生前的救灾事迹，部分还体现了墓主的应灾意识。这其中包含了女性救灾意识以及灾民自身积极乐观的心态。在《刘太老夫人彭太君合葬墓志铭》中就表现出了女性的救灾意识。据碑文记载：“乾隆乙丑岁，秋水泛涨，城北居民几至浸没，太夫人闻之恻然曰：‘乔家庄灶底生蛙矣，而不急救，何以粟为?’介侯乃散谷赈济，村人全保无恙。”[②] 关于乾隆十一年的这次灾情，笔者并没有在相关县志中看到，但是从碑文来看，此次秋水泛涨还是给当地民众造成了一定的影响。墓主彭太夫人虽然没有直接参与赈灾，但是她的救灾意识一定程度上促进了她的孙子介侯对村人进行散谷赈济。此外，《齐林生墓表》则是记载了齐林生在康熙大地震受伤身残后仍然乐观面对生活，积极参与灾后地方重建的事迹。据碑刻记载：“乃因康熙三十四年地震，屋摧伤骨，几绝复苏，犹不以残疾自废，督佣乎宁乡，开学训蒙，即樵夫、牧竖，与不识丁，

---

① 《州司马李凤漳墓志铭》，摘自《黎城旧志五种》。

② 《刘太老夫人彭太君合葬墓志铭》，现藏运城市河东博物馆。

迄今乡之人称道弗衰焉。”①

二、地方民众与官方政府的灾情认识与互动

官方政府和地方民众在对灾荒的认识方面存在较大的差异性，地方民众倾向于对本地区个体灾害的细致性描述，可以算是对本地区灾害的深度认识。而官方政府则更倾向于灾害的广度。所以政府与民众对同一灾害的记述可能出现这样的一种现象，即碑刻灾情的描述可能细致到某一村庄伤亡人数的具体数量，而官方文献就很难做到这一点，它更倾向于将本地区与同一时期其他地区的灾害连成片来进行阐述。这可能会产生一个认识上的差异，即有些地方民众认为破坏力极大的灾害，在政府看来或许只是众多灾区当中的众多灾害之一。因此不仅要从政府的角度自上而下地看灾害，也要从地方民众的角度自下而上地看灾害。同时应该注意两者之间的互动性对地方灾害所产生的影响。

（一）顺治九年岳阳水灾中民众与官府的灾情认识及互动

据岳阳县（今安泽县）的《赵乡官蠲荒碑》② 所载：“顺治九年，河水泛涨，毁地而为石滩者计有千顷。风声鹤唳之势，桑田沧海之变，雪上加霜，惨不忍言……人人思逃，逃者不返。嗟此岳土，当成荒丘废墟，几不可问矣。”上述碑刻资料记载的是顺治九年山西安泽县的水灾发生后给当地人民所造成的严重

---

① 《齐林生墓表》，现存浮山县天坛镇河底村。

② 《赵乡官蠲荒碑》，原存地理位置不详，碑文摘自民国《安泽县志》。

影响。泛涨的河水淹没了上千顷的土地，形势稍缓后又受到地方势力的盘剥，致使人人思逃，岳阳几乎成了“荒丘废墟”。

《赵乡官蠲荒碑》仅仅反映了当时岳阳县一县的具体情况，而顺治九年的灾情可以说是波及了山西大部分地区，“山西晋北正常，余均涝和大涝”[①]。此次灾情在山西20多个县志中均有所记载，涉及阳曲、和顺、平遥、太谷、平定州、寿阳、祁县、介休、长治、临县、沁水、新绛、闻喜、襄陵、洪洞、荣河、蒲县、乐平、大宁、岚县等州县。例如《稷山县志》所载“（顺治九年）六月十三日，霪雨滂沱，河水横溢至城下，禾苗漂没无余”[②]，《祁县志》所载“夏，霪雨四旬余，水溢，漂没田庐，荡徙林木。六月，大雨雹，山禽死者蔽流而下。秋复花”[③]，《绛州志》所载“六月十三日，汾水涨溢，冲绝南门关键，桂安两坊水深丈许，街巷结筏以济，房舍大半倾圮，西北诸村多遭漂没，行庄为甚”[④]，这些记载都反映出此次灾害的严重性和破坏性。此外，《山西通志》中也记载了此次水灾：“六月，蒲县、闻喜、绛州、岳阳、大宁大水。祁县、平定、寿阳、稷山、荣河霪雨四十日，漂没庐舍田苗。”[⑤] 终于在顺治九年的十二月，朝廷做出了“免山西太原府、平阳府、汾州府、辽州、沁州、泽州所属绛州、太原等四十四州县本年水灾额赋有差”[⑥] 的举措。

---

① 张杰主编：《山西自然灾害年表》，山西省地方志编纂委员会办公室，1988年，第179页。

② 康熙《稷山县志》卷一，祥异。

③ 乾隆《祁县志》卷十六，祥异。

④ 康熙《绛州志》卷三，灾异。

⑤ 康熙《山西通志》卷三十，祥异。

⑥ 《世祖章皇帝实录》卷七十，顺治九年十二月辛丑，第552页。

值得注意的是，在救灾过程中，地方乡绅在促进地方社会与国家互动方面也发挥了一定的作用。《赵乡官蠲荒碑》就详细地描述了岳阳地方乡官如何力争国家赈济，造福地方民众的整个互动过程。现摘录如下：

> 时乡官赵公，以宁晋琴堂召授西城兵马司指挥，廑念梓里流离之苦，控诉司农，而司农不能为力，吁告台省，而台省不便转奏，冒险叩阍，舍死陈情，幸邀俞旨，蠲免过续荒芜主粮二千一百九十一石七斗，并均傜缺额，共计银四千九百三两零。除此蠲免外，以虔刘遗黎耕荒遗田，庶几乎残喘可延，而百姓犹有安堵之望也。

顺治九年的岳阳水灾致使人人出逃，为使岳阳百姓免流离之苦，时任乡官的赵公将灾情上报司农，在司农也无力解决时，又上报台省，但问题仍然没有得到解决。于是赵公冒死上奏陈情，最终使岳阳县赋税取得了国家的蠲免。此事的真假还有待商榷，但是碑中所反映的河水泛涨毁地千顷的状况，在《新修岳阳县志》[1] 中也有所提及，“九月，各处水涨，上下川中冲地数千顷”，可见此碑刻所载内容有一定的可信度。我们无法判断赵乡官的上奏是否发挥了如此巨大的作用，但是地方民众在灾害过程中与国家政府产生的这种互动，不得不说是地方民众救灾意识的一种提升。

---

① 民国《新修岳阳县志》卷十四，祥异。

（二）康熙三十一年解州饥荒中民众与官府的灾情认识及互动

康熙三十年秋天，解州地区（今运城市盐湖区）就已经出现“飞蝗伤禾”的现象。不仅是解州地区，山西南部和东南部大部分地区都出现了旱灾和蝗灾。据山西部分县志载，凤台、沁州、沁水、岳阳、翼城、曲沃、浮山、闻喜、夏县、平陆、芮城、永济等地均已产生饥荒。到九月庚午，皇上谕户部：“朕孜孜图治，轸切民依，闾阎耕获，时勤谘访。其有以荒歉上闻者，或蠲或赈，旋即施行，务令得所。念河南一省，连岁秋成未获丰稔，非沛特恩蠲恤，恐致生计艰难，康熙三十一年钱粮着通行蠲免，并漕粮亦着停征。至山西、陕西被灾州县钱粮，除照分数蠲免外，其康熙三十一年春夏二季应征钱粮俱着缓至秋季征收，用称朕眷爱黎元、抚绥休养至意。”① 可见，此次灾害不仅发生在山西地区，与山西临近的陕西和河南地区也饱受旱灾和蝗灾的困扰。

康熙三十年政府的蠲免和赈济并没有使灾情得到有效控制，到康熙三十一年，解州地区的灾情依旧十分严重，“大饥，人死者相枕藉。夏，瘟疫盛行，官设粥厂赈饥，人食茨藜榆皮稗子，逃荒河南者甚众”②。山西其他地区的饥荒也还在继续，随之而来的疫病也使大部分灾民丧生。此时，解州经过两年荒歉，民众已经死亡殆半，解州庠生李西斋终于在户部郎中索公出使过解州时抓住机会，约同十七个同辈人向索公详细讲述解州灾况，并对临近的蒲州、夏县、平陆和芮城地区的灾情也做了陈述，

---

① 《圣祖仁皇帝实录》（二），卷一五三，康熙三十年九月，第689页。

② 康熙《解州全志》卷十二，灾祥。

最后顺利得到政府的赈济。此事被记载于《李西斋墓志铭》上，现将其部分摘录如下：

> 辛未壬申连岁荒歉，百姓死亡殆半，户部郎中索公出使过解，公约同侪十七人迎至南山麓，阻索公避雨茅庵，公备陈荒状，并言及蒲、下、平、芮等州县。索谕谓："吾非查荒者，兵部王公查荒，业已□□，吾回京党为言。"□得□闻两阅月，奉部文解及蒲、夏、平、芮缓征额饷，后悉蒙蠲免。文内所言荒状，与公前陈无异，人以是请功于公，欲赠锦帐，公辞曰："岂敢贪天之功，以为己力乎。"①

在上文中提到，户部郎中索公的职能并非查荒，但是他承诺可以回京为解州人民陈情。不久，解州、蒲州、夏县、平陆、芮城额饷得以悉数蠲免。据《解州夏县志》载，"（康熙三十一年）夏县二麦收。瘟疫大作，死者枕藉。赈济籽种银一千三百六十五两七钱五分"②，可知夏县不仅获得了国家蠲免赋税的资格，甚至还得到了国家赈济籽种的银两。《李西斋墓志铭》由其弟卫既斋所撰文，卫西斋此人可考。卫既斋，邑人，进士出身，曾任巡抚贵州等处地方都察院右副都御史、顺天府府尹、山东承宣布政使司布政使。所以《李西斋墓志铭》所反映的内容具有真实性。而李西斋对解州及周边地区的灾情认识，一定程度上使国家政府官员对解州灾情有了更为直观的感受和认识。

通常地方民众如果对本地区某次灾害有较为深刻的认识，在碑刻资料中最直观的体现就是对灾情的大篇幅描述，表明本

---

① 《李西斋墓志铭》，墓志出土于解州岱家窑，现存盐湖区博物馆。

② 乾隆《解州夏县志》卷十一，祥异。

次灾害的范围要大于本地区，周边地区都有可能被囊括在本次灾害区域范围之内。碑刻资料中所体现的民众灾害意识，或多或少地为我们预测清代地区灾害提供了借鉴意义。碑刻资料与官方文献相结合，能更为真实客观地反映灾害给地方社会所带来的影响。地方民众特别是乡绅在救灾过程中，有时与国家政府直接进行互动，简化了勘灾程序，从而加快国家赈济的进程，对地方社会的救灾产生积极作用。

三、余 论

地方民众的灾情意识可能直接影响到其在应对灾害的过程中能否采取积极有效的应灾行动。灾害具有一定的不可抗力，防灾意识的提升可以减少地方灾害的破坏性。作为灾害的直接承受者，地方民众的防灾意识和早期灾害发生时的自救行动在减少灾害的破坏性方面则显得尤为重要。我们还应当注意到清代早中期地方社会救灾群体已经呈现多样化，乡绅、僧侣和大量商人商号在救灾过程中均发挥了巨大的作用。

此外，地方民众在灾害过程中与国家政府的直接互动，一定程度上可以加快国家对地方社会的救灾进程。一方面，这种互动可以使国家政府比较快速地了解地方灾情，简化勘灾程序，方便国家政府快速地做出救灾决策，减少地方灾害的破坏性；另一方面，国家在应对灾害特别是巨灾时，其所表现出的宏观视野和实施的强有力的赈济措施，也是地方民众所不能比拟的。国家赈灾与地方救灾相互配合，对于地方社会的防灾减灾和维护地方社会的稳定起了不可低估的作用。清代地方社会民众的灾害意识和应灾手段，很大程度上影响着地方社会的构建，集中表现为地方社会秩序的稳定和地方社会文化的建构。

1855年黄河改道与山东的黄运灾害

中共中央党校中共党史教研部　任芳瑶
中共中央党校中共党史教研部　高中华

1855年（咸丰五年），黄河铜瓦厢决口改道山东入海，是其变迁史上的第六次大改道，也是到目前为止的最后一次黄河改道。学界有关1855年黄河铜瓦厢决口的研究，夏明方的《铜瓦厢改道后清政府对黄河的治理》一文，阐述了治黄政策的三个阶段和治河理论的三个新动向，指出腐败的吏治不利于治黄工作的开展。[①] 董传岭的《晚清山东的黄河水灾》一文，介绍了晚清山东黄河水灾的概况、特点、成因以及防治措施和其造成的影响。[②] 这两篇文章只看到了社会因素对黄运水灾的影响，但没有看到自然因素对其的影响。高中华的《黄运水灾与晚清山东社会》、阎海青的《1855年黄河改道对黄河三角洲的影响》、张海防的《1855年黄河改道与山东经济社会发展关系探讨》、贾国静的《黄河铜瓦厢改道与捻军兴亡》及席会东的《晚清黄河改道与河政变革——以"黄河改道图"的绘制运用为中心》文章，

---

① 夏明方：《铜瓦厢改道后清政府对黄河的治理》，《清史研究》1995年第4期。

② 董传岭：《晚清山东的黄河水灾》，《广西社会科学》2008年第8期。

也仅分析了1855年黄河改道对某一特定对象的影响。[1] 由此可知，对1855年黄河改道的研究，尤其是对其成因的研究尚缺乏系统的梳理和总结。本文在介绍1855年黄河改道概况的同时，指出晚清山东黄运水灾的主要特点及频发的自然和社会因素。

黄河改道之后，黄河下游流经山东地区的灾情发生明显变化，尤其是对运河的影响十分明显。每次黄河发生决口都会影响到运河，小至运河不畅，大至运河决口，形成大规模的黄河、运河决溢。运河由长江往北过淮经黄至京师，借黄淮济运漕粮，黄淮水灾对运河影响很大。黄河、运河两条河流的命运休戚相关。1855年黄河改道山东入海前，运河主要受制于淮河，同时也受黄河影响。1855年后，山东中西部地区成为黄运交汇处，黄河在山东共流经16个州县，全长800余里，从而使黄河山东地段对运河的影响加重，进而对山东以至华北地区都产生了长期的消极影响。

一

1855年黄河大决口的地点——铜瓦厢，位于河南兰阳县黄河北岸（今河南省兰考县东坝头乡以西）。决口以前，黄河下游是在此转而流向东南，汇入淮河后一并流入东海。长期的黄河泥沙淤积，使黄河河道高于两岸地面数米，加之河道不畅，决

① 高中华：《黄运水灾与晚清山东社会》，广西师范大学2000年硕士学位论文。阎海青：《1855年黄河改道对黄河三角洲的影响》，《文史知识》2009年第4期。张海防：《1855年黄河改道与山东经济社会发展关系探讨》，《中国社会科学院研究生院学报》2007年第6期。贾国静：《黄河铜瓦厢改道与捻军兴亡》，《农业考古》2010年第1期。席会东：《晚清黄河改道与河政变革——以“黄河改道图”的绘制运用为中心》，《中国历史地理论丛》2013年第3期。

溢现象经常发生。正如《清史稿》所言：“河患至道光朝而愈亟。”

黄河改道之前，黄河北徙之势已经出现。这次历史性大洪水发生在1855年6月19日。此前几天，正是夏季雨水季节，下游水位不断上涨，当时河南境内下北万水位骤然升高一丈以上。下北万是当时防汛的一级机构，管辖祥符（今属开封）、陈留（今开封县陈留镇）、兰阳（今兰考县）三县北岸的堤防。17日夜，骤降大雨，水位升高，两岸一望无际。到18日，兰阳铜瓦厢三堡以下的堤段，顿时“塌三四丈，仅存堤顶丈余，签桩厢埽抛护砖石，均难措手。此时已危机四伏，除临时修堤外已无计可施。19日，惊涛骇浪终于冲垮了这段堤段。20日，全河夺溜。黄河决口后，黄水从撕破的堤口直冲而下，肆虐异常，千里平畴，顿成汪洋。黄河水主流先泻向西北，淹及封丘、祥符两县，而后折转东北，漫注兰阳、考城、长垣等县。溜分两股，一股由赵王河下注，经山东曹州府迤南穿运；一股由长垣县之小清集行至东明县之雷家庄。又分两股：一股由东明县南门外下注，水行七分，经山东曹州府迤北下注，与赵王河下注漫水汇流入张秋镇穿运；一股由东明县北门外下注，水行三分，经茅草河，由山东沂蒙州城及白阴阁集、运家集、范县迤南，渐向东北行，至张秋镇穿运。统计漫水分三股运走，均汇至张秋穿运”①。三股洪水最后都在张秋镇穿运河夺大清河至利津县牡蛎嘴入渤海。

1855年9月2日，山东巡抚崇恩向朝廷奏报：“近日水势叠长，滔滔下注，由寿张、东阿、阳谷等县联界之张秋镇、阿城

---

① 《再续行水金鉴》卷92。引《黄运两河修防章程》，转引《黄河水利史述要》，水利电力出版社1982年版，第350页。

一带串过运河，漫入大清河，水势异常汹涌，运河两岸堤埝间段漫塌，大清河之水有高过崖岸丈余者，菏濮以下，寿东以上尽遭淹没。其他如东平、汶上、平阴、茌平、长清、肥城、齐河、历城、济阳、齐东、惠民、滨州、蒲台、利津等州县，凡系运河及大清河所经之地均被波及。兼因六月下旬七月初旬连日大雨如注，各路山坡沟渠诸水应有运河及大清河消纳者，俱因外水顶托，内水无路宣泄，故虽距河较远之处，亦莫不有泛滥之虞。"[①] 半月后，他在另一份奏报中进一步统计说："黄水由曹濮归大清河入海，历经五府二十余州县。"[②]

铜瓦厢决口，给山东、河南、直隶三省的部分州县，尤其是山东地区带来了巨大灾难。自河口上溯至铜瓦厢，在河南、河北境内不足 200 余里，而在山东境内却有 780 余里，黄河在山东境内共流经 21 个州县，1855 年黄河决口，山东有 34 个州县受灾，黄河流经山东的 21 个州县中，仅有章丘未受灾。东明、菏泽、鄄城、郓城、巨野、金乡、范县、寿张等均被淹，大清河沿河的东平、平阴、东阿、长清、齐河、历城、济阳、惠民、蒲台、滨州、利津等县亦被淹及，灾情严重。各县县志中均有记载，如《菏泽县志》记载："黄水冲破西堤，堤内房屋塌毁殆尽。""水势异常汹涌，郡城几遭倾覆，而四乡一片汪洋，几成泽国。"《金乡县志》记载："庐舍多圮，城内行舟。"《阳信县志》记载："黄河决入大清河漫溢，秋禾尽没，房屋倒塌无算。"《寿张县志》记载："铜瓦厢黄河决口，寿张大水，金堤左

---

① 《再续行水金鉴》卷 92。引《黄运两河修防章程》，转引《黄河水利史述要》，水利电力出版社 1982 年版，第 2386 页。

② 《再续行水金鉴》卷 92。引《黄运两河修防章程》，转引《黄河水利史述要》，水利电力出版社 1982 年版，第 2396 页。

右村庄。及张秋镇田亩，（尽）成泽国，为灾甚巨。”《山东通志》记载：“菏泽、濮州以下，寿张、东阿以上尽被淹没，他如东平等数十州县亦均波及，遍野哀鸿。”其中巨野黄水分流间隙，“新柳蔽空，庐草没人”。东河总督李均在上奏咸丰帝时指出黄河铜瓦厢决口，山东灾情之严重，“小民荡析离居，实堪悯恻”。一些县志中记载有一些饥民为生存而“人相食”的史料。如1856年黄运洪灾后，济宁、单县、馆陶、曲阜等县发生“人相食”的现象，灾民以野果和野菜以至草叶、草根、草皮为食，最后草根、草皮吃尽，发展到了吃人的地步。

二

从历史上看，山东属于多灾区。1855年黄河改道后，山东几乎无年不灾，黄运水灾也连年不断。从区域上看，山东各地灾害众多，受黄运灾害的地方占山东各州县的3/4左右，而经常遭受灾害的地方占1/3以上。

晚清时期，山东黄运灾害的主要特点可概括为以下几个方面：

1. 晚清山东黄运水灾的发生与前清相比，有频率高、周期长的特点。

清朝267年中，山东发生黄运洪灾127次。按清代建制山东107州县统计，共出现黄运洪灾1788县次。1855—1911年，黄运洪灾966县次，平均每年18个县受灾。因黄河决口成灾的有52年之多，成灾平均年相持为改道前的7倍。据袁长极等《清代山东水旱自然灾害》一文记载：晚清时期，山东发生特大洪年共四次，而由黄运洪灾所致的有3次（分别是1855、1883、1898年）；大洪年发生3次（分别为1884、1885、1886年）；中洪年 16 次；小洪年 4 次。①

1874 年前后，黄运水灾发生了很大的变化。1855—1874 年的 20 年中，出现 1 个特大洪年、11 个大洪年、6 个中洪年，平均每年有 28 个县受灾。1875 年，在黄河新河道两岸逐步修筑了黄河大堤，但由于堤防薄弱和下游河道太窄，黄河决口仍极为频繁。1875—1911 年的 37 年中，共出现 34 年黄运洪灾，2 次特大洪年、3 次大洪年、16 次中洪年、13 次小洪年，只有 3 年无洪灾（分别是 1876、1905、1906 年）。

表 1　清代山东黄河改道前后洪灾决口次数比较表

时期	决口年数			决口次数			出现洪灾年次数					洪灾平均年数	累计成灾县数	平均每年成灾县数
	省外	省内	合计	省外	省内	合计	特大	大	中	小	合计			
改道前	27	11	38	42	26	68	3	5	18	38	64	5.6	519	2.4
改道后	14	38	52	20	243	263	3	14	13	52	82	1.1	966	17.3
合计	41	49	90	62	269	331	6	19	31	90	146	3.0	1485	5.5

资源来源：袁长极等《清代山东水旱自然灾害》，《山东史志资料》1982 年第 2 辑。

注：灾情等级划分，被灾 40 县以上者为特大洪年；25—39 个县者为大洪年；10—24 个县者为中洪年；不足 10 个县者为小洪年。

黄河改道山东后，黄河与运河的命运更加休戚相关。由黄河水灾引发的运河水灾加剧，使得黄运洪灾的并发性加大，成为晚清时期黄运灾害的主要特点之一。

2. 除黄运洪灾的并发性很大外，黄运洪灾与多种自然灾害

① 山东省地方史志编纂委员会：《山东史志资料》1982 年第 2 辑，第 150 页。

的并发性也很大，从而进一步加剧了山东地区灾害的严重性。

各种灾害包括旱、涝、风、雹、虫、霜冻、海潮等主要灾害，地域的广泛性决定了多种自然灾害的并发性。据统计，1840—1919年间，发生黄河漫决的年份占一半，基本上是每两年漫决一次，有时一年漫决数次。从区域的角度来看，沿黄河运河地区都成为重灾区。地域的广泛性决定了多种自然灾害的并发性，“大水之后有大疫”“大水之后有大旱”等都反映了这种情况。黄运洪灾不仅与涝灾常常同年发生，而且也与旱灾以及风、雹、虫等其他灾害并发，1884—1899年间尤为明显。

1887年6月，黄河决口长清、范县、齐河等地，冲决运河。当年秋，黄河又于东明、寿张决口，惠民、阳信、沾化、商河、临邑、禹城、济阳、齐河、聊城、茌平等二十个州县被淹。据《黄河变迁史》记载：“秋，黄河决（寿张）城东，城内灾甚，官署、庙宇、街市民房倾塌几尽。”同时，旱、涝、虫灾也开始出现。1887年，山东共有50余州县（12 294个村）受水、旱、虫灾。

1884年，江苏巡抚吴元炳奉旨勘查山东河工后，奏报黄河决口后沿黄区的灾情：“黄河自铜瓦厢决口后为山东患者三十余年，初则濮、范、巨、郓受其灾，继则济、武二郡受其害，顾上游泛滥，地方不过数十县，下游冲决。则人民荡析，环衮千里，而且全河处处溃裂。民间财产之付于漂没更不知其几千万计矣，岁岁如此，其何以堪。”

从1894—1899年间山东受灾的州县数可略知当时山东受灾范围之大、灾情之重。根据李文治编《中国近代农业史资料》

第1辑[1]、袁长极等《清代山东水旱自然灾害》[2] 等材料，可大致获知1894—1899年多灾并发山东受灾的州县数。

表2 1894—1899年多灾并发山东受灾州县数

年份	灾区		灾别					
	州县数	村庄数	黄运洪灾	涝	旱	风	雹	其他灾害
1894	48	16989	18	8	1	1	3	
1895	62	18625	19	13		21	1	1
1896	52	14681	5	10	4	1	2	2
1897	55	7497	13	13	4	1	3	1
1898	61	24131	44	19	2		1	4
1899	48	7572	17	7	41	3	3	13

通过分析，我们可以得出以下结论：几种灾害并发的年份，以六灾、五灾并发为多，低于四种灾害并发的年份较为少见，但其在较小的区域范围内是存在的。同样，对1855—1899年间的黄运水灾进行统计分析，也会证明这个结论。

三

多灾并发造成的破坏程度远远大于一灾，一定程度上加大了救灾的复杂性和困难性。多灾并发，既与区域特征有关，又影响着区域特征的变化。虽然一地一时多灾并发的概率不大，

---

① 李文治：《中国近代农业史资料》（第1辑），生活·读书·新知三联书店1957年版。

② 山东省地方史志编纂委员会：《山东史志资料》1982年第2辑，第150页。

但从较大的区域（如省或地区）上讲，多灾并发的可能性很大。

1855年黄河改道，山东黄泛区67个州县中有64个州县被淹（除馆陶、章丘、峰县外）。当时是“平地水深丈余，舟行陆路”，“人畜庐舍田禾皆漂没”。1883、1898年的特大洪年，以及中间出现的大洪年，灾情也是如此，“黄水至，尽成泽国，庐舍财产飘没殆尽，人多巢居，饥寒交迫，被灾之苦，空前绝后”。中小洪年，只是受灾范围相对较小，但受灾程度不亚于特大洪年和大洪年。如发生中洪年的1889年，20个州县被淹，“田庐牲畜几尽被淹没，老幼相携流徙，死尸横野”。发生小洪年的1845年，南运河决口，只有藤县、峰县受灾，但也“平地水深数尺，人多溺死”。

1898年，黄河决口寿张，吞没了400个村庄。济南相继决口后，又吞噬了1500个村庄，最后引发东阿决口，又淹没了7000多平方公里的农田。此次决口共有34个州县受灾，成为晚清时期黄运水灾史上最后一个特大洪年，《山东省志·民政志》记载：1898年有44个州县受灾。据一些外国人报道，大水一望无际，人们分不清哪儿是河流，哪儿是田野。这次持续了三个月的黄运洪灾，大水退之前，灾民只得拥挤在堤坝等高处，大水退后，只得流亡异地他乡。《北华捷报》的记者将这次洪灾称为“自从40多年前黄河改道回山东以来，受灾面积最广、灾害最大的一次洪水”，可谓是“世人记忆中最可怕、最悲惨的事件”。

1855年以前，山东黄运水灾以省外客水决口引发为主。1855年后，黄河水灾就改为以省内决口为主。黄河洪水及其所带的大量泥沙，破坏了平原地区的自然水系，使得水系紊乱，河湖淤积，削弱了河湖的蓄泄能力，从而加重了山东地区的洪涝灾害，直接影响到了漕运，危及清朝政府的政权。政府本应及时组织人力堵复缺口，保障漕运畅通，但当时的清朝政府不仅没有及时采取相应的修补措施，反而围绕着堵还是复淮徐故道的问题，前后争论了三十余年。清朝 267 年中，有 161 年次黄河决溢，占 61%。

晚清黄河水灾频繁发生的因素很多，涉及诸多自然因素和社会因素。

从自然因素看，山东以平原为主的地理特点不仅利于黄河水的横溢，而且导致黄河河沙的淤积和河床的升高，造成河防堤防的防御功能下降，黄河下游河道面积为 4200 多平方公里，其中沙滩面积为 3500 平方公里，且支流众多。从地势上讲，除黄河南岸有几十公里的山坡外，其余地势均为平原，加之黄河改道后河道多湾，决口频繁是难免的。1855 年黄河改道山东，主要是黄河河道流势长期变化的结果，旧河道的河床抬高，使水泄成为必然。

从社会因素来，明清时期黄河担当着济运漕粮的功能，清朝政府予以高度关注，到了晚清时期，地方吏治日益腐败，一定程度上削弱了民众的抗灾能力，这也是黄运水灾加剧的主要原因之一。对于黄河改道，清政府熟视无睹，不予堵塞，对于改道后形成的新河道，也不组织百姓筑新堤，而是放任黄河漫流 20 余年。从 1875 年清政府开始修筑黄河两岸堤防，直至 1883 年完成，其间黄河基本处于失控状态，即使堤防修成，黄河仍不断决口。

黄河铜瓦厢决口，改道山东入海，对华北尤其是山东产生了不可估量的影响。黄河水灾引发运河水灾，运河的兴废影响着漕运，而漕运的是否畅通又影响着晚清政权的稳定。晚清政权日趋衰落，清政府已无力治理黄河，灾害的频繁对内外交困的清政府来说，无疑是火上浇油。晚清时期的黄运水灾，不仅造成人口大量死亡，土地大片荒芜，而且成为清朝政权最后崩溃的重要因素之一。历史已证明，黄河的治废与国家的盛衰及政权稳定有着密切的联系。

略论明代湖州地区的灾患与社会应对

复旦大学历史地理研究中心　安介生

浙江湖州地区（即今湖州市）为杭嘉湖平原的一部分，很早就有“苏湖熟，天下足”之美誉，其发展农业生产优越的条件及其成就很早就为世人所熟知。[①] 然而，地处“水乡泽国”的湖州地区位于太湖之南岸，地势低平，不同历史时期受到各类灾害侵袭的记载并不少见，其中，特别以水患及洪涝灾害的侵袭最为频繁与严重，对于当地经济及社会发展产生了深远的影响。而湖州人民为应对灾害而付出的种种努力，也取得了非常显著的成效，从而也为“鱼米之乡”提供了最可靠的保障。

明代是杭、嘉、湖地区农业发展及水利开发的重要时期。关于江南地区的水患问题，研究者很早便有争论，而明代江南水利问题也成为众多研究者关注的焦点，较小区域的探讨便显得十分重要。有明一代，各种灾患对于湖州地区造成了十分严重的冲击，各种记载相当丰富。而湖州的灾情受到了高度的重视，地方官府及民众采取了积极的应对措施。本文在梳理文献

① 语见（宋）范成大撰《吴郡志》卷五十《杂志》。

资料的基础上，重点关注水利设施修缮的内容，有意展示明代灾患与江南社会变迁之间的密切关联，以及其灾患应对的深远影响。

明代湖州地区设置有一府、一州、六县，即湖州府及所辖乌程县、归安县、长兴县、德清县、武康县、安吉州及孝丰县。

一、明代湖州地区之灾患情况与演变趋势

明代关于湖州地区灾荒及救济的记载相当多，由此可以看出有明一代湖州地区发展农业生产及区域社会发展中所遭遇的阻遏及困顿情形。然而，由于记载的关注点及体例差异，各类文献资料关于湖州灾患的记载颇有差异与疏漏，需要进行较全面的汇总与梳理。下面，笔者谨将诸种文献与灾害相关的记载①按照时间先后整理如下，以冀窥其灾害发生之全貌：

1. 洪武二年（1369）十二月，赈应天、杭、湖、苏、松诸郡贫民，人给米一石，棉布一匹。（《松江新志》）

2. 洪武三年（1370）三月，免南畿今年田租。（《明史·太祖纪》）

3. 洪武四年（1371）四月，免两浙今年夏税秋粮。（《杭州

① 笔者采录的相关典籍文献有：1. 明人董斯张所撰崇祯《吴兴备志》卷二十《赈恤征》及卷二一《祥孽征》，清康熙抄本。2. 崇祯《乌程县志》卷四《荒政》，明崇祯十一年刻本。3. 嘉靖《安吉州志》，明嘉靖刻本。4. 清康熙《德清县志》卷十《灾祥》，传钞康熙十二年刻本；5. 雍正《浙江通志》卷七五《蠲恤一》与卷一O九《祥异下》，清文渊阁“四库全书”本；6. 同治《湖州府志》卷四二，清同治十三年刊本等。其中几种文献的来源是《明实录》，《明实录》的价值固然不可低估，然而就一个较小区域的灾患记载而言，其价值并不能过高估计，各种地方志文献反而值得高度重视。

府志》）

4. 洪武六年（1373），命监察御史青田厉子温踏湖州水荒，以实复命。（《括仓汇纪》）

5. 洪武七年（1374）五月，减嘉、湖极重田租之半。（《明史·太祖纪》）

6. 洪武九年（1376）七月，蠲嘉、湖水灾田租。十二月，振畿内水灾。（《明史·太祖纪》）①

7. 洪武十年（1377）正月，赐嘉、湖等府民旧岁被水者户钞一锭。二月，赈嘉、湖等府民去岁被水者户米一石。九月，浙西大水，免其田租。十二月，遣户部主事赵干等赈之。（《吾学编》《嘉兴府志》）

8. 洪武十一年（1378）五月，以嘉、湖民屡被水灾，再遣使存问，仍济饥民六万二千八百四十四户，命户赐米一石，免其补租六十五万二千八百二十八石。（《嘉兴府志》）

洪武戊午（十一年，1378 年）八月，诏免长兴、安吉两县今年秋粮。（《通鉴》）

9. 洪武庚申（十三年，1380 年）春三月，减苏州、松江、嘉兴、湖州四府税额。（《吴兴备志》）

10. 洪武十五年（1382），免浙江田租。按，《明实录》：四月免浙江今年夏秋税粮。《杭州府志》：诏浙西税粮官田减半，民田尽免。（《吾学编》）

11. 洪武三十一年（1398），大水入城。（嘉靖《安吉州志》）

12. 洪武三十五年（即建文四年，1402）七月，诏今年夏秋税粮浙江蠲免一半。（《明实录》《明史·成祖纪》）

13. 永乐二年（1404）六月，嘉、湖等郡水，赈之。十一

① 原有按语称："是时，湖州隶畿内。"笔者按：此指"南畿"。

月，以嘉、湖杭水，蠲今年租。（《明实录》）

永乐二年六月，命太子少师姚广孝往苏、湖等府赈济。（《皇明资治通纪》）

永乐二年十一月，以苏、松、杭、嘉、湖等府水灾，蠲其今年粮六十万九千九百余石。（《松江新志》）

14. 永乐三年（1405），浙西大水，右佥都御史象山俞士吉与户部尚书夏原吉、通政赵居任、大理少理袁复奉敕往治，兼督农务。时湖州被灾尤极，亏粮五六十万。

15. 永乐四年（1406）九月，振嘉、湖流民复业者。（《明史·成祖纪》）

16. 永乐九年（1411），湖州府无征粮米十七万二千四百余石，所司一概催征，民日逃亡。浙江按察司周新奏乞遣官覆验，上即命户部核实，蠲免。

永乐九年七月庚午，湖州属县淫雨，没田万三千三百八十顷。（《明实录》）

永乐九年七月，湖州乌程等县淫雨没田，免今年租。（《明实录》）

17. 永乐十年（1412）六月，免湖州役田补粮十七余万石。（《史概》）

永乐十年七月，以水灾免浙西粮。（《嘉兴县志》）

18. 永乐十一年（1413）三月，赈湖州五县饥。（《明成祖实录》）

19. 永乐十二年（1414）十一月，蠲苏、松、嘉、湖、杭五郡水灾田租四十七万九千七百余石。（《嘉兴府志》）

20. 永乐十三年（1415）六月己卯，乌程等四县水，伤田九千四百四十三顷。（《明实录》）

永乐十三年十二月，免浙江府州县粮刍。（《明实录》）

21. 永乐二十年（1422）二月，除乌程户绝田粮。（《明成祖实录》）

22. 洪熙元年（1425），湖州天雨连月，乌程、归安、长兴三县低田共没六百三十四顷。（《明实录》）

23. 宣德元年（1426）九月，左通政岳福奏：苏、松、嘉、湖诸郡春夏雨，禾稼损伤。（崇祯《乌程县志》）

24. 宣德二年（1427）十一月，免明年税粮三（分）之一。（《明史·宣宗纪》）

25. 宣德三年（1428），浙江自四月不雨，至六月及雨，大水，淹没禾稼。（《明实录》）

26. 宣德七年（1432）九月，乌程、归安、德清、长兴、武康、嘉善久雨，没田，蠲其租。（《明宣宗实录》）

27. 宣德九年（1434）十月，浙江饥，以粟赈济。（《明史·宣宗纪》）

28. 正统五年（1440）十一月，赈浙江饥，免嘉、湖等府水灾税粮。（《明史·英宗纪》《明实录》）

29. 正统六年（1441），大饥。（崇祯《乌程县志》）

30. 正统九年（1444），嘉兴、湖州江河泛溢，堤防冲决，淹没禾稼。（《明实录》）

正统九年五月。免浙江被灾粮十四万六千余石。（《史概》）

31. 正统十年（1445）八月，蠲嘉、湖等府水灾田粮。（《明实录》）

32. 正统十一年（1446）六月，免湖州、嘉兴、台州粮十一万余石。（《史概》）

33. 正统十二年（1447）三月，免杭州、湖州、嘉兴去岁被灾税粮。（《明实录》）

34. 正统十三年（1448）四月，免浙江、江西秋粮六十万五

千余石。（《史概》）

35. 正统十四年（1449）九月，免景泰二年田租十（分）之三。（《明史·景帝纪》）

36. 景泰三年（1452）十一月，蠲浙江徭税。（《吾学编》）

37. 景泰五年（1454），大水，民相食。御制《城隍庙祭文》，命巡抚尚书孙原贞祀。（《劳志》）

五年，大雪，平地深七尺，冻死者百余人。（嘉靖《安吉州志》）

38. 景泰七年（1456）五月，湖州绍兴久雨没田禾。（《明实录》）

39. 天顺元年（1457），湖州四、五月连雨，苗烂。（《明实录》）

40. 天顺四年（1460），免江南浙江粮三十三万余石。（《史概》）

天顺四年，杭州、嘉兴、湖州、宁波、绍兴、金华、处州四五月阴雨连绵，江河泛溢，麦禾俱伤。（《明实录》）

41. 天顺五年（1461）六月，免杭、湖、宁波、嘉兴四府去年被灾田粮。（《明实录》）

42. 天顺八年（1464），湖州大水，民饥。（万历《湖州府志》）

43. 成化元年（1465）七月，浙江各府州县久雨，稻苗腐烂，岁饥。（《明实录》）

44. 成化六年（1470）四月，以水灾免乌程、归安、长兴、德清、武康、仁和六县税粮。（《明实录》）

45. 成化七年（1471）八月，嘉、湖、杭、绍四府水，蠲租，赈济，贷以牛种。（《明实录》）

46. 成化九年（1473）四月，嘉兴、湖州水灾。（《明实录》）

47. 成化十年（1474）六月，以湖州府六县水灾，免成化九

年秋粮。(《明实录》)

48. 成化十三年(1477),免浙江被灾税粮。(《明宪宗实录》)

49. 成化十四年(1478)八月,吴越间淫雨不止。(《续文献通考》)

50. 成化十五年(1479),大水入城。(嘉靖《安吉州志》)

51. 成化十七年(1481),大水,民饥。(崇祯《乌程县志》)

成化十七年正月,免浙西粮二十四万六千有奇。(《史概》)

52. 成化二十三年(1487)四月,免浙江被灾秋粮。(《明史·宪宗纪》)

53. 弘治四年(1491),水旱迭作。(崇祯《乌程县志》)

弘治四年十一月。以水免嘉、湖、杭三府属并杭州二卫湖州所夏税秋粮有差。(《明实录》)

54. 弘治五年(1492)二月,以水灾免嘉、湖等府卫粮草子粒有差,其非全灾者停征。(《明实录》)

弘治五年七月,浙江水,命侍郎吴原巡视赈济。八月,两浙灾,佥都张文昭巡视赈济。(《史概》)

55. 弘治十六年(1503),旱疫,虎昼群行。(嘉靖《安吉州志》)

56. 弘治十七年(1504)闰四月,蠲浙江夏税。(《史概》)

57. 弘治十八年(1505)九月,湖州地震,生白毛。(《嘉兴府志》)

十八年五月,除弘治十六年以前补赋。(《明史·武宗纪》)

58. 正德三年(1508),湖州大旱,河水竭。(万历《湖州府志》)

59. 正德四年(1509),湖州大水,民苦疾疫。(万历《湖州府志》)

60. 正德五年(1510),湖州复大水,疫甚,地震,生白毛。

（万历《湖州府志》）

正德五年三月，以水旱免浙江正德三年补税。十月，减湖州、嘉兴、宁波三府夏税麦及丝绵有差。（《明实录》）

61. 正德六年（1511）十二月，以旱免长兴、天台、兰溪、象山等县暨昌国卫税粮有差。（《明武宗实录》）

62. 正德十年（1515）十一月，以水灾免湖州府六县夏税。（《明武宗实录》）

63. 正德十三年（1518），水为灾。（崇祯《乌程县志》）

64. 正德十四年（1519），水为灾。（崇祯《乌程县志》）

65. 正德十六年（1521）四月，赐天下明年田租之半。自正德十五年以前补赋尽免之。（《明史·世宗纪》）

66. 嘉靖元年（1522）十二月，湖州水灾，再折粮六万石，发盐课五千两赈之。（《史概》）

67. 嘉靖二年（1523），大水，岁三至。（崇祯《乌程县志》）

68. 嘉靖三年（1524），大水。（崇祯《乌程县志》）

嘉靖三年正月，灾伤免嘉、湖二府粮税。（《史概》）

嘉靖三年，湖州大饥。（万历《湖州府志》）

69. 嘉靖四年（1525），大水。（崇祯《乌程县志》）

嘉靖四年十月，免绍兴、湖州二府存留粮有差。（《明实录》）

70. 嘉靖五年（1526）十月，以旱免杭州、嘉兴、湖州、绍兴、金华、衢州、宁波、台州、严州税粮有差。（《明实录》）

71. 嘉靖六年（1527），雨血。秋，山水溢，漂溺递铺，死者百余人。（嘉靖《安吉州志》）

72. 嘉靖七年（1528）九月，浙西灾折粮加赈。（《史概》）

73. 嘉靖八年（1529），夏蝗，秋螟。（崇祯《乌程县志》）

八年，秋，大水入城。（嘉靖《安吉州志》）

74. 嘉靖十年（1531），灾，免浙直粮税。（《史概》）

75. 嘉靖十二年（1533）正月，免浙江被灾税粮。（《明史·世宗纪》）

76. 嘉靖十五年（1536），水为灾。（崇祯《乌程县志》）

嘉靖十五年，长兴县大风暴雨，电闪昼晦，坏民居不可胜计。（《万历湖州府志》）

77. 嘉靖十九年（1540），蝗飞蔽天，伤稼大半。（崇祯《乌程县志》）

78. 嘉靖二十二年（1543）八月，以水免湖州府税粮有差。（《明实录》）

79. 嘉靖二十三年（1544）九月，免杭、嘉、湖、绍、金、衢、台、严等府税粮有差。（《明实录》）

二十三年，旱，大饥。（嘉靖《安吉州志》）

80. 嘉靖二十四年（1545），大旱。（崇祯《乌程县志》）

81. 嘉靖二十八年（1549）九月，嘉、湖二府水灾，免秋粮，加赈。（《史概》）

82. 嘉靖三十六年（1557）冬，免浙江被灾税粮。（《明史·世宗纪》）

83. 嘉靖三十八年（1559）十月，免杭、嘉、湖金等府粮税有差。（《明实录》）

84. 嘉靖四十年（1561）正月，湖州雪雷。是年，大水，无禾。（万历《湖州府志》）

85. 嘉靖四十一年（1562），又大水。（万历《湖州府志》）

嘉靖四十一年，民饥，疫。（崇祯《乌程县志》）

86. 嘉靖四十五年（1566）十二月，免明年天下田赋之半及嘉靖四十三年以前补赋。（《明史·穆宗纪》）

87. 隆庆三年（1569）五月，大风雨，田禾淹没。秋，亢旱，大荒。（《乌程县志》）

88. 隆庆四年（1570）八月，浙江湖州山崩成湖。（《续文献通考》）

隆庆四年十一月，以水灾诏免浙江湖州府武康、归安、乌程秋粮有差，起兑漕粮暂派成熟邻邑代运，仍发仓米赈之。（《续文献通考》）

四年，水灾。（《乌程县志》）

89. 万历三年（1575），春，合郡苦旱。（康熙《德清县志》）

90. 万历六年（1578），秋螟害稼。冬十月，雨水冰。（崇祯《乌程县志》）

91. 万历七年（1579）四月，大水淹禾。（崇祯《乌程县志》）

92. 万历八年（1580）闰四月，大水，民饥。（崇祯《乌程县志》

93. 万历九年（1581），大水。（《乌程县志》）

94. 万历十年（1582）二月，免天下积年补赋。（《明史·神宗纪》）

95. 万历十一年（1583）夏，旱。（崇祯《乌程县志》）

96. 万历十二年（1584）冬，无雪。（崇祯《乌程县志》）

97. 万历十三年（1585）秋，大水。（崇祯《乌程县志》）

98. 万历十四年（1586）秋，大水害稼。（崇祯《乌程县志》）

99. 万历十五年（1587），元旦雨雪，浃旬不止十六日，雨水冰。秋，大风雨，拔木，太湖水溢。（崇祯《乌程县志》）

100. 万历十六年（1588），蝗旱且疫。（崇祯《乌程县志》）

101. 万历十七年（1589）六月，赈浙江饥。（《明实录》）

十七年夏，大旱，湖心龟析，野无青草，饿殍载道，瘟疫死者无算。（崇祯《乌程县志》）

102. 万历十九年（1591），秋时大水。（崇祯《乌程县志》）

103. 万历二十年（1592）十月，振浙江被灾诸府，蠲租有

差。（《明史·神宗纪》）

104. 万历二十一年（1593），冬不雨。（崇祯《乌程县志》）

105. 万历二十三年（1595）十月，以湖州府归、乌、长、德四县被灾，准折漕粮之半。（《明实录》）

106. 万历二十四年（1596）五月，大水，民饥。（崇祯《乌程县志》）

二十四年十月，杭、嘉、湖三府水，照被灾分数全半改折有差。（《明实录》）

107. 万历二十六年（1598）九月，浙江水灾。安吉州被灾九分；归安、乌程被灾八分；长兴、德清、武康被灾七分。（《续文献通考》）

二十六年九月，赈浙西灾民。（《明实录》）

108. 万历二十九年（1601），自春及夏，苏、松、嘉、湖等处，淫雨不止，二麦浸烂，江湖水溢，秋禾不能栽种。（崇祯《乌程县志》）

109. 万历三十二年（1604）十月初九日，地震，从震至坤。（崇祯《乌程县志》）

110. 万历三十三年（1605）夏，旱。（崇祯《乌程县志》）

三十三年夏，大水，庐室漂没，民栖于舟。（康熙《德清县志》）

111. 万历三十六年（1608），五月淫雨，湖水泛滥，无禾，民大饥。（崇祯《乌程县志》）

八月，庚辰，振南畿及嘉兴、湖州饥。（《明史·神宗纪》）

112. 万历三十七年（1609），冬无雪。（崇祯《乌程县志》）

113. 万历四十二年（1614）秋，旱。（崇祯《乌程县志》）

114. 万历四十八年（1620）夏，民饥，米价腾涌。（崇祯《乌程县志》）

115. 天启二年（1622）二月，免天下带征钱粮二年。（《明

史·熹宗纪》)

116. 天启三年(1623),是年十二月,地大震。(康熙《德清县志》)

117. 天启四年(1624),四月,雨伤蚕麦。五月,梅雨浃旬,秧苗尽没。七月后,大雨三日,再插再淹,一岁两荒。(崇祯《乌程县志》)

118. 天启五年(1625),夏大旱。(崇祯《乌程县志》)

119. 天启六年(1626),蝗灾。(崇祯《乌程县志》)

120. 天启七年(1627),水灾两见。(崇祯《乌程县志》)

121. 崇祯九年(1636),邑大水,通济桥而南几毁三(分)之一。(康熙《德清县志》)

122. 崇祯十三年(1640),大水,没禾。(康熙《德清县志》)

123. 崇祯十四年(1641),大旱,疾疫。(康熙《德清县志》)

124. 崇祯十五年(1642),旱,飞蝗蔽天。属连年饥馑后,民无所得食,村落坵墟。(康熙《德清县志》)

总体来说,虽然明代正史、历朝《实录》及地方志中与灾害相关的种种记载相当丰富,然而,通过这些记载准确还原明代灾患的真实状况却是难度相当大。由于种种缺憾与不足,根据古代文献的记载来评判历史时期灾情状况,具有较高风险。原因并不复杂,因为大多数文献记载的目的并不在于真实反映灾害本身的状况,最突出例证便是官方文献中蠲免赋税及赈灾的记录最为繁复,而灾况本身的描述往往是一带而过,湖州地区的灾患记载也是如此。此外,地方官员瞒报的情况也不能忽视。如《明史·周新传》载:“永乐十年,浙西大水,通政赵居任匿不以闻。新奏之。夏原吉为居任解,帝命覆视,得蠲拯如新言。”类似赵居任这样瞒报灾情的事例绝不会是罕见的。

明清时期灾患多发,称为“明清宇宙期”,而江南情况究竟如何，恐难一概而论。根据湖州地区的这些记载，我们可以对明代湖州地区的灾患发生情况有一个基本的了解。

首先，笔者将选取的灾患记载汇总，以年度为单位。记载中的年度又可以分为“灾年”与“荒年”两大类，即灾害发生的年度以及饥馑、赈济出现的年度，都与灾害问题关系密切。从上述记载可知，有明一代，国祚延续有276年，而湖州地区灾荒发生的年度竟有124年之多，年度灾害发生率达到了44.9%，已经接近了一半。也就是说，明代湖州地区有接近一半的年度都发生了较为严重的灾害以及饥荒。发生频率之高，持续时间之久，都是令人惊异的。

其次，灾害发生的频率并没有较大的时段差异。若将明代分为前、中、后三个时期，每个时期约有92年。前期是从洪武元年（1368）到天顺四年（1460），出现40个灾荒年度；中期是天顺四年到嘉靖三十一年（1552），出现41个灾荒年度；后期是嘉靖三十一年到崇祯十七年（1644），出现43个灾荒年度。可以看出，明代湖州地区的灾荒持续时间长，发生频率较为均匀，且没有出现较大的时段性差异。

再次，从上述记载可以看出，就整个浙江地区而言，浙西地区属于一个多灾地区。在湖州地区所受灾患的记载中，水患的发生最多，危害也最为严重。水患对于当地社会与百姓生存构成重大威胁，个别极端性的灾害事件对当地居民的生命财产造成了巨大损失。

二、明代湖州灾患之社会应对

自然灾患的“社会应对”，是一个包罗万象的复杂概念，可以从不同层面与不同侧重角度进行诠解与分析。如传统文献中最为繁复的灾害记载，往往是所谓朝廷层面的蠲免赋税以及实施赈济的记录。其实，这些记载虽然可称为“灾害应对”，但是，其对于预防及减少灾害的危害，并没有直接的作用。根据笔者对于明代灾赈制度的研究，明代政府层面的蠲免及赈济类的应对措施，乏善可陈，甚至可以说，明朝官府在灾害蠲免政策上，是相当苛刻的，因而出现了所谓“田地陷阱”现象。① 笔者发现，这种现象在江南湖州地区不仅存在，而且较为严重。如《明史·食货志》记载：“……故浙西官民田（赋税）视他方倍蓰，亩税有二三石者，大抵苏（州府）最重，嘉（兴府）、湖（州府）次之，杭（州府）又次之……宣宗即位，广西布政使周干巡视苏、常、嘉、湖诸府，还言：诸府民多逃亡，询之耆老，皆云重赋所致。”灾后蠲免措施，其意义只能停留在减少“加害”的层面，而缺乏防灾、减灾的实际作用。因此，笔者在本文中想要着重说明的是，湖州地方层面的灾害应对，特别是在水利建设方面的举措，对于缓解水患侵袭、保障当地农业生产起到了更为关键的作用。

湖州地区易遭水患侵袭，与其固有的山川形势及水系结构有着直接的关系。对此，很早就有研究者进行了说明与分析。《王道隆野史》称：

> 湖地春秋苦霖，冬夏苦旱。垄高者病出，亩下者病入。然则治水奈何，亦寻其源究其纳而已矣。源何在？在天目山之阴。苕溪东过安吉州，入于郡北门，与江渚汇合。山之阳为余不溪，东过归安县，入于郡南门，亦与江渚汇合。

---

① 参见拙文《自然灾害、制度缺失与传统农业社会中的“田地陷阱”》，《陕西师范大学学报》2007 年第 3 期。

然则江渚汇者，其众流之所会乎？汇而支流，东经骆驼桥，出临湖门，复会入于毗山溪，以纳于太湖。此我湖水势之大略也。然则太湖者，其百川之所归乎！安吉、孝丰，陆地也，遇泛则有怀襄之患；乌程、归安诸邑，水乡也，因涨则有田庐之厄。水之害，湖郡比他郡尤甚者，此也。①

湖州地区北面太湖，南有天目水，不少地方地势低洼，水系汇聚，极易泛滥成灾。当然，古人并没有把江南地区的水患完全归结于自然因素，经过多年的观察及抗灾实践，湖州有识之士们也揭示出不少引发当地“水患”的人为因素：

然救之岂无术乎？抑拯之者之因其习也。夫习有可因。古者，常以竹为围，置石于中，以捍广苕之水。今犹昨也，亦因之而已矣。若夫广苕诸乡豪纵于昔吾见塞源断流，高者闸水以自便，下者积水以畜鱼。一遇水发，堤防壅塞，不由故道，此其发源受病一也；滨湖诸民徧植杞柳，填委诸溇，日积月累，渐成芦荡。洼者为鱼池，广者为桑地，溇港不得泄其归，启闭无所因其候，此其归纳受病一也。②

自宋元时代开始，浙西地区较为成功的水患治理措施也较为成熟。如元代水利学家任仁发在《水利问答》中就指出：“……议者曰：水旱天时，非人力所可胜。自来讨究浙西治水之法，终无寸成。答曰：浙西水利明白易晓，何谓无成？大抵治之之法有三：浚河港必深阔，筑围岸必高厚，置闸窦必欲

① （明）董斯张：《吴兴备志》卷一七《水利志》，清文渊阁“四库全书”本。

② （明）董斯张：《吴兴备志》卷一七《水利志》，清文渊阁“四库全书”本。

其众多。设遇水旱，就三者而乘除之，自然不能为害。傥人力不尽，而一切归数于天，宁有丰年耶!”[①] 可见，浙西地区（包括湖州）“水患”的成因及应对之策都是相当明确的，重要的还在于人为的努力。

应该特别指出的是，包括湖州地区在内的江南粮食生产对于明朝的粮食安全而言，意义重大，因而受到自朝廷到地方各级官府的高度重视，“臣惟国家财赋多出于东南，而东南财赋尽出于水利，方今时务莫要于此，不可以为缓而忽之也”[②]。因此，湖州地区因水患而激发出水利建设工作也可分为两个层面及两种类型：

第一类措施是由中央政府主导，主要着眼于太湖及吴淞江水系的整体治理。湖州地区属于太湖及吴淞江水系，湖州地区的“水患”问题在很大程度上受到太湖及吴淞江水系的影响，如果吴淞江下游水系排泄不畅，会直接影响到整个水系，因此，要想从根本上解决湖州地区的水患问题，必须着眼于太湖及吴淞江水系的整体治理。然而，这种水利改造工作规模较大，需要中央政府进行统筹、领导以及资金支持。浙西地区较早的一次大规模水利改造出现于永乐年间。这次水利改造由夏元吉等人指导，在江南水利史上影响深远。如《明史·夏元吉传》记载：“浙西大水，有司治不效。永乐元年，命原吉治之。寻命侍郎李文郁为之副，复使佥都御史俞士吉赍《水利书》赐之。原吉请循禹三江入海故迹，浚吴淞下流，上接太湖，而度地为闸，以时蓄泄，从之。役十余万人，原吉布衣徒步，日夜经画，盛暑不张盖。曰：民劳，吾何忍独适!?事竣，还京师言，水虽由

---

① （明）张内蕴、周大韶：《三吴水考》卷八，清文渊阁“四库全书”本。

② 《举人秦庆请设淘河夫奏》，《浙西水利书》卷下。

故道入海而支流未尽疏泄，非经久计。明年正月，原吉复行浚白茆塘、刘家河、大黄浦。大理少卿袁复为之副，已，复命陕西参政宋性佐之，九月，工毕，水泄，苏、松农田大利。”

浙西地区第二次大型水利改造出现于弘治七、八年间，水利改造工作的领导者为徐尚书（徐贯来）。这次水利改造距永乐初期已有 90 余年，其时，吴淞江水道又出现淤塞严重的问题。“……永乐初元，水复涨溢。太宗文皇帝命户部尚书夏原吉大加疏治，方得止息。逮今九十余年，各处港浦，仍复湮塞，为患滋甚。”① 港浦不通的危害，在洪水泛滥之时影响最烈。这次水利改造同样出现于连年水患之后。“近年以来，列郡数被水灾，民不聊生，推原其故，皆由于太湖之溢，而太湖之所以溢，则由于三江众浦之失其道耳!”② 其中，湖州地区水利改造同样是这次大改造工程的一部分。“……开湖州之溇泾，泄天目诸山之水，自西南入于太湖……”“自弘治七年十一月十七日兴工，至八年二月十五日工毕，幸而一向天气晴和，人无疫疠，凡百众庶争先效劳，即今水患消弭，人无垫溺之忧，田有丰稔之望，列郡士民，莫不庆抃!”③ 这次水利改造成效显著，受到当时士人们的称道：“凡通湖达海隘口、支川无不疏治，自七年冬至八年春。不数月而成功。一时水患十去八九，列郡人民仰荷皇上

---

① 参见《徐尚书（徐贯来）治水奏》，载于（明）姚文灏《浙西水利书》卷下《今书》。

② 参见《举人秦庆请设淘河夫奏》，载于（明）姚文灏《浙西水利书》卷下《今书》。

③ 参见《徐尚书（徐贯来）治水奏》，载于（明）姚文灏《浙西水利书》卷下《今书》。

再造之恩，如天地之难名也！”[1]

第二类措施是由湖州地方官绅所倡导，当时官民出人出力而兴修的陂、堰、沟、坝等水利设施。这类水利建设对于湖州地区的水利安全更是重要。水利设施的类型主要取决于不同地貌条件。不同的地貌条件及蓄泄需求决定了水利设施的类型。湖州地区下属各州县主要分为山地与平原两大类型，两类地貌所需要的水利设施有很大的不同。对于山地而言，山洪暴发危害最大，因此排泄功能极受重视，但是，农业生产需要用水，相比之下，蓄水功能更受关注。因此，安吉、武康等山地县（山邑）多修筑陂堰，注重蓄水。如谈钥《（嘉泰）吴兴志》称：“湖州诸邑，号山邑者，安吉、武康也，而安吉为之最，故其舟皆刳木为之，以其水骤长而易退也。且多置湖泊及沼沚、陂堰之属，以潴水，故其民不一意于农……”[2] 又《吴兴志》记云：“县境陂堰，旧有七十二所，盖其地势高仰，近山之山，号承天田，亦号佛座田，谓层层增高，灌溉不及也。每春夏霖潦，溪涧暴涨，随即湍泻，数日不雨，复乾浅矣。储蓄灌溉，全借陂堰。”[3]

出于长期的洪涝灾害与水土流失，传统的水利设施的效能很难持久，大多会随着时间逐渐减退，甚至荒废。湖州地区的水利建设虽然起源很早，但是，至明代初年，原来修建的水利设施淤废情况十分严重。成化《湖州府志》的作者称：“按《旧志》云：太湖旧有沿湖之堤，多为溇，溇有斗门，制以巨木，甚固。门各有闸版，遇旱则闭之，以防溪水之走泄也。有东北

---

① 参见《举人秦庆请设淘河夫奏》，载于（明）姚文灏《浙西水利书》卷下《今书》。

② （宋）谈钥：《（嘉泰）吴兴志》卷十九，民国刻吴兴丛书本。

③ 《永乐大典》卷二二七六，第882页下。

风，亦闭之，以防湖水之暴涨……余观苏东坡水利奏议云：太湖受诸州之水，先治吴江南岸菱葑、芦苇之积，而水东泻，而无壅滞之患，诸州利矣。以今观之，吴江茭苇屯结尤甚，皆成圩田。其长桥诸洞，湮塞殆尽。近来十水九潦，不可救捍，后之治水者，宜究心当先务也。”① 又如崇祯《乌程县志》载：

> 乌程滨太湖，受众水畜渡，所关尤大。有大钱溪、小梅港及诸溇，旧有沿湖之堤，各溇有□门，制以巨木，甚固，各有闸版。遇旱财闭之，以防溪水之□有东北风亦闭之，以防湖水之暴涨。有堤，则舟行且有所□泊，官主其事，为利浩博，后渐废弛……久废。洪武十年（1377），主簿王福浚治。成化十年（1474），本府添设治农通判李智，渐加修治，民甚赖之。自典史兆华继修以后，则废弛极矣。万历四十二年（1614），奉巡按御史李宪牌、知县曾国祯勘得苕为泽国，水多岐出。其冲则漕艘之所经，其僻而四散，则田间之所以备旱涝也。众水之汇所，称吃紧者，有三十六溇港。除陈溇等十七港，深渊如故，无容议修，其外应修杨溇等十九处，议令有田家照亩科派，主者出银，贫者出力，多以钱计，少以分计。疏浚通流，筑崩补坏，陆续完修，然亦未有成绩。此系乌程水利最大，故不厌详载。②

根据上述记载，明代湖州地区水利设施淤废情况严重，水利建设得到一定程度的重视。如乌程县在明代也进行了数次较

---

① 成化《湖州府志》卷六，书目文献出版社1990年版，第67页下。又见（明）张国维《吴中水利全书》卷十九，名称为《徐献忠沿湖港溇考》。

② 参见崇祯《乌程县志》卷二《水利》“溇港”释文。

大规模的水利修缮。

又根据成化《湖州通志》卷六的记载，乌程县、安吉县在明代洪武年间建设了不少坝、沟、陂、堰等水利设施。“……以上三十八溇，俱属乌程县。《旧志·修湖溇记》云：湖溇三十六，其九属吴江，其二十七属乌程。惟计家港近溪而阔，独不置闸……久废，不闸。成化十年，本府添设治农通判李智，渐加修治，民多赖之。”① 其他县份的情形也与此相类似（见表1）。

表1　明代前期水利设施情况表

县名	水利工程名称	数量	建设时间
乌程县	大钱港、小梅港（原注：以上二港最大，总苕、霅西南众水以入湖也）、西金港、顾家港、官渎港、张家港、宣家港、杨渎港、泥桥港、寺桥港、计家港、阳溇、沈溇、罗溇、大溇、新泾溇、潘溇、诸溇、谢溇、和尚溇、张港溇、幻湖溇、西金溇、东金溇、赵港、许溇、杨溇、义高溇、陈溇、薄溇、五浦溇、蒋溇、钱溇、新浦溇、石桥溇、汤溇、盛溇、宋溇、乔溇、湖溇	40	成化十年
安吉县	东海堰、庙山塘、小山塘、朱塘、富山塘、吴塘、刘家坝、西绍溪坝、朱基溪坝、散车坝、范埭坝、后干坝、罗家坝、新筑陆分坝、范家埭坝、严埭坝、杨家坝、新筑成村坝、乌墩坝、水碓坝、簸箕坝、新筑长衖坝、朱板桥坝、横山坝、源潭坝、灯心坝、李山坝、堂山坝、分水坝、长闰坝、永丰坝、贵山坝、九功坝、新塘童山坝、炭坞坝、梅家坝、陂坝、花潭坝、张塔坝、安路桥坝、下堰坝、黄坑坝	36	洪武二十八年置

① 成化《湖州府志》卷六，第68页上。

续表 1

县名	水利工程名称	数量	建设时间
	五沸沟、马渎沟、妙佛沟、石山沟、万湾沟、黄利沟、李千沟、十八路沟、猴山沟、涧渎沟、查山沟、干溪沟、安乐沟、乌禄沟、下云沟、泉波沟、方黄沟、溪沟、石柱沟、蒋村沟、节信沟、仓基沟、赤子沟、黄山沟、中沸沟、姚东湖沟、姚西湖沟、寺桥沟、市东沟、石埭沟、后冈沟、萧经沟、乌角沟、石牛沟、刹子沟、得济沟、沸沟、坟陂沟、管沸沟、寺前沟、大泉沟、善政沟、窦墓沟、许溪沟、干塘沟、通塘沟、虔塘沟、东浜沟、反澳沟、下陂沟	51（?）①	洪武二十八年开
武康县②	白龙堰、永昌堰、乌溇堰、斗门堰、黑龙堰、马头堰、五漕堰、青林堰、湖潭堰、响潭堰、飞潭堰、郑汀堰、新堰、张栅堰、湖塘堰、都窠堰、东陂堰、剑池堰、豸山堰、乌程堰、青龙堰、铜井堰、赵家堰、瓜枝桥堰	25（?）③	不详
长兴县	郜浦（原注：在县东五里，通太湖，诸浦港用附于下）、金村港、上周港、乌桥港、夹浦港、谢庄港、骆家港、鸡笼港、大陈港、殷南港、杭渎、前后港、阴寒港、卢渎港、新塘港、釜浦、高家港、石渎、新开港、宣家港、白茅港、宝浦港、小陈渎、蔡浦	24	不详

① 原书称有 50 沟，实数为 51 沟。

② 武康县陂堰记载，又见（明）程嗣功撰嘉靖《武康县志》卷三，明嘉靖刻本。

③ 原文称仅有 22 堰，实数为 25 堰。

续表 2

县名	水利工程名称	数量	建设时间
孝丰县	上塘坝、回平坝、铜坑坝、堂坞坝、施坞坝、上干坝、梅坞坝、牛皮坝、埂下坝、东坞坝、于山坝、豹雾坝、太山坝、陈墓坝、毛山坝、东牛坝、蒲济坝、菖蒲坝、周山坝、黄山坝、经坞坝、东冲坝、新山坝、西冲坝、大坑坝、社南坝、姚坞坝、阴山坝、狄旱坝、芦冲坝、仰坞坝	31	不祥
	吴村沟、上干沟、山口沟、黄陂沟、方阿沟、坟沸沟、马安沟、赤石沟、汪村沟、潘村沟、仰坞沟、东岸沟、后蒲沟、金波沟、石斗沟、张坞沟、陈溪沟、新沸沟、彭家沟、前蒲沟、顾成沟、湖头沟、下于沟、仲塘沟、老村沟、赛石沟、汤泉沟、反鱼沟、平康沟、黄九沟、乌禄沟、砾山沟、前汤沟、后汤沟、上漾沟、侯山沟、万湾沟	37	不祥

在水利设施的维护制度上，明代湖州地区也有一定的突破。例如早在明朝洪武年间，就创设“溇制”，对于水利设施之维修意义重大。如清初德清县人胡嘉生曾在《清邑水利议》中回忆：“清邑西北之水，注于太湖者，大略出于乌程之三十六溇。明洪武年，设溇之制，每溇有役夫十名，铁钯十把，箕箒兼备。守御所中每年拨一千户以董事，同于长兴之三十六溇，去淤泥，以通水利，不独便舟楫之往来也。”① 弘治年间，举人秦庆就提出了增设“淘河夫”的建议，并得到官方的支持：“……然臣以为疏导之利，虽已弘于一时，而经制之宜，犹未及于永久。惟

① （清）侯元棐：《（康熙）德清县志》卷八，传钞清康熙十二年刻本。

昔之善治水者，每于平成之后，必立宣防之法，如近代撩浅、开江等卒，亦皆制置有定，浚治有常。是以当时利兴而害去，国富而民安。臣以为今当略仿前制，思患预防，乞敕该部转行巡抚及水利官，督率府县治农官，遍诣三江各浦地方，相视要害，讲求便宜。用其土著之民，专习搜淘之事，免其别差，著为定令，仍须往来劝督，验其功程，以行赏罚，务使水道不复壅遏，而旱涝不能为灾，可也。经久之宜，莫善于此。”① 从秦庆奏文可知，淘河夫即类同于前代撩浅卒、开江卒，与前面提到的“溇制”功用相同。而淘河夫与溇夫相比，似乎是从驻军体制变为民间体制。

尽管明代湖州地区水利建设取得了不少成绩，但是，总体而言，明代湖州地区水利建设的成绩并不尽如人意，最大的障碍便是缺乏持续的经费支持。如嘉靖年间，编修王同祖就曾指出浙西地区水利持续维修之困难：“……我朝自永乐间夏忠靖公治水，以至于嘉靖改元，率十余年或五六年而一大举，每举则役夫多至十余万，少亦不下数万，而其为费亦动以数十万计。其役夫之法，或论田出夫，或每里助役，或富民雇募，或粮长编佥。其出银之法，或取于船料，或取于余盐，或取丁田，或取罚。东移西补，艰难百端，公私并费，不一而足。弘治间，举人秦庆奏请设淘河夫，以为经久宣防之法，主事姚文灏奏设导河夫于均徭定拨，至今各县皆征导河夫银，然名存实亡，视为不急之务……”②

然而，水旱无情，水利设施的失修，其后果是严重的。正因为社会应对之长久缺失，与全国不少地区情形相仿，湖州地

---

① 《浙西水利书》卷下。

② （明）张内蕴：《三吴水考》卷九，清文渊阁“四库全书”本。

区也同样在灾患之威胁与摧残中见证了明朝的终结："（崇祯）十五年（1642），旱蝗蔽天而下，所集之处，禾立尽，田岸芦苇亦为之尽，滁郊遍野。属连年饥馑后，民无所得食，削树皮，本木屑，杂粮秕食之。或掘山中白泥为食，名观音粉，聊济旦夕……民间折屋为薪，听行家鬻之，鬻妻女者，亦不论价。更开报殷户一途，而民间富户尽矣，以至村落圻墟，数十年尚未复云。"[1] 也可以说，直到清朝初年的数十年间，湖州地区都无法摆脱灾患所带来的影响。

结　语

江南地区自隋唐以来以风景优美、物阜人丰而著称于世，而其灾患问题往往没有得到应有的重视。应该说，历史时期江南地区的灾患有其特殊性，然而，部分区域的多灾情况十分严重，理应引起足够的关注，否则，就会影响人们对于历史时期江南地区经济社会发展真实状况的全面理解。

明代湖州地区灾患发生的频率之高、持续时间之长以及影响之严重，都是令人惊异的，而这能否代表江南地区的灾荒发生情况则很难下断言，但其代表性也不能低估，特别是对浙西地区而言。

可以肯定的是，浙西地区大规模的水利改造建设，往往都发生在严重而持续的自然灾害之后。严重的自然灾害直接威胁到当地的农业及粮食生产，以及广大百姓的生命财产安全。不得不承认，传统时代的水利建设往往都是被动的，严重的自然灾害发挥了重要的甚至是关键性的推动作用。

① 康熙《德清县志》卷十。

出于善淤善决的固有特性，传统时代的水利建设根本无法一劳而永逸，其效能很大程度上在于不断地维护及修缮。江南地区水利环境的改善，正是千百年来江南人民不懈努力的结果，而水利失修，则会威胁到人类的生存及发展，这也是我们从江南水利与灾害史研究中总结出的重要经验。

灾荒中的风雅：《海宁州劝赈唱和诗》的社会文化情境及其意涵

中国人民大学清史所　朱　浒

嘉庆二十年（1815）成书、以诗集面貌行世的《海宁州劝赈唱和诗》，直到被收入由历史学者于21世纪编纂的《中国荒政书集成》，才标志着该书终于得到了学界的注意。[①] 不过，这部横跨着救荒和诗歌两个主题的文献，实际地位颇为尴尬。迄今为止，就灾荒史研究范围而言，从未见到有人将之作为可靠的研究史料，而在清诗研究领域中，亦未见到有人予以注意。直到最近，方有学者敏锐地指出，此书的独特意义，可能要放在灾荒及其救济在中国已成为一种社会文化现象的背景下方可进行标识。[②] 这确实是一个极具启发性的看法，但要证实其有效性，则必须面对的挑战是，如何才能解读该书蕴含的社会文化

---

① 该书版本信息，见李文海、夏明方、朱浒主编《中国荒政书集成》，天津古籍出版社2010年版，第5册。本文亦使用该书在《中国荒政书集成》中的点校本。为方便起见，以下简称《劝赈唱和诗》。

② 余新忠：《文化史视野下的中国灾荒研究刍议》，《史学月刊》2014年第4期。

意味呢？至于解决这一挑战的根本路径，当然是确切勘察该书得以生成的具体情境。据此而言，此种寻找解决路径的工作又可转化为这样的具体问题：该书文本究竟是怎样被制作出来的呢？换句话说，它为什么会出现，又为何会以此种面貌出现？

一、唱和的盛举

嘉庆十九年（1814），岁在甲戌。是年六月间，时任德清知县的易凤庭接受了他在浙江省的又一次调动——转任海宁州知州。之所以说是又一次，是因他此前已有过从永康调任平湖，既而又调任德清的经历。[①] 不过，与前两次平稳过渡相比，这回则是一次很不轻松的调动。其原因在于，自下车伊始，他便发现自己不得不马上投入一场颇为艰巨的抗旱活动了（其实，如果他留任德清，遭遇也是一样的，因为德清同时亦受旱灾，但他离开时旱象尚不明显）。

导致任务艰巨的主要原因在于上级给予的支持甚为有限。就在杭州、嘉兴和湖州三府所属十多个州县旱象已成之际，省府却经历着剧烈的人事变动：前任巡抚李奕畴改任漕运总督后，接任巡抚的许兆椿未及上任即告身故，随后继任者陈预任职未满一个月，又被改命为山东巡抚，直到八月间颜检到任，才总

---

① 有关易凤庭在永康县任职状况，见光绪《永康县志》卷五《职官志·治官列传》，《中国地方志集成·浙江府县志辑》，上海书店出版社1993年版，第47册，第567页。关于其在平湖县任职情况，见光绪《平湖县志》卷十《职官·县治文秩》，《中国地方志集成·浙江府县志辑》第20册，第241页。关于其在德清县任职情况，见民国《德清县新志》卷六《职官志》，《中国地方志集成·浙江府县志辑》第28册，第879页。关于其在海宁任职情况，见民国《海宁州志稿》卷二十八《人物志·名宦》，《中国地方志集成·浙江府县志辑》第22册，第805页。

算稳定下来。[1] 而与人事的变动相对应，省府起初的救荒行动亦乏善可陈。李奕畴离任之前的举措，不过是“率属设坛虔祷”而已。陈预虽然“奏明动碾仓谷，减价平粜，一面劝谕富户殷商，各就近处买米运粜”[2]，但因在任时间短暂，根本未及实施。幸而颜检到任后“首举荒政”，查灾、勘灾事务方得有序推行，“复奏留升任江苏方伯杨公循行三郡，履亩察灾，绘图入告，奉诏蠲缓”[3]。此外，又复“借帑籴米平粜，其粜价不敷，道府宪以上捐廉赔补其运费，经理辛工，复饬州县捐办”[4]。

然而，颜检的举措肯定也不能令易凤庭感到满意。因为在向朝廷申请蠲缓的奏报中，海宁受灾的程度被定义为“二分以上”，根本达不到成灾的标准。[5] 事实上，早在入秋不久，歉收已成定局之时，海宁境内便已出现“哀鸿嗷嗷，而无籍之徒，挟饥民以扰巨室”[6]。到了八月间，更是“米价腾贵，饥民大掠，食草根树皮”[7]。至于省府所购平粜之米，分发到海宁者亦复无几。在此情况下，易凤庭采取恩威并用的手法，一面将“一二借端滋扰者，戢之以刑”，一面劝谕当地殷绅富室“各出资以赡邻里”，这才应付了十九年秋冬赈务的燃眉之急。[8]

不幸的是，上年旱灾的影响并未很快消散。二十年春间，

---

① 钱实甫编：《清代职官年表》，中华书局 1980 年版，第 2 册，总第 1662 页。

② 《录副档》，中国第一历史档案馆藏，嘉庆十九年七月二十四日浙江巡抚陈预奏，档案号 3-45-2495-32。

③ 《劝赈唱和诗》，《中国荒政书集成》第 5 册，总第 2828 页。

④ 《劝赈唱和诗》，《中国荒政书集成》第 5 册，总第 2831 页。

⑤ 《录副档》，嘉庆十九年九月二十九日浙江巡抚颜检奏，档案号 3-32-1735-48。

⑥ 《劝赈唱和诗》，《中国荒政书集成》第 5 册，总第 2828 页。

⑦ 民国《海宁州志稿》卷四十《杂志·祥异》，第 1102 页。

⑧ 《劝赈唱和诗》，《中国荒政书集成》第 5 册，总第 2828 页。

海宁仍然“蚕麦未登，薪桂米珠，宁民穷迫之象较旧岁更岌岌焉”①。因颜检曾于上年底向朝廷声明，除开仓平粜外，“并于存司谷价内借银十万两，给发杭属殷绅领赴江西、湖广等处买米运浙，现正陆续运回，可以源源出粜，并有商捐米一万石，目下尚未动用，是杭州一属，来春似可足资接济”②。这就意味着，开春后海宁能够实施的救济办法，也就只能是将常平仓谷和分发而来的外籴之米进行平粜了（海宁州位于杭州府辖境之内）。而易凤庭发现，这一做法虽然可以平抑粮食市价，但“赤贫者终无资以谋升斗”，遂“不得已复为劝赈计”。③

由于上年底刚刚劝赈过一次，所以易凤庭对再次实施劝赈活动亦不免有点担心：“欲以有无相通之义，激劝闾阎，恐待济者无穷，厚施者已倦，可一而不可再也。”但灾荒在前，别无他策，劝赈又势在必行。只不过，易凤庭对这一次劝赈的方式做了改变，那就是“不假文告”，而“作劝赈诗四律，捐俸倡之”，以期“一唱群和，借咏歌以行其惠者”。④ 这里所谓“四律”，其实是指由四首七律构成的组诗。这组诗的内容如下：

雪花正好祝年丰，菜色民犹旧岁同。剜肉医疮难诉苦，成裘集腋易为功。缓蠲率土沾天泽，籴粜承流赞化工。更望谊敦桑与梓，注兹挹彼有无通。

夥说今年胜去年，赈功何复结前缘。鱼枯尚少乐饥水，

① 《劝赈唱和诗》，《中国荒政书集成》第5册，总第2828页。

② 《录副档》，嘉庆十九年十一月二十六日浙江巡抚颜检奏，档案号3-29-1623-51。

③ 《劝赈唱和诗》，《中国荒政书集成》第5册，总第2828页。

④ 《劝赈唱和诗》，《中国荒政书集成》第5册，总第2828、2923页。

鸿集群呼续命田。所贮得庐成万舍，自惭倾俸没多钱。解囊苏困须臾事，寄语仁人共勉旃。

肯将因果劝挥金，望报原非积善心。一念好生由我扩，万家活命感人深。救荒乏策师其古，有福如田种自今。无吝色时无德色，是真义举共相钦。

致旱由来戾气招，导迎善气转崇朝。厚生利用成三事，饮水思源记一瓢。好似阳光回病木，伫看春色到柔条。耕田凿井仍如旧，万户依然鼓腹谣。①

首位对这组四律进行唱和的人士，是时任东海防同知的张青选。② 而张青选之所以率先唱和，是因其的确与海宁有着极深的渊源：除了东海防同知就驻扎海宁外，他还在嘉庆八年（1803）和二十一年（1816）两次署任海宁州知州。③ 此外，他还是《劝赈唱和诗》的序作者④，其作恰好可以作为分析此次唱和结构的例子。先将其作列示如下：

果然能转歉而丰，感召天和理大同。多士尚胥克用劝，先生不自以为功。政期善后心良苦，诗到勤民语益工。一事传闻堪告慰，江南贩粜已先通。

---

① 《劝赈唱和诗》，《中国荒政书集成》第5册，总第2831页。

② 易凤庭在序言中称，《劝赈唱和诗》乃是“爰就得诗之先后，编次成帙”（总第2828页），而张青选之诗被排在第一位。

③ 有关详情，参见民国《海宁州志稿》卷二十四《职官表下》，第660、661、675页。

④ 《劝赈唱和诗》，《中国荒政书集成》第5册，总第2827页。

腊雪欣占大有年，与人为善亦因缘。君来自是随车雨，公等谁无负郭田。振乏岂须真破产，居官漫说不名钱。相期共凛屯膏戒，保富安贫尚慎旃。

布施曾闻满地金，佛家原是圣人心。若论功德真无量，但说镌铭亦自深。掠美市恩讥在昔，裒多益寡望于今。救荒安见无良策，善政宜民信足钦。

春酒犹迟折简招，政成刚好及花朝。归装尚有乌程酿，角饮还持瘿木瓢。极目鳞塘真砥柱，关心蚕月是桑条。万家烟火都无恙，我亦委蛇歌且谣。①

对照两组诗可以发现，这是一种“依韵”或曰“同韵”的唱和，即严格按照原诗的韵脚以应答。如易凤庭原诗用“丰”“年”“金”“招”四韵，则和诗亦须用此四韵。同时，在主旨内容上亦同样形成应和。例如，易诗的“更望谊敦桑与梓，注兹挹彼有无通”与张诗的“掠美市恩讥在昔，裒多益寡望于今”，都是劝谕贫富相赒相恤之意；易诗的“解囊苏困须臾事，寄语仁人共勉旃”与张诗的“相期共凛屯膏戒，保富安贫尚慎旃”，皆为劝说殷富应行助捐之举；易诗的“肯将因果劝挥金，望报原非积善心”与张诗的“布施曾闻满地金，佛家原是圣人心”相呼应，以福报之说作为行善之机；易诗的“致旱由来戾气招，导迎善气转祟朝”则与张诗的“果然能转歉而丰，感召天和理大同”的意思相通，皆为感召善气以挽天心之意。

① 《劝赈唱和诗》，《中国荒政书集成》第5册，总第2832页。

应当承认，这些唱和诗的艺术成就确实有限。前述易、张二人的诗作，其实更像是以诗歌形式发布的示谕文字。那么，其他诗作的水平又如何呢？对此，负责《劝赈唱和诗》一书编辑工作的钟大源提供了一个证明，因为他是当时海宁诗坛最负盛名的诗人之一。钟大源，字箬溪，曾为诂经精舍肄业生，因“病痿不能起立，专意为诗”，著有诗集《东海半人诗钞》24卷。易凤庭为其作序，称大源“抱不羁才，未获世用，因寓意于诗以写其悲悯。……传诗既广，名大噪，一时荐绅才士闻声向慕，数百里外诗简来往不绝”，并赞其诗“以其独出心裁而自成一家者也”。[①] 那么，钟大源的唱和诗水平如何呢？先将其诗照录如下：

昨岁恒旸获不丰，民无余粟阻饥同。幸劳廉吏仁慈意，早善穷檐补救功。郑侠新图生恐绘，夷中旧句本来工。俸囊久罄寻常事，更望枌榆任恤通。

青黄不接入新年，几等求鱼木枉缘。得雪长辰才种麦，待时小卯未耕田。受恩租已蠲三调，好义人其亩十钱。忧乐相关关不细，免教沟壑竟填旃。

不论输缣与散金，拊循亟慰长官心。须知聚室饔飧足，本赖熙朝雨露深。比户盖藏应此后，暂时推解且而今。好教让水廉泉里，一例淳风古可钦。

嗷嗷鸿雁自相招，得食欢然暮复朝。但使翳桑无饿者，

① 民国《海宁州志稿》卷十五《艺文志·典籍十五》，第436页。

漫愁陋巷有空瓢。灾黎仡活百千指，荒政原师十二条。听取家家歌饭瓮，声兼襦袴续长谣。①

显而易见，钟大源的诗作依然充斥着宣教式的文字，可谓与易、张二人的作品处于同一水平线上。而通观《劝赈唱和诗》全书，诸如“枌榆”“推解”“乐输”“赒恤”“流民图”“嗷鸿”“沟壑”“福田”“善气”等字眼，达到了泛滥的程度，不少诗作都可谓是戴着镣铐跳舞，为唱和而凑诗，令人不忍卒读。

当然，吟诗并非主要目的，而是劝赈的辅助手段。易凤庭就坦承，自己所作的“劝赈四律，意欲借唱和以成义举，非敢言诗也”②。相应地，许多唱和作者对易凤庭诗作的评价亦非根据文字水平，而是结合着民生的看法。对此，张青选的“诗到勤民语益工”可谓定性之语，随后抒发此意者比比皆是。例如，海宁州学正朱文治称“劝化难时得句工”，海宁州训导庞绍福称“本性成诗句易工”，廪生顾式金称“四首新诗流至性”，廪生曹宗载称“诗成劝谕字镕金”，生员张廷基称“劝捐有句仰宗工”，生员顾嵘称“诗为忧时句自工”，职员陈琳称“念切民灾琢句工”，生员徐绍曾称“诗成感格恤灾同”，童生陆镜湖称“诗歌绘出爱民心”，石门县生员劳翀霄称“诗成丽句抵兼金，绘出殷勤爱物心”，桐乡县生员汪宝鸿称“刺史嘉篇抵万金，缠绵写出爱民心”，永康县廪生吕东皋称“讵料救荒传雅什，都缘劝赈普仁功”。③

---

① 《劝赈唱和诗》，《中国荒政书集成》第5册，总第2838页。

② 《劝赈唱和诗》，《中国荒政书集成》第5册，总第2831页。

③ 《劝赈唱和诗》，《中国荒政书集成》第5册，总第2832、2833、2841、2844、2848、2855、2864、2865、2901、2917、2918、2929页。

同时，也正是基于为赈灾服务的目的，许多唱和作者才大力称颂易凤庭诗歌劝赈的创意。例如，候补郎中马钰称“劝赈诗颁胜结缘”，生员陈朴称“新诗传语赈随缘”，贡生许膺升称“作歌劝籴更宜今”，廪生潘德音称“劝赈诗才始自今”，生员褚嘉会称“惠政讴吟劝赈谣”，候补训导祝长清称“万家活命须奇策，一纸新诗有异功”，生员张咏称“借歌挹注诚良策”，教职高钺称“新诗谱得赈贫谣”，耆生谷绅称“救荒还喜得新词”，监生陈有孚称“劝善诗成再造缘”，生员钟佩芸称“劝赈诗如荒政论”，生员周徕松称“劝籴成歌堪轶古”，监生朱雁汀称“更喜高吟仍劝赈，诵诗直与政相通”，监生梁瑞称“救荒法美犹遵古，劝赈诗成独见今”，童生费英称“流民图已闻于昔，劝赈诗才始自今”，德清县职员徐惟辛称“诗能劝赈证于今”，永康县廪生吕东皋称“词句筹荒旷古今”。[①]

就结果来看，易凤庭这次“假风雅以行其爱民之政者”[②] 的创意可谓是大获成功。一方面，此番诗歌酬唱得到了热烈响应，堪称一次盛举。在《劝赈唱和诗》的作者群中，包括东海防同知张青选、诸暨知县刘肇绅以及海宁州所属各级官员 12 人，海宁州士民共 254 人，僧人 2 人，以及苏州、安徽、仁和、嘉兴、石门、桐乡、平湖、海盐、永康等地士民共 55 人，合计作者共 323 人。其中，有 2 人各作诗 3 组 12 首，有 12 人各作诗 2 组 8 首，合计诗歌总数为 1356 首。加上易凤庭本人所作劝赈及酬答的 2 组共 8 首诗，《劝赈唱和诗》全书收诗总数为 1364 首，称得

① 《劝赈唱和诗》，《中国荒政书集成》第 5 册，总第 2843、2849、2854、2856、2857、2868、2873、2878、2882、2889、2893、2894、2907、2924、2929 页。

② 《劝赈唱和诗》，《中国荒政书集成》第 5 册，总第 2932 页。

上是一部颇具规模的诗集。[1]

另一方面，与唱和的盛况相呼应，捐赈活动亦取得了显著效果。正如易凤庭所描述的那样："一时文人学士，不问俗吏诗之工与不工，属而和者数百人，并及邻壤。因此踊跃乐输，旬日间集资数万。择公正者董其事，分厂赈施，计口授食，灾黎赖以活，余亦安然相与共济时艰。"[2] 而在赈后为酬答唱和而创作的又一组诗作中，他忍不住用一首诗表达了此次成功劝赈的幸运感：

> 篇章属和字千金，慰此抛砖引玉心。报我岂徒琼九重，知君已植福根深。议开赈局曾闻古，成借诗坛或始今（原注：借唱和以成赈事，实余一时臆见，窃幸诸君子相与有成也）。顷刻满城花梦笔，结将善果一时钦。[3]

可以推测，这次劝赈和赈济活动的实际效果应该是不错的。一个支持这一推测的理由是，至少在海宁州后来的地方文献中，迄今未发现有关嘉庆二十年（1815）赈灾行动带来负面后果的记载，亦未见到针对此次赈务而产生的微言。就目前所见，这部《劝赈唱和诗》是关于这场灾荒的唯一实录，也是反映这场灾荒内容最丰富的一部记录。这就带来以下问题：为什么这场劝赈活动能够顺利取得成功呢？它主要应该归功于易凤庭个人的灵光乍现吗？而海宁州的官民们用来记录和记忆这场救荒活

---

① 因该书原刻本有一页面缺漏，致使有 1 人的和章仅残存 1 首，故全书实际存诗为 1361 首。

② 《劝赈唱和诗》，《中国荒政书集成》第 5 册，总第 2828 页。

③ 《劝赈唱和诗》，《中国荒政书集成》第 5 册，总第 2831 页。

动的媒介，为什么又主要体现在一部唱和诗集身上呢？

二、捐赈的律动

就易凤庭个人而言，在面对灾荒时的如履薄冰之感，为劝赈而煞费苦心地设计唱和之举，以及对捐赈热潮的喜出望外，都是可以理解的。但是，如果把易凤庭这次捐赈活动放在更为广阔的背景下来观察，那么他的紧张、喜悦和自豪恐怕都要打上一定的折扣了。这个说法的缘由在于，他其实绝不是一个人在战斗。换句话说，这次海宁捐赈活动并非一个孤立事件，其背后明显依托了捐赈活动的两条发展脉络所形成的律动。

这两条脉络中的第一条，是此时捐赈活动在广大空间范围内的热潮。具体而言，这时在浙江、江苏、安徽境内的很多地方都开展了卓有成效的捐赈活动。从这个意义上来说，撇却唱和诗的表象，海宁的助赈活动实际上也是这种热潮中的一环。至于出现这股热潮的直接背景，乃是嘉庆十九年（1814）发生的那场席卷江、浙、皖三省的大旱灾。这也是自乾隆五十年（1785）旱灾之后，长江下游和太湖流域所遭受的最大一次旱灾。

在浙江，受旱最重地区位于杭州、嘉兴和湖州三府境内。据巡抚陈预于七月下旬奏报，五六月间，该三府“正值插莳之际，雨水短缺”，仁和等十六州县“被旱轻重不同，约计十之一二三分不等”。[①] 九月底，颜检复奏称：“就各州县额田而计，嘉兴、秀水、石门、桐乡、孝丰五县灾歉田亩在一分以上，海宁、

① 《录副档》，嘉庆十九年七月二十四日浙江巡抚陈预奏，档案号 3-45-2495-32。

海盐、德清三州县二分以上，仁和、归安、乌程、长兴四州县三分以上，钱塘、余杭、临安、于潜、武康、安吉六县四分以上。”[①] 不过，有两位监察御史得到的情况并不那么轻松。先有贵州道监察御史张鉴于八月间奏称：“闻得浙江省五六月间缺雨，田禾枯槁，米价腾贵。”[②] 四川道监察御史王嘉栋则于九月揭示了更严重的状况，报称自入夏以来，亢旱已久，六月间米价“较之平时价值，贵几两倍”，而“省城内外饥民，已聚有万余人之众”，尤其是在“嘉、湖一带，闻乡镇中有衣食稍可自给之家，饥民即聚集多人，到彼坐食，为之一空”。[③] 而颜检亦于十一月间的奏报中承认：“本年夏间被旱，河道浅阻，兼之江苏、安徽亦俱旱歉，客贩来浙稀少，米价昂贵。”[④] 看来，浙江官方起初的灾情奏报肯定避免不了讳灾之嫌。

至于颜检把浙江米价上涨的一个重要原因归结为江苏、安徽的旱歉，倒也确是实情。就江苏而言，其灾情较浙江更重。据署理巡抚初彭龄七月间奏称，江宁、苏州、松江、常州、镇江、扬州、淮安、徐州、太仓等九府州境内，共有四十四州县因入夏得雨未透，“现在旱象已成”，且“粮价日增”。[⑤] 九月间，两江总督百龄会同初彭龄奏报勘灾结果称，虽然吴江等十三州厅县仅属于“稍觉受旱”，长洲十九州厅县“均属秋收歉薄，勘

① 《录副档》，嘉庆十九年九月二十九日浙江巡抚颜检奏，档案号 3-32-1735-48。

② 《录副档》，嘉庆十九年八月十八日贵州道监察御史张鉴奏，档案号 3-45-2495-33。

③ 《录副档》，嘉庆十九年九月二十二日四川道监察御史王嘉栋奏，档案号 3-45-2495-37。

④ 《录副档》，嘉庆十九年十一月二十八日颜检奏，档案号 3-29-1623-51。

⑤ 《录副档》，嘉庆十九年七月二十日署理江苏巡抚初彭龄奏，档案号 3-29-1623-39。

不成灾”，山阳等十二州县“禾豆杂粮收成减薄，亦属勘不成灾”，而其余成灾之处仍有二十六州县之多。其中，成灾九分者有句容、上元、江宁三县，成灾七分及七八分者有江浦、六合、溧水、高淳、泰州、江都、甘泉、仪征、武进、阳湖、金匮、无锡、江阴、丹徒、丹阳、金坛、溧阳等十七县，成灾五分及五六分者有宜兴、荆溪、吴县、华亭、东台、镇洋等六县。[①] 此次旱灾对江苏打击甚巨，故同治时纂修的《续纂江宁府志》称此次灾荒为“乾隆乙巳后第一奇灾”[②]。

安徽此次受灾情形同样很重。巡抚胡克家六月底即奏称，“通省缺雨之处较广，旱象垂成，粮价增昂”[③]。九月中旬又奏称，安庆、庐州、宁国、池州、太平、滁州、和州、六安、广德等府州“被旱较广，即间有薄收，亦属无几”，灾情“与乾隆五十年大旱相等”。[④] 九月底复奏报勘灾结果称，庐州、凤阳等十二府州所属之合肥、庐江等州县，“夏秋以来，亢旱过甚”，“灾象已成”。据勘报合肥等二十二州县“均因夏秋雨泽愆期”，“被旱成灾五六七八分”，又怀宁等十六县虽系勘不成灾，亦属受旱薄收。[⑤] 籍隶安徽的广东道监察御史孙世昌则于年底奏称，安徽“共计勘实成灾者三十余州县，及勘不成灾、应酌给口粮者，尚有十余县”，且风闻今岁“秋成所收不及十分之一，乡居

---

① 《录副档》，嘉庆十九年九月十九日两江总督百龄等奏，档案号 3-32-1735-44。

② 光绪《续纂江宁府志》卷十《大事表》，《中国地方志集成·江苏府县志辑》，江苏古籍出版社 1991 年版，第 2 册，第 117 页。

③ 《录副档》，嘉庆十九年六月二十八日安徽巡抚胡克家奏，档案号 3-39-2129-41。

④ 《录副档》，嘉庆十九年九月十五日胡克家奏，档案号 3-29-1623-51。

⑤ 《录副档》，嘉庆十九年九月三十日胡克家奏，档案号 3-29-1623-43。

穷民大半扃户逃亡，相望于道，附郭乡镇亦多抢夺之事，其情形与乾隆五十年旱荒相等”。① 这恐怕并非空穴来风之语，因为据江苏巡抚张师诚奏报，当时确有安徽灾民“携带大小男妇，结队成群，纷纷来苏行乞”②。

鉴于乾嘉以来国家财力日趋紧张的状况，浙江、江苏、安徽三省都不可避免地面临着筹赈维艰的局面，而地方官员们也都不约而同地开展了向民间劝捐助赈的活动。这种同步情况首先体现在省级官员层次上。在浙江，陈预在巡抚任内即“劝谕富户殷商，各就近处买米运粜”③，颜检于上任后亦立即奏明，杭、嘉、湖三府皆已推行“殷绅富户各就本乡出米粜济”④。在江苏，先由两淮盐政阿克当阿“劝谕淮商捐银二十万两以为籴本”⑤，复由百龄“劝谕本处富商殷户各带成本，前往江广收成丰稔地方，籴运回江”⑥。另据百龄奏称，其在成灾之初便考虑到“另筹佐赈之需”，故而“随即捐廉倡率，而官绅殷户闻风响义，无不踊跃乐输，未逾匝月，约计捐输银两已有四五十万两、谷三万二千石。复劝谕各灾区乡镇居民各自量力赒恤族邻，据报各属民户孳孳好善，各捐钱米，按月分给，乡曲借资全活”。⑦ 在安徽，巡抚胡克家于成灾之初，即“劝殷户多出米谷粜卖，

---

① 《录副档》，嘉庆十九年十二月初七日广东道监察御史孙世昌奏，档案号 3-29-1623-47。

② 《录副档》，嘉庆十九年十一月十六日江苏巡抚张师诚奏片，档案号 3-29-1623-45。

③ 《录副档》，嘉庆十九年七月二十四日陈预奏，档案号 3-45-2495-32。

④ 《录副档》，嘉庆十九年九月二十九日颜检奏，档案号 3-32-1735-48。

⑤ 《录副档》，百龄等奏片，朱批日期为嘉庆十九年七月二十一日，档案号 3-29-1623-30。

⑥ 《录副档》，嘉庆十九年七月二十日初彭龄奏，档案号 3-29-1623-32。

⑦ 《录副档》，嘉庆十九年十二月初九日百龄等奏，档案号 3-29-1623-54。

或招商往购运粜，以资接济而平市价”①。七月间又奏称，据桐城等州县先后禀报，“各绅士殷商俱遵示互相劝捐，凑集资本，请给护照，前赴邻省采买，运回本处分粜，粜尽再贩，悉由各绅商自行设厂经理”②。

至于在州县层次上，这一时期实力奉行捐赈活动的地方更是不少。就浙江而言，办理最有条理之处当推与海宁接壤的石门县。知县耿维祐估算官米不足接济，即“先捐廉买米三百石”为倡，劝谕各绅士富户董事“互相劝勉，量力捐输，或钱或米不拘，五斗一石以至十百千石，各从其便”。其办理规则是，“米归各图收贮，钱即尽数买米。俟平粜完毕，各图即将所捐之米，各就图内赤贫之户，按大小口分给食米”③。此外，德清县亦“奉宪劝赈，自十月起，每大口给钱十四文，小口减半”④。另有平湖知县王凤生亦在境内推行劝赈；海盐知县杨德恒则“割俸千金倡赈”，邑增生王纯率里中富室以应之。⑤

江苏的捐赈活动最为繁盛，兹举其成效最著者如下。在江宁、上元，总督百龄请在籍绅士、翰林院侍讲秦承业主持捐赈，“义捐极众，余银二万奇，存典生息备荒”⑥。其中，李光昱、李光业、陈嘉诒、李芝、李萇、陶济慎等共捐银达十万两，为士

① 《录副档》，嘉庆十九年六月二十八日胡克家奏，档案号3-39-2129-41。

② 《录副档》，嘉庆十九年七月二十二日胡克家奏，档案号3-29-1623-33。

③ 光绪《石门县志》卷三《食货志·蠲恤》，《中国地方志集成·浙江府县志辑》第26册，第123页。

④ 民国《德清县新志》卷五《法制志·恤政》，《中国地方志集成·浙江府县志辑》第28册，第875页。

⑤ 《劝赈唱和诗》，《中国荒政书集成》第5册，总第2922页。

⑥ 光绪《续纂江宁府志》卷十《大事表》、卷十四之七《人物·儒行》，第117、264页。

民中捐数最多者。[①] 而成效最显著的捐赈活动，乃是常州府推行“图赈法”。知府卞斌率武进、阳湖两县知县，“集绅士等公议，图归图赈，所捐钱数汇入总局，通计应赈丁口，按图拨发各董事，分给图民”，共捐钱十三万四千缗。[②] 金匮知县齐彦槐亦行此法，“以各图所捐之钱，各赈本图”，并捐廉以倡，共收捐十二万四千余缗，“而殷富之家好行其德，复于其间为粥以赈，城乡设厂十余处，计所捐又不下万数千缗，饥民赖以全活者无算”。[③] 在丹徒，知县周以勋因旱灾“捐廉倡赈，集绅富恳切劝谕，邑人输银至二十二万之多，大吏叹为未有”[④]。在华亭、娄县，两县官府“并募民助赈，事毕各有余钱，知府宋如林以之设义仓”[⑤]。在嘉定，官府广劝各处捐赈，其中以黄渡镇办理最善，其法“遴选里中绅士专司厂务，并协劝散捐诸户。自二月十三日始，放赈五十日，分四处给发”，该镇赈厂所需“皆近地捐户均派”。[⑥] 在东台，盐商、典商与士民起而捐赈者达数百人之多，款亦近万缗。[⑦]

---

① 道光《上元县志》卷十九《义行》，《中国地方志集成·江苏府县志辑》第3册，第357页。

② 杨景仁：《筹济编》，《中国荒政书集成》第5册，总第3184—3185页。

③ 光绪《无锡金匮县志》卷三十八《艺文》，《中国地方志集成·江苏府县志辑》第24册，第643页。

④ 光绪《丹徒县志》卷二十一《名宦》，《中国地方志集成·江苏府县志辑》第29册，第407页。

⑤ 光绪《松江府续志》卷十四《田赋志·赈恤》，《中国地方志集成·上海府县志辑》，上海书店出版社2010年版，第3册，第368页。

⑥ 民国《黄渡镇志》卷十《纪闻》，《上海乡镇旧志丛书》，上海社会科学院出版社2004年版，第184页。

⑦ 嘉庆《东台县志》卷二十七《传八·尚义》，《中国地方志集成·江苏府县志辑》第60册，第562—563页。

在安徽，较具规模的捐赈活动亦复不少。例如，怀宁知县牛映奎捐廉二千两助赈，并劝谕绅商捐输籴米平粜，其时官发赈银为二千一百余两，在城绅商则共捐银四千四百四十两。[①] 在合肥，奉县谕劝赈之后，监生黄锋“输粟六千斛赈饥，又重价买谷而贱粜之”，张德彊“慨捐千金赈济乡里，邑侯陈斌详请加二级”，汪本贤“出私资三百千以助”，盛达“捐银六百两助赈”。[②] 在寿州，监生叶榜“尽出积谷千余石给饥民”，职员孙克任、孙克佺“捐谷一万五千五百八十余石，平粜六十日”，共减价钱一万三千余千，加放口粮用钱二千千文。[③] 在来安，知县伍士超“捐廉并谕富户捐助，或钱或豆麦杂粮，各从其便，共计捐钱一万八千四百六十余千，杂粮八千零九十余石，城乡随宜设厂，酌定饥口名数，以入筹出，先期将各户应领之数揭榜厂所，照榜给票，照票给赈，凡四阅月而毕”[④]。在六安，捐赈最巨者有：祝鲲等四人各捐银二千两，王峥嵘等七人各捐一千至一千五百两，赵秉彝等七人各捐一千两，祝鼎臣等四人各捐二千两，夏行仁等三人各捐一千五百两。[⑤]

嘉庆十九年旱灾时期的大范围捐赈热潮，当然不是突如其来的。

---

① 民国《怀宁县志》卷七《蠲赈》，《中国地方志集成·安徽府县志辑》，江苏古籍出版社 1998 年版，第 11 册，第 122 页。

② 光绪《续修庐州府志》卷五十三《义行传二》，《中国地方志集成·安徽府县志辑》第 4 册，第 223—224 页。

③ 光绪《寿州志》卷二十四《人物志·孝友》、卷二十九《艺文志·诏敕》，《中国地方志集成·安徽府县志辑》第 21 册，第 345、460 页。

④ 道光《来安县志》卷四《食货志下·蠲赈》，《中国地方志集成·安徽府县志辑》第 35 册，第 368 页。

⑤ 同治《六安州志》卷三十七《人物志·义行·义举》，《中国地方志集成·安徽府县志辑》第 18 册，第 641—642 页。

就目前所见范围来看，在州县层面上，这种以官民合作劝赈、分任赈济为主体内容的捐赈机制，大致可以追溯到乾隆末年。对此，编纂于乾隆六十年（1795）、记载上年余姚赈务行动的《捐赈事宜》可谓最早的典型。[①] 凑巧的是，张青选在余姚知县任上的嘉庆十四年（1809），余姚又逢灾荒。张青选乃师法乾隆末年的捐赈活动，“爰与各绅士商议劝捐，分厂接济”，竣事后，也将关于此次救荒活动的文献辑为一部《捐赈事宜》。[②] 余姚这两部救荒文献的出现，清楚体现了当时捐赈活动的发展状况及其运作机制，也表明这种官民合作共建的捐赈机制已运行得相当成熟。

在嘉庆十九年（1814）之前，江南其他地方虽未出现像余姚县《捐赈事宜》那样系统的专书，但类似的捐赈活动亦已蔚然成风。对此，嘉庆九年（1804）江南大水期间各地关于捐赈活动情况的记载可谓明证。[③] 因此可以说，至嘉庆后期，江南一带的官府向民间进行劝赈业已成为广泛共识，并且此种捐赈机制已成为对官赈体制的重要补充。作为一名在浙江历练了十年之久的地方官员，易凤庭对这一时期捐赈机制的发展不可能没有足够的认识。在此特别值得强调的一个细节是，张青选在唱和此次海宁州劝赈之时，还曾特地赠送给易凤庭一部自己编辑的《捐赈事宜》，而易凤庭亦称自己“遂得所遵循”[④]。由此可见，就程序和技术层面而言，将海宁州的此次赈灾行动视为余

---

① 张廷枚辑：《捐赈事宜》，乾隆六十年（1795）刻本。该书收入《中国荒政书集成》时被改为《余姚捐赈事宜》，见第 4 册，总第 2206—2225 页。

② 张青选编：《捐赈事宜》，《中国荒政书集成》第 4 册，总第 2575—2606 页。

③ 对此，可参见夏明方主纂、朱浒分撰《清史·灾赈志·民赈篇》（未刊稿）中的相关论述。

④ 《劝赈唱和诗》，《中国荒政书集成》第 5 册，总第 2828 页。

姚捐赈机制的一次成功复制亦并不为过。

除了依托上述空间上趋于同步的捐赈机制，海宁劝赈的成功，还不能忽视另一条脉络所形成的、位于时间序列中的律动，那就是海宁本地的助赈传统。

与江南一带的许多地方一样，海宁也有着悠久的好善之风。该地有关助赈活动的最早记录，为永乐二十二年（1424）周益“输粟六百石助赈，授登仕郎”[①]。其后历朝助赈之举不绝如缕，直到明末奇荒期间，仍有州人徐季韶“沿塘设粥十五所，日费米三十斛，又开药局救瘟疫，存活甚多”，又有吴继志“出积谷为郡县倡，全活无算”。[②]

入清之后，民间助赈活动自康熙年间渐渐复兴，大灾之际多有义举。如康熙四十七年（1708）大水，监生程士麟“捐米二千石，设粥厂五所助振，邑令何大祥请给胞与为怀额奖之”[③]。乾隆十六年（1751）旱螣之后，知县刘守成劝赈，“赈七十二粥厂，复自捐三百金”。二十一年（1756）春，“米贵，石值五金”，“士民分里捐赈”，监生马彪等经官府题请议叙，并给匾奖励。[④] 嘉庆九年（1804）夏，浙西大水，次年春蚕麦失收，巡抚阮元于15州县内奏设粥厂34处，其中位于海宁硖石镇的惠力寺厂，由马彪之孙、候选郎中马钰“董其事，始终数十日，妥帖周至，且皆出自己资，不由敦劝”。事毕，马钰辑成《硖川煮赈图题咏集》一卷，内中附录此次赈灾之“原奏及煮粥散筹各

① 民国《海宁州志稿》卷三十一《人物志·义行》，第915页。

② 民国《海宁州志稿》，卷三十一《人物志·义行》，第916、917页。

③ 民国《海宁州志稿》卷三十一《人物志·义行》，第918页。

④ 民国《海宁州志稿》卷四十《杂志·祥异》，第1101页。

章程”，并经阮元“作记以嘉许之”。①

有趣的是，有关本地助赈传统的历史记忆在这部《劝赈唱和诗》中就有明确的反映。这表现在有人特地用加旁注的方式点明先祖的助赈功绩，作为对此次捐赈的勉励之意。例如，候选同知陈宗羲便在诗中叙及其父在乾隆二十一年的助赈活动：“六旬前记过凶年，先有椿枝结善缘。昭奖尚留恩似海（乾隆丙子岁旱，吾乡初举煮赈，先君捐银二百，蒙宪奏请议叙。载州志），传家敢道福为田。里门叠见嗟来食，民事初消薄俸钱（丙子至今，五举煮赈，实自公始）。”② 廪生王鸿在“先泽留贻百卅年，敢因食德话前缘”之句后注明：“康熙二十年间，海溢损禾。先高祖渭源府君捐米三百石开厂煮赈，邑侯书谊笃梓桑额奖之。今墓下孙曾授田无几，舌耕为活，思继先志而力不逮也。”③ 职员陈琳在“舟泛谁从楚北招”之句后注：“曾伯祖清恪公抚湖北时，值江浙大饥，泛舟平粜。详载《通志·名臣传》。”④ 监生程元章在“懋昭祖德竞当年”句后注：“先高祖于康熙四十七年，岁值荐饥，捐米数百石。叔高祖士麟公捐米一千二百石，开厂五所，饥民赖之。邑令何公太祥详请给胞与为怀匾额。事载州志。”生员程远亦在“贻谋犹记荒年谷”句后点

---

① 民国《海宁州志稿》卷十五《艺文志·典籍十五》、卷三十一《人物志·义行》，第436、920页。

② 《劝赈唱和诗》，《中国荒政书集成》第5册，总第2839页。查民国《海宁州志稿》，其父或为陈文珩。

③ 《劝赈唱和诗》，《中国荒政书集成》第5册，总第2851页。

④ 《劝赈唱和诗》，《中国荒政书集成》第5册，总第2864页。这里所称“清恪公”为康熙四十七年（1708）任湖广巡抚的陈詵，此次泛舟之举发生在四十八年（1709），见民国《海宁州志稿》卷二十八《人物志·名臣》，第813页。

明了程士麟的事迹。[①] 由此可见，久成云烟的助赈事迹并未成为被遗忘的传统。

三、吟咏的流风

揭示捐赈的律动，对于理解海宁劝赈活动固然重要，却不足以解释其特色之所在。具体来说，放在捐赈机制的发展脉络中看，海宁劝赈仅是一次按部就班的活动而已，而就活动形式来说，海宁以唱和而行劝赈之举，在同时期其他灾区尚未出现过。的确，以诗歌形式开展劝赈之举并非易凤庭的创造，因为溯至南宋及明代皆可找到先例。[②] 不过，就目前所见，以往的劝赈诗歌仅有主事者本人的作品，尚未见有起而唱和者。特别是像这次海宁劝赈活动这样，有如此多的人士对主事者的诗篇纷纷唱和，更是从未有过的情况。如此一来，外在表象也具备了独特的属性，因为接下来便产生了这样的问题：为什么易凤庭能够以诗歌酬唱的方式去劝赈呢？为什么此次唱和之举又能够形成如此热烈的气氛呢？

要回答上述问题，显然必须从海宁的地方文化中寻找线索。众所周知，海宁向来是文化发达、科甲鼎盛之地。民国《海宁州志稿》在“风俗”一目中就曾自豪地宣称，海宁在杭州府所属九州县中独占鳌头：“人文之盛，甲于四方，邑之隶武林者九，弗能尚已。”[③] 而海宁文化发达的一个重要体现，便是该地

---

① 《劝赈唱和诗》，《中国荒政书集成》第 5 册，总第 2874—2875、2889 页。

② 夏明方：《救荒活民：清末民初以前中国荒政书考论》，《清史研究》2010 年第 2 期。

③ 民国《海宁州志稿》卷四十《杂志·风俗》，第 1092 页。

吟咏诗歌的风气极为兴盛。要证明这种风气，海宁历代遗留下来的、卷帙浩繁的诗文集显然是一个有力的证明。对于这些诗文集的情况，道光末期由钱泰吉纂修的《海昌备志》中的“艺文志”便已进行了相当系统的整理。民国时期纂修的《海宁州志稿》，不仅吸收了《海昌备志》的艺文部分，还有进一步的丰富，从而为了解当地的这种吟咏风气提供了清晰的追踪线索。可以肯定，这种风气的延绵，是此次劝赈诗唱和盛况得以生成的最基本也是最重要的基础。

海宁的诗风称得上是源远流长，底蕴深厚。民国《海宁州志稿》中记载的第一位以诗著称的人士，乃是东晋时期文学家、《搜神记》一书的作者干宝。该志据《隋书·经籍志》，称干宝作有《百志诗》九卷，然该书久佚。[①] 至于第一位至今仍有诗集存世的海宁诗人，则为唐代中期的顾况。皇甫湜称“李白、杜甫已死，非君其谁与哉”，并将其诗编为三十卷。然其诗集后来大多遗佚，明万历中其后裔搜其遗诗，纂成《华阳集》三卷，其子顾非熊有诗一卷亦附之，后皆被收入《四库全书》。[②] 其后，海宁诗坛代有名家。如宋代最著名者，为几与李清照齐名的女词人朱淑真。南宋淳熙年间，魏仲恭将其诗辑为《断肠集》十卷，郑元佐复增辑后集八卷，又有《断肠词》一卷。[③] 明清时期诗名较盛者，先有《罪惟录》之作者查继佐，著有《敬修堂诗集》十七卷、《粤游杂咏》一卷[④]；复有《国榷》之作者谈迁，传有《枣林诗集》一册，“凡古近体三百三十余首”[⑤]。康熙间，

---

① 民国《海宁州志稿》卷十二《艺文志·典籍一》，第 337 页。

② 民国《海宁州志稿》卷十二《艺文志·典籍一》，第 338 页。

③ 民国《海宁州志稿》卷十六《艺文志·典籍十九》，第 470 页。

④ 民国《海宁州志稿》卷十二《艺文志·典籍四》，第 357—359 页。

⑤ 民国《海宁州志稿》卷十二《艺文志·典籍五》，第 365 页。

又有查慎行享誉诗坛，《四库全书提要》称：“其近体源出陆游，古体源出于苏轼，而拟议变化，不为优孟之衣冠。”其诗辑为《敬业堂集》五十卷。①

自唐代为始，海宁人士的吟咏之风即已大盛。从海宁的方志中可以看到，历唐宋元明清各朝，且不论那些含有诗作的文集，即便只计算诗集，其数量亦是数不胜数。与此种情形相对应，吟咏风气在海宁的覆盖面也是十分广泛的。在这方面，一个最有力的证明是，当地在明清时期甚至形成了一个人数较多、水平较高的女诗人群体。据民国《海宁州志稿》的记载，明代女性著有诗集可考者为 9 人，清代更达到 117 人之多。② 其中颇有备受时人赞誉者，如朱妙端得到的评论是：“博学能诗，有声化、治间，若乐府、长歌、短章，皆有古人法度，绝无纤丽脂粉之气。”③ 对蒋宜的评价是：“平生工吟咏，语本至性，兼由静悟，不事雕饰，言所欲言而止。”④ 对葛宜的评价是：“其诗虽天真刻露不及淑真，而缠绵委致，得诗人敦厚温柔之旨，似或过之。”⑤ 在《列女志·才媛》篇中，清代多有以诗名为人所称者，如查慎行之母钟韫“工诗古文词”，陈皖永“幼承母教，娴风诗”，查惜“纵观唐宋以来诗文，深闺倡和，以清雅为宗”，虞瑶洁“工诗”，汪淑婉“尤工吟咏”，杨守间“擅文词，娴吟咏，不事雕绘，天然高秀”，陈氏“工诗文”，王元珠“工诗文”，章兰贞“好诗书，工吟咏”，吴青霞“喜读书，工诗”，张步萱“夙承家学，自幼工诗”，朱逵“博学能诗，本于家学”，王氏

① 民国《海宁州志稿》卷十三《艺文志·典籍八》，第 381 页。

② 这里的统计数据来自民国《海宁州志稿》卷十六《艺文志·典籍十九》。

③ 民国《海宁州志稿》卷十六《艺文志·典籍十九》，第 470 页。

④ 民国《海宁州志稿》卷十六《艺文志·典籍十九》，第 22 册，第 470 页。

⑤ 民国《海宁州志稿》卷十六《艺文志·典籍十九》，第 471 页。

"九岁丧父，能吟哀痛之诗，长适钱塘洪某，日以诗书自娱"，许韵兰"措词清丽，极似晚唐风调"。[①] 要知道，纵然是在江南一带，有如此女诗人群体的地方亦不多见。

回到嘉庆年间的这次劝赈唱和活动，诗风浓厚的外在环境当然是一个不能忽视的背景。在很大程度上，这次唱和活动也可以说是当地诗坛的一次盛会。因为根据从《海宁州志稿》查勘的结果，此次唱和诗作者中，有59人都著有诗歌作品集，其中又绝大多数属于个人的诗歌结集，另有少量诗歌选集或诗歌研究。而在这些作者中，除前述奉命编辑《劝赈唱和诗》的钟大源外，还包括另外一些当地诗坛的佼佼者。例如，《海昌诗淑》给周勋常的评价是："兰江（按：周勋常字兰江）咏物诗突过元人谢宗可。"徐绍曾则"诗古文，为文宗阮公（按：即阮元）赏识"。马锦则被时人誉为："古芸（按：马锦字古芸）诗文皆宏肆……于古今体诗，才思横发而不诡于正，每一诗成，和者盈什，往往不及。"应时良得到的评论是："古体诗才气跌宕，疏放自喜，得太白、东坡之一体。近体言情处深细凝练，能达难显之意，颇近初白。"[②] 此外，《杭郡诗续辑》中曾对海宁诗坛的状况有过一番纵论，内中对俞思谦、钟大源、周思兼、应时良、潘文铬等多位唱和诗作者皆有涉及：

> 其时俞潜山（按：思谦字潜山）、吴兔床亦以词场老宿提倡风雅，钟箬溪（按：大源字箬溪）又起而羽翼之，于是梅坪（按：思兼字梅坪）及徐秋鹗浚、应笠湖时良、潘

---

① 民国《海宁州志稿》卷三十九《列女志·才媛》，第1089、1090、1091页。

② 民国《海宁州志稿》卷十五《艺文志·典籍十五》、卷十五《艺文志·典籍十六》，第437、438、445页。

香士文辂皆以诗争鸣，郁为后起。梅坪诗琢炼清丽。①

也就是说，这些人可谓是当时海宁诗坛的代表人物。

据传闻，此次劝赈唱和活动期间，海宁唯一未能应和的著名诗人，是号为“介白山人”的邹谔。而他未能和诗的原因，居然是苦思无辞：

介白山人者……顾性实高简，贫甚，独未尝废诗。岁大饥，邑侯倡诗劝赈，和者不啻千数，将授梓，属名下士校之，曰：是集也，倘亦有负盛名而无诗者乎？或以山人对，侯曰：噫！余闻之熟矣，亟为我征之。然诗竟不至。而山人方闭门拥笔烟砚务，吟咏自适。偶日晏犹伏枕，奴告瓶罄，山人遽起曰：得之矣。奴曰安在，山人曰：吾方属对偶，苦思不续，今得汝言续之矣。奴他顾干笑。②

邹谔不仅著有诗集《介白山人近体诗钞》，而且在当地开门授徒，并非浪得虚名之辈。而从他这次失手可以推知，《劝赈唱和诗》中许多名气不大的作者，如果不具备一定的诗歌造诣，要创作四首工整的七律也非易事。

在浓郁的诗风笼罩之下，海宁又衍生了一种可以称之为“诗坛亚文化”的现象，那就是诗歌酬唱之举屡见不鲜。海宁酬唱之举的兴盛，一个显著的特征就是出现了数量可观的唱和诗集（含词集）。在明清两代，被注录下来名称的唱和诗集共有 34

① 民国《海宁州志稿》卷十五《艺文志·典籍十五》，第 438 页。

② 民国《海宁州志稿》卷十四《艺文志·典籍十三》，第 418 页。该书卷三十二《人物志·隐逸》中亦记载此事，仅文字略异（第 933 页）。

种，其中明代3种，清代31种。而在清代的31种中，乾隆朝7种、嘉庆朝8种，两者几乎占到了整个清代的一半。由此可见，《劝赈唱和诗》的出现，恰好位于当地唱和风气较为盛行的一个时期。

从诗集编纂状况可以看出，诗词酬唱可谓是海宁人士喜闻乐见的一种吟咏形式。这首先表现在唱和的行为和意识有着相当大的普及面。在海宁，跟唱和有关的现象可以出现在十分多元化的领域，而决不仅限于文人学士之间的雅集。例如，明代祝汶、清康熙间朱嘉征和乾隆间朱灏三人各自编纂的《家庭唱和集》，都系家族内部人员的酬唱作品。① 嘉庆间女诗人周嘉淑所编《闺中唱和诗》，明显是女性之间的唱和作品集。② 而始建于宋代的真相寺，该寺无名僧人将游览者所题诗文辑存后，竟以《真相寺大悲阁唱和诗集》名之。③ 其次，海宁人士唱和的题材亦十分广泛，因物因事因人，皆可形成较具规模的酬唱活动。例如，康熙间沈翼世“世主诗社唱和，有磷秋阁、存古堂、谷诒堂、梅圃雅集、薇山草堂等集”，后统编为《磷秋阁唱和合刻》。雍正间施谦倡为咏物唱和之举，“水村项氏和之，同人属而和者数十人”，后编为《咏物唱和诗》。嘉庆间，马汶访得原属查继佐的奇石一块，“暇日述词纪事，得诗四首”，请同人赐和，编成《绉云石唱和集》。嘉庆间，有贞女周恒因“未婚奔

① 民国《海宁州志稿》卷十二《艺文志・典籍二》、卷十三《艺文志・典籍六》、卷十四《艺文志・典籍十一》，第345、368—369、403页。

② 民国《海宁州志稿》卷十六《艺文志・典籍十九》，第474页。

③ 民国《海宁州志稿》卷十六《艺文志・典籍二十》，第476页。

丧，作褒以诗者，自当道至邑士，凡二百余家”，后辑为《周贞女诗》。①

正是在这种唱和风气之中，又出现了一个为劝赈唱和活动提供了直接支撑的背景线索。那就是，地方社会与官员之间出于良好互动而举行的唱和活动，在清代海宁竟然也有一条不绝如缕的红线。

这种互动式唱和的滥觞，可以追溯到康熙九年（1670）。其时，因海宁水灾，杭州府知府嵇宗孟前来勘灾，作有七言古诗《踏荒行》，邑人杨雍建亦以一首七古和之。② 而第一部官民唱和诗集的出现，也是在康熙年间。康熙十二年（1673），许三礼“知海宁县，修浚城池，立社仓，建义塾，浚四境塘河，通漕资溉，公私赖之”，又“创建正学书院，朔望率绅士讲学其中”，复于十四年延请邑绅朱嘉征等纂修县志。也正是朱嘉征等三十二人与之唱和，遂编有《愿学堂唱和诗》一书。③

乾隆年间的官民唱和诗集出现过有两部。第一部出现于乾隆三十五年（1770），是为《曾邑侯德政诗》。这里的“曾邑侯”指乾隆三十二年（1767）来任知州的曾一贯，因其“在任三年，

---

① 民国《海宁州志稿》卷十三《艺文志·典籍六》、卷十四《艺文志·典籍十一》、卷十五《艺文志·典籍十五》、卷十六《艺文志·典籍二十四》，第373、402、439、488页。

② 民国《海宁州志稿》卷四十《杂志·祥异》，第1100页。杨雍建为顺治乙未进士（见该志卷二十六《选举表中·文科二》，第730页）。该志对此两诗仅摘录数句，康熙《海宁县志》则录有全诗（台湾《中国方志丛书》本，华中第561号，卷十二上《杂志·祥异》，第1310—1311页）。

③ 民国《海宁州志稿》卷十三《艺文志·典籍六》、卷十六《艺文志·典籍二十二》、卷二十八《人物志·名宦》，第368、483、803页。

体恤民隐，去之日，士人作为歌诗以颂，多至百篇”[1]。第二部大约成书于乾隆末期，是为《盐官倡和集》。据海宁人陈莱孝在其著《谯园诗话》中介绍，乾隆五十年（1785），陈焯署海宁州学正，“在宁几一载，倡和极多，流连文讌”，与当地士人“周松霭春、王西亭培风、吴槎客骞、俞潜山思谦、张荔园骏、汪乐山百龄、杨葵沙尧臣、俞石菌宝华、令弟石林炘及余有倡和集，合刻一卷”，即为此书。[2]

嘉庆年间的官民唱和集，含《劝赈唱和诗》在内，共为四部。第一部名为《修川遗爱集》，其主角是嘉庆九年（1804）署任海宁州判的蒋夔，因其在海宁“凡五阅月，有惠政，去之日，修川绅士咸歌诗以颂，因汇辑成编”[3]。另外两部即《听潮吟馆唱和录》初刻和二刻，紧随着《劝赈唱和诗》而出现，其主角不是别人，正是前面多次提到过的张青选。张青选在弁言中述初刻缘起称：“偶与朱少仙广文阅海宁州志，杂举此邦俗尚，颇有今昔不同之感。同人各就所见，赋海昌杂诗。而海邦铁牛为国朝所创铸，前贤题咏亦未及之及，并作一歌纪之。至鱣堂八景，皆少仙数年来有得于心而系之以名者，亦作诗，索同人和。今马笙谷舍人汇为一册，梓而存之。”嘉庆二十二年（1817）底，张青选复邀集“同人于听潮吟馆，作消寒之会”，“吟咏斯兴，或即事命题，或拈韵分赋，尽一日之欢”，复由“朱紫澜主

① 民国《海宁州志稿》卷十六《艺文志·典籍二十四》、卷二十八《人物志·名宦》，第488、804页。

② 民国《海宁州志稿》卷十六《艺文志·典籍二十二》，第484页。

③ 民国《海宁州志稿》，卷十六《艺文志·典籍二十四》，第488页。修川为海宁所属长安镇的古称。

政任剞劂之资，周梅坪茂才执校勘之役"，遂成二刻。[①] 根据这些记述我们也不难推测，参加张青选组织的这两次唱和活动的人士，很可能有不少也都是劝赈唱和活动的参与者。

对于海宁诗风兴盛以及好行酬唱的风气，易凤庭当然不可能不了解。在为钟大源《东海半人诗钞》所作的序言中，易凤庭称："嘉庆乙丑（按：即嘉庆十年，1805），余宦游来浙，即耳其名，十年矣。甲戌夏承乏此州，始与先生晤，屡造其庐，风雨联吟，时相唱和。"[②] 由此可见，易凤庭对海宁诗坛的注意，绝不是在调任海宁后才开始的。并且，他到任后与之有着密切联系的诗坛人士，肯定也不限于钟大源一人。例如，同为劝赈唱和诗作者的张骏和高钺，在编纂各自的诗集时，也都得到了易凤庭为之作序或题词的待遇。[③] 另外不要忘记，从前述张青选的唱和活动中可以得知，易凤庭身边还有一位长期在海宁任职且诗兴极浓的同僚，即州学正朱文治。就此而言，要是易凤庭到海宁后不能迅速与当地诗坛打成一片，那反倒是件咄咄怪事。

最后值得一提的是，易凤庭之所以要把这些劝赈唱和诗汇集在一起，使之成为一部反映海宁此次赈灾活动的文献，很可能也有一些其他的考虑。从《中国荒政书集成》收录文献的状况可以看出，乾嘉以降，上自朝廷，下至州县，于赈务活动结束后编纂类似于救荒报告书的做法，颇有蔚然成风之势。[④] 对于

---

① 民国《海宁州志稿》卷十六《艺文志·典籍二十二》，第 484 页。这里的"少仙朱广文"，是时为海宁州学正的朱文治，亦是《劝赈唱和诗》中的第三位唱和者。

② 民国《海宁州志稿》卷十五《艺文志·典籍十五》，第 436 页。

③ 民国《海宁州志稿》卷十四《艺文志·典籍十三》、卷十五《艺文志·典籍十六》，第 413、446 页。

④ 夏明方：《救荒活民：清末民初以前中国荒政书考论》，《清史研究》2010 年第 2 期。

易风庭来说，既然在具体的救荒办法上基本照搬了张青选的做法，再编辑一部类似《捐赈事宜》的荒政书，难免有索然无味之感。而以一部体量很大的唱和诗集反映此次救荒活动的盛况，其风雅之特色，显然就与通常那些公文式的救荒书拉开了很大距离。

综上所述，《劝赈唱和诗》之所以能够问世，正在于救荒和诗歌这两个主题之间所发生的互动。可以说，如果没有诗歌唱和的形式，海宁劝赈在当时只是一次非常普通的捐赈活动；而如果缺少捐赈律动的烘托，则此次唱和也纯属海宁诗坛一次较具规模的雅集。而当救荒和诗歌各自的坐标系实现叠加后，《劝赈唱和诗》便成为一个别具特色的标识，那就是，在捐赈机制（特别是在江南一带）日益规制化的背景下，地方社会文化传统可以更为明显地表达本地救荒活动的独特面相。另外，本文解读该书的社会文化情境的方式还表明，当下史学界认知文献的标准也需要反思。众所周知，史学界惯常以史料价值的高低来评判文献的价值，因之与该书遭遇类似的文献并不鲜见。事实上，尊重每部文献作为自足文本的独立性和独特性，探究其得以生成的具体情境及其实践逻辑，不仅很可能有助于进一步发掘和完善社会文化史的研究路径，更有可能改变以往诸多文献备受冷落的命运。

《真州救荒录》与清代州县救灾机制研究*

中国政法大学　赵晓华

州县是清代最小的行政单元。作为州县的行政首脑和政治主体，州县官对所辖地区的任何事情皆应负责："所谓地方利弊，民生疾苦，全赖州县为之区画。"①《清史稿》这样描述清代知县的职权："知县掌一县治理，决讼断辟，劝农赈贫，讨猾除奸，兴养立教。凡贡士、读法、养老、祀神，靡所不综。"自然灾害威胁着一方百姓的生命安全，也影响着社会秩序的正常运转，救荒赈济当然也成为州县官重要的职掌之一。在整个国家的救灾体系中，州县官的作用更是举足轻重的："办理赈务，全在地方州县得人，庶不至有名无实。"② 刚毅《牧令须知》也描述了灾荒来临时州县官所应进行的工作："地方遇有水旱霜雹蝗蝻等灾，必宜速勘速报。如灾民饥溺，迫不及待，一面倡捐，买米散放，以救民命，一面详请委查，发饷赈救，若必俟禀蒙

* 本文为中国政法大学人文社会科学项目"清代禳灾制度研究"的阶段性成果。

① 光绪《大清会典事例》，吏部二，卷六九，吏部处分例，馈送嘱托，第239页。

② 中国第一历史档案馆藏：上谕档，第1425册，第203页。

批准，始行发给，哀鸿遍野，殊恐缓不济急。至灾未成分数，不能违例请赈，则详请缓征，以纾民力。或请发仓谷以平市价，或请借籽种，或借富平粜，或散借粮食，秋收归还。安贫宜先保富，保富正可济贫，全在牧令尽心经理耳。”① 大体来看，州县官在灾害赈济方面应该发挥的职责主要有报灾、勘灾、减免赋税、赈济饥荒、带头捐输、捕蝗等。道光二十八年，江苏仪征发生严重水灾，仪征县令王检心将此次救灾文献辑成八卷的《真州救荒录》②，较为详尽地展示了此次水灾的赈济情况。本文拟以《真州救荒录》为中心，大体介绍清代州县的救灾人员组成、救灾机构及救灾规章，借此观察清代州县救灾机制的运作状况及其特点。

一、救灾人员

道光二十八年，江苏仪征发生特大水灾，因为雨水过多，江潮盛涨，导致庐舍漂没，尸棺横流。六月二十三日，七月初一日、初六日，知县王检心三次向上司通禀圩岸被冲破、田禾被淹的情况。同时，他先是亲自前往东南西三乡查勘灾情，督促农夫将被淹地方车救堵筑，因为暴雨的再次降临加重了灾情，他又带领巡典各员，分赴各坊，疏消积水，并自己出资捐备馍饼、席片，用船渡送给被水灾民，使其不至流离失所。查赈散赈的过程中，王检心一方面注意“不辞劳瘁，周历履勘”，同时，严防其佐助人员，如书差地保从中擅权。州县救灾事务繁

① 刚毅《牧令须知》卷一，光绪己丑刊本。

② 王检心：《真州救荒录》，李文海、夏明方、朱浒：《中国荒政书集成》第6册，天津古籍出版社2010年版，第3723—3808页。

多，查勘户口，造具册籍，“势不得不由胥役里保之手”[1]。在此情况下，州县就不得不假手胥役勘灾放赈。地保差役在救灾过程中损公肥私，是一种常见景象：“向来各州县里保蠹役，每有做荒、买荒之弊，串同粮户捏报，亦有径自捏报，图准转卖者。其弊在荒熟相间之处为多。又有飞庄诡名之弊，乡保勾串胥役，以少报多，将无作有，朦混请领肥己。其弊在僻远处所及邻县交界之处为多。甚至将一切老荒版荒，已经除粮之地，难以识别者，影射开报。查灾印委各员，但凭乡保引至一二被灾之处，指东话西，信以为实，不复详细踏勘。”江苏省为了严防地保差役擅权，也一再告诫地方官，地保和书差在救灾中可谓弊窦无穷，救灾的各个环节中都应该严防这种现象发生。[2]

如何防止胥吏乘机舞弊，侵冒帑项？王检心的办法是勉励自己和查赈委员亲力亲为，熟悉灾情，不给地保可乘之机。他称自己在灾情发生之后，叠次赴乡，对一切情况了如指掌，又会同委员周历履勘，使得乡保没有机会施其伎俩，因为灾地熟地调查很清楚，自然就不会有飞庄诡冒的弊端。查赈之时，一方面严谕书差地保“勉为良善”，一面对查赈委员做了严格培训，将查赈条款每位查赈委员各送一本，“与之悉心讲论，户必亲到，人必面验，察其情形，当面给票，不假乡保之手”。王检心在委员查赈时进行抽查暗访。对于随委查赈的书差，一面宽给饭食，一面对“妄索恩票”的书役“解县惩办”。设厂放赈时，对于厂书中“需索钱票、偷扣底串者”，于厂所枷号示众。此外，地保担负着维持本地治安之责，放赈时若有人“滋扰索

---

① 杨西明：《灾赈全书》，李文海、夏明方：《中国荒政全书》第二辑第三卷，北京古籍出版社 2002 年版，第 498 页。

② 王检心：《真州救荒录》，《中国荒政书集成》第 6 册，第 3761 页。

闹”，“定必根查闹事人住居坊分，严提该坊地保惩究”。[1]

除了以州县官为中心的日常行政组织进行的救灾活动外，此次仪征水灾救济，还有大量临时性救灾人员的参加。临时性的救灾人员主要包括三类：

其一是勘灾、查赈官员。是年的水灾波及江苏省大部分州县，按照规定，州县报灾后，清中央政府要求督抚应亲自前往灾区查赈放赈，以便减少办赈弊端，使灾民获得实利。但事实上，由于督抚事务繁忙，加上若遇灾区广阔，让其遍历灾区是不可能的。在督抚难以躬亲其事的情况下，选择和委托合适人选，代替督抚前往勘灾放赈就成为各省救灾中更为常见的一种现象。清代非常注重对勘灾、查赈官员的遴选和委派。顺治十六年，复准报灾地方，由抚按遴选廉明道府厅官履亩踏勘，不得徒委州县。[2] 雍正六年，进一步明确地方勘灾的程序：州县地方被灾，该督抚一面题报情形，一面遴委妥员，会同该州县迅诣灾所，履亩确勘，将被灾分数按照区图村庄分别加结题报。一般来说，督抚应从知府、同知、通判内遴委妥员，会同州县迅至灾所，履亩确勘。此次仪征水灾，江苏省先后三次派委员前往勘灾：首次会勘，派试用从九品叶廷芬；第二次会勘，派江苏既补知府王梦龄；第三次会勘，委派江苏既补知府王梦龄、江苏即补知府王在仪前往。

其二，查赈委员。这类委员与督抚所委派复勘的厅印官不同，也被称为“协办官”[3]。协办官的人数，由州县官根据各村庄灾册计算，向知府申请委派相应人员，如果本府可以派出的

---

① 王检心：《真州救荒录》，《中国荒政书集成》第6册，第3743页。

② 康熙《大清会典》卷二一，户部五，田土二，荒政。

③ 姚碧：《荒政辑要》，《中国荒政全书》第二辑第一卷，第745页。

佐杂等仍不够用，可以再禀请督抚、布政使调发候补试用等官分办。[1] 此次仪征水灾查赈委员的选派，按照扬州府规定的“如请十人，则省中请委六人，府中请委四人”的原则，在仪征的查赈委员有 8 人，其中包括候补县丞谢时若、候补盐大使徐友庚、仪征县旧江司巡检李成荣、税局朱大受、署典史钱庆恩五人。另外县丞方榆专管监督挑夫起卸仓谷，教谕杨孚民、训导茅本兰负责监放义谷。[2]

其三，本地士绅及民人。办赈需要众多人手，此次救灾中，江苏省曾提倡各县在查赈时尽量延访绅耆协同地方官办赈，作为避免使用丁书胥役的方式，因为“绅士为士民之首，耆老为一乡之望，同乡共井，较之官吏，耳目切近”，如果是没有绅耆的偏僻村庄，也可以令“庄田较多及识字安分人作为董事”。[3] 仪征县虽然没有延请绅董查赈，但在赈灾的其他环节和临时救灾机构中均聘请了绅耆、民人。比如，该县所成立的当牛局，即由绅董方震时、江本潞等 11 人负责，民人陈玉彪、殷起凤等 6 人专司局务。其中，绅董皆“品端识练”者，“地方凡有公事，无不借资襄助”，帮办民人亦为“任劳任怨，实心经理”之人，因此，赈事结束后请求对绅董照例优奖，帮办民人破格请叙。[4] 另外，慈幼堂、暂栖所本身就是绅董公同捐资所设，运行经费也主要由“绅富捐施接济”，专为水灾成立的恤婴堂，也遴选绅董张符瑞登“专司其事”，“由县倡劝官捐，好义绅商愿捐者听”。[5] 仪征水灾中士绅的广泛参与，充分反映了士绅在地方行

---

① 李侪农：《荒政摘要》，《中国荒政全书》第二辑第四卷，第 521 页。
② 王检心：《真州救荒录》，《中国荒政书集成》第 6 册，第 3758 页。
③ 王检心：《真州救荒录》，《中国荒政书集成》第 6 册，第 3762 页。
④ 王检心：《真州救荒录》，《中国荒政书集成》第 6 册，第 3784 页。
⑤ 王检心：《真州救荒录》，《中国荒政书集成》第 6 册，第 3801 页。

政中的地位，以及在地方公共福利中发挥的不可或缺的作用。州县官也常常借助对士绅的依靠，作为防止胥吏乡保擅权的重要手段。

二、救灾机构

清代从中央到地方都没有专门常设的救灾机构或组织。在救灾的很多环节中，州县多根据需要，设立“厂”“局”或“堂”等临时救灾机构。以“局”为例，清代州县办灾，往往专设一“局”，局中成员，可用总书一人或二人，选定小心谨慎、谙熟文移且从未犯事之人充当，另外选择诚实勤敏者二十或三十人充当缮书，所有成员由州县开具花名、年貌、籍贯，申报上司存案。① 道光二十八年，仪征水灾的救济中，所设立的临时性救灾机构即包括赈捐局、当牛局、恤婴堂、收受蝻子局等。

（一）赈捐局

清代州县多有为赈捐而设立的名之为“局”的组织。乾隆年间，浙江余姚荒旱，知县戴廷沐即在城隍庙设局，延请原任沭阳县知县黄璋及监生、贡生等 13 人为董事，令其持簿劝捐，乡民有急公好义者可自行赴局输捐，所捐米石由董事收存支放。② 此次仪征水灾，扬州府先拨给商捐盐义仓谷 5000 石，这个数量仅为道光二十一年所拨的四分之一。官赈不足的情况下，王检心于是年七月二十一日在邑庙开局劝捐，并带头捐钱 500 千文。从七月十九日开始，到九月初六，发布劝捐告示四次，

---

① 姚碧：《荒政辑要》，《中国荒政全书》第二辑第一卷，第 801 页。

② 张廷枚：《余姚捐赈事宜》，《中国荒政全书》第二辑第二卷，第 82—85 页。

鼓励“绅商富户中深明大义、情殷桑梓、乐善好施者”积极捐输，捐输的内容，“或助银钱，或助稻谷”均可。九月下旬后，因为冬天即至，灾民御寒成为问题，所以又劝令绅商富户“或施棉衣以御严寒，或送医药以救疾病，或广收幼孩以免遗弃，或备棺殓几埋以免暴露”。[①] 此次赈捐，虽然三番五次动员，但由于“富户田亦被淹，捐资未能踊跃”，捐输寥寥，劝捐两个多月后，虽然有捐钱一万四千余串，但多未完缴。

（二）当牛局

耕牛对于传统农业社会的重要性是不言而喻的，“有田无牛犹之有舟无楫，不能济也”[②]。清人把保护耕牛看作是救灾的重要环节：“有可耕之民，无可耕之具，饥馁何从得食，租税何从得有也?”[③] 清代许多救荒书也都强调保护与借贷耕牛对救灾的重要性。陆曾禹《康济录》中列举当事之政二十，其中之一即为“贷牛种以急耕耘”，魏禧《救荒策》中先事之策有七，其中之一为重农，魏禧认为，赈贷牛种与兴屯田、修水利一样，皆是重农的具体内容。仪征水灾中，由于被水灾区无力养牛，灾民将耕牛贱卖宰杀，水退后又无力购买，致使田亩荒芜，因此，是年八月底，王检心遴选绅董，在北门外祈年观设当牛局，“专当本境灾区之牛”，“捏冒贿嘱”者“牛只充公，原主保人重究”。到九月二十八日截止，收牛409只。次年二月，由当牛户缴本赎回。三月初四日，在所收之牛全数被赎完后撤局。

---

① 王检心：《真州救荒录》，《中国荒政书集成》第6册，第3751页。

② 陆曾禹：《康济录》，《中国荒政全书》第二辑第一卷，第374页。

③ 陆曾禹：《康济录》，《中国荒政全书》第二辑第一卷，第377页。

（三）恤婴堂

因为水灾，溺女现象更为严重，王检心依照无锡保婴局的规条，专门订立六条章程，道光二十九年正月，在南门内真武庙纺织局设立恤婴堂，遴选绅董张符瑞、帮办盛克昌等专司其事。恤婴堂赈恤的对象主要是孕妇、产妇和新生婴儿，若有“实在贫病奄奄，朝不谋夕，妇人怀孕足月，将次分娩，即将居住村庄、夫名、妇氏、现在子女数年岁、地保邻右姓名注册”，分产前、产后、产后一月、二月发给钱米。生产前，给熟米一斗、钱二百文、青布一丈二尺、棉絮半斤；生产后，每月给熟米一斗、钱二百文。恤婴堂主要资金来自王检心的捐廉钱一百千文，幕友捐钱三十千文，计划恤婴 200 名。恤婴堂开办至是年闰四月麦熟之后结束，期满后，若婴儿父母“仍难支持，代送育婴堂收养”。①

（四）收买蝻子局

由于水灾将低洼处所淹浸，道光二十八年冬天灾区又逢一冬无雪，次年春天，因为担心蝻子萌动，仪征县专门设局收买蝻子，民间若缴得蝻子一斗，给钱三百六十文。此举可以调动灾民的积极性，也可以防止出现飞蝻之患。老百姓“视此事为利薮，而不虑为畏途，众力奋兴，似不致有飞蝻之事”，另外也可以吸收尽量多的人参与防灾，搜挖蝻子“非特少壮丁男易于为力，即老弱幼稚亦无不能为”。②

除此之外，一些常设的慈善机构，在此次救灾中也受到官

---

① 王检心：《真州救荒录》，《中国荒政书集成》第 6 册，第 3805 页。

② 王检心：《真州救荒录》，《中国荒政书集成》第 6 册，第 3808 页。

府的重视，发挥了救灾职能。这些救灾机构具体来说有：

1. 暂栖所

如仪征县本来设有栖留所，但是年久荒废，此次赈灾中经捐资设屋，改名为暂栖所，收养“本境无依贫民及留易过往有病一时无处安身者，给予药饵口粮，病痊愿去者，给资听便”。因为担心大水之后有大疫，“老病贫民及穷途孤客，贫病颠连，谅必更多”，此类人也可以由暂栖所收养。[①] 到十一月底，暂栖所收养贫民四十二人。[②]

2. 慈幼堂

仪征县平时设有慈幼堂，每年冬天收养幼孩三百名，另外有常年收受的恤孤义学幼童四十名。道光二十八年冬天，因为堂内施田被淹无收，经费支绌，由县里从盐义仓谷内拨谷四百石，用来充作经费。

3. 普泽局

由于水灾，地近水滨者经波浪冲击多有棺木漂流。普泽局平时负责抬葬无力棺柩，掩埋暴露枯骨。此次赈灾中，普泽局董被批评以经费无出为理由，“虚应故事，名实不符，甚非为善之道”[③]，经由赈局拨给二百千文经费，令绅董雇人周历灾区，检埋棺柩枯骨，不可违例火化，每五天具报一次。

总体来看，仪征水灾赈济既注意和加强发挥平时慈善机构、救灾机构的功能，又能根据救灾的具体特点，设立临时性救灾机构，选用士绅、民人等参与救灾管理，从而有助于提高救灾效率。不过，从中也可以看出，常设的救济机构由于缺乏官方

---

① 王检心：《真州救荒录》，《中国荒政书集成》第6册，第3799页。

② 王检心：《真州救荒录》，《中国荒政书集成》第6册，第3800页。

③ 王检心：《真州救荒录》，《中国荒政书集成》第6册，第3766页。

经费的支持，多半经费短绌，运作不良，说明清代社会保障体系远不够完善。

三、救灾章程

清人一直强调立法对救灾的重要性，所谓“救荒总期尽善，而立法不厌周详”。《周礼·大司徒》所列的荒政十二条长期以来被后世奉为救荒圭臬，其具体内容为散利、薄征、缓刑、弛力、舍禁、去几、眚礼、杀哀、蕃乐、多昏、索鬼神、除盗贼。乾隆朝会典也列举荒政十二条，分别为救灾、拯饥、平粜、贷粟、蠲赋、缓征、通商、劝输、严奏报之期、辨灾伤之等、兴土功、反流亡。相比而言，乾隆会典列举的荒政十二条更为具体地阐释了救灾内容，体现了清代中央政府救灾的主旨和基本的法律规章。此次水灾赈济中，王检心称其也严格按照荒政十二条来办赈，同时力求灵活变通，“事不师古则违法，事尽师古则违行”①，比如把禁买灾民赈票视为“除盗贼”，把设局当牛视为“散利薄征”等。

除了会典、则例及省例等地方性法规关于救灾的规定之外，清代还有许多因地制宜、因时而设的灾赈章程。道光十一年，江苏水灾，江苏布政使林则徐曾经订立筹计章程，内容包括倡率劝捐以周贫乏、资送流民以免羁累、收养老病以免流徙、收养幼孩以免遗弃、劝谕业户以养农佃、殓葬尸棺以免暴露、多设粜厂以平市价、变通煮赈以资熟食、捐给絮袄以御寒冬、劝施籽种以便种植、禁止烧锅以裕谷食事、收养耕牛以备春耕等。道光二十八年，江苏省被水州县甚多，江苏省将此条款抄发被

① 王检心：《真州救荒录》，《中国荒政书集成》第6册，第3731页。

灾各州县，令“逐条确核仿办”[①]。除了逐一对照筹计章程办赈，仪征县还注重因地制宜，比如针对水灾后的瘟疫，捐资配送祛寒去湿丸，疏通交通要道。被灾地区男女婚嫁不免耽搁，女子“迁移露面”，会使“奸徒易起邪心，牙侩更生贪恋”，因此，鼓励和支持灾民迅速完婚，节俭办婚礼，“嫁衣等项，即以旧有之物，浆洗为之”[②]，“男家勿索妆奁，女家勿争财礼”，目的是维持地方风气，“既正人伦，又养廉耻”。[③]

另外，十月份办理大赈之时，江苏省又将林则徐道光十一年订立的《查赈章程》刊发多本，交给查赈委员，《查赈章程》被称为“办赈箴规”，系林则徐针对当时办赈积弊所设立。林则徐认为，江苏官场积弊已久，以致“良民以灾为苦，书保豪棍以灾为幸，相率浮开冒领，习为生涯，稍不随愿，即倚众滋事，锢结成风，牢不可破”[④]，办赈过程中，“挨查户口之际最为紧要关键”，因此，林则徐“汇核各属所禀，参以闻见”，订立查赈章程十条，“刊刷颁行，共相遵守”。此十条分别为：官员吏役均须免其赔累以清办赈之源；各衙门陋规宜尽行裁革；书役地保宜责令委员严加约束；印委各员宜令互相稽查；应赈不应赈之人宜详细区别以防争论；严禁灾头以戢刁风；棚栖灾民宜附庄给赈以示体恤；闻赈归来宜明立限制以防重冒；领银易钱须择价善之区设法购运；赏票名目应严行革除。除了《查赈章程》外，道光二十八年，江苏省还新刊印了《查灾切要》，因其“切

---

① 王检心：《真州救荒录》，《中国荒政书集成》第6册，第3753页。

② 王检心：《真州救荒录》，《中国荒政书集成》第6册，第3755页。

③ 王检心：《真州救荒录》，《中国荒政书集成》第6册，第3774页。

④ 一史馆藏：宫中朱批奏折，内政赈济，朝年赈济，《清代灾赈档案专题史料》第26盘，第1348页。

中时弊”，仪征县也交给委员随时翻阅。①

江苏省的救灾章程成为仪征水灾赈济的重要条文法规。除此之外，针对救灾的各个环节，仪征县还设定了多种临时性章程，如《办理恤婴堂章程》《收当更牛章程》二十条（后来又续定章程六条）、《散放义谷章程》《捐恤户口章程》，等等。作为临时性救灾法规的救灾章程，主要因时制宜，针对某次救灾活动而制定，救灾章程是对中央法规的具体阐释和补充，体现了清代救灾立法的灵活性，从而能够更好地发挥救灾法规对救灾实践的指导作用和保障作用。

四、清代州县救灾机制的评价

（一）“一人政府”的鲜活体现

清代州县政府的职能非常具体而繁杂，但所有这些职能都只有州县官一人负责，其下属们大都只扮演着无关紧要的角色。瞿同祖先生因此将这一特点称为“一人政府”。救灾的主要环节，如报灾、勘灾、查赈、散赈等，都需要州县官进行细致的工作。州县官的能力、品质往往在很大程度上决定着救灾的成败，“荒祲出于天灾，补救则全资人力”②。王检心应该是一个颇为勤勉和有治理能力的官员。水灾发生后，他担心堤坝不坚，亲往督筑，书吏“止之曰：差催可矣”，他坚持亲自前往督催，使得“民鼓舞奋兴，昼夜修理”，另外，他还亲自驾着小船，打

---

① 王检心：《真州救荒录》，《中国荒政书集成》第6册，第3759页。

② 光绪《大清会典事例》吏部二，卷一百十，吏部九四，处分例三三，赈恤，第418页。

捞尸体，发放席片馍饼，请求发放仓谷和正赈银两，数次发动劝捐，到城隍庙祈晴，施医施药，发放棉衣，从鼓励多婚，设立暂栖所、恤婴堂等方面保护妇女、儿童、老弱残疾人等弱势群体。此外，王检心既能将上级的救灾政策执行下去，还注重因地制宜，灵活机动地制定救灾规章，并运用于救灾实践。他曾谈到，扬州知府曾经问他："汝所禀，吾皆能批。果能以一行之否?"他回答说："已行方敢禀，未行不敢禀也。"①《真州救荒录》刊行的直接原因，是因为道光二十九年水灾依然严重，王检心是时已经离任仪征，因救荒者"多艳称余真州事，且索稿本传抄"，所以才编成刊行。这也说明其救灾经验的影响。王检心的救灾活动也得到了扬州府的赞赏，称其"能将荒政次第举行，可称循吏，定邀上考"②。这也说明，清代州县官中不乏秉公办事、殚精竭虑的贤能之员，他们对赈灾进程的良性运作发挥了积极的作用。

（二）层层监督体系下的州县救灾

清代救灾体系中，皇帝与督抚、州县等形成了逐级负责制度。雍正帝即言："若督抚不得其人，朕之过也；有司不得其人，则督抚之过也。至地方百姓不能为之遂生复性，捍患御灾，则其过专在有司也。"③ 临时救灾官员与州县官形成了严格的互相监督制度。州县官处于知府、督抚的监督之下，无权做出重大的决策，几乎赈灾中所有事情都要向上级官员汇报，取得同意后才能进行处理。仪征水灾赈济中，从查勘水灾，到请放仓

① 王检心：《真州救荒录》，《中国荒政书集成》第6册，第3732页。

② 王检心：《真州救荒录》，《中国荒政书集成》第6册，第3795页。

③ 《世宗宪皇帝实录》（一），卷五十九，雍正五年七月，第902页。

谷，拨放和散放正赈银两，施放棉衣、药丸，收当耕牛，事事均需要请禀。仅正赈事宜，《真州救荒录》所收仪征县致扬州府和江苏布政司的禀文就有24件。层层监督的救灾体制是督促州县官办赈的重要手段，若办灾不力，州县官会受到罚俸、降级调用、革职、革职永不叙用等不同程度的行政处罚。比如，以报灾为例，“州县官迟报逾限一月以内者，罚俸六月；逾限一月以外者，降一级调用；二月以外者，降二级调用；三月以外者，革职”。督抚司道府官以州县报到日为始，如有逾限者，照此例处分。以上规定“永着为例”[①]。从另一方面来讲，层层监督的救灾体制使州县权力极小，而担负的责任却极大，这显然不能调动地方官的救灾主动性。从财政体制来看，清代州县存留制度僵死，不仅数额“奇廉”，而且不预留丝毫机动财力。[②] 仪征救灾中，暂栖所、恤婴堂等临时救灾机构所需银两皆由知县劝捐而来，没有相对的财政自主权，容易使州县救灾陷入明知救灾贵速，却又只能陷入拘泥文法、无钱可赈的两难境遇。

（三）常规性与临时性相结合的救灾机制

从救灾人员、救灾机构、救灾章程来看，清代州县救灾机制常规性与临时性相结合的特点非常明显。临时性各级救灾人员、救灾机构的设立，体现了清代救灾因地制宜、因时制宜的灵活性。临时性救灾人员的派出，有助于克服基层官僚组织人员之不足，避免胥吏乡保从中擅权。由于临时救灾人员专门负

---

① 光绪《大清会典事例》，户部三，卷二百八十八，户部一三七，蠲恤二三，奏报之限，第366页。

② 魏光奇：《有法与无法：清代的州县制度及其运作》，商务印书馆2010年版，第312页。

责救灾，也可以使州县官可以有时间继续关注其他日常性事务。临时性救灾机构的设立，也有助于避免冗官冗费导致的人事和财政的负担。作为临时性救灾法规的救灾章程，主要因时制宜，针对某次救灾活动而制定，是对中央法规的具体阐释和补充，体现了清代救灾立法的灵活性，从而能够更好地发挥救灾法规对救灾实践的指导作用和保障作用。但是，受清代行政体系本身的制约，这样的救灾体制本身也充满种种弊病。从救灾立法及实施来看，有清一代，基本没有一部专门的常设的救灾条例或法典出现。也就是说，指导和规范国家与地方救灾活动的救灾法规大都需要从综合性法典、则例中找寻。此外，整个救灾程序的良性运转，需要各级救灾人员保持敬业精神和廉洁奉公的品质。就查赈委员而言，由于委员层次庞杂，素质参差，事实上会在很大程度上影响赈济的效果，导致对地方及民间的扰累。所谓“有治法尤贵有治人”，一旦荒政不得其人，则任何严章峻法不过是一纸空文而已。

晚清至民国洞庭湖区水利纠纷及其解决途径

中南大学历史与文化研究所　刘志刚

自古以来，洞庭湖区乃泽国渊薮。浩瀚无边的洞庭湖为湖区带来勃勃生机，使之成为闻名遐迩的“鱼米之乡”，也曾令它凄惨暗淡，民不聊生，无数次将其置之于万劫不复的深渊。正因如此，如何得水之利、避水之害也就成为当地民众生产与生活永恒的主题，水利纠纷自然也是湖区常见之事。当前史学界有关此类问题的探讨已相当丰硕，然而洞庭湖区却似乎是被遗忘的角落。笔者所及，仅见彭雨新、张建民《明清长江流域农业水利研究》一书简略列举了湖区州县间、堤垸间以及村庄间存在的一些水利纠纷，尹玲玲《明清两湖平原的环境变迁与社会应对》一书则对明代湖区渔农之间的水利冲突有所涉及，以及郑利民、杨鹏程《湘鄂两省历史上的水利纠葛》一文讨论了湘鄂两省水利纠纷及其原因。[①] 可见，洞庭湖区水利纠纷仍有着较大的研究空间。笔者不揣浅陋，将对晚清至民国湖区水利纠纷案例、特征、原因及解决途径进行一次系统性考察，同时也为当今湖区水利事业的发展提供一些可资借鉴的历史经验。

一、水利纠纷的案例

当前学界根据各地水利纠纷的特征，将其划分出多种不同类型，大多以地域、行业、族群为界限，也有从水利用途、水利开发、水利管理、河道变迁，以及利益分配等角度展开论述的。就洞庭湖区而言，水利关系纠葛丛生，难有适宜标准进行分类，笔者以为不妨从具体案例入手，列举如下：

其一，“挂角”之争。光绪二十七年（1901），沅江豪绅毕铭魁等恃众霸占保安垸南堤外东头官洲“照业”，阻塞了保安垸“垸内水道，进出所关，牧场所系”的“河头”，双方为此争讼不休。[②] 其二，“挖压”之争。光绪二十八年（1902），普丰垸兴乐等局求钉保安垸东堤，经协商后同意留出五十弓“挖压”之地归后者取土、栽柳。但次年初保安垸“取土加修、栽培杨柳”时，却遭王登俊等人武力阻挠，因而发生讼案。[③] 其三，“钉头”之争。光绪二十九年（1903），熙和垸董事徐星槎呈请钉塞保

---

① 张建民：《明清长江流域农业水利研究》，武汉大学出版社 1993 年版，第 222—226 页。尹玲玲：《明清两湖平原的环境变迁与社会应对》，上海人民出版社 2008 年版，第 48 页。郑利民等：《湘鄂两省历史上的水利纠葛》，《求索》2011 年第 5 期。

② 曾继辉：《洞庭湖保安湖田志》，岳麓书社 2008 年版，第 221—226 页。

③ 曾继辉：《洞庭湖保安湖田志》，岳麓书社 2008 年版，第 244—273、308—328 页。

安、西成两垸之南、外洲之北的白水浃，此举遭到保安、普丰两垸坚决抵制。[①] 光绪三十三年（1907），附东垸兴修，又欲钉塞白水浃河道，再次引发强烈抗议。[②] 其四，间堤之争。为了防御洪水，堤垸间或堤垸内常因间堤兴毁发生冲突。如同治年间，澧州蓝家上下垸就因此事闹成“京控”之案。[③] 光绪三十年（1904），沅江保安垸首曾继辉等为拆毁先前所修防洪间堤，特呈请官府备案以防争讼，也一定程度上表明它为湖区常发案件。[④] 其五，堤费之争。光绪二十七年（1901），保安垸亩户皮发顺等指控首事陈志咸等“以职等之费，取职等之息，其利无穷，其弊尽显”，次年三月再次要求“赏集调簿，究吞勒退”。而后者则反诉皮等“稳思骗费抗修，胆以夯吞卡害，害贻利往”。[⑤] 又如光绪三十年（1904），沅江县学局与沅江保安垸就学田堤费发生争讼，前者请将保安垸所余“官业”田产提归“中学堂常年经费”，后又指控其“恃强统众，平白劫夺”。[⑥] 后者则要求沅江学局补缴堤费“一万二千一百四十七串六百八十五文”[⑦]。其六，闸坝之争或河道治理之争。民国元年（1912），沅江绅士李鸿耀等在保安垸与西成垸之间的河道上修建闸坝，由此引发了一场蔓延二十余年的“滔天巨案”。[⑧] 其七，江湖关系

---

① 曾继辉：《洞庭湖保安湖田志》，岳麓书社2008年版，第411—425页。

② 曾继辉：《洞庭湖保安湖田志》，岳麓书社2008年版，第13、426—470页。

③ 张建民：《明清长江流域农业水利研究》，武汉大学出版社1993年版，第226页。

④ 曾继辉：《洞庭湖保安湖田志》，岳麓书社2008年版，第425—426页。

⑤ 曾继辉：《洞庭湖保安湖田志》，岳麓书社2008年版，第229—232页。

⑥ 曾继辉：《洞庭湖保安湖田志》，岳麓书社2008年版，第295、333页。

⑦ 曾继辉：《洞庭湖保安湖田志》，岳麓书社2008年版，第330页。

⑧ 刘志刚：《传统水利社会的困境与出路——以民国年间沅江廖堡地区河道治理之争为例》，《中国历史地理论丛》2015年第4期。

之争。自清代咸同年间松滋、藕池决口以后，湘鄂两省进入漫长的水利纠纷之中。光绪十八年（1892），湘籍官员与湖区士绅联名奏请筑塞藕池，后又有筑塞荆江南岸四口之议，皆遭到鄂省强烈反对。宣统年间湖南省咨议局提出疏江、塞口、浚湖方案，湖北方面则坚决要求先浚湖，并提出联合长江下游五省疏浚长江的意见，将湖南所提方案搁置一旁。民国年间爆发的“天祜垸”案就是江湖矛盾的一次集中展现。①

以上案例都直接关涉洞庭湖区的农业生产，或有关灌溉与排泄，或为垸堤修缮，或是为存留垸堤间河道，也有更大层面的江湖水利之争，可谓纷繁驳杂，此起彼伏。它们共同构成了清代至民国湖区水利关系复杂的面相，并进而影响着湖区社会的稳定与经济的发展。

二、水利纠纷的特征

纵观清代至民国时期洞庭湖区水利纠纷，对它们进行一番简要的梳理后，我们大致可以归纳出如下几方面特征：

（一）纠纷时间长

湖区水利纠纷动辄数年、数十年，甚至有近百年的。如前述沅江廖堡地区河道治理之争，直至民国二十二年（1933）经行政院批复后才定谳，前后长达二十余年。若据保安垸首曾继辉等所言此案可溯至光绪二十六年（1900），则有三十余年。②而湘鄂两省江湖治理之争起自光绪十八年（1892），至中华人民

① 郑利民、杨鹏程：《湘鄂两省历史上的水利纠葛》，《求索》2011年第5期。

② 曾继辉：《洞庭湖保安湖田志》，岳麓书社2008年版，第524页。

共和国初年大规模整治荆江与洞庭湖才算得以有效解决，有六十年之久。若溯至咸丰十年藕池口溃决时荆江南北两岸剑拔弩张的局势，则可谓百年纠纷。即便是始于20世纪20年代的“天祐垸”之争也持续了三十余年。[①] 可以说，洞庭湖区水利纠纷中存在着大量久拖未决之案。

（二）影响区域广

湖区水利纠纷影响大，所涉区域不仅限于某堤某垸，小者数垸，大者达十数垸、数十垸，甚至有波及洞庭全域、影响湖南全省的。如沅江廖堡地区河道治理案卷入的堤垸，由民国四年（1915）订立和解协议的裕福、保安、新月等六垸，至民国二十一年（1932）仅联合抗议建闸的就达三十五垸，且分布于沅、南两县之间，次年又发表公开宣言的增至四十垸。[②] 民国十九年（1930），洞庭湖区大水后湖南省建设厅水利科员王恢先等谋划三十余垸合修“干堤”之举，则遭到滨湖十县代表的坚决反对。[③] 而江湖治理之争中湘鄂两省更是动用了一切可以动员的政治、经济与社会资源，影响区域已经扩展至整个华中地区。

（三）涉及行业多

湖区水利纠纷往往夹杂着行业利益冲突。时至晚清，随着洞庭湖日渐淤塞，湖田开垦已然成为湖区最主要的经济选择，

---

① 徐民权等：《洞庭湖近代变迁史话》，岳麓书社2006年版，第232页。

② 李祖道：《沅南三十五垸代表宣言书》，湖南省图书馆藏；曾继辉：《保安湖田志续编》卷9，湖南省图书馆藏。

③ 曾继辉：《保安湖田志续编》卷3，湖南省图书馆藏。

故有“禁止湖民修筑鱼堤”①，“不准横筑鱼堤”②，以及“天旱时不得阻垦户之取水，雨潦时不得阻垦户之放水”等对渔业极为不利的规定。③ 又如，前述闸坝之争就涉及湖区货物运输。保安垸首曾继辉等指出：“两垸民居不下数万户，岁出谷米不下数十万石，且居民既多，百货麇集，每值夏秋水满，帆樯来往如栉，盖转运出入之便亦仰赖于此河。”④ 他们甚至将白水浃视为洞庭湖的运输通道，其通畅与否关系商旅安全，称“近岁船路改由白水浃出入……若将河道保全，每岁活人不少”⑤。然而，湖区民众贪湖田之利，极尽开垦之能事，常筑断水道，以致粮食转运艰难。时人有言：“不临河头者，辄沿堤循走十余里方达水次。”⑥ 可见，湖区水利纠纷中农业、渔业、商业与运输业常处于矛盾状态是其不可忽视的特征之一。当然，湖民大多以业农为主，兼营他业，以行业为标界的群体性水利纠纷并不突出。

（四）参与人数众

湖区长时间、大范围的水利纠纷中，众多人群或主动或被动地卷入，有地主，也有佃农；有当地人，也有外地人；有平民百姓，也有达官贵人，可以说贫富贵贱各色人等皆在其中。再就人数而言，一些大型的水利诉讼中利益攸关者可达十数万、

① 彭文和：《湖南湖田问题》，载萧铮主编《民国二十年代中国大陆土地问题资料》，（台北）成文出版社与（美）中文资料中心联合出版，第75册，1977年，第39495页。

② 曾继辉：《洞庭湖保安湖田志》，岳麓书社2008年版，第133页。

③ 曾继辉：《洞庭湖保安湖田志》，岳麓书社2008年版，第152页。

④ 曾继辉：《洞庭湖保安湖田志》，岳麓书社2008年版，第443页。

⑤ 曾继辉：《洞庭湖保安湖田志》，岳麓书社2008年版，第415页。

⑥ 曾继辉：《洞庭湖保安湖田志》，岳麓书社2008年版，第151页。

数十万人，有些纠纷可能牵扯整个湖区，甚至影响湖南全省民众的利益。如漫长的沅江廖堡地区河道治理之争，先后卷入的有沅江县官洲工程局言焕纶、县长李鸿辉、建设厅水利科员王恢先等官员，也有曾继辉、李祖道、黎吉吾、郑莲荪、王登俊、向敬思等外籍或本地田主，还有无数土夫、佃户、彪手等，仅参与抗议建闸的据称就达四十余万众。[①]

前文所述民国十九年（1930）王恢先等人合修“干堤”之议曾激起滨湖十县绅民的反对，并在他们的抗议声中被迫取消。而湘鄂两省的水利冲突更甚，不仅湖区地方官绅踊跃参加，湘籍京官、名流也积极行动。如光绪十八年（1892）奏请堵塞松滋口的即是湘籍的刑部郎中张闻锦与湖区地方士绅。宣统年间，主张疏江塞口浚湖的是湖南省咨议局全体议员。民国时期，就“天祐垸”案不少湘籍政商学界名流，如章士钊、贺耀祖、方鼎英等为援助湖区民众抗议毁垸也进行了多方活动。[②]

（五）诉讼层级高

当前学界所发现的明清水案，往往经县令或知府便可裁定，罕有上诉至省级政府的，而清末民国时期洞庭湖区的水利纠纷则大为不同，不断将事态扩大，提升诉讼层级似乎成为涉案者制胜的法宝，因而上诉省府、中央的屡见不鲜。同治年间澧州蓝家上下垸间堤之争就闹成“京控”案。而民国初年沅江廖堡地区河道治理之争中保安垸首曾继辉为求毁闸疏河，连续六次上书湖南都督谭延闿。[③] 民国十九年（1930），此案风波再起，

---

① 曾继辉：《保安湖田志续编》卷 9，湖南省图书馆藏。

② 徐民权等：《洞庭湖近代变迁史话》，岳麓书社 2006 年版，第 316—317 页。

③ 曾继辉：《洞庭湖保安湖田志》，岳麓书社 2008 年版，第 520 页。

曾继辉、李祖道等接连上诉沅江县政府、湖南省建设厅、湖南省政府、扬子江水利委员会，以及内务部、交通部、实业部等中央机关，后经行政院裁决才尘埃落定。①

就洞庭湖的治理问题，湘鄂两省冲突一开始便在最高层面展开。光绪十八年（1892），刑部郎中张闻锦请求堵塞松滋口，以致湖广总督张之洞、湖北巡抚谭继洵、湖南巡抚张煦等地方大员不得不进行会勘。② 清末民初，疏江塞口浚湖之争则是湘鄂两省咨议局之间的博弈。民国年间的“天祐垸”案更是惊动了国民政府最高长官蒋介石。③

三、水利纠纷的原因

自古迄今，水利纠纷频发地区不外乎两大类，即丰水区与缺水区，前者主要是为避水之害，后者则主要是为得水之利。洞庭湖区无疑属于前者，但又有其特殊之处，即是季节性泛滥的湖淤区。而河湖淤与未淤之际便是水利纠纷生发之时，如沅江廖堡河道治理之争中一方以淤塞为由力主建闸，一方以尚可疏通请求毁闸就是明证。对此，笔者有专门论述。④ 同时，它们的发生也有一些其他的社会原因，如利益群体的对立、政府管理的失职、治水观念的分歧，等等。

---

① 曾继辉：《保安湖田志续编》卷 9，湖南省图书馆藏。

② 《清德宗实录》卷 311，光绪十八年五月辛酉。

③ 徐民权等：《洞庭湖近代变迁史话》，岳麓书社 2006 年版，第 336—338 页。

④ 刘志刚：《传统水利社会的困境与出路——以民国年间沅江廖堡地区河道治理之争为例》，《中国历史地理论丛》2015 年第 4 期。

（一）以邻为壑

社会利益的群体分化是湖区水利纠纷的重要因由，以邻为壑则是其具体表现形式。湖区看似一马平川，实则“洲有高低，十里差三尺”，高处惧旱，低处患涝。因此，水患发生之时，高垸要求泄水，低垸则要求闭剅，极易出现壑邻的现象。时人有言：“高垸之水多由低垸方能走出……及夏涨淹堤，低垸宿水尚无消泄，而高垸每偷开管闸，以邻为壑，致低垸田禾尽没，难望收成。”① 此外，老垸低，新垸高，也常发生纠纷。有言曰：“近闻湖水略一涨发，各洲新垸水尚不及堤脚，而沅江、益阳之老垸即恐外水灌入，尽将剅口闭塞，以致垸内积水常不能消，不独盛涨之时溃决为患。”②

不独湖区内部如此，湘鄂两省水利纠纷中也有以邻为壑之事。据《南县乡土笔记》所载：咸丰十年（1860），荆江水患奇重，北岸屡修屡决，鄂省欲掘藕池以杀水势，湘人群起抗议，荆州将军竟驾炮轰击，以致藕池溃决，一发不可收拾，南岸无数田园沦为泽国。③ 此后，湖南方面一再要求筑塞四口，清末民初又提出“疏江、塞口、浚湖”的主张，均遭湖北方面反对。荆江南流虽是江湖形势变化使然，但后者壑邻之心也是人尽皆知的。

（二）政府失职

湖区水利纠纷频发的另一缘由即是政府失职，包括官员徇

---

① 曾继辉：《洞庭湖保安湖田志》，岳麓书社 2008 年版，第 153 页。

② 曾继辉：《洞庭湖保安湖田志》，岳麓书社 2008 年版，第 128—129 页。

③ 段毓云编：《南县乡土笔记》，民国十九年铅印本，湖南省图书馆藏，第 7 页。

私与政府职能的缺失。湖区每起水案皆不乏指责地方官员徇私舞弊之辞。如宣统二年（1910），保安垸首曾继辉等抗议钉塞沅江白水浃、芦林港时，就称："该二处河道……竟有刁徒劣绅勾串衙门，作一鼓强钉之计。"① 民国四年（1915），裕福垸董事刘华阶指控沅江官洲工程局委员言焕纶主持修建闸坝，"以无处支销，遂私刻印条，伪造证据，诬堕民领，朦禀塞责"②。民国十九年（1930），曾继辉为抗议白水浃建闸致信堂弟曾继梧也有言：沅江县"党部客籍人最少，其势力之大者概属沅江人。盖所谓党部者，沅江本籍之党部也"③。此后，他又指称建设厅科员王恢先欲图修建干堤，以治理洞庭水患为名，实"将伊父所占多亩之三十余垸圈一绝大围堤"④。

以上虽不尽属实，但也不全是捕风捉影。晚清至民国，地方官员霸占湖田，插手水利是湖区社会一大顽疾。其时，湖南省主席何键、国民党师长王育英、省政府秘书长易书竹、民政厅厅长凌璋，以及邓寿荃、叶开鑫、邹序彬等军政大员，都占有大量的湖田洲土"其他新贵和滨湖各县的有权有钱者……成为与官府狼狈为奸，长期称霸一方的'洲土大王'"，他们"肆意填塞河港，破坏水道，或在河港滥设矶头、石坝，以邻为壑，阻碍蓄洪"。⑤ 可以说，湖区水利纠纷就是在官绅勾结的社会背景中酝酿发酵的。

---

① 曾继辉：《洞庭湖保安湖田志》，岳麓书社 2008 年版，第 187 页。

② 曾继辉：《保安湖田志续编》卷 1，湖南省图书馆藏。

③ 曾继辉：《保安湖田志续编》卷 1，湖南省图书馆藏。

④ 曾继辉：《保安湖田志续编》卷 9，湖南省图书馆藏。

⑤ 徐民权等：《洞庭湖近代变迁史话》，岳麓书社 2006 年版，第 290 页。

湖区水利秩序日渐恶化也与“地方官奉行不力”[1]，以及清末民初“大局未定，内忧外患交相危迫”的时局有着密切的关系。[2] 此外，由于这片区域大多洲土属新淤之地，政府管理也存在职能缺失或机构设置不当等问题。如晚清沅江县各属设有垦务分局，却无垦务总局，以致“各属委员……不无此疆彼界之虞”，而地方官对于湖区事务也有“未尝亲历其境，若稍事臆断，难免不方枘凿柄，贻误事机”的。[3]

（三）治理分歧

晚清至民国，随着湖田围垦的不断增多与洪涝灾害的日益深重，湖区社会围绕着水利治理出现了两种截然对立的声音，即联合筑垸以防洪涝的“合修”法与筑垸留河以杀水势的“分修”法。两者治理理论与路径上的分歧也是其时水利纠纷的重要原因，因此我们不能将它们仅视为利益的较量。

湖区围湖造田历来因“人心不一”，只能“画地分修”。[4] 虽有“钉头”共用堤岸者，但整体而言是各修各垸，未见众垸“合修”之法。此议始自清末民初，光绪十二年（1886）三仙湖二十三垸联结而成的“育才大垸”开其端绪，后又有“公安县一十二垸之合修”。倡此议者认为“独立分加，堤多亩少；通力合作，工省费轻”。[5] 但是，这一举动在沅江县却引发强烈不满。民国元年（1912），沅江县李鸿耀等倡修“大同垸”，联合部分

---

① 曾继辉：《答覆王委员整理湖南水道意见书》，“湖南咨议局湖工审查会报告书”，湖南省图书馆藏。

② 曾继辉：《保安湖田志续编》卷1，湖南省图书馆藏。

③ 曾继辉：《洞庭湖保安湖田志》，岳麓书社2008年版，第782页。

④ 段毓云编：《南县志备忘录》，“备忘录九”，湖南省图书馆藏。

⑤ 曾继辉：《洞庭湖保安湖田志》，岳麓书社2008年版，第473页。

堤垸拟定“十一垸合修合约”，且得到沅江县政府、县官洲工程局的支持，但遭到保安、新月垸董事曾继辉等的坚决反对，认为其名为“合修”，实为“钉头”，并指出其“十不便”，即违反“定章”，堵塞河道，推翻“铁案”“成案”，有碍灌泄，不利防洪，妨碍交通，以及各垸堤工不一，必将“纠葛丛生”。① 而后，保安垸首曾继辉又上诉湖南省政府，致使“大同垸”合修之议被取缔。为此，湖南省都督谭延闿下发了一份“禁止钉塞河道示”。② 可知，其时省政府仍将“合修”视为往常“钉头”之争，并从疏浚河湖的角度予以禁止。民国十九年（1930），长江大水泛滥，洞庭湖区灾情惨重，堤垸几乎溃尽，以致分合之争再起。湖南省建设厅水利科员王恢先欲对沅江、南县交界处三十余垸进行大规模修复，建一道完整的防洪“干堤”。但此举激起了圈外多数堤垸的强烈抗议，也招致圈内保安、新月等垸的抵制。③

晚清至民国，湖区堤垸合修者寥寥无几，对于水利事业的发展是大有妨碍的。民国学者彭文和在《湖南湖田问题》一书中就明确指出湖区各垸分修“弊端百出”，往往造成“浪费过多”“以邻为壑”，以及“溃决甚易”，认为“若能相度地形，顺乎水势，实行联合筑垸，则此等弊端，当可消弭”，同时又指责各垸“自行为政”，是因“自来政府无全盘计划”之所致。④ 当然，我们也不能忽视其时“合修”与“分修”的治湖分歧是以利益分化日益严重的湖区社会为基本背景的。

---

① 曾继辉：《洞庭湖保安湖田志》，岳麓书社 2008 年版，第 474—477 页。

② 曾继辉：《洞庭湖保安湖田志》，岳麓书社 2008 年版，第 483 页。

③ 曾继辉：《保安湖田志续编》卷 9，湖南省图书馆藏。

④ 彭文和：《湖南湖田问题》，载萧铮主编《民国二十年代中国大陆土地问题资料》，（台北）成文出版社与（美）中文资料中心联合出版，第 75 册，1977 年，第 39495 页。

四、水利纠纷的解决

清代至民国，洞庭湖区水利纠纷此起彼伏，所涉区域之广、影响群体之众、蔓延时间之长、讼诉层级之高、产生原因之复杂都是极为少见的。面对如此状况，其时政府与地方社会究竟采取了哪些举措，又产生了怎样的效果？

（一）民间械斗

民间械斗是湖区社会应对水利纠纷的重要手段之一。械斗可以分为两类：其一，是“阻止不听”的偶发性械斗。[①] 如光绪十九年（1893），岳州旱灾，有民人因争水丧命。时人有诗曰：“近港争微澜，喧呼每杀人，救禾谁让畔，护命争戕身。”[②] 光绪二十九年（1903），保安垸与占据普丰垸“划角”的王登俊为争界而械斗也属此类。[③] 其二，则是纠纷久拖未决的蓄意械斗。光绪年间，澧州蓝家上下垸也因争堤发生冲突。双方皆有乌龙会成员参加，显系蓄谋已久之事。[④] 此类案件在湖区较为常见，保安垸首曾继辉称之为“濒湖淤洲恶习”[⑤]。其时湖区“互相械斗，有如临敌”，各垸或农场“均多拥枪自卫”，而且争斗有愈演愈

---

① 曾继辉：《洞庭湖保安湖田志》，岳麓书社2008年版，第153页。

② 杨鹏程：《晚清湖南旱灾研究》，《湖南科技大学学报》（社会科学版）2006年第1期。

③ 曾继辉：《洞庭湖保安湖田志》，岳麓书社2008年版，第243页。

④ 《清德宗实录》卷244，光绪十三年六月甲辰。

⑤ 曾继辉：《洞庭湖保安湖田志》，岳麓书社2008年版，第415页。

烈之势，“过去用刀枪来演全武行，现在却利用步枪与机枪了”。[①] 这也显示出民间械斗不是解决矛盾的最佳途径，武力的升级往往使涉事双方两败俱伤。

（二）政府管控

翻检史料，前述各案无不走上诉讼之路，但是政府管控却成败不一。成功裁决的有光绪二十七年（1901）保安垸亩户皮发顺与首事陈志咸等的堤费案，最后以政府判定皮等“一律照章截亩，以完公账”结案。[②] 也有经双方反复申诉方才结案的，如光绪三十年（1904）沅江学局与保安垸之间的学田堤费案，拖延至民国二年（1913）经沅江县行政厅长批示“知会学局董首，仍照定例缴费修堤”方告了结。[③] 然而，大多裁决执行效果不甚理想。比如前述“挂角”案，沅江县令判处“扦定界址……掘沟为界”，但毕、张等人毫无忌惮，“竟作强钉之计”。“挖压”案经沅江县、常德府、湖南省府审理，判王登俊等“混争滋事”，“不得借照越占”，保安垸“只准取土栽柳，不准诸人承佃开垦”，可是王等继续霸占堤外余土，官府也无可如何。光绪二十九年（1903）“钉头”案上诉至湖南巡抚，双方矛盾也未能解决，次年便再起争讼。同治年间，澧州蓝家垸间堤案曾闹成“京控”，然经清廷处置后依然是“上垸争刨，下垸争筑”，此后又接连酿成大案，以致官府出动军队维持秩序。[④] 民国年间

---

① 魏方：《整理滨湖洲土前途预测》，《明日之土地》，民国三十五年，第 2 期；魏方：《洞庭湖区农地改革的展望》，《明日之土地》，民国三十六年，第 10 期。

② 曾继辉：《洞庭湖保安湖田志》，岳麓书社 2008 年版，第 242 页。

③ 曾继辉：《洞庭湖保安湖田志》，岳麓书社 2008 年版，第 405 页。

④ 张建民：《明清长江流域农业水利研究》，武汉大学出版社 1993 年版，第 226 页。

的“天祐垸”案，中央政府积极干预，制定了“蓄洪垦区”办法，但地方政府执行不力，仍是一方争刨，一方争筑，相持不下的局面。[①] 这些案件充分显示出其时政府控制能力的不足。

然而，政府对湖区水利的管理却是有必要的。正如保安垸首曾继辉所言：“民间修堤，但图占地之利，不计阻水之害”，以及“水利事宜……若不统筹全局，将彼堵此塞，壑邻不顾”。[②] 同时，为了防止械斗，政府力量也必须介入。曾继辉对此建议：“堤垸之修……除各卫兵各给洋枪一枝外，于必要时由总局委员得咨调就近巡勇或飞翰、选锋、水师、营兵以资弹压。”[③] 民国二十一年（1932），沅江白水浃闸坝重建时湖南省建设厅曾电令沅江县长“严密防范，毋稍疏忽”[④]。但是，值得注意的是政府管控有一定的滞后性，大多是矛盾激化，酿成事端之后的结果。

（三）民间调解

湖区社会化解水利纠纷在诉诸武力与政府干预之间还有第三条道路即民间调解。前文所述“钉头”之争、“挖压”之争皆是沅江县令裁决无效后由地方绅董出面协调解决的。[⑤] 而民国初年白水浃闸坝案中，双方诉讼长达四年之久，地方政府几乎丧失控制能力，也是各垸绅董商讨，前后历经六次集会，最终达成毁闸、疏河、修矶的协议，并得到了沅江县政府的认可。[⑥] 这

---

① 徐民权等：《洞庭湖近代变迁史话》，岳麓书社 2006 年版，第 316—317 页。

② 曾继辉：《洞庭湖保安湖田志》，岳麓书社 2008 年版，第 88、782 页。

③ 曾继辉：《洞庭湖保安湖田志》，岳麓书社 2008 年版，第 788 页。

④ 曹时雄、向敬思编：《沅江白波闸堤志》，民国二十一年铅印本，湖南省图书馆藏，第 34 页。

⑤ 曾继辉：《洞庭湖保安湖田志》，岳麓书社 2008 年版，第 309、326—328 页。

⑥ 曾继辉：《保安湖田志续编》卷 1，湖南省图书馆藏。

些案例表明民间调解对于化解这一区域水利危机、维护社会稳定曾发挥过巨大作用，甚至可以作为政府管控的有效补充。然而，民国十九年（1930）沅江廖堡河道治理之争再起风波后，地方绅董试图再以协商来达成共识，并先后在长沙、沅江多次召集会议，但皆功败垂成，不得不上诉政府的结局，却又显示出民间调解也绝非万能的。[①]

（四）技术改进

相当长的时期里洞庭湖区随着水环境的恶化，水利纠纷大多是在械斗、诉讼与调解三者间循环往复，一步步走向难以自拔的深渊。然而，民国年间近代水利科技的传入为化解纠纷提供了新的路径，但却是以政府干预或民间调解为基本前提的。民国初年，曾继辉就指出要治理江湖水患“当先从测量入手……测量事毕，绘图贴说，作为成书……方可根据开议”[②]。民国五年（1916），熊希龄则首次从近代水利科技的角度系统论述了治理洞庭湖的方法与步骤，为此后科学治湖指明了方向。[③]民国二十一年（1932），为解决沅江廖堡地区河道治理之争，湖南省建设厅派遣水利专员对该处河道的水文状况、水利价值、水旱频度、淤塞程度进行了详细调查，并提出改筑“活动闸”新方案。[④] 这一举措解决了防淤、运输、灌泄等难题，使之成为其时为数不多的改良湖区水利的成功案例，充分彰显出近代水

① 曹时雄、向敬思编：《沅江白波闸堤志》，民国二十一年铅印本，湖南省图书馆藏，第 33、36 页。

② 曾继辉：《洞庭湖保安湖田志》，岳麓书社 2008 年版，第 788 页。

③ 《熊希龄集》，湖南人民出版社 2008 年版，第 323—330 页。

④ 曹时雄、向敬思编：《沅江白波闸堤志》，民国二十一年铅印本，湖南省图书馆藏，第 37—49 页。

利科技在化解水利纠纷中的关键性作用。

通过考察晚清至民国洞庭湖区水利纠纷解决途径，我们不难发现中国传统社会有一套完整的水利纠纷解决机制。也就是，水利纠纷发生后，地方社会大致有三种反应，即民间械斗、民间调节与政府诉讼。三者又常以械斗为先，调解与诉讼居后；当政府干预失灵时，或再次械斗，或民间调解；当民间调解失效后，也可能械斗或政府干预。可以说，这是传统时代包括洞庭湖区在内的各地解决水利纠纷始终无法跳出的窠臼。民国中期以后，近代水利科技在这一地区的传播与应用为民间调解与政府干预的成功提供了新的路径，并在一些具体的水利纠纷中得到了验证，因而也昭示出中国传统社会水利发展的基本方向。它们之间内在的关系，如下图所示：

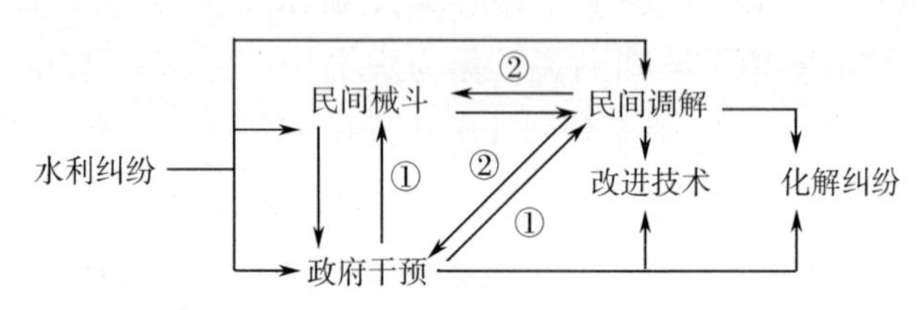

图 1　地方社会水利纠纷解决机制

救天灾解人祸：1931年长江大水灾

中共中央党校　高中华

一、自然灾害

1931年入夏以后，长江流域连日下雨，并出现特大暴雨。随着江河猛涨，又带来区域性特大洪水，致使江湖堤防溃决多处，武汉三镇沦为泽国，遭遇到了几十年未遇的大水灾。据原国民党政府财政顾问阿瑟·恩·杨格评论："1931年长江流域的大水，据全国水灾赈济会报告，不仅超过中国苦难历史中任何一次水灾，而且也是世界历史中'创纪录的大灾'……六万五千平方英里的土地淹没在水中，另有五千平方英里土地受灾较轻，受灾的地区比英国全境还大，约相等于纽约、康涅狄克、新泽西三个洲合起来的面积。受灾人民达2500万。堤岸溃决的时候成千上万的人惨遭没顶。几百万人不得不在严冬的大部分时间内辗转流离。淹没地区平均水深最高达九英尺，这些地区内的农舍有45%被冲毁。损失总额为国币20亿元，包括9亿元谷物损失在内。”①

在受灾各省中，以鄂豫皖三省损失最大。关于鄂豫皖三省受灾范围。据《大公报》载，河南“已报成灾者，为信阳等五十三县”，湖北省“被淹县数为四十六县一市”，安徽省 144 县中有 131 县受灾。② 8 月 23 日，湖北省主席何成浚呈送给南京国民政府的灾情报告中称：“根据湖北省政府秘书处编印的水灾统计：全省被淹面积46 421平方公里，受灾人口5 570 898人，死亡65 854人。”另据长江水利委员会《防洪排渍方案》记载的 1931 年受灾统计，湖北淹没面积45 109平方公里，受灾农田 20 231 681市亩，受灾人口7 918 423人，死亡67 854人。8 月 26 日，立法院调查报告指出：“8 月 1 日前灾区已扩至 17 省，灾区增至 1 亿。”③ 灾情遍及四川、湖北、湖南、江西、安徽、江苏等 6 省，沿江农田、村庄、城镇几乎遭洪水淹没。仅长江中下游受灾面积就达131 476平方公里，淹没农田 339 万公顷、房屋 179.6 万间，淹死 14.5 万多人，估计损失达 13 多亿银元。就在一夜之间，汉江中游就淹死 8 万人，下游淹死 3.5 万人。④ 湖南、安徽、湖北、河南、江苏、江西等 16 省的灾民在 5000 万人以上，全国死于灾荒者达 370 万人。据南京政府服务委员会

---

① ［美］阿瑟·恩·杨格著，陈泽宪、陈霞飞译：《1927 至 1937 年中国财政经济情况》，中国社会科学出版社 1981 年版，第 423—424 页。据有关资料记载，受灾人数约达 1 万。

② 岳谦厚、段彪瑞：《媒体、社会与国家——〈大公报〉与 20 世纪初期之中国》，中国社会科学出版社 2008 年版，第 138 页。

③ 王宗华主编：《中国现代史辞典》，河南人民出版社 1991 年版，第 4 页。

④ 范宝俊主编：《灾害管理文库》第 3 卷，当代中国出版社 1999 年版，第 375—376 页。

公布的数字，仅江淮流域被淹死者就达26.5万人。①

二、人　祸

此次大水成灾，持续的降雨并引发大水是导致山洪的直接原因。而出现如此严重灾荒的最主要的因素，就是抗灾不力。而抗灾不力则主要体现在水政废弛削弱了国民政府的抗灾能力，同时，长期的战争大大削弱了农民抵御灾荒的能力。

水灾发生后，水政的废弛导致许多河堤溃决。湖北的长江堤防，历来是长江地方建设的重点。武汉国民政府和湖北政务委员会曾以各种税收的附加税作为地方经费，及时堵复和维修溃口和险段。不少共产党人也参与了武汉的修堤工程。但是，1927年蒋介石发动“四·一二”反革命政变后，“置长江两岸堤防于不顾，纵任水旱灾害摧残人民的生命财产，这是长江灾害日趋严重的原因”②。南京国民政府成立后不久，虽自称动员了数百工人参加救灾，但实际上是以以工代赈的名义利用廉价劳动力。曾参与编撰《武汉堤防志》的王维淳老人曾回忆当年的情景：1931年的洪水给武汉带来毁灭性灾难，国民党政府却根

---

① 张静如主编：《中国共产党通史（插图本）》第一卷（上册），广东人民出版社2002年版，第274页。而复旦大学马列主义理论教学部、中国革命史教研室合编《中国革命史教程》（第237—238页）所记的灾情略有出入，摘录如下：1927年，甘肃地震死伤8万余人，山东蝗灾受灾900万人。1928年20个省1093个县发生水、旱灾，灾民共7000万人以上。1929年陕、甘等西北七省发生大旱，灾民3400万人。1930年陕、甘等11省发生水、旱、虫灾，灾民共3000万人。1931年湘、鄂等8省发生水灾，灾民达一亿人。

② 长江流域规划办公室《长江水利史略》编写组：《长江水利史略》，水利电力出版社1979年版，第191—192页。

本不管人民死活。当年汉口丹水池铁路堤段溃决，身为省主席的何成浚和督军徐源泉、警备司令员夏斗寅正在麻将桌上“厮杀”正酣，闻听汛情急报后竟然以一句“不要紧，看着办吧”搪塞其责。[①] 对此，太虚大师指出，当时中国的灾难，首先是人祸，根本的救灾乃是要根除人祸。[②③]

国民党忙于内战，不仅多年失修堤坝，而且还派军队枪击修堤抢险的苏区群众，甚至在监利之上车湾挖掘大堤，实行“水淹苏区”的计划，以致堤防溃决，洪湖苏区成了一片汪洋。美国记者埃德加·斯诺在《中国的洪水记》中指出：“我记得小说《悲惨世界》里一个人慢慢被活埋进沙里去的情景。但现在这种可怕的走向死亡的过程，正发生在 90 万中国人民的身上……蒋介石宁可耗费资财去同共产党打仗，却不愿救洪水的牺牲者们。”到 8 月中旬，“监利、酒阳、汉川、江陵苏区（江左全体苏区），百分之九十五被水淹没，一片汪洋，如困大海，灾民近百万。江右亦淹没一部分”。[④] 严重的水灾，于红军反“围剿”的军事行动极为不便，粮食亦万分困难，盐、布、医药等用品非常缺乏。“群众正在饥荒，没有盐（饭）吃，要到外面逃荒。”[⑤] 据统计，外出逃荒者约占苏区人口的 70%。

此后，南京国民政府更将大量堤防经费蚕食鲸吞，中饱私囊，并用以残害人民。1931 年夏，湖北遇洪水，省政府主席何

---

① 郭同旭：《长江悲鸣曲》，花城出版社 1999 年 1 版，第 235—236 页。

② 太虚：《根本救灾在全国人心悔悟》，华北居士林 1931 年出版。

③ 转引自张注洪《埃德加斯诺与中国革命》，《历史档案》1989 年第 4 期。

④ 《湘鄂西中央分局和省委报告》（1931 年 8 月 18 日），转引本书编写组《湘鄂西苏区历史简编》，湖北人民出版社 1982 年版，第 136 页。

⑤ 《湘鄂西中央分局报告》（1931 年 7 月 2 日），转引本书编写组《湘鄂西苏区历史简编》，湖北人民出版社 1982 年版，第 136 页。

成浚竟“将修建长江堤防的经费拿去做毒害人民的鸦片生意”[1]。蒋介石曾经“不止一次地将大量堤款用于向帝国主义购置军火”，疯狂地向江西苏区中央根据地进行“围剿”。1930年中原大战时，蒋介石曾下令一次提走1000多万元的堤防经费。[2] 国民政府从中央到基层均以治水为名，只顾压榨广大劳动人民。有首民谣反映了农民悲惨的境遇：“穷人身上两把刀，租子重、利息高，夹在中间吃不消。穷人眼前三条路，逃荒、上吊、坐监牢。”

1927年大革命失败之后，地处鄂豫皖三省边界地区的农民，由于战争频繁、农民生产力低下等缘故，抗灾能力不强。鄂西受灾“总计约二百方里，灾民约五万左右。特别是沔阳，房屋倾坍，室如悬磬，令人伤心怵目”[3]。

大水造成天灾，战争造成人祸，导致劳动力衰退，农村事业衰竭，整个鄂豫皖农村社会经济濒于破产的境地。河南8县受灾人数达1 124 477人，每县平均140 560人；安徽28县受灾人数7 298 196人，每县平均260 650人。据统计，皖、鄂、豫三省农户受灾程度在受灾最严重的8省中分别居第一、三、四位，皖省劳动力损失分别为鄂、豫两省1.8倍和2.6倍，三省劳动力损失约占总数42%。[4] 1931年6月10日，鄂豫皖中央分局发

---

① 长江流域规划办公室《长江水利史略》编写组：《长江水利史略》，水利电力出版社1979年版，第191—192页。

② 水利水电科学研究院《中国水利史稿》编写组：《中国水利史稿》下册，水利电力出版社1989年版，第409页。

③ 参见财政科学研究所编《革命根据地的财政经济》，中国财政经济出版社1985年版，第33页。

④ 董媛：《1931年鄂豫皖地区洪灾分析》，《晋城职业技术学院学报》2009年第6期，第63—66页。

出的通知中指出："据麻城县委报告：现在赤区已有五千人没有饭吃，内（其中）红军家属占三千人，残废者一千人，因没有办法吃饭已吊死一人，饿死二人。罗山报告：每日靠运输度日约一万人。黄安报告：城关区、二程区一带民众连浆粑没有吃的都有。"①

灾害导致粮荒，农民生活困苦。水灾淹没了农田，农民收成减少，甚至绝产，生活无以为继，并出现了严重了粮荒。1931年水灾发生后，各地出现了严重灾荒，地价剧跌，高利贷攀升，激化了农村社会的阶级矛盾，导致革命危机进一步加重。

三、根据地的救灾应对

面对群众低落的情绪，中国共产党积极加以引导，采取应对措施，帮助根据地民众克服生产和生活困难，稳定根据地的政权建设和经济建设。

为了战胜水灾，中国共产党领导苏区军民进行了艰苦的抗灾斗争。1931年7月3日，湘鄂西省委通过了《关于水灾时期党的紧急任务之决议》。决议指出，冲破敌人的"围剿"，同水灾做斗争，巩固和扩大苏区，这是湘鄂西苏区党的第一等战斗任务。为战胜水灾，党组织要"高度的动员群众"，向全体革命军民讲明"水灾是帝国主义国民党统治的结果"，"掘堤灌水是帝国主义国民党消灭苏区和红军整个计划的部分"，要"号召群众为反对国民党淹没湘鄂西苏区，巩固苏区而斗争"。决议还提出了六项具体办法，以解决苏区的粮食困难。一是动员红军、游击队和群众武装掩护抢险修堤的群众，保护未受水灾地方的

---

① 《鄂豫皖边界苏区概况》，《红旗周报》1931年6月20日第10版。

秋收。二是在苏区加紧消灭地主和反富农的斗争，没收地主及其家属从前分得的土地，没收地主及其家属和反水富农家属的全部粮食、财产，没收富农大部分粮食、生产工具和私藏的现金。组织广大游击队和受灾群众到附近白区，汇合当地群众，没收地主的全部粮食财产及富农的部分粮食，以及大商人的木材、盐、布等，所得粮食等物资，大部分分给灾民。三是储藏粮食。苏维埃联县政府要在未受灾之苏区收购大米两万担接济红军。禁止一切粮食出口。各乡村苏维埃都要储藏粮食。四是继续生产。联县政府及各县苏维埃政府要购买大批种子，鼓励群众抢种稻子、杂粮等作物；增加捕鱼，使鱼、鸭蛋成为大宗出口品，输入粮食和食盐等物品。五是发动救济运动。动员未受灾之苏区互济会，募捐救济灾区。在自愿条件下，鼓励中农向受灾的贫雇农借贷一小部分粮食。六是实行极端的节约政策。伤、病员照常供应，红军、游击队的给养大部分靠没收的粮食，党和苏维埃工作人员的生活费每月不得超过 6 元，各机关绝对禁止浪费。此外，决议还号召群众参加红军，组织水上游击队，加紧肃反，防止反水。

设立粥厂，进行布施。鄂豫皖中央分局发出专门通知，指示粮食委员会和各级苏维埃政府立即设立粥厂，救济没有饭吃的工友和农友，特别是对红军家属，必须至少担保每天有三顿粥吃，等等。[1] 还发出《关于举行粮食运动周的事》的专门通知，要求在粮食委员会领导之下，“各乡苏维埃须募集粮食，立

---

① 谭克绳、马建离、周学濂：《鄂豫皖革命根据地财政经济史》，华中师范大学出版社 1989 年版，第 171 页。

即设立粥厂，救济没有饭吃的工友、农友”①。

推动民众自救，并加强具体指导。各级苏维埃政府建立了互济会机构。为了加强指导，“救济的人要考查登记清楚，免得[把] 救济搞到旁边去了”②。1931 年 7 月，鄂豫皖苏维埃政府粮食委员会第一号通令规定，各区、县以饥民和红军家属为主，设立平粜局，办理平粜事宜。③ 在各地成立分会的基础上，1932 年 5 月，鄂豫皖革命互济会代表大会上成立了全省互济会机关，统一领导边区的互济工作。

边区政府积极组织开展募捐活动，尤其是要求党团员发挥模范带头作用。鄂豫皖党、团分局十分重视募捐活动，强调“应做到每个同志、群众 [将] 一个铜板、一把米都拿来，帮助红军家属及饥饿民众”④。同时，强调“在救济 [时] 特别注意先救济了红军家属”⑤。

边区党委和政府减免税收以减轻灾民的经济负担。苏维埃政府通过了一系列减免灾民税收的法令。1931 年 9 月 1 日，鄂豫皖中央分局党与团联合发出《动员广大群众加紧扩大抗水灾斗争来巩固和发展苏维埃区域》的通告，规定：没收帝国主义的银行、工厂、矿山、轮船、铁路、企业，以其收入救济灾民；

---

① 湖北省档案馆、湖北省财政厅：《鄂豫皖革命根据地财经史资料选编》，湖北人民出版社 1989 年版，第 569 页。

② 周质澄、吴少海：《鄂豫皖革命根据地财政志》，湖北人民出版社 1987 年版，第 121 页。

③ 安徽省地方志编纂委员会编：《安徽省志·民政志》，安徽人民出版社 1993 年版，第 162 页。

④ 周质澄、吴少海：《鄂豫皖革命根据地财政志》，湖北人民出版社 1987 年版，第 121 页。

⑤ 安徽省财政厅、安徽省档案馆：《安徽革命根据地财经史料选》第 1 册，安徽人民出版社 1983 年版，第 113 页。

没收租界房屋财产，由灾民居住享用；不还一切外债，拿来救济灾民；没收军阀地主豪绅房屋、财产、船只，分配给灾民；没收地主粮食，分配给灾民；没收地主土地，分配给贫苦农民。灾民组织起来，割当地地主的谷子；不还租，不纳税、不完粮，不交租；将当铺中一切东西没收，无代价的发还和分给贫民，等等。[①] 苏维埃政府还拨出专款救济群众，以尽可能解决灾民的一些生产和生活困难。

筹集粮食。国民政府的“粮食封锁”使苏维埃政权粮食十分缺乏。苏维埃政府组织成立了粮食委员会，并积极动员各方力量多方筹集粮食。1931 年 8 月，边区苏维埃政府《粮食储藏收集暂行条例》规定：每户收获粮食 4 石以下免收，4 石以上按规定比例收集。收集的粮食由粮食委员会在中心区设立粮食储藏所，储存备荒。1934 年该地区又发生“一百年未有的旱灾”[②]。为此，党领导广大群众积极开展救灾活动。

为此，鄂豫皖苏区在各地基层组织中建立互济会，负责救荒工作。同年 7 月，鄂豫皖苏维埃政府粮食委员会第一号通令规定，各县、区以饥民和红军家属为主，设立平粜局，办理平粜事宜。

实行征粮和接粮制度。起初，苏维埃政府实行征发制度，即征收农民多余的粮食，但实际上农民并没有多少多余的粮食可以征收，而且强征也影响到军民关系。后来，政府改为“借粮制”，由农民自愿地将多余粮食借给政府，对富农则采取征收制。在灾荒之年，农民手中已没有多少粮食可借给政府。为此，

---

① 湖北省档案馆、湖北省财政厅：《鄂豫皖革命根据地财经史资料选编》，湖北人民出版社 1989 年版，第 565—596 页。

② 《红色中华》第 235 期，1934 年 9 月 18 日出版。

又改为“余粮收集制”。

1931年8月，鄂豫皖苏维埃颁布《粮食收集储藏暂行条例》，即明确按照不同阶级和阶层征收不同的余粮，这就增加了政策的灵活性。条例规定：对富农、中农征收余粮，对雇农和贫农仍免征。征收的标准，规定中农每人收谷4石以内者不收集，全户余粮1石以上按比例收集（余1—3石者收8%，3—7石收13%，等等）；富农每人3石以内者不收集，每人3—4石收8%，人均4石以上者按照中农户标准增收5%（即4—7石收18%）①。在苏区划分不同的阶层征收不同份额的粮食，有利于调节各阶层的关系，这样既有利于根据地的政权建设，也有利于根据地经济建设，改善红军的供给。

通过广泛宣传，动员广大群众多种杂粮。1931年5月29日，鄂豫皖中央分局专门发出第二号通知《关于举行粮食运动周的事》，指出：粮食种植依靠天时，如不及时种植，必然酿成饥荒，且不可挽救。分局决定立即举行粮食行动周。要求后方工作人员或普通公民都必须参加这次运动。在粮食运动周期间，为增加粮食供应量，达到运动效果，规定了明确的要求：一是要求党员、团员必须积极参加，成为这一运动的领导者。明确规定党员、团员必须至少种五棵瓜蘸（最好是南瓜）或等量其他杂粮，并负责照料，直至收获。如因事不在，须托旁人代为照料。二是要求党员、团员必须做好宣传工作，劝告工农群众多种杂粮，每个老婆婆、小孩都至少种一棵瓜藤，细心培养。由粮食委员会同苏维埃一起划定播种区域，预备各种秧种等。三是开展劳动竞赛。在粮食委员会领导下，党员与团员之间、

---

① 安徽省地方志编纂委员会：《安徽省志·粮食志》，安徽人民出版社1991年版，第136页。

村和村之间、乡和乡之间开展劳动竞赛，以增加群众的积极性。

根据地领导开展节省粮食的活动，并做好互相检查。根据地规定了节省粮食的具体办法：党和苏维埃机关每天吃两顿粥一顿干饭，后方军事机关每天一顿粥两顿干饭，只有红军和前方战士每天有三顿干饭。要求将检查结果报告鄂豫皖中央分局，不能实行的，就要接受严厉处罚。①

为防止大水之后有大疫，1931 年 9 月 1 日，苏维埃政府内务委员会发出《成立卫生局及解决时疫》的通知，首先指出当时医疗存在的问题，如苏区群众不知讲究卫生，各级苏维埃政府对于医疗、医生等工作未加以注意，苏区医生太少，药材来源特别困难，以致疫病流行无法诊治；其次指出病疫既会减弱革命的战斗力，也会妨碍农业生产。

为加强领导，苏维埃政府内务委员会决定正式成立卫生局，详细研究各种办法，各级苏维埃政府对于医生要加以特别考查，包括政治、技术考查。经过考查的医生，政府要给予特别优待，为此政府专门拟定了优待医生条例。②

救济战争期间的流亡人员。1932 年 1 月 24 日，方志敏主持制定赣东北省苏维埃政府《关于避匪革命群众处理问题的决议》，并下发各级苏维埃组织实施。国民党的军事进攻，经常造成被进攻区域的革命群众退避到中心苏区而流离失所。为切实解决这个问题，决议指出，要改变过去单纯设招待所，仅解决吃饭问题的消极做法。今后，要采取积极的措施，主要有：挑

---

① 湖北省档案馆、湖北省财政厅：《鄂豫皖革命根据地财经史资料选编》，湖北人民出版社 1989 年版，第 570 页。

② 湖北省档案馆、湖北省财政厅：《鄂豫皖革命根据地财经史资料选编》，湖北人民出版社 1989 年版，第 697—698 页。

选积极分子参加红军或游击队，“用枪炮打回家去”；种田务工，各尽所能，生产自救；对口分散安置，如将党员安置在党员家中，既保障食宿，又方便过组织生活；部分群众临时“组织生产合作农场或生产合作工厂”；政府救济，银行贷款，群众援助，尽一切可能改善他们的生活。这一切，都以流离失所的群众方便与满意为前提。①

除此之外，根据地还采取了给灾民低利借贷等措施，并在党委领导下，发挥了有效的动员机制。但由于战争频繁，根据地的一些救灾举措如水利建设等难以全面展开，客观上影响了救灾实效。

四、中共领导根据地救灾

湘鄂西省委在检查了上述决议的执行情况后，于8月25日做出了《湘鄂西省委关于检查水灾时期党的工作的决议》，针对存在的问题做出了具体的规定。一是针对游击队与群众到白区搞粮食的问题，决议指出：“没收的对象是地主富农。必须配合当地群众，不可造成赤区群众去没收白区群众粮食的现象。”二是针对外出逃荒的问题，决议认为，逃荒方向，各县按历史的习惯与具体情况而定，但各级党政机构，均应采取积极领导的态度。决议指出：过去我们以为赤区群众出去，易遭受敌人打击，所以没有积极去领导，并只主张个别的少数人投［逃］荒。② 现在看来是不正确的。第一，全国水灾，怎能分出赤区与

① 江西省方志敏研究会编：《方志敏年谱（1899—1935）》，中央文献出版社2009年版，第217—218页。

② 参见《湘鄂西苏区历史简编》，湖北人民出版社1982年版，第136页。

白区的灾民。第二，苏区水灾这样严重，不出外没有办法。因此，党和苏维埃对于外出逃荒，应采取积极的领导态度。……逃荒应有组织有领导，党在其中组织支部，群众组织公开的灾民团。在各级党组织与苏维埃政府的领导下，广大灾民组织起来，纷纷奔向白区和新苏区。这些灾民大都在鄂南、岳阳、武汉及其近郊等白区。同时，积极组织游击队配合群众到附近白区夺取地主、富农的粮食与财产，缴获国民党军队的物资。两阳和汉川两县组织游击队、赤卫军数千人，联合袭击簰州，击溃国民党军一部，夺取运载面粉等物资的船只十余艘，将粮食及物资运回分给灾民度荒。

到了秋天，大水开始减退。中国共产党和苏维埃政府领导群众整修堤坝，恢复生产，掀起了“赶秋运动”，开展生产自救，帮助群众解决耕牛、农具及种子等问题，解决群众的部分困难。在生产方面，各地党和苏维埃政府向群众发放种子，有的发百余石，有的发10余石，多少不等。监利、涌阳、江陵等县的苏区政府积极组织农具制造厂专门制造锄头、耙等，补救群众之不足。在新发展区域内，则没收很多耕牛交给群众。如省苏维埃政府发给各县的牛就有400多头，同时发展群众自愿的犁牛站等组织。[①] 在中国共产党的领导下，苏区军民战胜了大水灾，度过了严重的困难局面。[②]

在面临国民政府军事围剿的同时，边区党委和政府不惧水灾，反而借此把整个苏区整合在一起。一方面，苏区政府强烈认识到，广泛的水灾已成为中国政治经济危机进一步加深的重要因素；党与团要把加紧并扩大水灾斗争当成中心工作之一。

---

① 参见《湘鄂西苏区历史简编》，湖北人民出版社1982年版，第137页。

② 参见《湘鄂西苏区历史简编》，湖北人民出版社1982年版，第137页。

另一方面，各级党部团部已坚决把这次水灾斗争作为改造党、健全党与团的时机。各级党与团，特别孝感中委、陂安南中委、陂孝北麻城县委在期内至少要送自愿（经过教育）到非苏区工作的十五个党员、十五个团员（工农群众由各县委通知工会、农会，苏政党团按实际情形具体决定派到非苏区工作人数目），不拘男女到党中央分局来分别派出（如果派往本县附近非苏区可自主派出不必送来），皖西北各县委可直送皖西北特委。坚决与“陷到白区去工作”的观念及“先布置机关的机关路线”的方式做斗争，至于不肯、不派得力同志到非苏区去工作的保守观念更是不容许的。①

边区开展的救灾工作，不仅救济了灾民，也赢得了广大民众对中国共产党的认同。与此相对照的，是国统区的民众，他们深受灾荒之苦。1931 年 9 月 4 日，鄂豫皖区苏维埃政府发出第十号通令《执行中央分局水灾斗争纲领，发动和领导灾民斗争》，指出：“当着水灾到来，国民党、豪绅地宅、资本家，一面打几个电报在报纸上发表，说几句‘灾情奇重，急待赈济’的空洞欺骗话，或者设几个军阀们的亲戚朋友借名支借水，赈济机关做一做欺骗的宣传，灾民哪里能得到半点好处，一面还是要捐，要税、要债、要租，甚至还要借着以工代赈的名义，用来廉价收买灾民的劳动力，只管他们的剥削，那管你灾不灾，苦不苦。在鄂豫皖苏区周围，国民党军阀、豪绅地主还在利用灾民作进攻苏区的工具，组织灾民来割苏区的谷子。”② 国民政

---

① 参见湖北省档案馆、湖北省财政厅《鄂豫皖革命根据地财经史资料选编》，湖北人民出版社 1989 年版，第 595—598 页。

② 湖北省档案馆、湖北省财政厅：《鄂豫皖革命根据地财经史资料选编》，湖北人民出版社 1989 年版，第 599—601 页。

府不仅无心救灾，反而利用救灾廉价收买灾民的劳动力，并把灾民作为进攻苏区的工具。两相对照，国民党所代表的阶级性质就与中国共产党形成了鲜明的对照。中国共产党领导的苏维埃政府最终得到了广大民众的支持和拥护。

抗战胜利后湖南善后救济分署的工赈筑路*

黑龙江省社会科学院历史所　牛淑贞

抗战胜利后，分配运输救济物品、办理救济工作、协助难民还乡均要依赖交通才能实现。而抗战期间，中国各地交通损毁严重，残余的铁路和公路也因缺乏交通器材而使客运、货运阻滞，“是以恢复交通运输事业，实为中国战后之急务”[①]。因此行政院善后救济总署（行总）对交通善后特别重视，集中力量在全国各地举办工赈筑路。[②] 抗战期间，湖南的各种损失高达71万亿，“这是全中国和全世界第一个重要的灾区”[③]。而且湖南的交通事业在战前是很发达的，尤其是公路，算是全国第一，[④] 在车务、机务、工务方面的成绩均处于全国领先地位。[⑤]

---

* 基金项目：国家社科基金2014年度一般项目，“清代至民国时期以工代赈研究”（项目号：14BZS111）。

① 《中国善后救济计划》，行政院善后救济总署编印，1944年12月，第8页。

② 参见卢震京《善救与建设》，《善救月刊》第22期，第7—8页。

③ 周仰山：《八个月来办理赈务概要》，《善后月刊》1945年第13期，第2页。

④ 参见黄时《湖南的筑路运动》，第48页。

⑤ 参见《各县筑路汇报》，《善救月刊》第25期，第13—14页。

抗战前，湖南的公路建设发展较快，省内公路网基本建成，与邻省都有公路相通。[1] 湖南的公路在抗战前有256.73公里，加上抗战期间兴修的有3585.658公里。湖南公路主要的省际干线是湘粤、湘桂、湘鄂、湘赣、湘黔、湘川等六条线路。省内有许多支线，东可以达江西，西可以到川贵，南可以抵两广，北可以去湖北。而自从1938年秋日军侵入了湖南的门户——岳阳、临湘以后，一直到1945年9月日军无条件投降时止，湖南始终处于战争最前线。[2] 抗战时期，湖南的公路为配合军事需要，在“山还山，水还水”的原则下，有2700多公里被掘毁了，占原有总数3/4以上。[3] 地位比较冲要的县道也遭到严重的破坏。战后虽然有一部分重要公路经临时抢修通车，但是因时间及经费的限制，工程不尽完善，事实上还是似通非通的。至于被破坏的县道，则大多没有动工。[4] 而在进行战后复原的时候，交通不通是一切问题得不到解决的症结所在，因此，在省政府制定的湖南省当前施政十大要领中，便把战胜灾荒与恢复交通并重。为什么恢复交通特别着重筑路呢？一方面是因为利用农闲及救济物资推行国民劳动服役是一种最适当的措施，另一方面是因为农民在冬闲时节的劳力被政府利用，增加了行政效率，而农民自己也可以获得一些生活资料。“这真是一件最有经济价值的运动。”[5] 于是，战后湖南省政府便把“交通第一”

---

① 参见李占才、张劲《超越——抗战与交通》，广西师范大学出版社1996年版，第141页。

② 参见黄时《湖南的筑路运动》，第48页。

③ 参见《各县筑路汇报》，《善救月刊》第25期，第13—14页。

④ 参见黄时《湖南的筑路运动》，第48页。

⑤ 黄时：《湖南的筑路运动》，第48页。

作为施政重点，并把 1947 年度定为交通建设年。[①] 鉴于上述诸方面的原因，笔者拟对战后湖南善后救济分署交通工赈项目的类型、筑路工人的组织管理及其待遇、各类型工赈项目的实施状况与赈济效果进行探讨，借此观察其交通工赈的成效及其影响因素。

一、交通工赈项目的类型

湖南分署的交通工赈项目分为分署自办与补助其他机关承办两种类型。[②]

（一）自办工赈筑路工程

由湖南分署组织测量队及工程处直接主办的工赈公路工程，有长 46 公里的零东路（零陵至东安）、长 98 公里的零道路（零陵至道县）、长 76 公里的邵新路（邵阳至新化），以及长 73 公里的衡常路（衡阳至常宁），四线共长 293 公里，[③] 分别限于 1947 年二、三、四、六月完成。[④] 其中零东、零道、邵新三线属于新修公路，衡常路属于修复旧路。抗战期间，零陵、东安、邵阳等县受灾特别惨重，灾民众多，分署认为“非有大规模之工赈设施，不足以宏救济”，于是根据总署“受灾深重之区域，亦得修造新路线”之规定，于 1945 年 11 月呈请总署核准修筑零东、零道及邵新三条公路，12 月派遣测量队分赴各路踏勘测

① 参见《各县筑路汇报》，《善救月刊》第 25 期，第 13—14 页。

② 参见王正巳《工赈筑路》，《善救月刊》第 22 期，第 7 页。

③ 参见《本署工赈修筑各公路完成后移交省公路局》，《善救月刊》第 26 期，第 9 页。

④ 参见王正巳《工赈筑路》，《善救月刊》第 22 期，第 7 页。

量。1946年3月1日，各路测量队改组为工程处。那时测量还未完成，因灾民迫切待赈，分署特令零道、零东两公路提前开工。工程规模原拟依照丙等国道标准（即宽7.5米的泥结碎石路面汽车路），但因没有获得总署特拨的经费，一切工料费用须从湖南分署有限的经常业务费内匀支，于是不得不将工事标准酌情改低，即缩短路面铺砂宽度，桥梁用临时式或半永久式建筑。① 抗战期间，衡阳遭受战火特别惨烈，1946年3月以后灾情更加严重，分署打算实施工赈"以补急振之不及"，于4月派遣测量队踏勘衡阳至常宁公路线。该线工程并不艰巨，但经过的村镇待赈迫切，测量队加速测量，8月测量完毕，11月13日开工。②

1946年12月，湖南分署因经费困难而紧缩人事，将零东、零道两路工程处合并为零道东工程处。③ 1947年8月底，这四条公路全部竣工，分署遵照总署令根据它们的性质将其移交给地方政府的相关职能机构，而这四条公路均属省道范围，移交给湖南省公路局接收。④

分署自办的筑路项目除了上述四条公路外，还有浙赣铁路株萍段。该路自株洲经醴陵至萍乡，长68公里，由浙赣铁路南株段工程处承办，湖南善救分署协助了626吨粮食，于1946年12月16日开工。⑤

---

① 参见《三十五年度本署工作总结》，第26—27页。

② 参见《三十五年度本署工作总结》，第27页。

③ 参见《本署第三十二次署务会议》，第59页。

④ 参见《本署工振修筑各公路完成后移交省公路局》，《善救月刊》第26期，第9页。

⑤ 《本署自办工赈工程筑路概况》，《善救月刊》第27期，第21页。

（二）补助工赈筑路工程

湖南省政府计划分三期修筑省道，第一期计划修筑八条公路[①]：浏醴攸线，是由浏阳经醴陵至攸县的线路，全长 135 公里，这条线路为湘东区南北孔道，战时遭到彻底破坏，亟须修复；资郴桂线，是由资兴经郴县至桂阳的线路，全长 89 公里，这条线路为湘南孔道，与粤汉路相交接于郴县，战前原已通车，也因战事被破坏了；常澧线，是由常德至澧县的线路，全长 82 公里，为湖南通到湖北的要道；洪靖线，是由洪江至靖县的线路，全长 102 公里，为湖南通到广西的要道；东武竹县，是由东安经新宁、武冈至竹篙塘的线路，全长 222 公里；桂道线，是由桂阳经嘉禾、宁远至道县的线路，全长 194 公里；新烟线，是由新化至烟溪的线路，全长 90 公里，为湘中南北贯通孔道，可与东武竹线相接；桃永线，是由桃源经慈利、大庸、永顺、保靖至永绥的线路，是八线中最长的一线，也是湘西连接鄂川公路的要道。在这八线中，浏醴攸、资郴桂、常澧三线是修复旧线路，其余五线都是根据需要斟酌缓急而测修的新路线。[②] 这八条省道在路线选择方面，特别注意地方出产、镇市交通与夫土石方的减少，以及桥梁、涵洞的节省。对路基、路面、桥涵、水管等工程都规定有明确的施工标准。[③]

湖南省政府为了实施以工代赈救济灾民，并争取时间，将第二期省道修筑计划提前实施，将已破坏而亟须修复的线路也一并兴工，其路线分为修复路线与修筑路线两种。其中修复路

---

① 参见黄时《湖南的筑路运动》，第 48—49 页。

② 参见黄时《湖南的筑路运动》，第 49 页。

③ 参见黄时《湖南的筑路运动》，第 49 页。

线为下表所列前九条，修筑的路线为下表所列后六条。[①] 在湖南省的第三期省道修筑计划中，包括五条修复线与十八条新修线。其中，修复线路有澧王线、浏东长线、平龙线、湘鄂东线、斜炎线等五条线路，新修线路有烟官线、安烟线、临津线、汨瓮线、永龙线、道永线、道江线、庸桑线、桂酃线、芷乾线、耒祁线、徐新线、新桂线、宁潭线、邵祁线、官庸线、沅古顺县、洪黔芷线等十八条线路，这二十三条路线里程总计为2319公里。[②]

表1　湖南省第二期省道修筑计划

序号	路名	长度	序号	路名	长度
1	宁乡至湘乡	66公里	9	汉寿至太子庙	22公里
2	澧县至津市	12公里	10	靖县经绥宁城步至武冈	207公里
3	长沙至岳阳	195公里	11	湘阴至汨罗	40公里
4	常德经陬市至桃源	34公里	12	慈利经大庸和永顺至永绥	300公里
5	慈利经石门至张公庙	74公里	13	宁乡至安化	114公里
6	鲁塘坳至永兴	20公里	14	嘉禾经蓝山和临武至宜章	98公里
7	茶陵至酃县	159公里	15	宜章经汝城至桂东	142公里
8	沅江至益阳	125公里			

资料来源：黄时《湖南的筑路运动》，第49页。

自从湖南省发起筑路运动后，“各县无不乐从，现在全省已发了筑路热，或为义务劳动或以工代赈，无不积极进行，尤其是湘西以及若干边远县份，久苦蔽（闭）塞，绝对不想落后”[③]。

---

① 参见黄时《湖南的筑路运动》，第49页。

② 参见黄时《湖南的筑路运动》，第49—50页。

③ 《各县筑路汇报》，《善救月刊》第25期，第13—14页。

湖南省政府还拟定了《全省各县修筑县道计划书》及《县道修筑办法》，分三期修筑全省 8247 公里的县道，第一期修筑 3091 公里，第二期修筑 2379 公里，第三期修筑 2777 公里。在县道路线的选择上，尽量利用原有驿道向两旁发展，运输标准以能通行单行汽车及大板车等交通工具为原则。除特殊建筑所需的技工，或由公路局派员协助，或另行雇员担任外，其余民工由各县政府依照国民义务劳动实施办法推行劳动服役。县道工程也制订有标准，对路幅宽度、路基高度以及桥涵荷重等均有具体规定。湖南省政府把筑路工作作为各县县政的中心工作之一，并把工作成绩列为年终考核的重要项目。公路局组织了湘西、湘南两个测量队，到绥宁、城步、武冈、江华、道县、桂阳等县进行测量。①

湖南省政府的三期省道修筑计划包括四十六条路线，所需资金数额巨大，第一期八条省道总计 914 公里，需要76 590吨物资，湖南分署先拨了17 872吨工粮，其余的还未核准，省政府先就拨到的 4000 余吨工粮配发给八线工程处，“以后工粮继续拨到，工程进展方有希望”②。第二期的十五条省道总计长 1608 公里，所需工程费折合物资共需约 20 万吨。③ 而总计长 2319 公里的第三期省道所需物资至少也应在 20 万吨以上。修筑全省 8247 公里的县道所需物资也不在少数。如何解决全省13 000多公里的筑路物资与经费，需要省政府、湖南省分署及省参会等机关商讨进行。④ 最终，分署仅对省政府的上述修路计划以工赈方式予

① 参见黄时《湖南的筑路运动》，第 50 页。
② 黄时：《湖南的筑路运动》，第 49 页。
③ 参见黄时《湖南的筑路运动》，第 49 页。
④ 参见黄时《湖南的筑路运动》，第 49 页。

以部分补助。分署遵照总署补助修复公路暂行办法的规定与省政府协议，对于交通、经济、文化、治安方面需要迫切，且在收复区域的各种交通路线，拨发50 349吨物资予以补助修筑。其中省道由省府划定路线，由分署以特别工赈修筑或修复，而县道则由县府就所配普通工赈粮食中自择路线修筑或修复。分署补助修复的省道公路有浏醴攸、资郴桂、常澧三线，新修筑的公路有桃慈、澧宝、新烟、东武竹、桂道五线，八线共长 1082 公里，均以特别工赈方式补助公路局次第兴工；还补助公路总局第二区局修复长常、长平两线，补助湖南公路局修补潭宝一线。县道则以普通工赈方式每月配给工粮，由县府自择线路兴修，如宁远、宁乡、汉寿、湘潭、湘阴、甫县、耒阳、江华、道县、永明、新宁、新田、桃源、澧县、攸县、常宁等十七县，均已经核定计划着手兴修。①

此外，湖南分署对于一些情况特殊的交通工程也按工酌情予以补助修筑，补助浙赣铁路南株段工程处修复株萍铁路、补助长沙市政府和衡阳市政府修造共长 5694 米的沿河马路、补助南岳管理局修复名胜及道路、补助联总农村工业服务队修邵阳双清亭至铁厂道路、补助省政府修长沙飞机场。②

二、筑路工人的来源、组织管理及其待遇

抗战期间，湖南各县，尤其是湘南各县，均遭到日军非常

① 参见王正巳《工赈筑路》，《善救月刊》第 22 期，第 7 页；《三十五年度本署工作总结》，第 26—29 页。

② 参见王正巳《工赈筑路》，《善救月刊》第 22 期，第 7 页；《三十五年度本署工作总结》，第 26—29 页；《本署工作概况（截止三十六年六月底止）》，《善救月刊》第 27 期，第 36—38 页。

残酷的蹂躏。“耕牛被杀十之八九，猪羊鸡鸭，宰食殆尽……农民即使侥幸逃出命来，而养命的口粮却损失殆尽。”[①] 湖南分署“特于急赈之外，呈准举办工赈，以容纳巨额灾民”[②]。行总要求尽量召集路线经过地带的难民参加工赈筑路。工赈筑路举办初期，往往把召集到的难民组织为若干工棚参加劳动。或由县政府召集登记后送交工程处指定地点分配工作，或由工程处根据当地情形直接召集。基本上在公路沿线附近不论男女年龄在十六岁以上的健康难民均可参加工赈。[③] 如零东路工赈工程就是由其工程处通知沿线的县政府及当地乡保召集穷苦灾民组织工棚承揽。而对于桥涵、码头等工程需要的专门技工，工程处尽量利用灾民工作，“不足则召集外籍工人承包”[④]。1946 年 12 月以后，根据社会部颁发的收复地区合作社推进办法所规定的原则，将原有工棚改为劳动合作社，棚工均为社员，社员十人以上组设一个合作社，并由社员大会推选社长、副社长、会计、司库、炊事各一人，社长对外代表一切、对内综理社中的事务，如筹办食宿、调整工具、分配工作、领发工粮、填制表报、维持秩序等。副社长辅助社长处理社务，会计担任记账、司库担任款项收支与文书、炊事办理伙食，各司其职。此外，由社员大会推选三至七人组设评事会，该会对社中事务有建议及监察调解权，“借此施以合作训练”[⑤]。

尽管采取了工棚或劳动合作社的组织方式，但因筑路工人的来源广泛，难免会出现老幼不一、男女不等、良莠不齐及无

---

① 特约记者：《谷仓边缘的饥馑》，《观察》1946 年第 1 卷第 9 期，第 14 页。

② 王正巳：《工赈筑路》，《善救月刊》第 22 期，第 7 页。

③ 参见王正巳《工赈筑路》，《善救月刊》第 22 期，第 7 页。

④ 黄露：《零东公路略纪》，《善救月刊》第 25 期，第 18—19 页。

⑤ 王正巳：《工赈筑路》，《善救月刊》第 22 期，第 7 页。

集体工作经验等状况。加之工人数量至千累万，“叫嚣纷扰，错乱复杂，欲其悉听指挥，到达高度工作效率，实际不可得”。通常采用包工方式筑路，“一经立约，一切俱有轨（规）范，管理遂易，分期付款，无晨夕计口发粮之繁，按方给价，无争长议短之弊”。而在这次以工代赈筑路中，现金、物资同发，实施起来非常困难。于是工程组织者“利用雨工余暇，施以训练，颇有效果”。① 但因这些筑路工程属于工赈性质，“对于女工、童工无法限制，致工程进度极缓”②。

行总明确规定了参加工赈工人的工资发放内容和标准，即工人的待遇应参照所在地区难民最低生活需要，以现金或实物支付，如在缺乏粮食、衣服及其他主要日用品的地区，工人的报酬“即以所需之物品为宜”。工赈工人的工资“应以足够维持本人及辅助其家庭生活为标准，尤以工人因工作所需之营养，应予注意，应发工资如超过所发实物数额时，余数可改发现款，使能购买所需未予供应之物品”。如以发给粮食代替一部分工资时，暂定以每人每日以 1.5 市斤（合 0.75 公斤）为标准。行总还规定，视情况需要工赈工资标准可以予以适当提高。③ 后来确实进行了多次调整。参加工赈工人的工资主要是通过发放工粮来实现，而每人每日发放 1.5 市斤食粮的标准太低，还不够工人一天的食量。1946 年下半年，行总将工粮发放标准提高为 2 市斤。同时还决定根据工赈工程的性质与工地情况，为工人们配发罐头等副食品。④ 在湖南筑路工赈中，工人的工资待遇根据

---

① 王正已：《工赈筑路》，《善救月刊》第 22 期，第 7 页。

② 黄露：《零东公路略纪》，《善救月刊》第 25 期，第 18—19 页。

③ 参见善后救济总署江西分署编印《善救准则》，1946 年铅印本，第 189 页。

④ 参见《行政院善后救济总署业务总报告》，行政院善后救济总署编译处编印，第 92 页。

上述原则进行了灵活的处理。总署拨发联总运华麦粉到湖南后，湖南分署就以麦粉作为筑路灾民的主食，并加发国币若干元为副食费。主食和副食的数量一律按照工作量计算。[①] 湖南分署还颁发增加路工福利的办法，让各工程处试办。该办法包括以下内容：给予特种津贴，如到工旅费及筹备工棚伙食；给予示范工作特奖，即以某限度工人在某限期内完成某种工作给予特奖；给予竣工特奖；给予工棚竞赛特奖；给予眷属福利奖。[②] 增加路工福利办法中的眷属福利奖，因路工人数众多，工程处无法精密调查各个家庭的实际经济情况，地方政府也无精确户籍簿可供查考，办理起来非常困难，因此总署令各工程处暂从缓办。[③]

在湖南工赈筑路中，起初也有因为工食拘于总署每工每日限发 2 市斤规定，“粮质优劣不齐致有不能果腹”的现象出现。而且施工路线所经过的地方“多属荒乡僻壤，工粮运检不便，时有不继之虞”[④]。因此每工每日限发 2 市斤工粮的标准实行近半年后，1947 年春，行总又将工粮发放标准提高至 2.5 市斤。同时还规定工人如果超额完成施工任务，对超出部分以现金支付报酬。但由于行总及其合作者经费都十分紧张，许多现金报酬实际上并没有全额支付。

主食麦粉量及副食费均因物价上涨而做过多次调整，使工作勤奋的工人在维持个人日常生活外，还能以其收入养活家人。[⑤] 1946 年 5 月，邵阳、零陵受赈路工因为物价高涨所得工食不足以维持生活，纷纷请求增加工价。后来工价调整为：工

---

① 参见《三十五年度本署工作总结》，第 26—27 页。

② 参见《三十五年度本署工作总结》，第 27 页。

③ 参见《三十五年度本署工作总结》，第 27 页。

④ 王正巳：《工赈筑路》，《善救月刊》第 22 期，第 7 页。

⑤ 参见《三十五年度本署工作总结》，第 26—27 页。

作单价增加50%（经此调整，普通工每公方麦粉1.5斤、副食费112.5元，余类推）；到工旅费津贴增加一倍（每40里麦粉一斤、副食费75元）；筹备工棚津贴增加50%（每人麦粉1.5斤、副食费111.5元）；雨工、病工津贴增加50%（每日麦粉1.5斤、副食费112.5元）；每人每日预支工食数增为麦粉2斤、副食费150元。[①] 物价飞涨也使零东路受赈工人入不敷出，纷纷申请增加工价。零东路工程处命令经管人员一面严密监督棚工加紧工作，一面根据工程进度，“放宽日食预支，方告无事”[②]。1946年12月，湖南分署“调整工赈筑路单价，可参酌修筑塘坝工程单价表调整之”[③]。当然，工作效率不高也会影响灾工的收入。湖南工赈筑路工程开工之初，灾民工作效率并不高，所得工资不多，不免感觉失望。后来经过工程员的详细指导，工人们的工作效能大为提高，工资收入也随之提高。从1946年4月上旬起，零道、零东两路工棚结账时，每棚完成的工作量除抵偿其所预支的主食、副食外，均能获得补发工资四万余元以至五万元。[④]

此外，在工赈工作实施的过程中，行总及其各分署往往还根据难民及其家属的实际情况，给他们配发一定数量的衣物。[⑤] 雨天或有人生病不能工作时，仍按规定每天发给口粮，“饥为之食，病为之医。盖关于棚工之福利，几力之所可及、事所可致

---

① 参见《三十五年度本署工作总结》，第27页。

② 黄露：《零东公路略纪》，《善救月刊》第25期，第18—19页。

③ 《一月大事记（十二月份）》，第60页。

④ 参见《三十五年度本署工作总结》，第26—27页。

⑤ 参见《行政院善后救济总署业务总报告》，行政院善后救济总署编译处编印，1948年，第92页。

者，无不为之悉心规画焉”[①]。工人生病如超过5天仍然不能劳动者，便予以除名，但发给回家口粮。[②] 如零东公路工程处按照署颁规定给参加工赈的工人每人每日预支实物2斤，现款150元。如遇雨天或工人疾病不能工作时，仍发给每人粮食1.5斤，现款112.50元，可以维持工人自己的生活。零东路工程处对于因公死亡的工人给予棺殓费用。[③]

三、各类型工赈项目的实施状况及其赈济成效

湖南分署及联总驻湘办事处对于各工赈机构进行管理的一项重要措施，是要求各机关依照规定把举办工赈工程的进度及成果列表上报分署。这是分署监督工赈物资是否被挪用或变卖的一种手段，当然也是分署据以分配工赈物资以及向总署报销的凭据。[④] 所有工务行政等均由主办机关办理，分署只居督导地位。分署规定表报由各承办机关按期填报，随时监督工赈、督促工事。“惟是工程分配全省各地，本署鞭长莫及，端赖群策群力，则庶几有济也。”[⑤]

不论是分署自办还是协办的公路工程，均要求各工赈机构

---

① 王正巳：《工赈筑路》，《善救月刊》第22期，第7页。

② 参见《行政院善后救济总署业务总报告》，行政院善后救济总署编译处编印，1948年，第92页。

③ 参见黄露《零东公路略纪》，《善救月刊》第25期，第18—19页。

④ 参见《本署工作概况（截止到三十六年六月底）》，《善救月刊》第27期，第36—38页；《江西记者团招待席上姚副署长报告词》，《善救月刊》第26期，第9—12页。

⑤ 王正巳：《工赈筑路》，《善救月刊》第22期，第7页；《三十五年度本署工作总结》，第26—29页。

开工后逐月按照工程种类向分署报告其进度、物资使用情况以及受赈工数。[1] 到年底还要将各种情况汇总再次上报分署。这些报表会在相关刊物上登载出来，便于社会各界了解工程的进展状况及其赈济成效，也便于对其工赈项目进行监督。

（一）分署自办公路工程的进展状况及其赈济情况

湖南省善后救济分署设立工程处直接修建的零道、零东、邵新、衡常四条公路共长 293 公里。这些分署自办筑路工程取得了很好的效果。如本月（待核定是哪一月）一日至三十日，零道公路工程共计工赈工数74 139工，平均每日 2392 人，自二月二十七日开工起，共历 308 天，总计共振工数883 422工（雨工、病工在内），平均每日 2868 人。[2]

湖南分署通过自办的四条公路工程救济了衡阳、零陵、东安、道县、邵阳、新化等地大量灾民。至 1946 年年终，零道路开工 310 天，工赈工数总计883 422工，平均每日 2850 人；零东公路开工 304 天，工赈工数总计458 813工（雨工、病工在内），平均每日 1509 人；邵新公路开工 261 天，工赈工数总计807 309工（雨工、病工在内），平均每日 3093 人；衡常公路开工 49 天，工赈工数总计 7171 工（雨工、病工在内），平均每日 146 人。[3] 而这四条公路工程开工一年多以后，零东公路救济灾民 10 万余人，受赈工数1 150 000工；零道公路救济灾民 30 万余人，工赈工数4 000 000工；邵新公路救济灾民 20 万余人，工赈工数2 000 000工；衡常公路救济灾民 20 万余人，受赈工数

---

① 参见《工赈筑路成果》，第 36—44 页。

② 参见《工赈筑路成果》，第 36—44 页。

③ 参见《工赈筑路成果》，第 36—44 页；《三十五年度本署工作总结》，第 27 页。

1 300 000工。[①] 这四条公路开工一年多以来，平均有12 107个劳工经常依靠在这四条公路的工作为生，“假如平均每一个劳工要养活两个家眷，则至少维持了36 321个人的生活”[②]。总的来说，湖南分署通过工赈修建这四条公路，救济了100多万人，获得工粮超过1万吨。[③]

（二）分署协办公路工程的进展状况及赈济情况

湖南分署协助省市政府、交通部公路局兴修新烟、东武竹、桂道、桃慈四线公路，修复浏醴攸、资郴桂、常澧、潭宝四线公路。分署还协助交通部、公路总局第二区公路工程管理局修复长平、长常二线公路。[④] 这些工程的承办机构也要在年终将其工程进展及赈济状况报告分署。

（三）各县的普通工赈工程

自湖南发起筑路运动后，各县均积极开展，尤其是湘西以及一些边远地区的三十个县份，“久苦蔽（闭）塞，绝对不想落后”，这三十个县份的筑路情形，也代表了全省筑路运动热的一部分。如沅古县道在沅陵县境内有32.5公里，发动民工3000多人参加以工代赈；绥宁县以工代赈修筑县道150公里。[⑤]

---

① 参见行政院善后救济总署湖南分署编《行政院善后救济总署湖南分署业务报告》赈恤业务，1948年，第72页。

② 黄露：《零东公路略纪》，《善救月刊》第25期，第18—19页。

③ 参见行政院善后救济总署湖南分署编《善后救济总署湖南分署业务总报告》，1947年，第12—15页。

④ 参见《本署工作概况（截止到三十六年六月底）》，《善救月刊》第27期，第36—38页；《江西记者团招待席上姚副署长报告词》，《善救月刊》第26期，第9—12页。

⑤ 参见《各县筑路汇报》，《善救月刊》第25期，第13—14页。

表 2　湖南分署自办公路工程成果

起讫地点	里程	工程种类	开工日期	进度百分率（%）	已发物资及现款		受振工数
					物资（吨）	现款（元）	
零陵至道县	98 公里	土方	2 月 27 日	94	451.452	21627022.5	640733
		石方	7 月 1 日	58	1021.245		198950
		新建桥梁	9 月 20 日	30	244.901		24556
		改建桥梁	10 月 1 日	46	79.243		4302
		涵洞	7 月 18 日	89	173.221		5101
		水管	7 月 16 日	39	43.844		9780
合计（民国三十五年二月二十七日至十二月底）					2103.879	21627022.5	883422
零陵至东安	46 公里	土方	3 月 3 日	86	447.529	17091528	356024
		石方	3 月 3 日	21	25.059	2072170	7843
		新建桥梁	9 月 1 日	71	127.672	12740870	46153
		改建桥梁	9 月 28 日	93	6.241	397340	3426
		涵洞	8 月 26 日	62	22.867	1290600	12247
		水管	9 月 11 日	71	21.349	1277500	13657
		路面	6 月 25 日	7	56.861	340500	15493
		码头及引道	9 月 28 日	53	10.712	1234000	3970
合计（民国三十五年三月三日至十二月底）					718290	36444508	458813

续表

起讫地点	里程	工程种类	开工日期	进度百分率（%）	已发物资及现款		受振工数
					物资（吨）	现款（元）	
邵阳至新化	76公里	土方	4月15日	97	503.478	14873496	360676
		石方	4月15日	82	466.718	8890228	321012
		涵洞	5月1日	100	188.086	664402	65870
		水管	4月20日	100	48.654	566603	23622
		护栏	10月18日	100	2.138		800
		护墙	6月4日	97	85.830	210065	35329
合计（民国三十五年四月十五日至十二月底）					1294.904	25204794	870309
衡阳至常宁	73公里	土方	11月13日	1	4.246	125040	4246
		石方	11月13日	2	2.925	393300	2925
合计（民国三十五年十一月十三日至十二月底）					7.171	518340	7171

资料来源：《工赈筑路成果》，第36—44页。

表 3　湖南分署协修公路工程成果表

起讫地点	里程	工程种类	开工日期	进度百分率（%）	已发物资（吨）	受振工数	备注
浏阳至攸县（浏醴攸公路）	135 公里	土方	12 月 5 日	36	247.500	247500	
		路面		44	197.000	197000	开采碎石
		改建桥梁		10	130.000	130000	
		涵洞		35	179.500	179500	
		水管		50	396.000	396000	
合计（民国三十五年十二月五日至十二月底）				35	1150.000	1150000	
资兴至桂阳（资郴桂公路）	89 公里	土方	11 月 15 日	91	168.750	168750	
		石方		93	225.000	225000	
		路面		45	202.500	202500	开采碎石
		涵洞		25	258.750	258750	
		水管		25	270.000	270000	
合计（民国三十五年十一月十五日至十二月底）				56	1125.000	1125000	
常德至澧县东岳庙（常醴公路）	91 公里	土方	12 月 5 日	25	146.250	146250	
		路面		30	175.500	175500	开采碎石
		改建桥梁		17	195.000	195000	
		涵洞		20	224.250	224250	
		水管		35	234.000	234000	
合计（民国三十五年十二月五日至三十一日）				25	975.000	975000	

续表

起讫地点	里程	工程种类	开工日期	进度百分率（%）	已发物资（吨）	受振工数	备注
桃源陬市至慈利（桃慈公路）	91公里	土方	12月15日	4	33.750	33750	
		石方		3	45.000	45000	
		路面		9	40.500	40500	采砂石
		涵洞		2	51.750	51750	
		水管		3	54.000	54000	
合计（民国三十五年十二月十五日至三十一日）				4	225.000	225000	
湘潭至邵阳宋家塘（潭宝公路）	148公里	路面	11月2日	90	60.500	60500	
		新建桥梁		32	429.050	429050	开采石料
		码头及引道		30	10.450	10450	
合计（民国三十五年十一月二日至十二月三十一日）				50	500.000	500000	
长沙至常德（长常公路）	184公里	土方	11月20日	82	364.00	364000	
		路面	11月20日	30	136.00	136000	
合计（民国三十五年十一月二十日至十二月底）				56	565.00	500000	1947年度赓续进行尚需工赈粮500吨
长沙黄花市至平江上塔市（长平公路）	149公里	土方	10月18日	90	275.00	275000	
		路面	11月10日	75	225.00	225000	
合计（民国三十五年十月十八日至十二月底）				82.5	500.00	500000	

资料来源：《本署各项工赈工程以农田水利为先，并加紧修筑公路》，《善救月刊》1947年第21期，第11—12页；《工赈筑路成果》，第39页。

表 4　各县普通工赈工程经由分署于本月份继续核定

<table>
<tr><th>县别</th><th>工程名称</th><th>估计工数</th><th>核配物资</th><th>附注</th></tr>
<tr><td>道县</td><td>江华至道县县道</td><td>8100</td><td>16.200</td><td></td></tr>
<tr><td>永明</td><td>永富县道</td><td>27000</td><td>54.000</td><td>在该县 6 月份赈粮办理</td></tr>
<tr><td rowspan="2">新田</td><td>新田至桂阳县道</td><td>15000</td><td rowspan="2">72.000</td><td rowspan="2">在 10、11 两月份存粮项下开支</td></tr>
<tr><td>新田至宁远县道</td><td>21000</td></tr>
<tr><td colspan="2">合计</td><td>71100</td><td>142.2000</td><td></td></tr>
</table>

资料来源：《工赈筑路成果》，第 41 页。

各县普通工赈工粮自 1947 年 1 月 1 日起停止续配，但是绥宁等县用上年各月份配额内的存余工粮修筑道路、码头等。详见下表：

表 5　绥宁等县的普通工赈工程

县别	工程名称	估计工数	核配物资（市斤）	附注
绥宁	道县工程	87776	175552	
道县	城市街道、下水道、码头及县道、桥梁等	109900	219800	
宁乡	修复宁乡公路	22000	44000	
攸县	修五中乡道	34000	68000	
攸县	修中枫乡道	71500	143000	
湘阴	修阴汨公路	135700	271400	核定数为 135.7 吨

资料来源：《本署各项工赈工程以农田水利为先并加紧修筑公路》，《善救月刊》1947 年第 21 期，第 11—12 页。

表 6　补助各县市普通工赈修复道路街渠成果统计表①

县市别	工程项目	核拨物资	累计工数	完成百分率(%)	截止日期
永兴县	修建街渠	138 吨，又274358 市斤	138291	99.8	4 月 20 日
衡阳市	修市中心区马路	70.5 吨	153232	57	2 月 10 日
茶陵县	修县乡道	115927 市斤	57964	100	1946 年 12 月 30 日
宁远县	修县乡道	278064 市斤	120853	92	1 月 31 日
蓝山县	修建街渠	51816 市斤	10585	76	4 月 18 日
湘乡县	修中正路	10 吨	10000	50	3 月 20 日

资料来源:《零东公路完成试车情形良好》,《善救月刊》1947 年第 25 期，第 13 页。

四、交通工赈的成效及其影响因素

通过上文的论述可以看出，湖南在经历了战争的巨创之后所进行的公路建设，既要注重发展区域经济或工矿业的需求，又要考虑赈济广大灾民或难民的需要。湖南分署在资金匮乏的情况下采取自办与补助及其他机关承办的方式兴办工赈修路事业也取得了明显的成效。首先，分署通过这些工赈筑路项目赈济了大量灾民，表 7 表明，除县道之外的工赈筑路项目受赈工数达18 282 982工。其次，分署通过工赈筑路为深受战争创伤的湖南构建起了新的交通网络，尤其是公路交通网络。在交通建

① 表中所载系分署据已收到各县的旬报汇编而成，其余尚有多县迄未据报，故暂从缺。

设年的号召之下，湖南省的公路进展非常迅速，新修八线省道告成后，省公路局为适应新的业务需要，调整管理机构，将全省公路划为十三段进行管理。[1] 前文所述三期省道修筑计划完成后，湖南省便会有一个很完整的省道系统，并形成湖南公路网的主干体系。[2] 前文所述三期县道修筑计划如能按时完成，“则湖南无县不通车了”[3]。战后湖南公路网络的建构，首先是为急赈提供了交通运输保障。赈灾和筑路，在区域道路系统损毁严重的情况下，是具有连锁关系的两件事情。在办急赈的时候，赈济差不多都是刻不容缓，而因为交通不便，运输困难，粮食不能很快运到灾区，以致饿死了许多灾民，“实在不能不联想到筑路——交通便利的利益。因此，筑路和赈灾，几乎成了连锁的两件事情”[4]。

表 7　湖南分署交通工赈项目所用物资、经费及受赈工数

工程名称	所用物资（吨）	所用经费（元）	受赈工数（工）
自修零东公路	2171.5100	385343022	1150000
自修零道公路	7723.3609	2084577099	4000000
自修邵新公路	3881.8700	1546109633	2000000
自修衡常公路	2538.4078	1357405302	1300000
补助省政府新修及修复八线工程	11712.0000		60000
补助交通部二区局修复长平、长常公路	长平 800.0000 长常 500.0000		900000

① 参见《各县筑路汇报》，《善救月刊》第 25 期，第 13—14 页。

② 参见黄时《湖南的筑路运动》，第 49—50 页。

③ 《各县筑路汇报》，《善救月刊》第 25 期，第 14 页。

④ 齐群：《赈灾与筑路》，第 1、5 页。

续表

工程名称	所用物资（吨）	所用经费（元）	受赈工数（工）
补助兴修长沙沿河马路	1500.0000		1282982
补助兴修衡阳沿河马路	1600.0000		1100000
补助兴修南岳等处汽车道	510.0000		250000
补助修复株萍铁路	625.0000		300000
补助修复长沙飞机场		10000000	
合计	33562.1487	5383435056	18282982

资料来源：行政院善后救济总署湖南分署编《行政院善后救济总署湖南分署业务报告》赈恤业务，1948 年，第 72 页。

这次修路运动对湖南的公路系统进行了大规模的改造与新建，湖南地区公路系统的效能大为提升，在西南地区的公路网络中发挥了核心功能并对整个区域公路系统起到重要的衔接作用，区域公路网格局由此基本定型。湖南交通网络的构建，无疑也会在一定程度上促进区域经济的近代转型。如分署自办的邵新公路，是邵、新两县的联络线，也是湘川、湘黔两条平行湘境公路的联络线。湘黔铁路修复后，30 多公里的邵新公路不但沟通了湘中，而且可以经邵衡路、湘桂路等把新化的玉兰片、竹纸、煤、木材等外运获利，“尤其是闻名世界锑矿山的锑不会再埋在地下而不能利用”①。零东公路通车后，石期、白芽两市人口稠密、商业繁盛，沿路又以茶油、纸张为主要外销商品，加之新宁、武冈交通不便，“故本路为沟通湘中湘东捷径，营业必然发达”②。而分署补助湖南省政府修筑的八条省道，对于湖

① 《邵新公路通车志盛》，《善救月刊》第 28 期，第 16—21 页。

② 黄露：《零东公路略纪》，《善救月刊》第 25 期，第 19 页。

南农产品和矿业原料商品化的提高也具有基础性的推动作用。浏醴攸线为湘东区南北孔道，对于浏阳的夏布、鞭炮，醴陵的瓷器等种种特产的运输价值很大；资郴桂线为湘南孔道，与粤汉路相交接于郴县，对湘南各县矿产的输出极有帮助；常澧线为湖南通到湖北的要道，滨湖的粮食多从这里输出；洪靖线为湖南通到广西的要道，并且洪江是湘西的重要商镇，贵州、广西的物产多集散于此。同时，靖县地广人稀，荒土极多，土质肥沃，是最好的天然农场，国民党中央曾在该县创设荣誉军人屯垦处，很有成效。这条路修成，对于开发地方富源，增加农村生产也会有很大的帮助；东武竹线可以连接湘桂铁路，在湘中文化上、经济上有很高的价值；桂道线为湘南贯通东西的孔道，对发展文化、开采矿产均有极大的作用；新烟线为湘中南北贯通孔道，可与东武竹线相接，新化、烟溪都是湖南产煤、产锑的地区，战前的巩县兵工厂曾一度迁设于此，因此这条路对湖南工业做出了一定的贡献；桃永线是湘西连接鄂川公路的要道，这条路修成后，可将沅常一带的纱布、棉花等物品尽量运销川鄂边区，而边区一带的矿产，如永顺的桐油、煤铁，龙山的朱砂，均可逐步得到开发。① 战后湖南地区公路交通的发展，使原有比较狭隘的区域市场得以拓展，农产品和矿业产品的商品化提高，进而促进区域经济由传统向近代迈进。正是便利的公路交通，一定程度上将湖南地区纳入更大区域的市场网络中，不仅可以形成湖南对外经济交流互动的大致格局，而且拓宽了区域市场的广度和深度，逐渐收到了近代公路交通辅助开发湖南地区的预期效果，区域经济开发水平相应提高，战后区域城镇发展的产业基础也会因此而趋向多元化。

---

① 参见黄时《湖南的筑路运动》，第48—49页。

不可否认，战后湖南公路交通网络形成后，湖南的区域经济本应该获得一定发展，遗憾的是，战后国内政局不稳，无法提供区域经济持续发展的良好社会环境，尤其国共内战的爆发，在很大程度上消减了经济发展的成果，使交通建设与区域经济发展之间没能形成一种良性互动的关系。战后，湖南省进行工赈筑路时，也考虑到其“对于政府剿匪和禁种烟苗等”的很大效用。为了便利内战期间的军事行动，湖南省还将新化至烟溪段公路及新宁至东安段公路暂时停修，移其财力、人力赶修桃慈路接通大庸桑植。①

此外，交通工赈参与各方的关系也会对工赈项目的运行造成一定的影响。在湖南分署的交通工赈中，联总、行总及其湖南分署、湖南省政府及其相关机构、地方各级政府以及普通民众均参与进来。如分署协助省政府修筑的新烟、东武竹、桂道、桃慈、浏醴攸、郴资桂、常澧等七条公路线，“经以特别工赈与湘省府协议拨发物资，交由湘公路局兴修”②。而分署与各工赈机构之间的关系也颇为复杂，即分署对于各工赈机构并没有行政上的威权。如湖南分署及联总驻湘办事处要求各工赈机构领取物资后，必须在限期内开工，否则取消分配，并追还已经分配的物资。但是，实际上还有一些具体经办工赈的机构领取物资后并没有如期开工。③ 再如分署要求各县市的普通工赈机关，限于1947年4月15日前把工程进度及成果列表上报分署，逾限即取消其配额。但“各县市多未遵报，致本署无法向总署报销，

---

① 参见《各县筑路汇报》，《善救月刊》第25期，第13—14页。

② 《协助湘省府修筑公路线》，第41—44页。

③ 参见《受领工赈物资机构须于限期内兴工》，《善救月刊》第22期，第25页。

关系整个工赈之层次审核，及将来物资之报销至巨”①。对于工赈机关的这些行为，分署只能请求湖南省政府严令各受赈机关，或“于限期内兴工”，或把举办工赈工程的进度及成果依照规定列表报分署，并强调“逾期即予停配，或追缴已配物资”。② 而分署和工程所在地民众的关系也比较复杂，参加工赈的居民直接受惠于工赈工程，往往会积极支持工程的修建，而工程影响到其利益的居民自然会干扰工程的进展。如零东公路的老六仕甸一段路线，当地居民以风水旧习坚决请求改道修筑，但分署派人重新勘测后，认为原订路线所占耕地较少、距离也较短，仍主张依照原定路线修筑，“然居民聚众阻工，事无法推进，乃数经商讨，采取折中路线，始获继续兴工”，这场风波致使工程延误达三月之久。③ 举办工赈筑路时，如要征用民地及迁移补偿等费，原定由省府呈请中央发给，但因“文电往返，稽延失时，致使被征用土地拆迁房屋的灾民，转因工赈筑路而生活失据，群情怨望，纷起责难”④。交通工赈参与各方间的关系不仅可以看作是影响工赈项目能否顺利实施的一个重要因素，还可以透视出中国社会及其民众在遭受战争巨创后的复杂关系。

---

① 《业务简讯》，《善救月刊》第25期，第18页。

② 《受领工赈物资机构须于限期内兴工》，《善救月刊》第22期，第25页；《业务简讯》，《善救月刊》第25期，第18页。

③ 参见黄露《零东公路略纪》，《善救月刊》第25期，第18页。

④ 王正已：《工赈筑路》，《善救月刊》第22期，第7页。

灾害与救助：1975年的驻马店大水灾

河北大学历史学院　胡晓君　吕志茹

1975年8月，受登陆台风影响，淮河上游降下历史上罕见的特大暴雨。由于水库容纳不下，排泄不及，板桥、石漫滩两座大型水库及24座中小型水库垮坝。一时间洪水以铺天盖地之势而来，民众的生命财产遭受巨大损失。此次灾难一时震惊中外，被称为世界上最大最惨烈的水库垮坝事件。① 灾情发生后，政府迅即投入救助工作。目前，有关此次水灾的记载多为地方志、纪实类作品及回忆性文章，未见公开发表的学术成果。本文拟对此次水灾的重灾区——驻马店地区的灾害救助进行考察，从中分析政府的救助机制及民众、官员的心态变化。

一

1975年8月的淮河大水灾波及河南省的29个县（含县级镇、区），其中驻马店地区的10个县、镇为重灾区，许昌、周

① 邢华：《河南“75.8”垮坝惨剧真相》，《陕西水利》2006年第3期。

口、南阳等19个县为轻灾区。迅速下泄的洪水导致很多地方房屋倒塌，百姓死于非命，幸存下来的灾民生活无着，食品水源短缺，灾区疫病流行，民众悲观绝望。为此，政府立即采取紧急救助措施，力保灾民渡过危机。

（一）空投物资

灾难发生后，灾民被水围困，必须及时救助。而当时通讯中断，交通断绝，直接的救助就是空投。新中国经过二十多年的发展，航空设施越来越完善，这为救灾工作提供了保障，使这一时期具备了中华人民共和国成立前不曾有的快速应对水平。8月8日水库垮坝当天，空投工作便已开始。8月9日，由北京发出的一批紧急救灾物资在西平、遂平、上蔡、汝南、平舆、新蔡县内空投。[①] 据统计，河南省的空投工作持续到8月28日。空投任务由中国人民解放军和河南省民航管理局负责，从李新店、新郑机场出发，全区共设立空投地点81个，参加空投的共有23个单位，共飞行1668架次，空投物资200多万公斤。其中，熟食2 527 724公斤，食盐3500公斤，医药8000公斤，橡皮船807只，救生衣13 643件，救生圈6292个，救生艇20只，电线39 000公斤，炸药59 800公斤，种子9000公斤，铁锨1000个。[②] 从上述物资看，食物占据绝大比重，其次是药品和救生物品，这是灾民生存下去的首要保障。

对家园尽毁的灾民来说，及时的物资供应首先解决了他们

---

① 驻马店地区革命委员会防汛防旱指挥部办公室：《防汛急报》（1975年8月9日4时），驻马店档案馆藏，档案号67-204-001。

② 驻马店地区水利局编：《河南省驻马店地区“75.8”抗洪志》，黄河水利出版社1998年版，第78页。

的燃眉之急。据记载，8月9日，汝南宿鸭湖上空，“突然天空出现无数架飞机……围着人们投下一袋袋救灾物品，饥饿的人们吞食着热气腾腾的馒头。人们开始还不明白是怎么回事，只顾匆忙地填充自己的肚皮，继而恍然大悟，整个大堤开始沸腾起来：‘党中央、毛主席派飞机救我们来了！’”[①] 上蔡县塔桥公社徐王庄大队二百多人被围困在一片高岗上，三四天没有吃到东西，大队支部书记王国才饿得晕倒在地，吃到空投下来的馒头才苏醒过来，二百多人流着眼泪高呼“毛主席万岁！”“共产党万岁！”[②]。此次水灾发生在“文革”期间，民众已被革命思想熏陶数年，对毛主席的崇拜达到顶峰。当政府的救助展开时，民众的感激之情溢于言表。

（二）医疗救助

历史上，“每当大荒之时，饥饿难当的农民‘始则采摘树叶掺杂粗粮以为食，继则剥掘草根树皮和秕糠以为生’，几乎是一条铁律”[③]。既然为一条“铁律”，此次水灾过后，灾民也必是寻尽所有能食之物，更有甚者吃死亡牲畜、霉变粮食，甚至吃水上漂浮的食物，饮用不干净的水，极易引发疾病。此外，洪水过后，死亡的牲畜家禽及霉烂变质的粮食容易滋生苍蝇、蚊虫等，严重污染环境；再加上灾民缺少衣物和遮风避雨的房屋，不能抵御早晚低温和特殊天气；灾民生火条件不足，没有足够的熟食充饥等。以上情况都降低了民众抵抗疾病的能力，致使

---

① 中共驻马店地委组织史办公室编著：《敢与天公试比高——驻马店地区“75.8”战洪纪实》，中共党史出版社1994年版，第68页。

② 驻马店地区水利局编：《河南省驻马店地区“75.8”抗洪志》，黄河水利出版社1998年版，第78页。

③ 夏明方：《民国时期自然灾害与乡村社会》，中华书局2000年版，第121页。

灾民中疾病流行，主要有胃肠炎、皮肤外伤、感冒疟疾、痢疾、水肿等。据统计，平舆县万塚公社的“牛庄、曾庄两大队发病率占50%以上”①；汝南县城关7万灾民，病的约有5万人②，该县有20多万人程度不同地发生肿、泻肚等病。③ 8月8日至23日的16天内，全区582万灾民中，患各种疾病者达3 746 791人次，其中上蔡、汝南、新蔡三县发病率较高，分别为989 064人次、733 542人次、633 441人次。④

患病人数不断增加，疾病治疗迫在眉睫，但洪灾导致多数医院的医疗器械和药品已经不能用于治疗疾病。8月8日，驻马店地区抗洪救灾指挥部向国家卫生部和河南省卫生局发出加急电报，请求医疗支援。中共中央和河南省委派出医疗人员7204人，提供各种药品价值2400万元，⑤ 深入灾区对民众进行紧急治疗。同时，驻马店“地、镇、医疗单位和驻军一五九医院”，采取紧急措施，“除各医院收治灾民病人外，还设立了十几个医疗点”⑥；汝南县委抽调干部500人，组织了110多人的医疗队

---

① 驻马店地区防汛防旱指挥部办公室：《防汛急报（第32期）》（1975年8月18日6时），驻马店档案馆藏，档案号67-204-002。

② 驻马店地区防汛防旱指挥部办公室：《防汛急报（第22期）》（1975年8月15日6时），驻马店档案馆藏，档案号67-204-002。

③ 驻马店地区防汛防旱指挥部办公室：《防汛急报（第18期）》（1975年8月13日11时），驻马店档案馆藏，档案号67-204-002。

④ 驻马店地区水利局编：《河南省驻马店地区“75.8”抗洪志》，黄河水利出版社1998年版，第100页。

⑤ 河南省水利厅编：《河南“75.8”特大洪水灾害》，黄河水利出版社2005年版，第116页。

⑥ 中共驻马店财政局：《关于请示解决在抗洪救灾中抢救灾民医疗费的报告》（1975年10月21日），驻马店市档案馆藏，档案号71-48-003。

伍，到灾区慰问。[①] 各个医疗队协助公社卫生院、乡村赤脚医生深入灾民家中防疫治病。这些医疗人员来自全国各地，充分体现了“一方有难、八方支援”的精神。

灾难发生之初，驻马店地区还组织了以解放军指战员为主的4.2万多名掩埋尸体突击队，在8月9日至11日3天时间内掩埋人畜尸体78.9万具[②]，对预防疾病产生了积极作用。

（三）抢修设施

为尽快把救灾物资运送到灾民手中，灾后重建交通通讯网很快被提上议程。为救灾防灾需要，通信设备首先修复，全区截至8月12日下午5时，驻马店至西平、遂平、上蔡、泌阳间的临时电话线路已架通。之后，铁道部司令员郭维成为总司令员，率铁道兵、中国人民解放军及郑州铁路局基建处等26 000人抢修京广铁路。从8月14日到9月22日，共完成路基土石方39.13万立方米，新铺线路26.658公里，新建复线桥3座，共延长145.6米。9月23日，京广铁路全线通车。[③] 为快速修复驻马店公路网，河南省公路局指令洛阳、开封、新乡、商丘等地区公路总段工程队和省交通局第三工程队、机械队，自带食品、帐篷、机械、材料赶到指定地点，对口支援驻马店地区公路桥梁建设。武汉军区周桥部队在遂平县南关汝河桥下游，夜以继日，挖了一条长70米、深6米的通道，架起百米浮桥。水

---

① 驻马店地区防汛防旱指挥部办公室：《防汛急报（第12期）》（1975年8月10日11时），驻马店档案馆藏，档案号67-204-002。

② 中共驻马店地委组织史办公室编著：《敢与天公试比高——驻马店地区“75.8”战洪纪实》，中共党史出版社1994年版，第183页。

③ 河南省水利局编：《河南省驻马店地区“75.8”抗洪志》，黄河水利出版社1998年版，第111页。

势趋缓后，又架起长46米的临时木桥。至8月16日，驻马店全区除新蔡县（洪水未退）外，其余各县的公路均恢复通车。

（四）思想宣传

这次特大洪水灾害造成百万人的生活资料尽毁，妻离子散。灾害不仅影响民众的生产生活，更引发了民众的悲观绝望情绪。水灾发生后，遂平县死亡22 751人，其中文城公社魏湾大队原有1976人，死亡927人。汝河北岸的前湖大队，9个自然村死绝60户，仅剩436户。大队党支部书记一家7口，洪水过后仅剩1人。[①] 部分民众虽侥幸逃过水灾，但在亲人尽失之后甚至绝望自杀而死，如此惨剧几乎每天都在上演。民众悲观失望，对战胜水灾没有信心，甚至产生逃荒思想。有人说："大路陈的土地，养不活咱这2000人口了，还是趁早各奔前程吧。"还有人宣扬封建迷信，"白云山神仙显圣，今年8月水灾，明年8月地震"[②]。如此混乱思想的蔓延，不仅影响社会秩序，还影响了民众自主救灾的积极性。政府为消除此种思想，在积极施救的同时，还加强了思想宣传工作。

中央的慰问电在板桥水库垮坝三天后发出，河南省委、省革委、省军区的慰问信也相继发出。8月15日，由纪登奎、乌兰夫等率领的中央慰问团来到驻马店举行慰问大会。慰问大会以宣传党中央、毛主席的关怀开始，以展现全国人民支援驻马店抗灾的英勇事迹为重点，力求唤起人们战胜灾害的斗志。随

---

① 中共驻马店地委组织史办公室编著：《敢与天公试比高——驻马店地区"75.8"抗洪纪实》，中共党史出版社1994年版，第40页。

② 中共驻马店地委组织史办公室编著：《敢与天公试比高——驻马店地区"75.8"抗洪纪实》，中共党史出版社1994年版，第227页。

后，各县、公社的学习慰问信运动迅速展开。新蔡县委在雨天不但“动员全县干部职工拿出大量防雨器材，运往灾民集中的地区，特别是灾民分散的地方，县委还做了大量政治思想工作，鼓舞灾区群众向洪水灾害作斗争”①。

报纸作为宣传的主要阵地，此时也发挥着积极作用。8月25日，《河南日报》设《向抗洪救灾抢险的先进单位和英雄模范人物学习》专栏，宣传抗洪抢险中的英雄事迹；《驻马店抗洪战报》相继刊载了中央慰问电及驻马店慰问大会的经过，随时跟踪报道救灾信息，使各有关部门和民众及时了解救灾实况。

积极的宣传报道和及时的物资救助相配合，民众的悲观情绪得以转变，极大鼓舞了民众战胜灾害、继续生活下去的信心。“地委、省委、中央慰问团及时来到防汛前线，给我们派来了亲人解放军，调来了大批抗洪物资，有些是派飞机送来的，这些更加鼓舞了我们的斗志，全体上工，意气风发，斗志昂扬，有些同志，几天不合眼，几顿不吃饭，不叫苦，不叫累。”② 上述话语虽有渲染成分，但确实表明了随着宣传和救助工作的开展，民众心态逐渐发生积极的变化。

新中国政府的上述紧急应对措施，在灾荒初期及时挽救了众多百姓生命，转变了民众的思想，使大部分灾民重拾战胜灾害的信心，也为政府后续的救助工作做好了铺垫。

---

① 驻马店地区防汛防旱指挥部办公室：《防汛急报（第34期）》（1975年8月18日23时50分），驻马店档案馆藏，档案号67-204-002。

② 宿鸭湖水库工程管理局革命委员会：《1975年防汛总结》（1975年9月26日），驻马店档案馆藏，档案号67-183-009。

二

灾害过后，直接引起和间接引起的一系列问题不断涌现。配合物资空投、医疗救助、思想宣传等紧急措施，政府又采取了一些长期救助措施。8 月 27 日，被洪水围困的群众全部解围。为及时解决灾民的衣食住行问题和灾后生产问题，驻马店地区成立了生产救灾办公室，负责组织救灾款、救灾物资的发放，灾民房屋的修建、生活安排等工作。河南省委于 8 月 23 日至 27 日召开生产救灾工作会议，对生产救灾做出部署，各项长期救助措施依次展开。

（一）防疫工作

灾后防疫是灾难过后的重要工作，直接关系到民众的身体健康。洪水过后，配合治病救人，疾病预防共采取以下几种方法：

第一，宣传防疫。加强食品卫生管理，把好病从口入关。灾害过后，为改变广大农村的卫生面貌，普及防病灭病知识，各级医疗队及灾区医务人员把传染病的防治方法编成快板书，采用说唱、卫生简报、板报等形式向群众进行宣传。动员群众清理倒塌房屋、挖好公共厕所、清理淹没的水井等，对遏制疾病蔓延产生了明显的效果。

第二，全面消毒。灾害过后，政府广泛发动群众淘旧井挖新井，并指定生产队卫生员兼任饮水消毒员和水源管理员。在医疗队和当地医务人员的指导下，按照河南省卫生防疫《水灾地区饮用水的净化和消毒》的要求，对饮用水进行明矾和漂白粉消毒，并制定饮水公约，保障饮水卫生。针对蚊虫肆虐的情况，除用杀虫剂等药物喷洒、人工捕打外，还呈报上级利用飞机进行药物喷洒。据记载，9月1日至6日共起飞248架次，喷洒可湿性六六六粉248吨，覆盖面积70多平方公里。[①]

第三，培训赤脚医生。医疗队积极帮助社、队培训赤脚医生，恢复合作医疗，重建医疗卫生网。举办赤脚医生培训班，在巡诊中教，在巡诊中学；并且定期讲授灾区多发病的防治知识。

为了顺利开展灾区的医疗救助活动，各级政府下拨了灾害医疗费，并要求专款专用，不得随意动用。国家财政局按照“每个灾民每月补助3角钱医疗费的标准，发放到公社卫生院统一使用，对灾民进行免费治疗”[②]。如驻马店财政局于11月24日“将自然灾害救济款十万零四千元，分配给驻马店镇一万五千元，用于解决镇人民医院、镇中医院受灾群众医疗欠费”[③]。

（二）生活救济

水灾发生后，中共中央先后发放救济款36 489亿元（不包括恢复水毁基建款），供应统销粮6.7亿公斤，发放棉衣、棉被185万多件。全国各地支援救灾物资款3亿多元[④]，积极帮助灾民渡过难关。

---

① 驻马店地区水利局编：《河南省驻马店地区“75.8”抗洪志》，黄河水利出版社1998年版，第100页。

② 驻马店地区水利局编：《河南省驻马店地区“75.8”抗洪志》，黄河水利出版社1998年版，第102页。

③ 中共驻马店财政局：《关于解决抗洪救灾期间受灾群众医疗欠费的通知》(1975年11月24日)，驻马店市档案馆藏，档案号71-48-002。

④ 驻马店地区水利局编：《河南省驻马店地区“75.8”抗洪志》，黄河水利出版社1998年版，第91页。

前已述及，洪水初期，政府就及时派飞机空投救灾物资支援被洪水围困的灾民，挽救了大批灾民的生命。但这只是紧急救助，洪水过后，“睡觉没有窝，吃饭没有锅”的情形比比皆是。解决灾民后续生活的衣食住行问题依然是政府的头等大事。

为保证灾区人民的基本生活，国家将调运的统销粮分配下去，发证到户，口粮以“每人每天八大两，再加上每人生产补助粮二大两”[①] 为标准进行分配。以汝南县为例，8 月 13 日，县委拨粮 376.5 万公斤，每人每天 1 斤，其中细粮 3 两，红薯干 7 两，暂时安排 13 天。部分灾民过度依赖国家救济，有的说：“遭灾就得靠国家，这么大的灾国家不救济有啥办法哩!”有的说：“死了黄牛换铁牛，冲了庄稼发大米。”[②] 为解决灾民依赖国家救济的问题，政府制定“计划用粮，节约度荒”的政策，向群众宣传“节约归己，超吃不补”的原则，很快形成家家精打细算的好风气。

灾难发生后，灾民还面临着缺衣缺被的问题。为此，各县都及时向上级汇报，如上蔡县委请求地委及时解决油毛毡二万卷。[③] 截至 8 月 28 日，全区已发放衣服 72 万套。此次水灾中，全区共发放棉衣、棉被 185 万多件。[④] 但是以上救济仍无法保证每人一件棉衣，每户一床棉被。为此，省革委决定供应低档棉、

---

① 中共驻马店财政局：《关于当前恢复生产、重建家园急需几项资金的请示报告》（1975 年 9 月 6 日），驻马店档案馆藏，档案号 71-047-015。

② 中共驻马店地委组织史办公室编著：《敢与天公试比高——驻马店地区“75.8”战洪纪实》，中共党史出版社 1994 年版，第 245 页。

③ .驻马店地区防汛防旱指挥部办公室：《防汛急报（第 20 期）》（1975 年 8 月 15 日下午 5 时），驻马店档案馆藏，档案号 67-204-002。

④ 河南省水利局编：《河南省驻马店地区“75.8”抗洪志》，黄河水利出版社 1998 年版，第 91 页。

布以解决灾民需要。除此之外，政府更多的是号召外地支援来解决灾区缺衣少被等问题。据不完全统计，无偿支援灾区的物资有棉被412 911条、褥子40 330条、棉毡110 105条、棉衣304 467套、棉大衣154 487件。①

在重建灾民的住房上，洪水初期以庵棚为主，因陋就简，以泥草为顶，搭建临时住房。确山县竹沟公社罗庄大队党支部书记陈章十多天没进家门，带领群众上山割槐草7.5万公斤，搭起100多间庵棚；截止到8月14日，该县已搭起草庵5762间。② 9月中旬，重灾县遂平已搭建庵棚10万间。到1975年底，全区已搭建庵棚110万间，暂时解决了灾民的住房问题。但庵棚毕竟是临时住所，为建新居，灾民除了从淤泥中挖出砖、瓦之外，还建各式窑厂，烧砖建房。为鼓励灾民建房，1976年省委提出“旧村改造，统一规划，专业队施工，谁准备料，房权归谁所有”的原则，并陆续发放建房补助款。到1976年5月底，共发放建房补助款8150万元，累计烧砖26 349万块，建新房200万间。③

（三）生产救济

救灾的根本在于使受灾地区拥有自我修复和可持续发展的能力。洪水过后，为实现所谓的“一年恢复，二年发展，三年

---

① 河南省水利局编：《河南省驻马店地区“75.8”抗洪志》，黄河水利出版社1998年版，第97页。

② 驻马店地区防汛防旱指挥部办公室：《防汛急报（第19期）》（1975年8月14日下午3时），驻马店档案馆藏，档案号67-204-002。

③ 河南省水利局编：《河南省驻马店地区“75.8”抗洪志》，黄河水利出版社1998年版，第104页。

大变，四年建成大寨式的县”[①] 的目标，中共中央对驻马店农业、工业、副业的发展做出了全面部署。9 月下旬，驻马店地委召开救灾生产会议，号召县（镇）建立生产救灾办公室，并组织大批干部到灾区组织生产，分片包干负责，包干到队。对灾情较重的地区，要求一个生产队需有一名国家干部（包括中学以上的教师）。同时加强社会管理，维护治安，保证社会生产稳定进行。

农业以种好小麦、蔬菜为主要任务。驻马店地委从各单位选调 2500 名干部、职工组成生产救灾工作队和三秋种麦工作组，深入灾情严重的县、社、队帮助开展生产活动。积极调拨麦种，维修农具。9 月 6 日，地区财政局报告，“外地支援我区恢复生产，重建家园用拖拉机一千四百台、手扶拖拉机五百四十台、柴油机八百六十二台、电机组二百台……已陆续到货”[②]。为了更好地帮助灾区恢复生产，省委以对口支援为办法，要求非受灾地区县社组成机耕队，随带耕作机器、麦种。如开封地区农机局局长赵青山率领兰考、尉氏、杞县、通许、登封等县 300 多名干部、工人和 60 多台拖拉机组成的机耕队，支援遂平县。他们风餐露宿，昼夜不停，半个月内完成机耕近 40 万亩。[③]在各地的支援下，灾区的农业生产得以顺利进行，驻马店地区

---

① 驻马店水利局：《编报说明》（1975 年），驻马店市档案馆藏，档案号 67-176。

② 中共驻马店财政局：《关于当前恢复生产、重建家园急需几项资金的请示报告》（1975 年 9 月 6 日），驻马店档案馆藏，档案号 71-047-015。

③ 中共驻马店地委组织史办公室编著：《敢与天公试比高——驻马店地区“75.8”战洪纪实》，中共党史出版社 1994 年版，第 236 页。

1976 年的播种面积和粮食产量均已超过 1974 年的水平[1]，说明农业生产恢复工作是比较成功的。

工副业的恢复发展，以解决资金、原料、技术、销路等为主要任务。援助人员主要从工厂、商业、供销、银行、外贸等有关单位抽调，专业人员专门负责。以化肥厂为例，遂平、西平、上蔡、平舆、汝南、新蔡、确山等 7 个县化肥厂因厂房倒塌，设备被淹，原材料被冲走，先后被迫停产。省化工石油局负责人带领安阳、开封、宜阳等地化肥厂工人、技术人员携技术设备赶往支援。此外，政府还进行了大量的资金投入，帮助灾民发展副业。驻马店地区供销社经过论证，出资两万元购买芦苇、荻根，帮助汝南县重灾队在宿鸭湖水库旁发展芦苇、荻根生产，收获颇丰，年产苇、荻 2000 万斤。截止到 1976 年 8 月，全区恢复和新办社队工业、副业 1000 余个，总产值 5000 万元，比水灾前的 1974 年增长了两倍多，纯收入达 2000 多万元。[2]

政府对于灾民生产生活的长期救助基本持续到 1979 年。至此，灾区各项设施已经基本完善，灾民已经具备独立生产的能力。

三

1975 年淮河大水灾给当地民众带来了沉重灾难。灾难发生

① 河南省水利局编：《河南省驻马店地区“75.8”抗洪志》，黄河水利出版社 1998 年版，第 107 页。

② 河南省水利局编：《河南省驻马店地区“75.8”抗洪志》，黄河水利出版社 1998 年版，第 106 页。

后，政府不仅积极宣传救灾，使灾民重拾信心，而且在医疗、生活、生产等方面给予大量资金、人力援助，避免灾区出现循环性灾难。对口支援等措施也取得了良好的救助效果。通过对此次政府救助的梳理与分析，20 世纪 70 年代的政府在灾害救助工作中的一些特点得到展现。

（一）政府救助的全面性

在中华人民共和国成立后的计划经济时代，慈善和慈善事业一度被认为是私有制社会的产物而遭到政府的排斥和禁锢。①1975 年淮河大水灾正发生在这一时期。由于政府的立场及所实行的集体化经济，灾害期间国际救助和民间救助缺位，政府不得不独自承担起对灾害的全方位的救助。当然，政府的全能性也使其有足够的能力快速调集全国力量及各方资源，大力支援灾区。政府救助的全面性主要表现在两个方面。

第一，救助种类全面。此次救助中，政府采取了紧急应对措施和长期施救措施，在内容上不仅包括医疗救助、生活救助、生产救助，还包括民众心理救助。在医疗、生产生活等方面，可以看到政府及时调配安排了非受灾区的力量对灾区进行施救。医疗单位不仅来自本省，还有北京甚至广州的医疗队。在生产救助方面，政府甚至将非受灾地区和受灾地区直接牵线，实现对口支援，效果明显，充分发挥了政府的主导作用。而心理救助又成为这一时期的一大特色。灾难初期，政府通过宣传，及时疏导缓解灾民的悲观绝望情绪。然而，灾难造成众多家庭破碎，许多灾民因此而精神颓废。为此，遂平县县委“强调各级党委把解决物资困难和解决精神不振二者并重，将帮助丧偶的

---

① 郑功成：《当代中国慈善事业》，人民出版社 2010 年版，第 124 页。

青壮年成家作为一项特殊任务”[1]。针对灾后家庭破碎的情况，政府甚至充当“媒人”，穿针引线，帮助灾民重组家庭。遂平县车站公社魏哑吧庄原有210人，洪水后幸存70人，其中女性仅2人，全村成了男人村。[2] 这些男子多精神恍惚，无心生产。如何振奋灾民精神考验着各级政府。为此，遂平县阳丰罗李大队党支部书记祝立章，东查西访，穿针引线，为10多名干部、社员找到了妻子。有些社队在灾区办喜事，以此鼓舞灾民重拾生活信心。

第二，对灾民全面施救。20世纪50年代淮河水灾发生后，安徽省临泉县委在救助中明确要求救济款在发放的过程中要严格贯彻党在农村中的阶级路线，即“‘贫农多发、中农少发、富农不发（特殊户可发），地主、懒汉、二流子发放标准要低于农民的精神’”[3]。这是中华人民共和国成立初期政府为塑造新政府形象在乡村中推行的救灾政治。但在1975年水灾救助的规定中，只要求根据地区受灾轻重合理发放救济粮款，而社队内，则按照每人每天1斤的标准分发粮食，并以“超吃不发，节约归己”的原则加以管理，并无按阶级成分分发救济粮的明文规定。比起中华人民共和国成立初期的救灾状况，20世纪70年代的救助更能体现救助范围的广泛性。“文革”时期是一个以阶级斗争为纲的年代，政府在日常工作中是极为重视阶级成分的，但在严重的大灾难面前，成分反而被“忽略”，表现出政府在施

---

① 河南省水利局编：《河南省驻马店地区“75.8”抗洪志》，黄河水利出版社1998年版，第94页。

② 河南省水利局编：《河南省驻马店地区“75.8”抗洪志》，黄河水利出版社1998年版，第93页。

③ 葛岭：《灾荒与生活——1954年皖西北水灾中的救灾政治》，《党史研究与教学》2013年第1期。

政中更加自信和人性化，不再在大灾面前讲阶级成分，而更加关注生命本身。

（二）救助及时但主辅倒置

1975年8月8日凌晨1时30分板桥水库垮坝，标志着此次灾难的来临。就应急措施而言，政府反映还算迅速，8日13时30分宿鸭湖水库被炸开泄洪，当天便有“空军某部向灾区空投救灾、救生物资”[1] 的记录，9日便有上述宿鸭湖水库上空空投的民间记载；没有空投的地方也有救济的记载：8日11时，上蔡县“只用汽车已救出3万多人，逃到城里4万多人”[2]。同时，就医疗、生活生产等方面的救助来说，驻马店也于8日向外发出医疗援助的请求，9日便组织当地解放军掩埋人畜尸体。以上种种举措表明，救助工作是比较及时的。在短短的几个小时内，政府就能对此次水灾做出应对，就以阶级斗争为纲的“文革”时期来说，实为现代人所难料。在各种救灾举措中，政府积极采取各项紧急或长期施救措施，充分体现了政府工作的主导作用。

但同时，我们也能看出救灾中存在的一些问题。如政府救灾理念并未在实践中得到很好的贯彻，各地对政府的依赖非常强。在救灾方针上，国家一直倡导以“社队自力更生为主，国家支援为辅”[3]。但在实际救助中，主辅倒置的状况是显而易见

---

① 中共驻马店地委组织史办公室编著：《敢与天公试比高——驻马店地区“75.8”战洪纪实》，中共党史出版社1994年版，第275页。

② 驻马店水利局：《防汛急报》（1975年8月8日），驻马店档案馆藏，档案号67-204-001。

③ 驻马店财政局：《关于追加一九七五年支援农村人民公社支出指标的通知》（1975年12月1日），驻马店档案馆藏，档案号71-50-009。

的。就驻马店地区来说，绝大部分农村缺乏自救能力。灾难发生后，灾民除了采摘野菜、开展少量副业外，缺少其他生存方案。上述提到的修筑庵棚可以看作社队自身自救的例子了，但也仅是解决临时居住等问题。在此情况下，村民生计只能仰赖政府的直接救济。造成这种状况的原因是，在中华人民共和国成立后的统购统销政策下，不仅作为农村生存资料的农产品，而且作为乡村业余收入的副业都在国家的垄断之下，[1] 无一不在弱化乡村的自救能力。如此看来，实践中的救灾并非以“生产自救”为主，而是以政府救济为主。同时，政府的全能性以及中华人民共和国成立后的集体化体制也导致了民间力量的缺位。政府虽积极施救，但因自身财力物力的限制，不可避免地造成救助能力的有限性，除了衣被的发放数额不能满足需要外，在紧急救助中，政府也同样显得力不从心，如上蔡县直到 8 月 15 日还有 50 多万人救不出来，而且有的已经 5 天未吃到东西。[2] 另外，在空投物资的过程中，空投地点过于集中、物资无法满足需要以及空投之后如何往周围地区分发等都没有得到很好的解决。由此可见，政府救助力度与灾民事实需要尚有较大距离。

（三）官员的矛盾心理及民众的感恩情怀

随着灾害的发生和救助工作的展开，政府官员及普通民众的反映展现了特殊年代的时代印记。1975 年大水灾发生的原因是多重的，后果也是惨重的。灾难发生后，地区官员首先表现的是深深的自责，“这次水库垮坝失事，使下游千百万人民的生

① 徐勇：《论农产品的国家性建构及其成效》，《中共党史研究》2008 年第 1 期。

② 驻马店地区防汛防旱指挥部办公室：《防汛急报（第 19 期）》（1975 年 8 月 15 日下午 5 时），驻马店档案馆藏，档案号 67-204-002。

命财产遭受惨重损失，罪责和错误的性质是严重的，我们深刻感到，对不起毛主席、对不起党、对不起人民。请求上级给我们应得的处分”。随后便大提口号，“大批资本主义，大批修正主义，大干社会主义”① 等，表现出政府官员对民众的愧疚心理及当时政治思想教育的惯性做法。他们在灾难面前貌似能够勇于承担责任，但在救灾方面又缺乏主动性，极度仰赖国家的救济。以地方官员对待汝南县国营化肥厂的态度为例，该厂 1970 年筹建，至 1975 年，所借款项中尚有 149 万元欠款，其中属于集体企业资金864 138元。水灾发生后，汝南县政府不仅没有积极设法恢复生产，反而一再要求归还原来筹建化肥厂时所借集体企业的款项，并“特请省局给予协助拨款归还”②。如此做法只能解释为：水灾降临后，万物凋敝，在多项救助工作的压力面前，地方政府权衡利弊，只能忍痛舍弃化肥厂，甚至不惜以此为借口换取资金，实属万般无奈。地方官员的这种矛盾心理并非是官员不热心于地方企业的恢复，事实上，他们在救济工作上也算殚精竭虑，顶风冒雨，甚至牺牲生命。上述问题的出现，其根源在于集体化时期地方官员缺乏自主性，地方自救能力本身就比较弱，他们只能想尽办法多获取国家的资金，以此恢复发展生产。在长期的政治熏陶以及救灾工作的巨大压力下，政府官员表现出一种自责又无奈的复杂心理。

与官员的矛盾心理相对应的，是民众对政府救助的感激之情。20 世纪 50 年代淮河水灾后，灾民中有部分群众对共产党执

---

① 驻马店水利局：《板桥水库大坝漫溢决口失事报告》（1975 年 11 月 17 日），驻马店档案馆藏，档案号 67-183-001。

② 驻马店财政局：《关于请示解决汝南县一九七零年筹建化肥厂时借集体企业资金问题的报告》（1975 年 11 月 11 日），驻马店档案馆藏，档案号 71-52-008。

政不满，[1] 1975 年大水灾中，民众对灾难同样有这样那样的消极情绪，不同的是，对共产党、毛主席的领导却没有半点怀疑。灾区中随处可听到“毛主席万岁！”“共产党万岁！”的呼喊。民众的反映当然与特殊年代的政治背景有关。但从另一个角度看，新中国经历了二十多年的发展，已建立起稳固的政权，政府几乎包揽了所有的救助工作，民众所得皆仰赖政府，此外再无依靠，也同样助长了这种感恩心理。当然，政府在救灾中的积极作为也的确感动了民众。

综上所述，在 1975 年淮河大水灾驻马店地区的救助活动中，我们能够看到新中国政府在灾害救济工作中的举措逐渐完善，形成紧急应对措施和长期的施救措施共同起作用的救助机制，救助活动及时且全面，政府的主导作用得到较为充分的发挥。但在此次救助中，仍能发现 20 世纪 70 年代灾害救济中政府救灾理念与实际执行状况的背离，民间自救能力极其薄弱，国家救灾方针难以充分贯彻。另外，官员面对灾难时的自责、无奈的复杂心理，以及民众对共产党和毛主席的崇拜和依赖心理等，使救灾活动同样染上明显的政治色彩。这一时期政府救灾虽仍存在施救力度不足等问题，但保证了救灾的快速、统一，政府在救灾中的积极作用是值得充分肯定的。

---

① 葛岭：《灾荒与生活——1954 年皖西北水灾中的救灾政治》，《党史研究与教学》2013 年第 1 期。

汉晋农作物虫害问题

中国农业博物馆　李双江

一、古代农业虫害基本概况

我国古代已经开始种植粟、稻、小麦、菽等多种农作物，农作物害虫种类繁多，主要包括蝗虫、螟、黏虫等多种。早在春秋战国时期，人们就已经十分重视农作物虫害的问题，将农作物虫害与水、旱、风雾雹霜、厉（通“疠”，即灾疫）并称为国家“五害”，并设立专门的官员负责治理虫害，可见虫害问题由来已久。在汉代以前，人们已经认识到虫害发生的条件，《礼记・月令》中有多处关于蝗、螟等虫害发生与气候异常的记载。据统计，在历史上众多的虫害当中，蝗虫和螟虫发生的次数最多，古代农业害虫以蝗、螟、蚜蚄及未知名害虫为主，次数依次为902、65、38、111，其他害虫只是零星为害。可见，蝗害的发生是我国古代农业面临的最大的虫害威胁。

图 1　成熟的谷子画像石，汉代，陕西米脂西官庄出土

二、汉晋时期虫害发生情况

(一) 虫害的特点和危害性

古代农作物虫害主要为蝗灾，大量学者做过关于古代蝗灾的研究，本文主要对汉晋时期虫害（主要是蝗灾）发生情况进行整理分析，总结其治理虫害的做法和经验。据统计，汉代共计发生蝗螟灾 68 次，其中西汉 20 次（螟 2 次），东汉 48 次（螟 6 次）。晋代（包括十六国时期）155 年间有 18 年发生过蝗灾，共 22 次。从这些蝗灾的时间分布可以看出，蝗灾的发生具有明显的季节性，大多发生在夏秋两季，这与蝗虫的生活习性密切相关，夏秋两季最适合蝗虫的繁殖生长，因此最易发生蝗灾。

与其他的自然灾害不同，虫害有其自身的特点，尤其是蝗灾，具有波及范围广、群发性、危害严重等特点。蝗虫属于直翅目蝗总科，对禾本科植物造成较大危害的主要有东亚飞蝗、稻蝗、蔗蝗和尖翅蝗等。蝗虫具有繁殖速度快、食性广、食量大、扩散迁飞能力强等特性，尤其是对我国作物危害最大的东亚飞蝗，在气候条件适合繁殖的季节，极易引发蝗灾。

蝗虫能够飞行，这一先天条件使蝗灾大范围发生成为可能，即从一个地区成群地飞往另一个地区。武帝太初元年（前104），“蝗从东方飞至敦煌”①。光武帝建武三十年（54），“蝗起泰山郡，西南过陈留、河南，遂入夷狄，所集乡县以千百数”②。说明蝗虫在数百个县内肆虐。此外，大风也会对蝗虫的飞行产生影响，安帝永初七年（113）八月，“京师大风，蝗虫飞过洛阳”③。

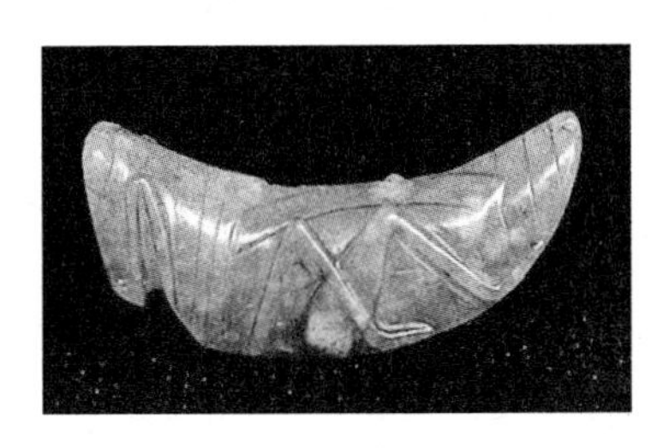

图2　蝗虫玉佩，汉代，陕西关中出土

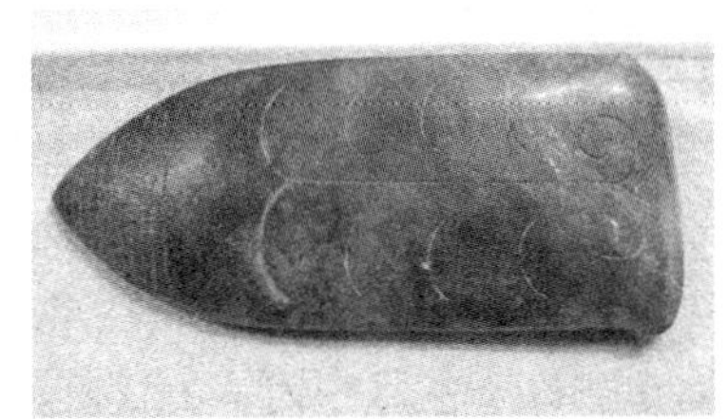

图3　玉蝗虫，汉代，河南孟县出土

蝗虫所到之处庄稼草木受到破坏，甚至庄稼因此绝收。西晋永嘉四年（310）五月，幽、并、司、冀、秦、雍大蝗，食草木，牛马毛，皆尽。④ 可见蝗虫食量之大，破坏力之强。东晋“永和十一年（355）二月，蝗虫大起，自华泽至陇山，食百草

① （汉）班固：《汉书》卷6，武帝纪，明广东崇正书院嘉靖十六年刻本。

② （汉）王充：《论衡》卷16《商虫篇》，明嘉靖吴郡苏献可刻印《通津草堂》本。

③ 《后汉书》卷5，安帝纪。

④ （唐）房玄龄等：《晋书》卷29，五行志下，清代钱塘何氏刻本。

无遗，牛马相啖毛”①。晋元帝大兴元年（318）六月，“兰陵合乡蝗，害禾稼。东莞蝗虫，纵广三百里，害苗稼”②。

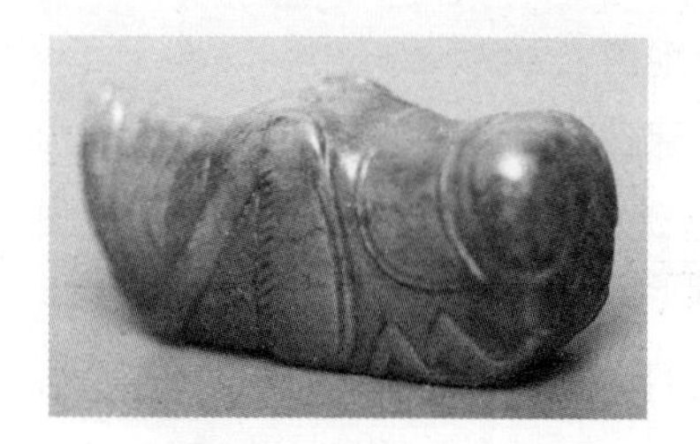

图4　玉蝗虫，汉代，陕西关中出土

图5　飞鸟捕虫哺雏，汉代，内蒙古准格尔旗西沟畔出土

除蝗虫外，螟虫以及其他害虫对农业的危害也较为严重，早在春秋战国时期已有关于螟灾的记载。如东汉熹平四年（175）和中平二年（185）分别于六月和七月发生过螟灾，危害虽不及蝗灾严重，但史书也有“伤稼”“稼穑荒耗”等记载。

（二）对虫害的认识

蝗灾危害严重，能够导致农作物减产绝收，从而引发灾荒，饥民遍地。汉代不同阶层的人们从各自角度出发，提出了灾异谴告说及其反对学说。出于政治的需要，董仲舒创立了“天人感应”的思想理论体系，灾异谴告说正是该理论的重要组成部分，代表人物包括董仲舒、京房、刘向、班固等人。该学说把一切自然灾害归于上天的谴告，把天事和人事联系起来，认为灾害的发生是上天的谴告，从而将灾害神秘化。这种学说在当

① （唐）房玄龄等：《晋书》卷112《苻健载记》，清代钱塘何氏刻本。

② （唐）房玄龄等：《晋书》卷29，五行志下，清代钱塘何氏刻本。

时的历史条件下或许有着一定的政治意义，然而，这种认识自然灾害的方式显然是不科学的，将灾害的原因归于上天限制了人们对如何治理蝗灾的进一步探索，人们在上天面前是无能为力的，这些都不利于对蝗灾的预防和治理。

图 6　玉螟虫，汉代，
河南三门峡出土

图 7　玉螟虫，汉代，
山西平陆出土

东汉初年，以王充为代表的反对者们对灾异谴告说予以猛烈的抨击，《论衡·谴告篇》中即有“论灾异。谓古之人君为政失道，天用灾异谴告之”，“此疑也”，“夫天道自然（也），无为，如谴告人，是有为，非自然也”，对灾异谴告说提出了质疑。王充认为，“然夫虫子生也，必依温湿。温湿之气，常在春夏，秋冬之气寒而干燥，虫未曾生”，“虫之灭也，皆因风雨”。①

显然，王充对虫害的认识更具说服力，他认为蝗灾的发生有其自身的规律，受气候、季节等外部客观条件的影响，只有适合其生长的条件具备时才会出现蝗灾。王充的认识要比灾异谴告说更加合理，只有科学客观地认识蝗灾，才有可能采取积极的措施进行预防和治理。

---

① （汉）王充《论衡》卷 16《商虫篇》，明嘉靖吴郡苏献可刻印《通津草堂》本。

三、政府救灾情况

大规模的虫害引起庄稼减产绝收，从而引发饥荒，灾民往往流离失所，甚至生命受到威胁。这种情况下，政府必须伸出援助之手，采取多种措施应对饥荒。

（一）放粮减租

饥荒一旦发生，灾民首先面临的是粮食问题，因此在众多救灾措施中，保障灾民的粮食供给是最基本的。根据灾情的不同程度，放粮和减租是两种常用的手段。灾情严重时，发放粮食是最有效和救急的，是稳定灾民的重要手段，而减租能够减轻灾民负担，保障其正常的生活需要。

图 8　陶仓，东汉，北京房山区岩上出土

西汉文帝年间的大旱导致蝗灾发生，为缓解灾情，文帝下令“发仓庾以赈民”。东汉安帝永初七年，由于政府储备粮不足，为赈灾，被迫紧急“调零陵、桂阳、豫章会稽租米，赈给南阳、广陵、下邳、彭城、山阳、庐江、九江饥民，又调滨水县谷输敖仓”①。

图 9　陶粮仓，汉代，陕西西安未央区出土

西汉平帝元始二年发生大旱，蝗灾严重，此次救灾的重要措施就是减免租税，“天下皆不满二万及被灾之郡不满十万，勿租税”②。东汉和帝永元四年夏发生大蝗灾时，和帝采取了同样的方法，下诏：“今年郡国秋稼为旱蝗所伤，其什四以上勿收田租、刍稿；有不满者，以实除之。”③

---

① （南朝）范晔：《后汉书》卷 5，安帝纪。

② （汉）班固：《汉书》卷 12，平帝纪，明广东崇正书院嘉靖十六年刻本。

③ （南朝）范晔：《后汉书》卷 4，和帝纪。

图 10　陶粮仓，东汉，河南焦作出土

图 11　彩陶仓楼，东汉，河南焦作出土

晋代也采取过类似的措施救助灾民，通过放粮赈灾和减免租税的方式来减轻灾民负担。太兴二年，徐杨及江西诸郡发生蝗灾，吴郡出现饥荒。《晋书·食货志》记载："三吴大饥，死者以百数，吴郡太守邓攸辄开仓廪赈之，元帝时使黄门侍郎虞斐、桓彝开仓振给，并省众役。"东晋永和十一年（355）二月，前秦"蝗虫大起，自华泽至陇山，食百草无遗"。苻健"自蠲百姓租税"①，帮助灾民渡过难关。

（二）政府提供有利条件，鼓励灾民自救

政府的救济援助只能解燃眉之急，是一种应急措施，短期内能够接济灾民，然而无论是放粮还是减免赋税，都不能从总量上增加食物来源，不能摆脱受灾的局面。要从根本上改变受灾的现状，需要政府和灾民共同努力，在政府救助的同时，灾民也应积极实施自救，努力发展生产。

例如在寻找可以替代的食物来源方面，东汉桓帝于永兴二年（154）诏令司隶校尉、各部刺史，"蝗灾为害，水变仍至，五谷不登，人无宿储。其令所伤郡国种芜菁以助人食"②。通过种植芜菁等作物来增加食物来源。这种作物一般生长速度快，可以迅速生长食用。

此外，政府还可以通过一系列制度来帮助灾民，"假民公田"制度的实施便是很好的例证。灾荒发生时，农民很可能迫于生计失去土地等生产资料，或者流落他乡。失去土地的灾民生活将更加困难，同时也增加了社会的不稳定因素。将国家的土地借给这些灾民，并资助其农具种子，等到两三年后灾民生

---

① （唐）房玄龄等：《晋书》卷114《苻健载记下》，清代钱塘何氏刻本。

② （南朝）范晔：《后汉书》卷7，桓帝纪。

活稳定时，再收取较高的赋税。这实际上是一种信贷制度，政府提供土地、农具、种子等生产资料，灾民免费使用，收益归灾民所有，等到一定年限之后政府通过较高税赋的形式收回。《后汉书·和帝纪》记载："今年秋稼为蝗虫所伤，皆勿收租、更、刍稿；若有所损失，以实除之，余当收租者以半入。其山林饶利，陂池渔采，以赡元元，勿收假税。"

（三）加强救灾管理

核实受灾人口，有针对性地进行救灾。后汉和帝永元四年（92）夏发生大蝗灾，在赈济灾民的过程中出现地方豪强从中获利的情况，为此和帝下诏："去年秋麦入少，恐民食不足，其上尤贫不能自给者户口人数。往者郡国上贫民，以衣履釜鬵为资，而豪右德其饶利。诏书实核，欲有以欲有益之，而长吏不能躬亲，反更征召会聚，令失农作，愁扰百姓。若复有犯者，二千石先坐。"[1] 通过核实受灾人口，灾民的权益得到保障，救灾落到了实处。对于救灾不力、有灾不奏的官员进行惩治，后汉安帝曾下诏："朝廷不明，庶事失中，灾异不息，忧心悼惧。被蝗以来，七年于兹，而州郡隐匿，裁言顷亩。今群飞蔽天，为害广远，所言所见，宁相副邪？三司之职，内外是监，即不奏闻，又不举正。天灾至重，欺罔罪大。今方盛夏，且复假贷，以观厥后。其务消救灾，安辑黎元。"[2] 这一诏令能够督促官员积极救灾，防止救灾不力导致灾情加剧，扩大危害。

---

① （南朝）范晔：《后汉书》卷 4，和帝纪。

② （南朝）范晔：《后汉书》卷 5，安帝纪。

（四）其他措施

针对疫病发生，向灾民提供医药。《汉书·平帝本纪》记载："元始二年，旱蝗。民疾疫者，舍空邸第。为置医药。"鼓励富商等非政府力量进行救灾捐助，在国家财力不足的情况下，社会力量的捐助能在很大程度上缓解灾情。政府对这些救灾有功之人给予奖励，如《汉书·成帝纪》载"入谷物助县官赈赡者，已赐直。其百万以上，加赐爵右更，欲为吏补三百石，其吏也迁二等"。甚至还通过祭祀、求神等方式希望得到上天保佑，东晋永和八年（352）五月，"燕人斩冉闵于龙城。会大旱、蝗，燕王儁谓闵为祟，遣使祀之，谥曰武悼天王"①。

四、汉晋时期农作物虫害防治

本着防灾减灾的思想，农作物虫害防治是必不可少的，事前的预防与事中的治理都是必要的。尤其在农作物虫害防治方面，当时的农书有很多论述，并总结了许多切实可行的办法。

（一）农作物虫害防治

在掌握了虫害发生的规律以及农作物的生长习性的基础上，寻求治理虫害的方式是必要的，古代劳动人民在实践中总结了多种防治农作物虫害的方法，并且收到了良好的治理效果，对于当代农业的健康可持续发展仍然具有重要的现实意义。虫害防治贯穿于农业生产的整个过程，尤其是从作物种植一开始就要注重预防。预防主要包括种子的保存和处理、改善土壤耕种

① （宋）司马光：《资治通鉴》卷99，晋穆帝永和八年五月条。

条件、适时播种、作物防治等。

1. 对种子进行保存处理

农作物种子应妥善保管，防止生虫，汉代《氾胜之书》记载：“取干艾杂藏之，麦一石，艾一把，藏以瓦器、竹器，顺时种子，则收常倍。”此举是利用“艾”的挥发性而达到防虫的效果，从而减少损失。此外，农作物种子上可能带有病菌或者虫卵，因此，一方面应当选育优良的种子，另一方面要杀死附着在种子上的虫卵。“牵马令就谷堆食数口，以马践过为种。无□子□方等虫也。种伤温郁，热则生虫也。取麦种候熟，可获择穗大强者，斩束立声中之高燥处曝，使极燥无令有白鱼，有辄扬治之。”这是一种选种的方法，目的是得到没有虫害的种子。《氾胜之书》也有相关记载，“薄田不能粪者，以原蚕矢杂禾种之，则禾不虫。又取马骨挫一石，以水三石，煮之三沸，漉去滓，以汁渍附子五枚，三四日去附子，以汁和蚕矢、羊矢各等分，挠令洞洞如稠粥，先种二十日时，以溲种如麦饭状，常天旱燥时，溲之立干薄布数挠，令易干，明日复溲，天阴雨则勿溲，六七溲而止，辄□谨藏，勿令复湿。至可种时，以余汁溲而种之，则禾稼不蝗”。对种子进行处理可在源头上减少虫害的发生，不仅将种子上附着的虫卵杀死，还提供了肥料。

2. 改善土壤耕种条件

《氾胜之书》记载：“冬雨雪止，辄以蔺之，掩地雪，勿使从风飞去。后雪复蔺之，则立春保泽，冻虫死，来年宜稼。”冬天的雨雪不仅可以保持土壤墒情，而且能够冻死害虫，来年的庄稼虫害因此便会减少。

3. 适时播种

不同农作物都有其最适合的生长条件，根据农时适时播种不仅有利于作物生长，而且能够减少虫害的发生，例如，《氾胜之书》中关于适时播种小麦的论述，“凡田有六道，麦为首种种麦得时，无不善。夏至后七十日可种，宿麦早种，则虫而有节，晚种则穗小而少实”。可见，适时播种能够在一定程度上抑制虫害的发生。不仅如此，许多农作物播种都有禁忌，如“小豆忌卯，稻麻忌辰，禾忌丙，黍忌丑，秫忌寅未，小麦忌戌，大麦忌子，大豆忌申卯，凡九谷有忌日”。如若播种时不避开其忌日，“则多伤败，此非虚语也”。

图 12　按时令播种的牛耕与高粱画像砖，汉代，江苏徐州双沟出土

4. 作物防治

有些作物具有较强的抗虫性，如蝗虫“不食三豆及麻”，因此可以选择多种植此类害虫不喜食的作物；不同作物对虫害的抵抗能力是不一样的，增加作物种类，也能够减少虫害带来的损失，即所谓《汉书·食货志》中“种谷必杂五种，以备灾害”。既然有如此多作物具有抗虫性，那么为了降低虫害，有意识地杂种和兼种多样作物便成了人们防治虫害及降低农业歉收概率的重要理念。

（二）人工捕杀害虫

对于大规模的蝗灾，政府号召百姓或者亲自派人捕杀，汉平帝元始二年（2），“郡国大旱，蝗，青州尤甚，民流亡。……

遣使者捕蝗，民捕蝗诣吏，以石豆斗受钱”①。可见，当时政府对蝗灾是十分重视的，人们捕杀蝗虫能够获得奖励，也说明此次蝗灾的程度很严重。王莽地皇三年（22）夏，《汉书·王莽传》载“蝗从东方来，蜚蔽天，至长安……莽发吏民设购赏捕击”，这是史上少有的几次悬赏捕杀蝗虫的事件。

东汉王充《论衡·顺鼓篇》中有关于捕杀蝗虫的方法的记载：“蝗虫时至，或飞或集，所集之地，谷草枯索。吏卒部民，堑道作坎，榜驱内于堑坎。杷蝗积聚以千斛数，正攻蝗之身。”等到大量蝗虫聚集在沟里的时候，将蝗虫埋起来捕杀。到了晋代，人们仍然沿用这种方法来消灭蝗虫，如《晋书·刘聪载记》载，建兴四年（316），“河东大蝗，唯不食黍豆。靳准率部人收而埋之，哭声闻于十余里，后乃钻土飞出，复食黍豆”。此种消灭蝗虫的方法也是用土掩埋，只不过实施不力，导致蝗虫又从土中钻出。《晋书·苻坚载记下》中也有关于捕杀蝗虫的记载，太元七年（382）五月，“幽州蝗，广袤千里，坚遣其散骑常侍刘兰持节为使者，发青、冀、幽、并百姓讨之”。可见，大的蝗灾发生时动员百姓捕杀是必不可少的。

（三）利用害虫天敌

害虫一般处于食物链的中间，有以它们为食的天敌，加大对害虫天敌的保护也能够在一定程度上抑制虫害的发生。汉宣帝时曾下诏禁止捕杀益鸟，“其令三辅毋得以春夏擿巢探卵，弹射飞鸟”②。汉晋时期，民间还较多地实行了养鸭治虫活动。

---

① （汉）班固：《汉书》卷12，平帝纪，明广东崇正书院嘉靖十六年刻本。

② （汉）班固：《汉书》卷8，宣帝纪，明广东崇正书院嘉靖十六年刻本。

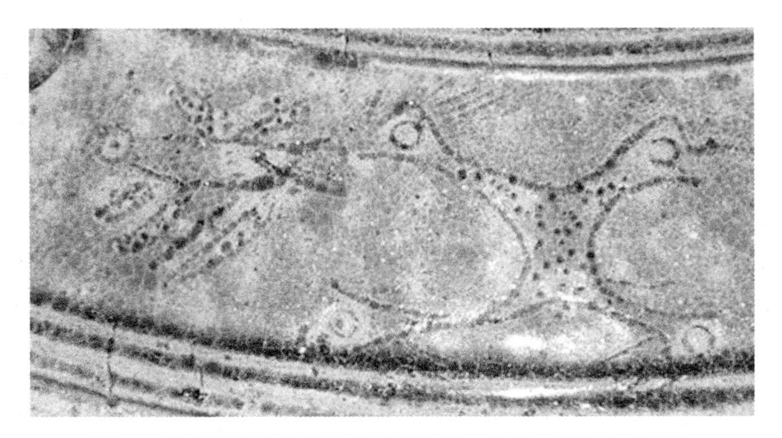

图 13　绘有双头鸟捕捉害虫的青瓷罐，西晋，浙江上虞出土

五、虫害防治及救灾启示

通过以上分析我们可以得出，针对农业虫害的防治以及救灾，均可分为事前、事中和事后三个阶段，事前注重预防，事中重在治理，事后重在总结经验。

对于农作物虫害，如果防治工作做得好，那么虫害发生的概率就比较低，由此引发的灾荒也少，百姓因此能够安居乐业。一旦发生了灾害，及时采取措施应对也是必不可少的，尽可能减少灾害带来的生命财产损失，在此过程中，政府起着重要的作用。

减少虫害的发生，从大的方面讲，应当树立人与自然和谐相处的理念，保护生态环境及生物多样性，利用生态学及自然界本身控制害虫。另一方面，既要在农业生产的各个环节做好虫害的预防，也要在灾害发生时完善各项措施，并严格执行，做到发生灾害时能够及时应对。

试论我国历史上治蝗观念的阶段性变化

陕西师范大学西北历史环境与经济社会发展研究院　季　旭　卜风贤

引　言

我国历史上对蝗虫的关注最早可追溯到商代，1976年中国社科院考古队在河南殷墟妇好墓中发现了一件玉雕蝗虫，造型十分逼真，而这一时期有关蝗虫的文字记载也有学者进行了研究，范毓周认为殷墟出土的甲骨卜辞中的字当为“蝗”字。① 可见，蝗虫早在商代就与人民的生活密切相关了，同时我国作为一个历史悠久的农业国，蝗虫害稼的历史也可见一斑。

水旱蝗灾并称为我国古代三大自然灾害，然而蝗灾对农业的危害较之于水旱灾害更甚，正如徐光启的《除蝗疏》所言：“凶饥之因有三，曰水曰旱曰蝗，地有高卑雨泽有偏被，水旱为灾尚多幸免之处，唯旱极而蝗，数千里间草木皆尽或牛马毛幡

① 范毓周：《殷代的蝗灾》，《农业考古》1983年第2期，第314—317页。

帜皆尽，其害尤惨过雨水旱也。”[①] 据章义和《中国蝗灾史》的统计，自公元前 707—1949 年的 2657 年中蝗灾发生年至少有 822 个，即我国历史上平均三年左右就会发生一次蝗灾。[②]

就目前的研究来看，蝗灾的研究成果非常丰富，学者们从各个角度深入细致地探讨了蝗灾的时空分布，蝗灾发生的原因、影响及治蝗方法，治蝗政策以及与蝗虫有关的文化信仰等诸多问题，然而关于治蝗观念的研究多是以上研究问题的附属品，在不少研究成果中都有所体现，却只有游修龄《中国蝗灾历史和治蝗观》一文对我国历史上的治蝗观念进行了专门研究，重点探讨了历史上天人合一的宇宙观对应付蝗灾的矛盾心态和历史上治蝗生态观的萌芽。本文致力于整合前人的研究成果，根据人们对蝗虫的认识以及以国家为指导的治蝗实践对我国历史上治蝗观念的变化做一个系统的梳理，从治蝗观方面来考察天降灾异观的发展历程，同时也有助于加深对我国古代蝗灾的认识。

我国历史上治蝗观念的变化

史载蝗灾爆发之时蝗虫“飞则蔽景，下则食苗稼，声如风雨”，其所过之处“数千里间草木皆尽”，可见其数量多危害大。[③] 民众认识水平有限，无法对这种现象做出一个科学的解释，只得借助于天人感应之说，将蝗虫与神明联系起来，认为

① （明）徐光启：《农政全书》，明崇祯平露堂本，卷四十四荒政，第 472 页。

② 章义和：《中国蝗灾史》，安徽人民出版社 2008 年版，第 51—97 页。

③ 根据吴福桢的研究，蝗虫所产之卵往往结成块状，每块约有 55—150 个蝗卵，而每斤卵块所含蝗卵个数高达 4 万—8 万，数量极大，生长周期短，这为大规模的蝗灾之爆发提供了数量基础。

蝗虫是由鱼虾之子化生而来，上天根据统治者治理的情况来降下祥瑞或灾异，统治者治理得好，则鱼虾生为象征丰收的鱼，以示鼓励，否则化生为象征灾难的飞蝗，以示警诫，于是蝗虫就自然而然地被古人赋予了灵性，成了执行上天意志的“神虫”。因此每遇蝗灾，人们往往“于田旁焚香膜拜，设祭而不敢杀”①，只是后来随着生产力的发展和人们对蝗虫认识的加深，这种观念才逐渐淡化，除了禳灾之外还会通过预防、捕杀和赈灾等方法积极应对，因此，在不同的时期，人们的治蝗观念和救灾方式的侧重点也有所不同。因此，本文根据人们对蝗虫的认识以及以国家为指导的治蝗实践，以唐代姚崇治蝗和清末严复《原强》一文的发表作为两个转折点，大致将我国古代的治蝗观念的发展划分为入魅、祛魅和脱魅三个阶段。②

（一）第一阶段：入魅阶段

该阶段是指先秦至姚崇治蝗之前的这个时间段，在此阶段，“天降灾异”的思想占据绝对的主导地位，并不断得到发展与巩固。

1. 天降灾异观之建构

先秦时期的灾异观念是比较零散的，但都无一例外地认为不论是君主还是百姓，其行为必须要顺从天意，否则就会受到上天的惩罚，尤其是对君主而言，其德行高，实行仁政，将社会治理得有序，上天将会降下祥瑞予以鼓励；如果君主失德，

---

① （北宋）司马光：《资治通鉴》，四部丛刊景宋刻本，卷二百十一唐纪二十七，2359页。

② 借鉴夏明方《灾害人文学引论——中国灾害认知与救灾防灾的范式转换》一文对中国灾害认知范式的转移划分为“入魅”“脱魅”和“返魅”三个阶段，本文有所改变。

上天会通过日食月食等异常的天文现象予以警告或者对人类社会降下灾异进行惩罚。《管子·五辅》曰："天时不祥，则有水旱。地道不宜，则有饥馑。人道不顺，则有祸乱。此三者来也，政召之。"① 汉代继承了先秦时期的灾异观念，同时又对其有所发展，与先秦时期较为简单的灾异观相比较，汉代则是以较为复杂的阴阳五行学说来对灾异进行解说，如董仲舒《春秋繁露》中有：

> 大旱雩祭而请雨，大水鸣鼓而攻社，天地之所为，阴阳之所起也。或请焉，或怒焉，何如也？曰：大旱者，阳灭阴也，阳灭阴者，尊压卑也。固其义也，虽大甚，拜请之而已，敢有加也？大水者，阴灭阳也，阴灭阳者，卑胜尊也。日食亦然，皆下犯上以贱伤贵者，逆节也，故鸣鼓而攻之，朱丝而胁之，为其不义也，此亦春秋之不畏强御也。故变天地之位，正阴阳之序，直行其道而不忘其难，义之至也。②

董仲舒在邹衍阴阳五行符应说的基础上提出了"天人感应"说，认为灾异是天意，体现着上天的至仁。《春秋繁露》有："凡灾异之本，尽生于国家之失。国家之失乃使萌芽，而天出灾害以谴告之；谴告之而不知变，乃见怪异以惊骇之，惊骇之而不知畏恐，其殆咎乃至。以此见天意之仁而不欲害也。"③ 因此，

---

① （春秋）管仲：《管子》，四部丛刊景宋本，卷三，第 33 页。

② 邓拓：《中国救荒史》，武汉大学出版社 2012 年版，第 137 页。

③ 孙湘云：《天人感应的灾异观与中国古代救灾措施》，《中国典籍与文化》2000 年第 3 期。

君主以德治天下才能消除灾异，这对我国历代统治者奉行禳弭的灾害应对方式以及汉代的《五行志》中有关灾害发生原因之记载产生了深远的影响，如《汉书·五行志》中将春秋战国时期发生蝗灾的原因归之于官府的暴虐赋敛和官吏的酷政，而将汉景帝和汉武帝时期的蝗灾发生之原因归为兴兵征战；《后汉书·五行志》中所记蝗灾原因也以兵役为多。既然蝗灾的发生可以从人类自身不符合上天意志的行为上找到原因，那么从理论上来说蝗灾是不需要也是不能防治的，一旦发生蝗灾，只要统治者和人民自我反思，修性养德，上感于天，蝗灾自会消失，这也是这个阶段人们普遍奉行的理念，该阶段史书中有关“飞蝗避境”的记载可以很好地佐证这一点。“飞蝗避境”是东汉时期广为传播的治蝗神话，夏炎认为两汉时期自上而下的灾异天谴论的舆论宣传对当时的治蝗行为产生了非常强大的阻碍，以至于一些地方官员不敢将自己主动驱蝗的行为向上级汇报，只得披上一层“德政驱蝗”的外壳。因此纵观两汉史籍，除王莽当政时代的捕蝗措施以及王充《论衡》所提的“掘沟陷杀法”之外，很少有其他积极治蝗的记载了。①

魏晋南北朝时期史籍所见灭蝗的记载有三条（北方少数民族政权除外），其一，《晋书》记载前秦建元十八年“幽州蝗，广袤千里，遣其散骑常侍刘兰持节为使者，发青、冀、幽，并百姓讨之”。然而经过一段时间的捕除，成效并不明显，有司奏请治罪刘兰，苻坚应道：“灾降于天，非人理所能除，此由朕之失政，兰何罪乎？”其二，《宋书》记载宋元嘉三年秋发生了严重的旱蝗，范泰上表：“有蝗之处，县官多课民捕之，无异于枯

① 夏炎：《环境史视野下“飞蝗避境”的史实建构》，《社会科学战线》2015年第3期，第132—140页。

苗，有伤于杀害。”其三，《北齐书》记载齐天宝八年“自夏至九月，河北六州，河南十二州，畿内八郡大蝗。是月，飞至京师，蔽日，声如风雨”。次年夏，“大旱，帝以祈雨不应，毁西门豹祠，掘其冢。次年，山东大蝗，差夫役捕坑之”。[①] 以上三条虽说是主动灭蝗的记载，却处处充斥着天降灾异的思想：苻坚将除蝗失败归于自身的失政，范泰上表对县官和百姓的灭蝗行为予以打压，因其“有伤于杀害”，文宣帝的灭蝗行为更像是祈祷无效之后的恼羞成怒。由此可见，天降灾异的观念仍然在上层统治者中占据着主导地位，即使是在唐代的太宗吞蝗事件中，我们可以看到这种观念的主导地位仍然没有改变，关于此事件的记载也是颇具神话意味：“太宗曰：‘人以谷为命，而汝食之，是害吾百姓也。百姓有过，在予一人，尔若有灵，但当蚀我，无害百姓……’遂吞之，自是蝗不为灾。”

2. 对天降灾异观之实践与理论的批判

目前所知的西汉政府发布的唯一一次捕蝗条令是在王莽摄政期间，平帝元始二年“郡国大蝗，青州尤甚，民流亡……遣使者捕蝗，民捕蝗诣吏，以石、斗受钱”。此外，王莽新朝“地皇三年夏，蝗从东方来，蜚蔽天，至长安，入未央宫，缘殿阁。莽发吏民设购赏捕击”[②]。王莽此时对蝗虫的态度反映出蝗虫为“神虫”、不可捕杀的观念有所动摇，这一方面与人们长期遭受蝗害，在长时间与蝗灾斗争的过程之中总结出来的经验是相关的。《吴书》记载：“袁术在寿春……百姓饥穷，以桑椹蝗虫为

① 转引自章义和《魏晋南北朝时期蝗灾述论》，《许昌学院学报》2005年第1期，第30—35页。

② 转引自夏炎《环境史视野下“飞蝗避境”的史实建构》，《社会科学战线》2015年第3期，第132—140页。

干饭。”[1] 人们自古认为蝗虫为戾气所化，不能食，然而在饥荒严重的时期，为了生存，百姓不得不将目光投向自然界的一切可食之物，包括草根、树皮、观音胶、泥土，甚至人骨和石头等，这其中当然包括蝗虫。[2] 根据马斯洛的需求层次理论，人的需求由低到高分为生理、安全、社交、尊重和自我实现五个层次，大体上来说只有低一层次的需求被满足之后，人的需求才会向更高一级转移，因此饥民面对蝗虫之时，首先想到的是充饥而不是安全，因此，笔者臆想在第一批食蝗虫的饥民无恙之后，蝗虫为“神虫”、不能食的观念就已经受到了怀疑。就我国历史上蝗灾发生情况来看，这一观念受到怀疑的时间比有食蝗记载的三国时期还要早得多。而除蝗技术更是早在先秦时期就有了记载，《诗经・小雅・大田》就有“去其螟螣，及其蟊贼，无害我田稚。田祖有神，秉畀炎火”。根据当代学者的研究，这可能是最早的用篝火陷杀法灭蝗的记录。另一方面，西汉末年社会矛盾已非常突出，严重的蝗灾更是加剧了社会的动荡，人民生活困苦不堪，王莽下令捕蝗正是基于笼络人心的需要，这也从一个侧面反映出在信奉灾异天谴论的统治上层的长期压制下人民群众对治理蝗灾的需要。当代学者夏炎也认为东汉时期大量有关“飞蝗避境”的记载恰恰反映了地方官积极主动的治蝗行为。

王充作为一个朴素唯物论者，对长期以来的灾异天谴论进行了有力的批判。首先，他把蝗虫成灾看成是一种自然现象，蝗虫与其他物种一样，都是自然界的一分子，而非对不良官吏进行惩罚的“神虫”。对于“神虫”的说法，他反驳道：“陆田

---

① 转引自《艺文类聚》，清文渊阁《四库全书》本，卷一百灾异部，1326 页。

② 高建国：《解放前中国饥民食谱考》，《灾害学》1995 年第 4 期，第 69—73 页。

之中时有鼠，水田之中时有鱼、虾、蟹之类，皆为谷害。或时希出而暂为害，或常有而为灾，等类众多，应何官吏?”① 其次，他认为万物和人一样，都有自己的生存法则和生长规律，“‘倮虫三百，人为之长。’由此言之，人亦虫也。人食虫所食，虫亦食人所食，俱为虫而相食物，何为怪之?设虫有知，亦将非人曰：‘女食天之所生，吾亦食之，谓我为变，不自谓为灾’”②。“蝗食谷草，连日老极，或蜚徙去，或止枯死……夫虫食谷，自有止期，犹蚕食桑，自有足时也。生出有日，死极有月，期尽变化……不常为虫……虫犹自亡”③。此外，他还认为“夫虫之生也，必依温湿，温湿之气，常在春夏”④。正确揭示了蝗虫产生与温度和湿度有一定的关系，春夏两季是蝗灾发生的高峰期，对蝗虫和蝗灾的发生规律有了进一步的认识，从而否定了蝗虫是由上天意志产生的观念，对灾异天谴论进行了有力的批判。然而从当时的大背景来看，王充的思想是有一定的局限性的，他认为，“夫虫，风气所生”，“夫春夏非一，而虫时生者，温湿甚也。甚则阴阳不和”。⑤ 灾异的发生是阴阳之气错乱所致，从本质上来看，他仍然试图以阴阳学说来解释虫灾发生之原因，并未跳出这一时期以阴阳五行说诠释灾异的范畴。而且王充的这一思想在后来的很长时间之内都没有受到足够的重视，就整个魏晋南北朝时期来看，王充的朴素唯物论思想影响是非常有限的。

总结：在先秦至姚崇治蝗之前的这一阶段中，天降灾异观

① （东汉）王充：《论衡》，四部丛刊景通津草堂本，卷十六商虫篇，156—157页。
② （东汉）王充：《论衡》，四部丛刊景通津草堂本，卷十六商虫篇，156—157页。
③ （东汉）王充：《论衡》，四部丛刊景通津草堂本，卷十六商虫篇，156—157页。
④ （东汉）王充：《论衡》，四部丛刊景通津草堂本，卷十六商虫篇，156—157页。
⑤ （东汉）王充：《论衡》，四部丛刊景通津草堂本，卷十六商虫篇，156—157页。

由百家之言走向汉代的大一统，是一个不断发展巩固的过程，尽管两汉以后人民群众和地方官员在治蝗实践上有所发展，但仍然没能动摇整个社会天降灾异观的主流意识，人们的治蝗行为仍然需要构造一个“飞蝗避境”的幌子，掩盖在“德政驱蝗”的外壳之下。

（二）第二阶段：祛魅阶段

该阶段是指姚崇治蝗到1885年严复《原强》一文发表之前的这个时间段，在此阶段，“天降灾异”的思想观念受到了冲击，且随着人们治蝗实践的发展和对蝗虫认识的进步，天降灾异观在指导人们治蝗实践中的主导作用逐渐下降，直至宋朝期间政府应对蝗灾的机制定型之后，天降灾异观与自然成灾观并行不悖，共同指导着官方的治蝗行动。

1. 唐代治蝗实践对“天降灾异观”的突破

《新唐书》记载唐朝：“开元四年，山东大蝗，民祭且拜，坐视食苗不敢捕。”时任紫微令的姚崇奏请捕蝗，然而受到了汴州刺史倪若水的抵制，倪若水上言：“除天灾者当以德，昔刘聪除蝗不克而害愈甚”，并拒御史不应命。姚崇据理力争，反驳道：“聪伪主，德不胜妖，今妖不胜德。古者良守，蝗避其境，谓修德可免，彼将无德致然乎？今坐视食苗，忍而不救，因以无年，刺史其谓何？”于是“若水惧，捕得蝗十四万石”。[①] 然而卢怀慎却认为：“凡天灾，安可以人力制也！且杀虫多，必戾和气。”玄宗也表示怀疑“复以问崇”，姚崇以“昔楚王吞蛭而厥疾瘳，叔敖断蛇福乃降。今蝗幸可驱，若纵之，谷且尽，如百

① （北宋）欧阳修等：《新唐书》，清乾隆武英殿刻本，卷一百二十四列传第四十九，第1137—1138页。

姓何？杀虫救人，祸归于崇，不以诿公也”加以反驳。在姚崇的影响下，唐玄宗颁布捕蝗诏，认为“今年蝗虫暴起，乃是孽生”，由此可以看出玄宗对蝗灾的成因也有了一定的科学认识，这与之前单纯的治蝗行为有了很大的不同，是一种与传统灾异生成观念不同的见识，自然成灾观念在这一时期取得了突破性的发展，这也是唐代对蝗灾成因认识的一个新动向，对于当时的治蝗实践也产生了一定的影响。[①] 此外，在姚崇的影响下，开元五年唐政府专设捕蝗史，掌管全国的治蝗事务，这是中国古代历史上第一个为捕蝗所设的官职，[②] 为后代蝗灾应对机制的形成奠定了基础。与上一阶段相比较，在姚崇治蝗之后，正史中关于官府积极主动治蝗的记载也逐渐增加。

2. 宋代以后——蝗灾社会应对机制的定型与完善

（1）宋——蝗灾社会应对机制定型

与以往相比，宋代在治蝗上最大的进步莫过于制定了治蝗法，将以往临时性的、地方官员和个人自发的治蝗行动上升为长期、稳定、强制性执行的国家法律。宋代治蝗法规主要有宋神宗时期的“熙宁诏”、宋哲宗时期的“捕蝗法”和宋孝宗时期的“淳熙敕”，其中有“令佐应差募人取掘虫子”的规定，与之前蝗灾发生之后被动的扑打行为相比，掘蝗卵的做法将以往的被动应对转变为积极预防，这无疑体现了这一时期治蝗理念的一大进步。此外，政府在治蝗的过程中更加重视调动群众的力量，《救荒活民书》就有：“附郭乡村即印捕蝗法，作手榜告示，每米一升换蝗一斗，不问妇人小儿，携到即时交与。”可以看出

① 路学军：《唐代治蝗机制略考》，《农业考古》2014 年第 3 期，第 122—126 页。

② 陈玲：《唐代农学思想考析》，《自然辩证法通讯》2009 年第 3 期，第 79—85、112 页。

政府除了用经济手段予以激励之外，还向群众普及除蝗知识。《救荒活民书》所收录的“捕蝗”“除蝗条令”“捕蝗法”三个专篇是我国最早的除蝗理论著作，这也可以从一个侧面反映出在积极治蝗政策被逐渐纳入国家行政职权范围之内的背景下，人们对总结除蝗技术以指导治蝗活动展开的需要。

除此之外，另一个值得注意的问题是刘猛将军庙的出现。游修龄认为刘猛将军庙起源于南宋太湖地区，刘猛将军即著名的抗金将领刘锜，南宋末年他统军与金兵先后战于江淮间的太平州、庐州、和州、濠州等地，此时蝗灾正胜，有敕书云：“飞蝗入境，渐食嘉禾，赖尔神灵，剪灭无余。”又：“景定四年，上敕封刘锜为杨威侯天曹猛将之神，蝗遂殄灭。”①与之前的八蜡庙和虫王庙相比，刘猛将军庙的出现也能体现出我国历史上治蝗观念的变化趋势，即祭祀蝗虫的性质从原来的贿赂性、讨好性转变为打击性和威胁性，蝗虫这个“神虫”似乎不再让人畏惧了。

尽管宋代人们对蝗虫的认识有所发展，蝗虫为“神虫”的观念进一步弱化，但天降灾异观在朝廷的治蝗行动中仍然有着重要的影响，一旦蝗灾发生，禳灾仍然在治蝗行动中占据着非常重要的位置，因此，宋燕鹏等认为虽然南宋时期在蝗灾应对上已经形成了消极应对与积极应对措施双管齐下的社会反应机制（见表1），但是灾异天谴论仍旧为这一时代的主流思想，消灭蝗虫仅仅为第二手段。②

---

① 游修龄：《中国蝗灾历史和治蝗观》，《华南农业大学学报》（社会科学版）2003年第2期，第94—100页。

② 宋燕鹏、吴克燕：《我国古代蝗灾社会反应机制定型期研究》，《安徽农业科学》2009年第35期。

表 1　南宋朝廷对蝗灾的反应机制

消极	积极
诏臣下指摘政事	诏州县捕蝗
减膳	蠲除赋税
祈祷祭祀	赈灾

资料来源：宋燕鹏、吴克燕《我国古代蝗灾社会反应机制定型期研究》，《安徽农业科学》2009 年第 35 期。

（2）元明清——积极治蝗与禳灾地位转变

元代前期政府对治蝗工作非常重视，根据当代学者章义和的研究，其治蝗工作主要从以下三个方面展开：首先，建立巡视制度，派遣官员到各个灾区进行考察，以确保灾民得到救治；其次，建立灾情申检体覆制度，划定灾害等级，根据受灾的程度对灾区进行救助；最后，建立专门的治蝗制度，除了规定官员除蝗职责之外，还对土地使用情况做了明确的规定，以免给蝗虫滋生创造有利的环境。他认为元代前期的治蝗措施是非常积极并且可行的，就内容而言没有任何迷信的成分。[①] 元朝在治蝗政策上的诸多创举对后代的治蝗工作产生了非常大的影响，为明清治蝗制度的完善奠定了良好的基础。明清两代的治蝗制度基本沿袭了元代，只是内容更加具体，责任更加明确。陈芳生《捕蝗令》记载："明永乐元年，令吏部行文各处有司，春初差人巡视境内，遇有蝗虫初生，设法扑捕，务要尽绝。如是坐视致令滋蔓为患者罪之，若布按二司官不行严督所属巡视捕打

① 章义和：《中国蝗灾史》，安徽人民出版社 2008 年版，第 200—204 页。

者，亦罪之，每年九月行文之十月，再令兵部行文军卫，终为定制。”[①] 为了鼓励民众积极捕蝗，有的地方规定捕蝗达标者可以入学，如民国《寿光县志》记载：“神宗万历四十五年，丁巳秋蝗，令捕蝗三百石者，得充儒学生员。”清代更是形成了由皇帝监控下的总督、巡抚负责制的治蝗制度，即各地蝗灾发生及捕蝗情况由地方官逐级向上汇报，总督、巡抚则直接向皇帝具折奏报。[②]

统治者虽然在捕杀蝗虫这个问题上表现出极大的积极性，但在灾异本身的考虑上并没有跳出天降灾异观念的束缚，只是在蝗虫为“神虫”这个观念上有所突破，如《元史·泰定本纪》记载：“比郡县旱蝗，由臣等不能调变，故灾异降戒。今当恐惧儆省，力行善政，亦冀陛下敬慎修德，悯恤生民。”《明史》也有相关记载：“江北蝗，有司请使督捕，（建文）帝曰“朕以不德致蝗，何更以杀蝗，以重朕过。”[③] 此外，清朝关于统治者敕令修建刘猛将军庙的记载也可以体现出天降灾异观在这一时期统治者的治蝗救灾观念上所占的一席之地，如雍正二年，“每有蝗蝻之害，土人虔祷于刘猛将军庙，则蝗不为灾”，因此“饬各直省建刘猛将军庙”。咸丰《朝邑县志》：“关西旧无蝗，道光十五、六年自河南浸淫而西，不至蔽天，而群飞甚众，上宪下令捕蝗，又饬所在建刘猛将军庙。”同治《桂阳州志》：“咸丰八年飞蝗入湖南各府县，遂及州境，知县俞晟修祠祀，立刘猛将军

---

① 转引自郝文《试论明代山东蝗灾中的政府行为》，《农业考古》2012 年第 1 期，第 290—292 页。

② 朱凤祥：《论清代的蝗灾观念与捕蝗应对举措》，《商丘师范学院学报》2012 年第 7 期，第 93—97 页。

③ （清）万斯同：《明史》，清抄本，卷五本纪第五建文帝文，第 43 页。

神牌于中，明年蝗不为害。蓝山刘猛将军祠在城隍庙侧。”①

但不可否认的是，这一时期蝗灾发生之后，就官府的行为来看，蝗虫已不再被视为不可捕杀的“神虫”，积极治蝗已逐渐超越禳灾占据首要位置，如康熙皇帝就认为：“或有草野愚民，往往以蝗不可捕，宜听其自去者，此等无知之言，尤宜禁止。捕蝗弭灾，全在人事应差户部司官一员，谕各州县官员，亲履陇亩，如某处有蝗，即率民搒捕，无使为灾。”乾隆十八年，近畿蝗灾，浙江道御史曹秀先“请御制文以祭，举蜡礼”，上曰：“蝗害稼，惟实力捕治，此人事所可尽。若欲假文辞以期感格，如韩愈祭鳄鱼，鳄鱼远徙与否，究亦无稽。朕非有泰山北斗之文笔，好名无实，深所弗取。”

笔者认为这一时期官方的治蝗态度发生转变的原因一方面是基本经济区与蝗灾发生区的交叉与重合，根据冀朝鼎的研究，隋唐、五代和宋辽金时期长江流域取得了基本经济区的地位，而元明清时期统治者多次想把海河流域发展成为基本经济区，以改变首都和基本经济区相距较远的情况。② 安史之乱后，大量的北民南迁，带动了经济中心转移的同时也将北方旱作农业的生产技术传播到南方，促进了南方地区旱作农业的发展，改变了南方地区的农业种植结构，也创造了有利于蝗虫滋生的条件。纵观唐代以来的基本经济区与元明清三代统治者想要扶植的基本经济区（海河流域），与徐光启对我国古代蝗生之地划定的区域“幽涿以南、长淮以北、青兖以西、梁宋以东都郡之地”③ 多

---

① 转引自龚光明《刘猛将军庙及其所反映的明末清初害虫防治观念的变化》，《聊城大学学报》（社会科学版）2012 年第 3 期，第 117—121 页。

② 冀朝鼎：《中国历史上的基本经济区》，商务印书馆 2014 年版。

③ （明）徐光启：《农政全书》，明崇祯平露堂本，卷四十四荒政，第 473 页。

有交叉，加之随着经济发展水平的提高，单位土地面积所创造的价值也越来越高，因此发生蝗灾所造成的损失也是越来越大的，为此，统治者也不得不加强对蝗灾的治理；另一方面，随着实践的发展，人们对蝗虫的认识越来越科学，蝗虫之“神虫”的神秘面纱也一层一层地被揭开，使得蝗虫为害虫的本质最终展现在人们面前。徐光启《农政全书》对蝗虫的发生与环境气候条件的关系有很科学的见解：“最盛于夏秋之间，与百谷长养成熟之时，正相值也，故为害最广……闻之老农言，蝗初生如粟米，数日旋大如蝇。能跳跃群行，是名为蝻。又数日，即群飞，是名为蝗。所止之处，喙不停啮……又数日，孕子于地矣。地下之子，十八日复为蝻，蝻复为蝗，如是传生，害之所以广也……蝗之所生，必于大泽之涯……必也骤涸之处……故涸泽者，蝗之原本也，欲除蝗，图之此其地矣。”① 此外，他还统计了历史上蝗灾发生于每月的次数（具体见图 1），可见明代时人们已经认识到蝗灾的发生与温度和水旱条件的关系，同时也对蝗虫的生长与生活习性有了一定的认识，并且提出了根治蝗害的治蝗思想。

总结：在唐代姚崇治蝗至清末严复《原强》一文发表之前的这个时间段中，官府逐渐把治蝗纳入国家的常规行政职权范围之内。虽然在前期天降灾异的观念仍然主导着国家的治蝗工作，但是随着实践的发展，人们对蝗虫的认识逐渐加深，自然灾异观也随之得到了发展，以至于元明清时期蝗灾发生之后主动治蝗成了官府的首要任务，而禳灾退居其次，二者仍然并行不悖地指导着国家治蝗工作的开展。官方治蝗态度的这一转变有着重大的意义：首先，掘除蝗卵等行为可以在一定程度上避

---

① （明）徐光启：《农政全书》，明崇祯平露堂本，卷四十四荒政，第 472 页。

免蝗灾的发生或降低蝗害的等级；其次，可以大大提高救灾的及时性，降低因举办无实际效果的禳灾活动而延误最佳救灾时机所造成的损失。

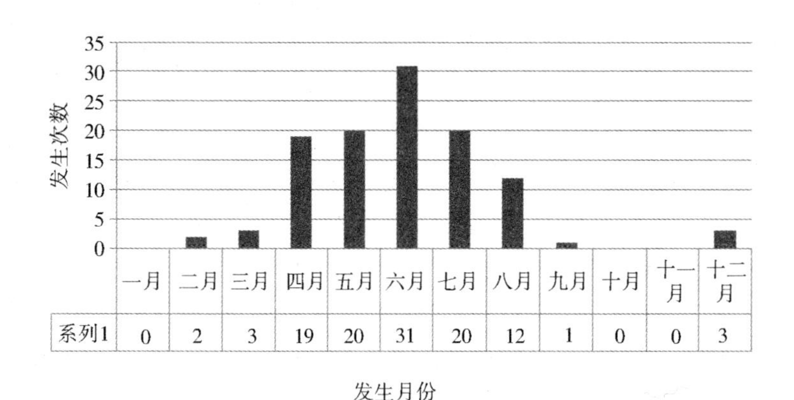

图1 《农政全书》所统计蝗灾发生月份与次数对照图表

（三）第三阶段：脱魅阶段

1885年严复在天津直报发表《原强》一文，他首次向国人介绍了达尔文的《物种起源》及其生物进化论观点，同时又介绍了英国实证主义哲学家及社会学家斯宾塞的优胜劣汰学说，撮合二者，阐述自己救亡图存的见解。1896年他翻译的英国生物学家赫胥黎的《天演论》出版，进一步介绍了达尔文进化论的观点，在社会上引起了巨大的反响，维新派领袖康有为称严复“译《天演论》为中国西学第一者也”。虽说严复的目的是救亡图存，但他将彻底推翻西方“神创论”的《物种起源》介绍到中国，有力地批判了我国传统社会所信奉的“天人感应”思想，否定了天帝的存在，同时也对传统的“天降灾异观”造成了严重的冲击。因此，本文将1885年严复《原强》一文的发表作为该阶段的起点，西方近代生物学的引入将我国治蝗事业的发展带入了一个科学的阶段，至此，我国将逐渐步入以科学思想为指导的治蝗阶段。

清朝末年一些报刊就开始翻译刊登西方的科学著作，如《农学报》和《东方杂志》等，1905年《农学报》停刊后辑成专集，收录了日本小野孙三郎的《害虫浅说》和松村松年的《驱除害虫全书》等著作。同时清政府也开始重视近代科学的教育工作，1903年起，清政府规定农科大学及高、中等农校开设昆虫课，并开始派遣留学生。[①] 清朝末年始一些留学归来的学者就投身于本国的农业虫害研究，他们依托于国内的高校和研究所组建科学团体，之后又在南京国民政府的支持下成立了江苏昆虫局和浙江昆虫局等治蝗机构，同时应用实地调查法、试验观察法和数理统计法等近代研究方法，通过引用一些西方治蝗技术，使得这一时期我国除蝗技术取得了突破性的进展。

除了传统的篝火诱杀、器具捕打、开沟陷杀、掘除蝗卵等方法，这一时期建立在近代化学发展基础之上的药物除蝗法在我国也得到了应用，其实施途径主要有两个[②]：其一是使用毒饵，将麦麸、白砒和饴糖按照一定的比例搅拌，在夜间或黎明蝗虫休息或取食之时撒入蝗虫生发地或者田间地头，此法因其效率高且实施方便备受推崇，沿用至今；另一个是使用器械，这主要得益于民国时期喷雾器的引进，但是由于喷雾器造价较高，普通民众消费困难，只得依靠政府购买，因此，普遍推广

---

① 潘承湘：《我国东亚飞蝗的研究与防治简史》，《自然科学史研究》1985年第1期，第80—89页。

② 赵艳萍：《民国时期的蝗灾与社会应对》，世界图书出版公司2010年版。

相对比较困难。虽然这一时期的除蝗工作对人力的依赖程度仍然很大，但其方法的科技含量和效率确是大大提高。

值得强调的一点是，笔者认为治蝗观念的变化对官方的影响主要体现在对积极治蝗和禳灾两种不同的救灾方式的排列与选择上，对具体的除蝗技术的实施并没有太大的影响。就前两个阶段而言，除蝗技术的发展主要得益于实践经验的总结与创新，但是就整个除蝗技术发展的历程来看，这一时期仍然处于靠人靠天除蝗的阶段，直至清末归国的留学生将西方自然科技成果应用于本国治蝗工作之后，我国才逐渐进入依靠科技手段除蝗的阶段，因此，笔者认为具体的除蝗技术的发展依赖于人民群众治蝗实践的总结与创新和西方科技的引入，而与官方治蝗观念的变化并无太大的联系，之所以将民国治蝗技术在此提及，主要是想体现这一时期依靠科技手段除蝗这一显著的阶段性特征。

结　语

在我国蝗灾肆虐的两千多年的历史中，纵观整个封建时代，虽然随着人们对蝗灾认识的进步，治蝗实践不断得到发展，但这仅仅是基于蝗虫为“神虫”的神秘面纱逐渐被揭开，蝗灾为上天对人们尤其是统治者不德行为之惩戒的观念犹在。虽然封建社会后期洋务派思想家运用西方近代自然科学知识体系对我国传统意识形态和民众信仰的灾异观进行了有力的批判，但是由于封建统治阶级自身的局限所在，这种批判并不彻底，他们仍然欲用传统灾异观的“灾祥祸福”之论来惩恶扬善，结果却是搬起石头砸了自己的脚，成了当时反工业化风潮最深厚的土壤。[①] 直到严复将推翻西方“神创论”的《物种起源》介绍到中国并且引起了我国近代资产阶级的共鸣，传统的“天降灾异观”才逐步走向瓦解。到了民国时期，建立在近代自然科学基础之上的科学治蝗观已完全取代了“天降灾异观”，进而主导着官方治蝗行动的开展。

---

① 夏明方：《略论洋务派对传统灾异观的批判与利用》，《中州学刊》2002 年第 1 期，第 133—137 页。

被遮蔽的“钱赈”：清代灾赈中的货币流通初探*

山西大学中国社会史研究中心　韩　祥

一般灾荒发生后，随着大批赈灾物资与赈款的输入，灾区的市场贸易与货币流通会发生较大变动。其中，与灾民密切相连的小额通货能否顺利流通①，直接影响着灾赈绩效的实现与灾后经济的恢复，并对城乡金融资源的重新分配产生直接影响，是社会经济史领域中值得注意的重要问题。

目前，无论是灾荒史研究还是货币史研究，均缺乏对灾赈中货币流通问题的系统讨论，仅有部分研究零星涉及。邓拓在论述历代救荒思想与政策时，将灾赈中的货币赈济统称为“赈银”，但未能讨论赈款的种类，尤其忽视了小额通货的重要性。②魏丕信认为，清代官方的赈济内容中，除以粮食为主的实物外，

* 本文系教育部人文社会科学研究青年基金项目（16YJC770006）资助成果。

① 小额通货专指小额交易中使用的小面额货币，一般由贱金属铸币充当，清代小额通货主要为铜钱与铜元。

② 邓拓：《中国救荒史》，河南大学出版社2010年版，第163—164、233—235页。

银两是赈款的主要形式。[①] 李向军、陈桦、朱凤祥等人的研究也认为，清代的货币赈济主要为“赈银”。[②] 在涉及小额通货流通的相关研究中，何汉威简要讨论了“丁戊奇荒”中的“给钱赈济”举措，认为由于赈银换钱困难、折耗大、运输成本高等原因，赈钱措施基本失效。[③] 而李明珠却认为，19 世纪以来的华北灾赈中赈钱较赈粮、赈银出现了明显的增加，这既缘于赈钱散放便利，也由于政府认为赈钱较调拨赈粮更节省成本。[④] 朱浒在讨论光绪十三年（1887）黄河郑州决口时，发现“换钱难”问题不但阻滞了义赈进程，还造成了江南士绅与当地士绅在兑换赈款问题上的冲突。[⑤] 王丽娜分析了光绪三十二年（1906）江皖丙午赈案中出现的“钱荒”问题，认为灾区大量的赈钱需求很大程度上推动了官方鼓铸铜元应对赈灾之急，这成为清末铜元解救钱荒的重要表现。[⑥]

可见，学界对灾赈中货币流通问题的研究十分薄弱，尤其是与灾民、农村密切相关的小额通货流通问题，如赈款来源、

---

① ［法］魏丕信著，徐建青译：《18 世纪中国的官僚制度与荒政》，江苏人民出版社 2006 年版，第 129、147—149 页。

② 李向军：《清代荒政研究》，中国农业出版社 1995 年版，第 27、31、53—55 页；陈桦、刘宗志：《救灾与济贫：中国封建时代的社会救助活动 1750—1911》，中国人民大学出版社 2005 年版，第 43—57 页；朱凤祥：《中国灾害通史》清代卷，郑州大学出版社 2009 年版，第 296 页。

③ 何汉威：《光绪初年华北的大旱灾》，香港中文大学出版社 1980 年版，第 106 页。

④ Lillian M.Li:*Fighting Famine in North China:State,Market,and Environmental Decline*,1690s—1990s,Stanford University Press,2007,pp.226—227.

⑤ 朱浒：《民胞物与：中国近代义赈 1876—1912》，人民出版社 2012 年版，第 87—88 页。

⑥ 王丽娜：《光绪朝江皖丙午赈案研究》，中国人民大学 2008 年博士学位论文，第 96—97 页。

银钱兑换、货币运输、灾民持币购粮以及城乡货币回流等，亟须引起重视。

一、被史料与观念遮蔽的“钱赈”

现有的灾荒史研究一般将灾赈中货币赈济形式局限在“赈银”上，无论是梳理救荒过程，还是统计、核算灾赈绩效，均以银两（或银元）为货币流通的主要形态。这种认识不但与历史上实际通行的货币制度相违背，而且将视角仅仅局限于赈款调拨的初始环节上，明显忽略了赈款在运输、散放、购物、回流过程中的货币形态变化，从而对认识灾赈过程的完整性与准确性产生消极影响。

当然，产生上述认识存在着客观原因，主要包括两个方面。首先是史料搜集与解读上的问题。相关研究使用的灾荒史料主要为清实录、官方政书及地方志书。虽然这些传统史料涉及面广、时段长，且量大、易搜集，但对灾赈中的货币信息记载较为简略，往往仅记录了赈款筹措、调拨的初始情况，对赈款的流通过程则语焉不详，无法参透。如《清实录》中对货币赈济的典型记载方式：

> 谕：上年（乾隆三十五年）直隶地方因夏间雨水过多，各州县被灾较重，屡经降旨加恩，并先后动拨部库银八十万两，又拨通仓并截留曹［漕］米共六十万石，令该督加意抚恤，银米兼赈，俾无失所。①

---

① 《清高宗实录》卷876，乾隆三十六年正月甲辰，中华书局影印本1985年版，第736页。

而地方志对相同事件的记载更为简略，且赈济内容、货币数字与《清实录》有明显出入：

> （乾隆三十五年）是年，直隶十六州县灾，先后拨部库银一百万两、通仓米一百三十万石，以赈之。[①]

可见，过于简洁的史料记载与模糊不清的货币数字，直接阻碍了人们对灾赈中货币流通情形的细致考察，只能得出“赈银”贯穿赈灾始终的错误认识。故需要进一步将视角向各类官私荒政书、灾赈奏折、近代报刊、文集、日记等可能记载货币赈济细节的史料拓展。

其次，另一个原因则来自对明清时期“银两为主要货币”的僵化观念。现有货币史研究对明清“货币本位”的讨论仍未有定论，但一般认为明中叶以降，白银开始成为社会流通的主要货币[②]，并被部分学者称之为事实上的“本位货币”。[③]

明代中叶以后的实际货币流通状态为银钱并行制，银两与制钱均是主要货币。清代币制并不具备严格意义上的货币本位，银两不是本位币，而是可以自由铸造的称量货币，制钱也不是银两的辅币，二者都是可以无限制使用的法定货币。在流通范围上，一般大额用银，小额用钱。银两主要用于大额商业交易、税赋征缴以及财政支出等方面，制钱则主要用于城乡平民的日常收支、小额交易等方面。无论是和平时期还是战乱、灾荒时

① 光绪《畿辅通志》卷108《恤政一》，第44页。

② 彭信威：《中国货币史》，上海人民出版社2007年版，第483、488、575页；全汉昇：《明清间美洲白银的输入中国》，《中国经济史论丛》，香港中文大学新亚书院，1972年，第435—450页。

③ 魏建猷：《中国近代货币史》，黄山书社1986年版，第15页。

期，底层民众的生产生活均要通过小额通货来运转，而灾荒中的需求更为强烈。①

所以，灾赈中的赈款不论以何种形态筹集，散放灾民时大部分需要转换为小额通货，进而与地方银钱业、运输业、粮食市场产生广泛联系。为了与“银赈”相区别，也由于近代产生的铜圆、角票等小额通货经常以钱文来折合行使，故笔者将灾赈中以小额通货为中心的资源调配与赈济机制称之为“钱赈”。

由此，可以解释本文撰写中发现的不少看似矛盾的史料信息。如光绪十五、十六年（1889、1890）的山东济阳县赈灾：

> （光绪）十五年，水灾，奉诏赈济，每口京钱八百文，共计放银三万五千七百六十四两九钱六分六厘。十六年，水灾，奉诏赈济，每口京钱六百文，共计放银一万三千五百五十四两八钱。②

文中所载赈款为官方调拨的赈银，而赈放灾民的标准却是按口散给铜钱。可见，史料中遗漏了赈款筹解、兑换、散放等重要信息，使我们无法得知其中的细节，从而遮蔽了对“钱赈”的认识。

此类矛盾的赈灾史料还有很多，需要转换货币视角才能获得新的认识。可见，有必要对明清以来货币赈济思想及政策实践进行系统梳理，进而窥探“钱赈”的运作机制。

---

① 韩祥：《晚清灾荒中的银钱比价变动及其影响——以“丁戊奇荒”中的山西为例》，《史学月刊》2014年第5期。

② 民国《济阳县志》卷4《赋税志》，第39页。

二、明清时期的“钱赈”思想演变

在以报灾、勘灾、救灾、善后为主要阶段的传统赈灾模式中，救灾无疑处于核心地位，而赈粮与赈款在救灾中又处于主导地位。故救灾中如何平衡赈粮与赈款，赈款中如何平衡赈银与赈钱，便成为明清士绅讨论赈灾的主要议题。其中，对赈款的讨论直接反映着时人对灾赈中如何调整货币流通关系的认知。

早在宋代，董煟便认为灾赈中运输赈粮的成本过高，不如散放赈款（铜钱）便利，以钱补粮，进行“钱米兼支”。[①]

明中叶官员林希元进一步完善了这一思想，认为救荒应根据灾民的受灾程度进行不同的赈济：“救荒有三便，曰极贫之民便赈米，曰次贫之民便赈钱，曰稍贫之民便赈贷。”[②] 其中，林专门讨论了货币赈济中银与钱的优劣关系，认为赈钱优于赈银，并提出了具体的执行方案。[③]

明末的祁彪佳在《救荒全书》中进一步阐述了赈钱的重要性，“次贫得钱，或资营运，是给米又不若散钱矣”，而且其借“散钱之案”中的李珏之口道出了赈钱的多种用途：“村民得钱，非惟取赎农器，经理生业，以系其心，又可抽赎种子，收买杂斛，和野菜煮食，一日之粮，可化为数日之粮，岂不简便？”[④] 可见，明代中后期是“钱赈”思想开始成形的奠基阶段。

---

① 李文海、夏明方、朱浒主编：《中国荒政书集成》第1册，第55页。

② 李文海、夏明方、朱浒主编：《中国荒政书集成》第1册，第93页。

③ 李文海、夏明方、朱浒主编：《中国荒政书集成》第1册，第95页。

④ 李文海、夏明方、朱浒主编：《中国荒政书集成》第2册，第849—850页。

清代前期，“钱赈”思想较为沉寂，大多直接按口散放赈银。[①] 进入乾隆朝，才又开始讨论“钱赈”的问题。针对当时盛行的“银米兼赈”措施，官员万维翰批评了“赈银”与“赈米折银”带给灾民的损耗、亏折，认为官方应预先将赈银易钱，再散给灾民。[②] 同时期，姚碧所编的《荒政辑要》也讨论了钱赈的重要性，认为“折赈银两，易钱散给，既便民用，亦可杜侵扣之弊”，并给出了赈钱筹兑的方法。[③] 嘉庆朝官员汪镛也认为应该推广钱赈，并主张以增加铸钱来维系之，从而将政府的荒政与钱法制度联系起来。[④]

至光绪朝，“钱赈”思想已较为普遍，各地灾赈放款亦以赈钱优先。从光绪四年（1878）御史彭世昌上奏的备荒救荒条陈中，即可看出时人对“钱赈”的优势已有了较全面的认识：

> 一曰钱赈。散米诚善矣，倘扣算米石，不敷赈给，又宜酌量变通。或先尽米再用钱，或钱米分配，或全以钱代，均无不可。或谓赈银亦有数便，盖以银代。不知银质坚厚，毫厘难于分析；又秤有低昂，色有高下，易滋蒙混。且贫民得银，又将易钱，辗转之间，伤耗不少。若用钱，则无以前诸弊，又三五零钱，取用甚便，亦法之善也。[⑤]

由上可见，“钱赈”思想源远流长，在中国荒政思想史中理

---

① 如光绪《望都县志》卷 7《祥异》，第 70 页；光绪《鱼台县志》卷 1《灾祥》，第 3 页。

② 李文海、夏明方、朱浒主编：《中国荒政书集成》第 3 册，第 1905 页。

③ 李文海、夏明方、朱浒主编：《中国荒政书集成》第 4 册，第 2070 页。

④ 李文海、夏明方、朱浒主编：《中国荒政书集成》第 4 册，第 2380 页。

⑤ 李文海、夏明方、朱浒主编：《中国荒政书集成》第 8 册，第 5821—5822 页。

应占有重要一席。在实践层面，“钱赈”思想对清代的荒政建设起到了巨大的推动作用，成为官方灾赈政策的重要组成部分，并为近代义赈全面吸收，产生了广泛的影响。在学术层面，“钱赈”是灾赈中整个货币流通过程的关键链条，直接关系着赈灾活动能否顺利进行，并影响着城乡金融资源的重新分配，具有较高的学术价值与发掘空间。

三、清代救荒政策中的“钱赈”实践及其演变

清代的救荒政策集中体现在赈灾过程中所发布的各类章程、条规，大多涉及了“钱赈”活动的程序与规则。

全面记录乾隆八、九年（1743、1744）直隶赈旱过程的《赈纪》是一部著名的荒政书，由地方要员方观承所编，集中展示了乾隆初年的官方赈灾模式。该书所收录的《散赈条规十二条》简要涉及了货币赈济的种类与流通形式。① 从中可以看出，乾隆初年的货币赈济仍以银两为主，存在于官方的“银米兼赈”模式之中。一般将半数赈粮所折银两剪削成小块，包封装袋，按口赈放灾民。不过，此次赈灾并未如万维翰所批评的那样，完全忽略赈钱对灾民的重要性，而是在赈银之外，采取了就地兑换制钱的补救措施，通过“贫民领银，就厂易钱”，赈银在赈款性质上便转变为了赈钱，从而有了“钱赈”的色彩。需要指出的是，此处的赈银“包封”类似于同治朝钱赈章程中的“户票”（凭票领钱），但较之后者非常不便。

其实，早在《散赈条规十二条》成文之前的乾隆二年（1737），地方官员便已开始自发探索利于灾民的钱赈措施。该

① 李文海、夏明方、朱浒主编：《中国荒政书集成》第3册，第1940页。

年夏，永定河泛滥，顺天、直隶一带成为泽国，灾民甚众，朝廷下拨帑银赈给，而主管赈务的官员策楞却上奏“将赈银易钱散发”①。可见，当时的官员已经考虑到赈款散放应适合灾民的货币行用习俗，并应关注银钱比价变动，以使灾民所得赈钱不受钱商盘剥。正因如此，策楞的奏请很快得到乾隆帝的赞同。②

在《散赈条规十二条》施行之后，赈银诸弊益为朝野诟病，地方官府在赈灾过程中逐渐将赈款的重心放到了赈钱上。货币赈济由散放赈银、就厂易钱发展为由官方预先易钱、直接散放赈钱，并逐渐形成惯例。乾隆二十二年（1757）夏，河南、山东多地被水，御史阎循琦将所考察的抚赈弊政具情上奏，认为存在“折给银两，奸吏家人或轻戥短发，及贫民得银，易钱买米，市侩牟利，不免高抬钱价，改用重戥，并富户囤积钱文、不令流通等弊”③。乾隆帝批阅后将奏折抄寄各省，令引以为戒。不久，河南巡抚胡宝瑔、山东巡抚鹤年均上奏在辖区内已将赈银改为赈钱。④

此后，赈银易钱散放渐成为救荒政策中的固定措施。如乾隆五十四年（1789），直隶总督刘峨奏请放赈清苑等四十余被水州县时，即称“应领赈银向系易钱散给”⑤；嘉庆六年（1801），直隶当局将广储司所发赈银全数易钱，散放永定河泛区的灾民。⑥

---

① 《奏报将赈银易钱散发事》，乾隆二年七月初七日，朱批奏折，04-01-35-1227-012。

② 《奏报将赈银易钱散发事》，乾隆二年七月初七日，朱批奏折，04-01-35-1227-012。

③ 《清高宗实录》卷545，乾隆二十二年八月己丑，第938页。

④ 《清高宗实录》卷542，乾隆二十二年七月乙未，第869页；卷545，乾隆二十二年八月己丑，第938页。

⑤ 《清高宗实录》卷1339，乾隆五十四年九月壬子，第1164页。

⑥ 李文海、夏明方、朱浒主编：《中国荒政书集成》第4册，第2343页。

可见，至乾隆后期，“钱赈”已成为取得朝野共识的赈灾惯例。

成书于嘉庆十八年（1813）的《赈记》是一部重要的荒政文献，为那彦成总督陕甘时所著，集中汇编了嘉庆十五年西北赈灾的各种文牍史料，是体现嘉庆朝救荒政策的典型代表。该书收录的不少赈灾章程、规条反映了此阶段的货币赈济情况，其中的“钱赈”活动较前有了明显发展。[1] 细读相关条文可知，嘉庆中后期的货币赈济活动较前变得更为严密，不但赈银易钱的惯例继续保持，而且对赈银的筹兑、赈钱的散放等程序增加了明确的细文规定。其中，最引人注目的是一再强调的“易钱”防弊措施，主要针对钱商“高抬钱价”“扣短串头”等行为，以防灾民换钱短少而降低灾赈的实际效果。防弊措施主要包括两个方面：一是明确责任，将负责赈银易钱的兑换机构（钱铺、当行）及钱商身份登记入册，并刻记于包封赈银与赈钱的封面上，若有勒措、舞弊行径，直接向兑换机构问责，违者重处[2]；二是明确兑换标准，以“时价”为准，即将确定银钱比价的权力由官方或个别钱商转移至市场，“照依时估”。这相较于方观承《赈纪》中的“官为定价”无疑是一大进步。此外，上述规条还细心地考虑到“钱文未易猝办”的偏僻地区，针对其易钱困难，指导灾民到指定的钱铺、当行，将“兑准包封”的赈银按时价兑换易钱。总体上看，嘉庆中后期的“钱赈”活动已较前有了明显进步，各项规条不断完善，推动了当时救荒政策的发展。

此后，官方实施的“钱赈”活动与民间金融机构的合作越来越紧密，许多官发赈银直接运往钱铺存贮、兑换，以应对庞

---

① 李文海、夏明方、朱浒主编：《中国荒政书集成》第4册，第2622—2668页。

② 李文海、夏明方、朱浒主编：《中国荒政书集成》第4册，第2672—2673页。

大的赈钱需求。嘉庆十八年，河南南阳府旱灾严重，为了预备展赈所需的大量赈钱，叶县县令径将展赈银两“分发各钱铺易换足钱，以俟粥赈完竣给领”[①]。

进入道光朝，“钱赈”的形式与范围进一步扩展，出现了以灾赈物资易钱赈放的新形式，且钱赈范围涉及籽种散放等生产领域。道光二年（1822），吏科给事中王家相奏请将京师赈给灾民的棉袄折换为制钱散放，其理由是棉衣数目有限而灾民众多无法普惠，而赈钱则简便得多，可在“一转移间经费不必加增，而贫民免向隅之戚［泣］”的好处。[②] 此议得到了清政府的采纳，并逐渐立为定规。[③] 在恢复生产的善后过程中，以往多以籽种、耕畜或银两为资助，至道光时期，资助制钱亦较多出现。道光二十二年（1842），湖北荆江府惨遭洪灾，当湖北巡抚饬令各属按例赈放籽种银时，遭到了部分州县官员的反对，后者认为赈银剪、秤困难，且灾民领银仍须易钱购买籽种，故建议“应仿照历届办理抚恤章程，以银易钱散放于贫民，实有裨益”[④]，此项请求得到允准，迅速施行。

至同治朝，“钱赈”制度已臻于完备，出现了从赈款调拨、运输到编户散放整个过程均用赈钱的救荒政策与实践，并形成了一套细致、严密的钱赈章程。这主要表现在同治九年（1870）“畿南钱赈案”先后制定的《畿南办理赈粜章程》与《会拟办贷

---

① 李文海、夏明方、朱浒主编：《中国荒政书集成》第4册，第2793页。

② 《五城散给绵袄易钱分赏并粜米减价折事》，道光二年九月十四日，录副奏折，03-2817-052。

③ 《谕内阁著五城散放棉衣并将生息银两易钱分别散放》，道光三年十二月初七日，灾赈档，0928-2。

④ 李文海、夏明方、朱浒主编：《中国荒政书集成》第5册，第3475页。

章程》，是清代“钱赈”制度走向成熟的标志。[①]

由上可见，自乾隆朝开始，清代的“钱赈”经历了一个由临时举措到固定惯例，再到成熟制度的演变过程。这一过程与清代救荒政策的发展相始终，是清代灾赈制度建设中不可或缺的一环。

四、难得的完整实例：同治九年“畿南钱赈案”

整理现有灾赈史料可以发现，完整翔实的钱赈案例非常稀少，大多数案例史料零散、逻辑不清、有头无尾。但《李兴锐日记》《曾国藩全集》记载的同治九年直隶南部灾赈活动，则是一次完全以赈钱为主的救荒案例。在史料丰富程度、逻辑紧密程度、案例特性的普适程度等方面，该钱赈案均具有突破性，是一个难得的完整实例。本节对此次畿南赈灾中的“钱赈”过程及其影响做一简要考察。

同治八年（1869），直隶连续发生水旱灾害。春季，南北各属旱情严重；夏季，海河主干支永定河、滹沱河泛溢成灾；秋后，旱灾又接踵而至，西南各属成灾尤重，至岁末仍未解除旱情。[②] 其中，旱情最重的是大名府、广平府辖属的肥乡、广平、成安、邯郸、永平、大名、元城 7 县，亦为灾赈重点区域。[③]

同治九年正月，直隶总督曾国藩派陈兰彬、李兴锐等人分别带队前往畿南灾区襄办赈务。从正月下旬陈、李等人抵达灾

---

① 《李兴锐日记》，中华书局 1987 年版，第 150、152 页。

② 李文海、林敦奎、周源、宫明：《近代中国灾荒纪年》，湖南教育出版社 1990 年版，第 282—284 页。

③ 《李兴锐日记》，第 148 页。

区，到四月初放赈完毕，以赈钱运至灾区为界（三月初），可将整个灾赈过程分为两个阶段。第一阶段：赈灾人员主要进行清查户口、划分贫级的工作，并实地走访，了解灾情，与当地绅董商议散钱之法，共同制定赈灾章程；第二阶段：当赈钱运抵灾区后（由天津船只沿运河，经德州至大名，各县再雇车从大名运回制钱①），在各县分乡设厂，按既定章程散放赈钱。

同治八年旱灾发生后，畿南粮食短缺，不少州县经奏准暂借灾民部分口粮度荒。② 至同治九年正月，灾区的粮价已上涨逾倍。③ 此后，粮价虽仍呈上涨之势，但来自河南的粮食已较为充足，本地的富户屯粮亦开始较多发售，故在整个钱赈过程中并未出现大规模的赈粮调运情形。④

在粮食供应有一定保障的情况下，就需要及时赈放灾民急需的小额通货——制钱。直隶当局于同治九年正月拨银 2 万两用于赈灾，但由于灾区制钱短缺，赈银一时无法兑换为制钱⑤，故不得不推后筹兑。⑥ 由此，向畿南赈灾的全部希望就落在了赈钱的运输与散放上。其实，在调拨赈银之前，直隶当局已奏准从天津练饷局现存钱项下调拨制钱 10 万串，准备由天津沿运河运往灾区。⑦ 然而，正月寒冬时节运河封冻，只能等到二月初才能“开河运钱”。⑧

---

① 《李兴锐日记》，第 160—161 页。

② 《李兴锐日记》，第 154 页。

③ 《李兴锐日记》，第 149 页。

④ 《曾国藩全集》第 31 册，第 137 页；《李兴锐日记》，第 160 页。

⑤ 《李兴锐日记》，第 149 页。

⑥ 《曾国藩全集》第 31 册，第 136 页。

⑦ 《清穆宗实录》卷 273，同治八年十二月甲子，第 793 页；《李兴锐日记》，第 157 页。

⑧ 《李兴锐日记》，第 155、159 页。

这样，当赈钱刚刚从天津起运时，先期抵达灾区的赈灾人员已经工作了半个多月。自正月下旬至二月中旬，他们工作勤奋，很快就完成了第一阶段的任务，“查户核册，办等计口，以及派雇钱车，备办村榜、户票等事，次第就理”①。其中，“备办户票”是顺利散放赈钱的关键，在赈灾人员所制定的《会拟办贷章程》（共六条）中着有明确规定。②

需要指出的是，章程虽名为“贷”，但实际仍为无偿的“赈”。因为最初制定的章程为《畿南办理赈粜章程》，后李兴锐与藩司钱鼎铭向曾国藩呈文，议将“赈”改为“贷”，定为《会拟办贷章程》（包括确查户口、慎选绅董、先期给票、择要设厂、明定赏罚、酌给经费六项），并降低了每口赈贷的额度，以期惠及更多的灾民③，最后再请旨将所贷灾民之钱粮一律蠲免④。

“户票”是发给极贫户接收赈钱的凭证，收发管理非常严密，相较方观承《赈纪》中的“赈银包封易钱”有了根本性进步。在赈灾人员清查户口、勘分极贫灾民后，便开放村榜，予以公示，并先期发给极贫者户票。当赈钱运抵后，各县分乡设厂，分期散放赈钱。⑤ 此外，李兴锐等人还制定了“雇车运钱之法”，当赈钱运抵大名后，各县按照清查灾户所应领的赈钱总额，分乡雇车领钱。⑥

三月初七日，10 万串赈钱运抵大名，“分期发县，先永年、邯郸，次肥乡，次成安，次广平、大名，元城最后。每箱装制

① 《李兴锐日记》，第 158 页。

② 《李兴锐日记》，第 149 页。

③ 《李兴锐日记》，第 150 页。

④ 《赈贷钱文奉旨蠲免示》，《曾国藩全集》第 13 册，第 474 页。

⑤ 《李兴锐日记》，第 152—154 页。

⑥ 《李兴锐日记》，第 5—6 页。

钱三十千”[1]。各县按前定章程雇车前往大名，领运赈钱。可见，虽然赈钱易于灾民行使，但却有笨重量大、运输困难、运脚昂贵等弊端，这对于与时间赛跑的赈灾活动来讲，无疑是一个严重缺陷。更为糟糕的是，由于制钱短缺、灾民众多，赈钱严重不敷，计划散放灾民的钱额标准一降再降，从每口两月 1800 文降到 1200 文，最后定为 1000 文。[2]

现将畿南七县中统计资料较完整的广平、肥乡、成安三县的赈钱散放情况整理如下：

表 1　1870 年畿南赈灾中广平、肥乡、成安三县赈钱散放数额表[3]

县名	赈济村庄数	户数	大口	小口	赈钱数额	每口赈钱
肥乡县	320 村，城关 10 处	17045	23328	8928	27792 千文	1 千文
广平县	135 村，城关 8 处	5806	16070	3860	18000 串	1 串
成安县	140 村，城关 6 处	12803	14204	3592	16000 串	1 串
合计	595 村，城关 24 处	35654	53602	16380	61792 串	1 串

注：“每口赈钱”按 2 小口折合 1 大口计算；表中“千文”“串”等单位为原文所载，可见在表中三县地境内 1 串即代表 1 千文。

可见，灾荒中灾民的制钱需求非常旺盛，而灾区制钱短缺、钱价高昂，需要外部地区供给、救援，制钱能否正常流通对于维持城乡市场运转、缓解灾情极其重要。在此次钱赈案中，虽遭遇了赈钱筹兑困难、运输缓慢、赈钱不敷导致赈口标准下降等诸多问题，但总体上仍取得了一定的成果。赈灾人员勤勉得

① 《李兴锐日记》，第 161 页。

② 《李兴锐日记》，第 149 页。

③ 《李兴锐日记》，第 164 页。

力、廉洁奉公，赈济总人口超过十万。[①] 尤其是，赈案所制定的赈钱章程严密有序，已十分完备，这对其后的赈灾活动具有较大的借鉴意义。

查阅畿南七县的地方志可知，此次灾荒在县志中的重要程度并不高。七个县中只有广平、永年、邯郸三县有记载，而其余四县则毫无提及。[②] 这说明该次灾荒并非大灾，成灾规模有限，破坏程度更远低于稍后的"丁戊奇荒"，从而在各类灾荒中具有一定的普适性。所以，同治九年"畿南钱赈案"可视为传统赈灾模式中体现赈钱跨区域流通及散放的一次代表性案例，对于探索灾赈中货币流通的变动规律有着很大帮助。

五、打通灾赈中以"钱赈"为主线的货币流通链条的尝试

通过以上论述，可简要了解清代"钱赈"救荒思想与政策实践的演变过程，但对于灾赈中货币流通的完整链条以及钱赈在其中所处的地位，仍然十分模糊，需要进一步按货币流通的组成要素来具体分析。笔者在本文所整理的各类钱赈史料基础上，尝试为打通此链条进行初步的探索。

（一）灾区赈款的种类与来源

首先是赈银。其来源主要分为两项：一是官方款项，包括国库拨款、各省存留与应解之官银、各省暂存之协拨银与封贮

① 《申报》1872年5月17日（同治十一年四月十一日），第4版。

② 仅见于光绪《重修广平府志》卷33《前事略·灾异》，第27页；民国《邯郸县志》卷1《大事记》，第13页；光绪《永年县志》卷19《祥异》，第8页。

银、地方杂类闲款等；二是社会款项，主要包括本地各类捐纳、捐输银，外地输入灾区的各类捐款、义赈银等。①

其次是赈钱，主要来源分为三个部分：一是官方款项，包括三个方面：（1）地方铸局暂存之制钱。如乾隆五十四年（1789）直隶赈灾需钱，总督刘峨即将所筹赈银易换宝直局所存制钱，充作赈钱救灾。②（2）地方府库、局所所收存之制钱。如道光二十二年（1842）奉天多处水灾，海城、新民等县即“动支库贮制钱”赈灾，“酌用久贮之制钱，既可以省拨库银，而灾户得此现钱即以之采买杂粮，亦可以便民”。③（3）中央部库收存之制钱。如嘉庆六年（1801）六月永定河泛滥成灾，清政府即于工部节慎库“存钱内先支制钱一千串”，用以赈济永定门、右安门外聚集之各村灾民。④

二是社会款项，主要包括三个方面：（1）本地金融机构捐赈之制钱。如光绪初年“丁戊奇荒”中，山西平遥的钱庄、票号除捐银外，亦捐钱甚多。⑤（2）本地人士所捐之赈钱，包含两种形式：①地方士绅捐赈之制钱⑥；②灾区乡绅向城镇富户所借之制钱。⑦（3）外地输入助赈之制钱。如光绪四年（1878）大量输入华北灾区的江浙赈捐钱文⑧。

三是折兑之钱款，包括四个方面：（1）各类赈银所兑换的

---

① 参见李向军《清代救灾的制度建设与社会效果》，《历史研究》1995年第5期。

② 《清高宗实录》卷1339，乾隆五十四年九月壬子，第1164页。

③ 《署盛京将军禧恩奏请正赈一半折色米一半给制钱事》，道光二十二年十月初五日，录副奏折，03-2838-060。

④ 《嘉庆道光两朝上谕档》第6册，广西师范大学出版社2000年版，第243页。

⑤ 黄鉴晖主编：《山西票号史料》，山西经济出版社2002年增订版，第1253页。

⑥ 如同治《临邑县志》卷7《职官志·宦绩》，第34页。

⑦ 如民国《长清县志》卷13《人物志·懿行》，第15页。

⑧ 《申报》1878年5月28日（光绪四年四月二十七日），第1版。

制钱，形式较为多样，主要为：①官发赈银所易之制钱[1]；②民间士绅捐输银所兑之制钱[2]；③官员捐银所易之制钱[3]；④外地助赈银所兑之制钱[4]。(2) 各类官私生息银所兑之制钱。如山东高唐州普济堂每年按定制将官捐生息银易钱赈济灾民[5]。(3) 赈灾物资所兑之制钱。如道光时期，清政府曾将京师赈给灾民的棉袄折换为制钱散放，以周济更多民众。[6] (4) 地方仓谷所易之制钱。如光绪十九年（1893）山西大同府赈灾需钱，即将上年冬赈所剩的各州县社义、丰备等仓谷2.1万余石"易钱散放"。[7]

需要说明的是，依据本文搜集到的各类货币赈济史料，可以初步判断上述不同种类赈钱在数量上所占有的相对地位。其中，官方直接调拨制钱赈灾的案例很少，但单次调拨数额较高；社会各界所捐集的赈钱中，以外地输入的捐赈钱为大宗，本地捐钱相对较少。与前两项相比，折兑钱款是出现频次最高、数额最大的赈钱部分，各类赈银所兑制钱成为全部赈钱款项中的主体。而且兑换制钱的赈银在全部赈银款项中也占有非常高的比例，因为真正散放到灾民手中的赈银非常少，绝大部分通过易换制钱的方式散放了。

此外，清末官方铸造的银元、铜元也参与到了货币赈济之

① 光绪《亳州志》卷6《食货志·蠲赈》，第51页。

② 如民国《襄陵县新志》卷24《艺文志》，第18页。

③ 《清宣宗实录》卷321，道光十九年四月己丑，第1037页。

④ 李文海、夏明方、朱浒主编：《中国荒政书集成》第10册，第6645页。

⑤ 光绪《高唐州志》卷2《恤政》，第42页。

⑥ 《五城散给绵袄易钱分赏并粜米减价折事》，道光二年九月十四日，录副奏折，03-2817-052。

⑦ 《申报》1893年5月1日（光绪十九年三月十六日），第14版。

中[1]，按种类可分别归为赈银与赈钱。限于本文的结构与篇幅，暂不讨论银元与铜元的赈灾问题。

（二）灾区赈款的运输与兑换

赈款的运输过程主要体现在三个路径上：一是运往售粮之地购粮[2]；二是运往灾区散放灾民[3]；三是运往金融机构集中地（灾区与外地）进行银钱兑换。而运输工具主要分为两类，陆路为车辆[4]，水路为船只[5]。

赈款兑换在整个“钱赈”过程中处于极为关键的环节。赈银能否顺利兑换为制钱进行散放，直接关系着灾赈的实效。兑换地点可分为灾区兑换与外地兑换。灾区内的赈款兑换一般为商民之间的小额兑换，但涉及的人群范围广（灾民、官员、商人），且兑换频次高。灾区外的赈款兑换与前者则正好相反，多为赈灾团体进行的大额兑换，但兑换人次较低。

至于赈款的兑换机构，主要为城乡金融机构。其中，银钱业是赈款赖以兑换的主体行业，包括钱铺、钱店、当行、钱庄、票号等。票号在赈款汇兑方面的作用很大。[6] 此外，盐号、商号

---

① 如《清江浦杨文鼎为报沭阳等处办赈拨款借银兑铜元数目等事致端方电》，光绪三十二年十一月初十日，电报档，来 23-73。

② 如《奏为酌动库银赴光州河南府一带采买粮谷分拨被灾州县备需事》，乾隆二十二年八月二十二日，朱批奏折，04-01-02-0045-027。

③ 如《奏报山东省勘明上年被扰被水成灾最重济阳等州县户口拨发漕折银两核实散放情形事》，同治八年四月二十九日，录副奏片，03-4679-004。

④ 如道光《博平县志》卷 4《官业》，第 10 页。

⑤ 如同治九年畿南赈灾所用制钱即有船只沿运河南下灾区，《曾国藩全集》第 31 册，第 157 页。

⑥ 刘泽民等主编：《山西通史》卷 6，山西人民出版社 2001 年版，第 429 页。

等兼具金融职能的商业机构也常参与灾荒中的赈款兑换业务。[①]

（三）灾区赈款的用途与流向

赈银的用途与流向主要体现在四个方面：一是直接采购大宗粮食，款项主要流向未受灾的产粮区[②]，由于是大规模的批量采购，故其在全部赈银中占有相当高的比例。二是兑换为制钱，以赈钱的形式散放灾民，这部分所占比例也相当高，是灾民获得赈款的主要途径，其主要流向城乡金融机构。三是剪削后以银块的形式直接赈放灾民[③]，这部分所占比例很低，而且灾民拿到赈银后仍须易钱才能行用，最终仍以赈钱的形式存在。四是偿付赈灾过程中产生的工役费、运脚费及杂费等[④]，这部分所占比例相对较低。

赈钱的用途与流向主要体现在两个方面：一是直接按口赈放到灾民手中，由于这是实现赈款绩效最可靠的途径，故该部分在全部赈钱中占有最高比例，而灾民持钱主要购买平粜局的平价粮或无奈抢购市场的高价粮用以糊口度荒，故大量赈钱流入了平粜局与市场粮商手中（以外地粮商为主）。[⑤] 二是偿付赈灾过程中的一些成本费用，如工役费、运脚费及杂费等，其中

---

① 如同治九年的畿南赈灾中，直隶当局所拨赈银即“由盐号汇兑钱文”。《曾国藩全集》第31册，第137页。

② 如李鸿章总结光绪三年直隶的灾赈情形，《李鸿章全集》第8册，安徽教育出版社2008年版，第11页。

③ 如乾隆《忻州志》卷4《灾祥》，第58页。

④ 如李文海、夏明方、朱浒主编《中国荒政书集成》第4册，第2523页。

⑤ 如《奏报遵旨召集商贩购买民间米谷接济山东折》，乾隆十三年四月二十三日，朱批奏折，04-01-35-1142-043。

运脚费（运输赈粮与赈款）为大项支出。①

需要指出的是，赈银下拨后，有相当部分运向产粮区购粮，而没有流入灾区，故在流入灾区的赈银中“易钱散放”占据了绝大部分，并大部分流向了粮食市场，即平粜局与外地粮商手中。

（四）灾区赈款的回流与沉淀

经过上述三个阶段的流通变动，赈银大部分流入了民间金融机构，而赈钱则进入了平粜局与外地粮商手中。至此，赈灾中的货币流通链条进入了一个更重要的阶段，即赈款在灾区与外地、农村与城镇之间的最终分野。

平粜局所收存的大量粜粮钱文主要有两种去向：一是灾荒未解除前，平粜局一般将所粜钱文直接充作赈钱散放，或在金融机构兑换为银两，再以银购粮，循环赈济灾民；② 二是灾荒解除之后，平粜局则将粜粮的大量钱文统一易银，存贮府库。③

而外地粮商在其返乡时，一般将手中的大量钱文在金融机构兑换为银两，携银回家。④ 这样，灾荒结束时，民间金融机构原本收存的大量赈银，又被平粜局与外地粮商所兑换走，而主要剩下各类赈钱。

至此，纵观赈款流通的整个过程可以发现，流入灾区的各类赈银最终大部分又流出了灾区，故灾区真正增加的货币量主

---

① 如光绪《山西通志》卷82《荒政记》，续修四库版，第354页。

② 李文海、夏明方、朱浒主编：《中国荒政书集成》第4册，第2070页；《曾国荃全集》第1册，第331—332页。

③ 如《直隶总督李卫奏陈将直隶各州县粜粮钱文易银存贮折》，乾隆二年六月十一日，朱批奏折，04-01-35-1104-011。

④ 如《苏州巡抚陈大受奏报拨给海州银两收买山东客商贩运之粮食》，乾隆八年五月二十三日，朱批奏折，04-01-35-1125-025。

要为外地输入的各类赈钱。由于灾区绝大部分为农村地区，而银两又主要流通于城镇，所以灾区赈款的最终归宿可总结为：赈钱大部分沉淀于农村，而赈银则大部分回流于城镇。如笔者所绘的赈款流通简图①：

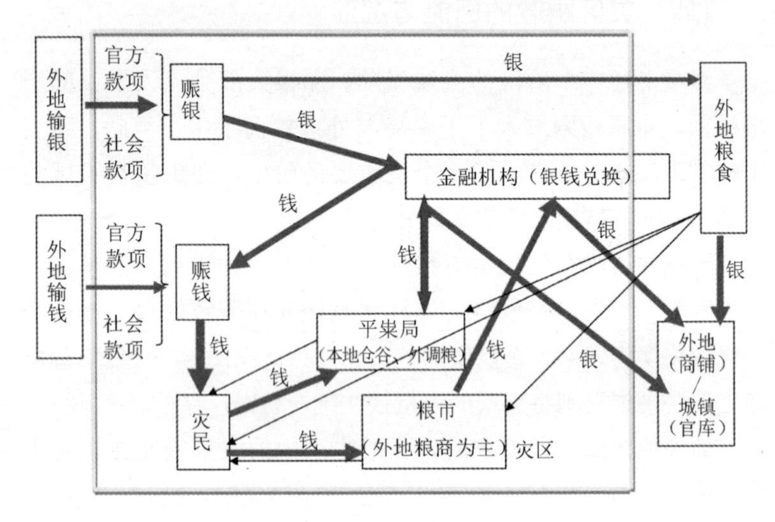

图1　赈款流通简图

注：灰色粗箭头表示“赈款”的流动，黑色细箭头表示“赈粮”或“商品粮”的流动。

以上论述简要涉及了赈款调拨的初始阶段、运输的兑换阶段、散放的消费阶段以及最终的回流与沉淀阶段，由此构成了灾赈中一条较为完整的货币流通链。从中可以看出，银钱兑换是该链条的核心环节，而“钱赈”则是该链条的主线。

① 需要说明的是，本图仅显示了各流通链条的主要表现形式，而非全部表现形式，且一般性赈灾案例中的货币流通情况多为本图所示的一部分。

此外，结合先前的研究，可以得出如下结论：清代灾荒对城乡货币流通的影响主要表现在两个方面：一方面，灾荒会引发以农村为主的灾区出现严重的钱荒危机；另一方面，大规模的灾赈活动会推动外部赈款输入灾区。其中，大部分赈银经过一系列的银钱兑换回流城镇，而以制钱为主的“小额通货”则作为赈钱从城镇大量流入灾区，最终沉淀于农村。

清季赋税征缴征信系统建设再探

教育部高等学校社会科学发展研究中心　李光伟

光绪年间，清廷为整治地方亏空与积欠，革除官吏中饱，增加中央财政收入，在征缴钱粮、当税过程中推行以征信册为载体的信息公开制度，为中国赋税制度史上的创新性变革。学界对该问题已有一定研究①，但尚少涉及钱粮征信册之制度设计、当税征信册之兴废、征信册制度之成本、制度设计缺失等问题，故专此再探讨。

① ［日］夫马进著，伍跃、杨文信、张学锋译：《中国善会善堂史研究》，商务印书馆2005年版，第719—721页；刘克祥：《太平天国后清政府的财政“整顿”和搜刮政策》，《中国社会科学院经济研究所集刊》第3集，中国社会科学出版社1981年版，第77—78页；顾建娣：《19世纪中期安徽的田赋征收制度》，《中国社会科学院近代史研究所青年学术论坛·2005年卷》，社会科学文献出版社2006年版，第56—57页；刘增合：《“财”与“政”：清季财政改制研究》，生活·读书·新知三联书店2014年版，第27—33页；李光伟：《晚清赋税征缴征信系统的建设》，《历史研究》2014年第4期；陈文祥：《膏肓之医：晚清民欠征信册制度考论》，《福建论坛》2014年第9期。

一、钱粮征信册之制度设计

光绪十一年（1885）六月二十一日，面对“各直省积欠之年不下千万，皆由州县亏空”的局面，御史刘恩溥奏请仿照先前道光年间冯桂芬所倡征信录之法整顿。因事关制度创举，加以财政亏空与钱粮蠲缓积弊亟待破除，直至十二月二十一日，户部经过长达半年的反复讨论，吸收、变通刘恩溥之议，拟定清厘民欠章程十条，制定钱粮征信册格式，下发各地讨论实施。[①] 光绪二十年前后，钱粮征信册渐次停办。宣统元年（1909），浙江谘议局又提请实行钱粮征信册。以下分别介绍两次钱粮征信册制度设计之状貌。

（一）光绪十一年钱粮征信册之制度设计

1. 规章。户部制定的清厘民欠章程可归纳为以下四个方面的内容：

第一，申送征信册底本与印发征信册之期限。底本截止期限与下忙钱粮征收截止期限一致。奉天、直隶、山东、山西、河南、安徽、江西、浙江、湖北、湖南、甘肃、广西、江苏、陕西、四川下忙期限为当年十二月底，广东限次年正月，云南、贵州限次年三月。钱粮征收部门（厅州县场卫）以此为始，于三个月内，即奉天等十五省区限次年三月底，广东限四月底，云、贵限六月底，将底本申送司道（藩司、运司、盐粮道）。如

① 《大学士管理户部事务阎敬铭等奏为遵议清厘官欠民欠钱粮等弊请颁征信册酌拟章程事》，光绪十一年十二月二十一日，军机处录副奏折，档号 03-6216-015，中国第一历史档案馆藏。（以下径写录副加档号）

逾限，由司道照交代例揭参，逾限两个月罚俸一年，逾限四个月革职。粮道自行征粮发票者，自造征信册，限期、处分与州县同。无民欠者无须造册。①

司道收到底本后，于三个月内，即奉天等省区限六月底，广东限七月底，云、贵限九月底，印制、分发征信册。倘逾限，如司道所属各官迟误，由司道揭参，照易结不结例议处。如司道迟误，由督抚奏参，照易结不结例议处。奉天等省区督抚于八月，广东督抚于九月，云、贵督抚于十一月，将征信册是否依限全部呈送、分发，是否将逾限属员参处等情况奏报，并将全省各厅州县征信册一份随奏送户部备查。②

第二，征信册的印制要求与成本开销。钱粮征收部门于底本封面处注明本数，各本内注明页数。如底本舛错、遗漏，由司道揭参，照钱粮造册不分晰明白例议处。底本无错即印制征信册。司道预先购办活字板，招募工匠，令属员选派员役，办理摆印、订册，逐篇核对。每两篇用该属员骑缝印钤，册末印明核造人员戳记。如属员需索，任意更改册内数目，刁难陷害，由司道查实治罪；如属员办事草率，数目舛错，由司道揭参。地方灾缓与钱粮带征情形不一，各地征信册数、页数亦不尽相同。为避免官吏或将印妥之征信册隐匿少发，或抽短册页，司道于各册面加戳，写明某州县场卫光绪某年钱粮各样征信册共几本，于册内加戳，写明册共几页，彼此互证。至此，印制征信册的环节结束。

---

① 《请行钱粮民欠征信册折》，中国科学院国家科学图书馆藏，第6a—7a页。

② 《请行钱粮民欠征信册折》，第8b—9b页。在实施阶段，各省区钱粮征信册底本截止时间及后续各期限多有调整（李光伟：《晚清赋税征缴征信系统的建设》，《历史研究》2014年第4期，第74—78页）。

造册开支准作正开销。耗羡有余，于耗羡项下支用；耗羡无余，动用杂项及外销之款。司道估算每年开支数目，报户部核定后，不得逾定额。如有余剩，专款存储，下届不敷时支用。司道不得摊派州县，州县亦不能派累百姓，违者参处。①

第三，征信册的送呈与散放。司道除将征信册随奏送户部，申送督抚，发给臬司及该地方各一份存案备查外，繁缺另备50份，中缺备40份，简缺备30份，以一半发交该管道员，其余发交该管知府、直隶州。道、府、州各官在征信册封面加印，于下乡、过境、月课、考试及接见绅民时，将征信册转交公正绅民，确保其分发乡民公阅，不许征收钱粮之官吏经手。若道、府、州匿册不散或耽搁迟延，照徇庇例加等严参，需索钱财者严究。若绅民借端需索使费，计赃科罪。如督抚、藩司愿出资刷印多册散发，或廉正官吏自愿印制征信册，均听其便。但须由各负责官吏于征信册封面盖用印信，以示区别。只有确保征信册有效地散布与公阅，才能充分发挥其征信于民之功能。户部特别看重这一点，认为“此条至为紧要关键”②。

第四，对违规行为的追究。例定粮户纳粮后，征收官须给串票为凭。但多数粮户不主动索要串票，官吏亦不给发。更有书吏在裁给串票时勒索，粮户遂不愿领取。有的串票极不规范，宽仅及寸，长不过三四寸，字迹、印信模糊，故常有重征、重纳之弊。征信册实施后，户部通谕粮户须领取串票，作为完粮凭据；征收官征收钱粮后须及时裁给串票，纸必宽长，字必清楚，印必明显。严禁书吏勒索，违者将征收官员撤参。

粮户如发现已完而征信册内仍列未完，可持串票控告。如

---

① 《请行钱粮民欠征信册折》，第7a—8b页。

② 《请行钱粮民欠征信册折》，第9b—10b页。

州县捏完作欠，照监守自盗律治罪。若粮户控告，上司不揭参州县，由督抚将其参处。若督抚徇庇属员，将督抚议处。如粮户无串票，或非当年已完钱粮串票，或日期不符妄行控告，按律严惩。[①]

2. 册式。户部制定的民欠、蠲缓征信册式分为五种：当年应征民欠征信册、催征往年民欠征信册、带征往年灾缓民欠征信册、当年缓征并已完流抵征信册、当年蠲免并已完流抵征信册。

当年应征民欠征信册的格式为：册面印"某州县场卫光绪某年各样钱粮征信册共计几本"，以及名称"某省某州县场卫光绪某年征收银钱粮草民欠征信册"。册内首先注明"本册共几页"，并将清厘民欠章程十条"载诸征信册首，俾官吏、士庶人等永远遵行，以祛积弊"。[②] 其后印"某省某县[③]应征某年银钱粮草总数、民欠未完散数征信册"。然后再分别开列应征银、钱、粮、草各项总数与民欠散数。

兹以银数为例说明。册内印"应征银总数"（所有总数、散数写明年份，数字用大写）：某年额征丁、漕等项银若干[④]，内

---

① 《请行钱粮民欠征信册折》，第 11a—12a 页。

② 《请行钱粮民欠征信册折》，第 5b 页。

③ 由道、府、直隶州、厅、州、卫、所、盐场征收者，均对应注明征收部门，各册同。

④ 如地丁、漕项、民、屯、更等项以及耗羡、糯米折价、裁站充饷、科场经费、沙田、芦课、旗租、灶课、鱼课、抵补虚米之类。又如直隶八项旗租旗产粮银，陕西盐课摊入地丁，四川按粮津贴、按粮捐输之类。凡系按地、按丁统征分解，收载一张串票者，大字以丁漕等项该括，均并为一条汇总，开列额征数目。小注仍将统征分解之地丁、漕项、民、屯、更、耗、糯等零星名目一一注出，不能遗漏，末写明凡收载一张串票者皆在其内。如四川按粮津贴、按粮捐输。倘系分征、分串，即应另列总、散各数。各省漕项有分征、分串者，亦应另列。钱、粮、草开列细注均如此。（《请行钱粮民欠征信册折》，第 19a—b 页）

除当年缓征银若干（如光绪十二年缓至十三年征收；无缓征者，毋庸议），豁免银若干外（如光绪十二年应征银已豁免；无豁免者，毋庸议），实应征银若干。自某年月日开征起至某年月日止，除已完银共若干，不需开列花户姓名、完纳细数外，尚有民欠未完银若干，逐一开列“民欠散数”（注明钱粮征收起止时间，下同）。“民欠散数”是民欠征信册的主要内容，其印制格式为：某都图里甲欠户共若干，共未完银若干，内某姓名欠银若干。[①] 应征钱、粮[②]、草各项之印式均同此。如无应征钱、粮、草等项，册内需声明。册末须注明“某年某月某官某姓名照原册摆印校对无错”[③] 字样。

催征往年民欠征信册内印：某省某县应催征某某等年（如光绪六、七、八等年）民欠银钱粮草总数、仍未完散数征信册。另起一列印“应催征民欠银总数”：某年应催征某年民欠银若干（其应总开分注各项与当年应征民欠征信册式同，下仿此），又某年民欠银若干（如上系光绪六年，此即光绪七年，余类推），实共应催征民欠银若干。自某年月日开征起至某年月日止，除

① 开完某都图里甲及花户姓名、欠数，再开另一都图里甲及花户姓名、欠数，逐一排列。花户姓名、欠数，册内作两层开列以省纸张，钱、粮、草均同。都图里甲各省名目不一，有称乡、场、村、庄者，各从其俗。如系道、府、卫、场征收，都图前应冠以某县属。此外，不得将缓征及豁免数额混入花户欠数，如光绪十一年豁免有已完者，流抵十二年正赋，不能作为民欠。（《请行钱粮民欠征信册折》，第19b—20a页）其他征信册内都图里甲及花户姓名开列格式皆同此，唯蠲缓征信册内只开完户，不开欠户。

② 凡报户部以粮核计者，无论征本、征折，概列入粮项。河南、江西、安徽、湖南、湖北等省漕粮虽已折征，但报户部系开列粮额，亦归入粮项核计。

③ 《请行钱粮民欠征信册折》，第21b页。册末的如许字样以及册面印明册数、所属何种征信册，册内注明页数，刊刷清厘民欠章程十条，皆为五种民欠、蠲缓征信册的共同之处，不赘。

已完银共若干，无须开列花户姓名、银数外，尚有民欠仍未完银共若干，逐一开列“民欠仍未完散数”：某都图里甲欠户共若干，共未完银若干，内某姓名欠某年银若干，又欠某年银若干（如上系光绪六年，此即光绪七年，余类推），以上共欠银若干，已完若干，仍未完若干。应催征民欠钱、粮、草印式均同此，如无催征钱、粮、草等项，册内需声明。①

带征往年灾缓民欠征信册内印：某省某县某年（如光绪十二年）带征某某等年（如光绪六、七、八等年）原缓银钱粮草总数、民欠未完散数征信册。另起一列印“应带征原缓银总数”：某年带征某年缓银若干，又某年缓银若干（如上系光绪六年，此即光绪七年，余类推），共带征缓银若干，内除某年递缓至某年带征银若干（如先将光绪六年银缓至十二年带征，续又缓至十三年带征），又某年递缓至某年带征银若干（如先将光绪七年银缓至十二年带征，续又缓至十四年带征），豁免某年银若干（如光绪六年），又豁免某年银若干外（如光绪七年），尚应带征原缓银共若干。自某年月日开征起至某年月日止，除已完银若干，无须开列花户姓名、完纳细数外，尚有民欠未完银共若干，逐一开列“民欠散数”：某都图里甲欠户共若干，共未完银若干，内某姓名欠某年银若干（如光绪十二年带征光绪六年欠数，即云光绪六年银若干，不得将递缓至十三年带征数目开列，下仿此），又欠某年银若干（如光绪七年），以上共欠银若干。应带征钱、粮、草印式均同此，如无带征钱、粮、草等项，册内需声明。②

随后，户部又奏陈仿照民欠征信册，另立蠲缓征信册。前

---

① 《请行钱粮民欠征信册折》，第 22a—25b 页。

② 《请行钱粮民欠征信册折》，第 26a—30b 页。

者重欠户，后者重完户。①

当年缓征并已完流抵征信册内印：某省某县某年应缓银钱粮草及花户已完流抵下年正赋总、散数征信册。另起一列印“应缓银总数”：某年额征丁漕等项银若干，内除应征银若干，应免银若干外，实因灾缓至某年启征银共若干。将各都图里甲缓征银数及灾前已完流抵数目逐一开列“应缓银及已完流抵散数”：某都图里甲应缓银若干，某姓名灾前已完银若干（准抵某年正赋，如无已完流抵，即注明某都图里甲无已完流抵花户）。应缓钱、粮、草印式均同此，如无应缓钱、粮、草等项，册内需声明。②

当年蠲免并已完流抵征信册内印：某省某县某年应豁银钱粮草及花户已完流抵下年正赋总、散数征信册。另起一列印“应豁银总数”：某年额征丁漕等项银若干，内除应征银若干，缓征银若干外，实因灾应豁免银共若干。将各都图里甲应豁银数及灾前已完流抵数目逐一开列“应豁银及已完流抵散数”：某都图里甲应豁某年银若干，某姓名灾前已完银若干（准抵某年正赋，如无已完流抵，即注明某都图里甲无已完流抵花户）。应豁钱、粮、草册之印式均同此，如无应豁钱、粮、草等项，册内需声明。③

---

① 《户部奏为各直省所属遇有灾伤蠲缓钱粮均照民欠征信册章程办理事》，光绪十一年（月日不详），录副 03-6216-018。在推行过程中，为节省造册成本，带征往年灾缓民欠征信册式有所调整，如往年带征“完数无多，本年欠少可开欠户，节年者完少可开完户”。（《护理江西巡抚李嘉乐奏为江西应造征信册拟请推展一年办理事》，光绪十三年六月初二日，宫中朱批奏折，档号 04-01-35-1386-045，中国第一历史档案馆藏。以下径写朱批加档号）

② 《请行钱粮民欠征信册折》，第 31a—33b 页。

③ 《请行钱粮民欠征信册折》，第 34a—36b 页。

清厘民欠章程明确了征信册制度运行的基本程序和各级行政机构与官员的权责。钱粮征信册格式种类齐全，层次分明，契合赋税结构，涵盖地域赋税差异，更重要的是将赋税完欠之信息全部公开，打破了之前官吏居间征收所造成的中央与纳税民众之间的隔膜。时人樊增祥称清厘民欠章程“意思缜密，词气骏厉。大旨在请杜官吏之中饱，俾实惠下及于民，法至善也”①。陕西巡抚叶伯英认为征信册“立法极为详密，果能实力奉行，则穷檐有无欠缓钱粮共闻共见，而官吏朦混侵渔恶习不患不除，洵于国计民生均有裨益”②。上海某报馆也赞誉征信册：“善哉法也，可以裕国课，可以省民财。一举而上下胥利，岂非开诚布公之道欤？……普天下业户，其孰不额手引领，冀幸其必行且行之速乎？”③

（二）宣统元年钱粮征信册之制度设计

宣统元年十月二十日，浙江巡抚增韫公布谘议局提出的钱粮征信册议案，定于次年元月一日正式实施。如果说光绪十一年推行钱粮征信册是国家行为，此次则属地方行为。该议案除拟办钱粮征信册的因由外，还包括其册式与规章。

拟办钱粮征信册之样式主要包括五个方面：

（甲）补完上欠：某都、某图、某村庄（各县名称不

---

① 樊增祥：《部颁征信册式议》，樊楚才编：《樊山公牍》，上海大达图书供应社 1935 年版，第 23—24 页。

② 《陕西巡抚叶伯英奏报办理光绪十二年民欠征信册完竣事》，光绪十四年二月初二日，朱批 04-01-35-0095-029。

③ 光绪《桐乡县志》卷六，“食货志上·新章”，《中国方志丛书》华中地方第 77 号，（台北）成文出版社 1970 年版，第 242 页。

同）、某户、荡山田地若干亩，完某年分上下忙钱米各若干；（乙）本年已完：某都、某图、某村庄、某户、荡山田地若干亩，完上下忙钱米各若干；（丙）本年未完：某都、某图、某村庄、某户、荡山田地若干亩，欠上下忙钱米各若干；（丁）蠲免：某都、某图、某村庄、蠲若干成（如一都统灾，仅载某都；一图统灾，则仅列某都图名）；（戊）缓征：某都、某图、某村庄、缓若干成。

其中丁、戊两项，如全邑统灾、统歉，不必分列都、图等名称，概称全邑蠲、缓若干成。若无灾歉，仍于丙、丁项下刊明无蠲、歉字样。[①] 较光绪十一年钱粮征信册，新拟征信册将民欠、蠲缓等五种征信册合而为一，增加了造册内容，减少了造册种类。

拟办钱粮征信册之规章内容有：

第一，造送征信册底本的期限与格式。各厅、州、县于正月底造具上年底本，申送藩司查复，限二月十五日前送到。如逾限，由藩司指名详参。底本册面须注明“某厅、州、县某年分钱粮征信册共几本”，各本注明页数，每两页相连处盖骑缝印信。

第二，藩司审核底本与印造征信册。底本如有错误、遗漏，责任官员照钱粮造册不分晰明白例议处。审毕，藩司指派属员督理排印、校对、装订等事，册面仍照底本注明刊印，各册每页相连处，盖用该员图章，册末印明核造人员官职与姓名，如有差错，将该员参处。

---

① 《实行刊布各厅、州、县钱粮征信册案》，章开沅、罗福惠、严昌洪主编：《辛亥革命史资料新编》第4册，湖北人民出版社2006年版，第227—228页。

第三，造册工本、数量与散放要求。刷印工本由藩司筹拨，不得派累州县，州县亦不得苛派民众。藩司于六月三十日前，将征信册印制完毕，除申送巡抚并移送臬司、粮道，札发各该厅、州、县存案备查外，大县至少备 300 份，中县至少备 200 份，小县至少备 100 份，由知府转送州县绅董，于公共地方存放，由各粮户传观。如地方自治会成立，即送交之。

第四，违规之惩处。业户如于征信册内发现名下有完欠数目不符，或于限内已完而未列入，可持串票赴藩司或府、道控告。①

上述规章刊于征信册之首。新拟钱粮征信制度设计较前之不同表现在三个方面：一是州县缮造征信册底本之期限，二是地方应备征信册之数量，三是造册工本之来源。新拟钱粮征信册章程难符地方钱粮征收实际。浙江下忙钱粮征收虽于当年十二月底截止，但粮户纳粮必逾此限，州县难于次年正月底缮造底本。至于新拟造册数量，系参照冯桂芬“用活字板印征信录四柱册百本”② 之法。光绪十一年钱粮征信册根据缺分繁简各备三五十本即明显增加地方财政负担，新拟造册数量多达数百，负担之重可想而知。且新拟造册成本只规定由藩司筹拨，未指明是何款项，经浙江藩司核算，需洋 20.7 万余元，合银 15 万两，因经费奇缺，无从筹办。度支部亦驳回浙江实行钱粮征信册之奏请。③ 钱粮征信册续办之议最终无法落实。

---

① 《实行刊布各厅、州、县钱粮征信册案》，章开沅、罗福惠、严昌洪主编：《辛亥革命史资料新编》第 4 册，第 228 页。

② 冯桂芬著，陈正青点校：《校邠庐抗议》，上海书店出版社 2002 年版，第 33 页。

③ 《浙江巡抚增韫奏请公布施行钱粮征信册事》，宣统二年六月二十七日，朱批 04-01-35-0134-032；《度支部会奏遵议浙抚奏拟办各厅州县钱粮征信册折》，《政治官报》宣统二年九月十四日，折奏类，第 5—6 页。

二、当税征信册之兴废

（一）实施肇因

除田赋外，清廷当税收入亦缺额严重。光绪十一年以前之当税，浙江、四川、陕西、甘肃、东北无欠，云南仅报收数，无从核欠。其余各省区以福建年欠银最多，达五六千两；广东欠四五千两，江西欠一千余两，广西、直隶、山东、山西欠四五百两至千余两不等，河南、江宁、苏州、台湾、湖南、湖北、热河欠一二百两及数十两。光绪十二年，仅热河承德府、河南、陕西、山西、湖北奏报当税额。热河当税应征银 415 两，未完 405 两；河南应征 580 余两，未完 260 余两；山西应征 8195 两，未完 140 两；湖北应征 285 两，未完 100 两。户部认为“当商于区区数两正税，敢于欠交？决无此事此理。其为州县捏欠，毫无可疑”，各省积欠当税“由少成多，即不下数十万两，终且以商欠请免，皆实豁免官欠”。①

户部还指出，州县不仅将已征当税捏欠，“更恐隐多报少”。承平时“各省典当几难数计，税入实为大宗”，太平天国起义后，“当典不过数十分之一”。经过战后 20 多年的发展，当铺“应逐岁增开，乃报数日少，殊为可疑”。据户部统计各省当铺数量：直隶光绪十年计 847 家，十一年减少 20 家；河南光绪十年计 160 家，十一、十二年减少 43 家；广东光绪九年计 2091 家，十、十一年减少 127 家；福建光绪八年计 1465 家，至十一

① 中国第一历史档案馆：《光绪十三年整顿当税史料》，《历史档案》1991 年第 3 期。

年减少328家；山西光绪六年计2243家，至十二年减少604家。户部质疑："当铺开设歇业均非容易，此数省三五年间共减去当铺一千一百余家，何既多且速如此?"况且"各省题豁历年欠税实有多于原报未完之数者，其为当年隐匿不报更属显然"。鉴于此，户部奏请仿照钱粮征信册，令各省自光绪十三年始，于次年春举办当税征信册。①

（二）制度设计

1. 规章。户部拟定当税征信册章程六条，可概括为以下三方面内容：

第一，底本的申送与征信册的印制期限。当税截至十二月底，征收官限次年正月解清。逾限不解，由藩司参提。如不参提，令藩司代赔。州县造送底本时，将税银解司日期随册声明，遗漏者参处。州县于次年三月内将底本送藩司。藩司派员监造征信册，限五月底完竣，如迟参处。府、道、司征收当税省份，底册由府、道、司分县查造。册面盖印，册内注明页数及监造官职衔，按县分列，合一府、一直隶州总订一册，盖藩司印信。

第二，成本开销与散发。造册成本核定后，藩司开具支用银数，造册报户部核定，由该年当税项下动支，派累当铺者参处。当税征信册的印制册数为当铺数量的两倍，统由藩司发交该府州。府州将一半发给住居当铺，转传所属当铺各一本；另一半分给当地绅民，统限六月底分发完竣，迟违参处。此外，合订全省册数本，分存藩署、督署、抚署、道署，以一本随同奏销册送户部。

---

① 中国第一历史档案馆：《光绪十三年整顿当税史料》，《历史档案》1991年第3期。

第三，对舞弊行为的惩处。征收官收到当税后须给当铺收执，注明“某年月日收到某处某当铺某年税银若干”，盖用印信。如官吏侵蚀税银，严参治罪。[①]

2. 册式。当税征信册只有一种样式。册面印“某省某府、州合属应征某年（如光绪十三年）典当铺税”，分属开列征信册。册内首先印上述章程六条，“俾官吏商民胥知，以除积弊，更为裁减一切陋规，俾当铺逐渐增开者均易稽核，商民不畏需索杂费，以期裕课”。[②] 其下印：某州、某县某年（如光绪十三年）旧有当铺若干家，除关闭缴还司帖若干家毋庸开列住址字号外（只开家数，不开字号；只开上年，不开往年），实存若干家，合新开设若干家，计某年（如光绪十三年）应征当税共若干家（实存、新设合算）。[③] 将各铺住址、字号及应征银、钱数目开列于后：

> 城内关厢：某当，又某当；某镇：某当，又某当；某集：某当，又某当；某村：某当，又某当；某庄：某当，又某当（按次排列，每行开列五六家，一一跟接，不留空白）。以上当铺，系指一州或一县而言，每家税银钱若干，总共若干家，共应征银钱若干，均于某年（如光绪十三年）

---

① 中国第一历史档案馆：《光绪十三年整顿当税史料》，《历史档案》1991年第3期。

② 中国第一历史档案馆：《光绪十三年整顿当税史料》，《历史档案》1991年第3期。

③ 此格式系所属当铺有关闭、尚存、新开情形。若有增无减，则印：某州县光绪十二年旧有当铺若干家照旧开设，又新开设若干家，计光绪十三年应征当税共若干家；若无增减，则印：某州县光绪十二年旧有当铺若干家，并无增减，计光绪十三年应征当税仍共若干家。

某月悉数解司（开完一州再开一州，开完一县再开一县，依次排列，不能将各州县笼统合并开列）。统计某府、州合属当铺，每家税银钱若干，总共若干家，共应征银钱若干，均悉数解司（如有未解，即声明某州县已参处）。

册末印：光绪某年（如十四年）某月、某官、某姓名，照原册汇造，摆印校对无错。①

从制度设计看，当税征信册较钱粮征信册更为简单，二者之不同主要表现在六个方面（见表 1）：

表 1　当税征信册与钱粮征信册比较简表

事项	当税征信册	钱粮征信册
造册期限	整齐划一	不同省区规定不同
装订形式	合一府或一直隶州订为一册	州县卫分订一册
工本开销	当税项下支用	耗羡项下动支
印册数量	纳税当铺数的两倍	繁、中、简各缺册数不同
散布对象	当铺、绅民	绅民
开列内容	全部当铺且须全完②	民欠、蠲缓多属未完赋税

以上差异由当税与田赋各自特性决定。当铺数远少于粮户数，征缴程序简单，易于管理，且当税额固定，不若田赋受气

① 中国第一历史档案馆：《光绪十三年整顿当税史料》，《历史档案》1991 年第 3 期。

② 有欠则向征收官追赔，“奏销册内概不准有未完名目，如有未完，即令经征官赔解，亦不准将未完名目造入（征信）册内”。（中国第一历史档案馆：《光绪十三年整顿当税史料》，《历史档案》1991 年第 3 期）

候与灾害之影响。户部制定当税征信册式时尽量简化册内项目，减少实施阻力，“当税征信册字号、住址及应完数目，止造本年，不造节年，工简易行，各省应不至以繁重为词”[1]。

（三）实行与停止

光绪十四年正月，陕西汇奏上年共存新旧当铺 109 家，当税如数解清，征信册已按要求印制、散放完毕。[2] 有的省区如安徽奏请将底本造送期限展缓至奏销。安徽当税每铺征正银 5 两，耗银 0.5 两。咸丰元年（1851）奏销册报原设当铺 796 户，应征税银 3980 两，自兵燹后陆续闭歇。新设各铺因连年灾祲，旋开旋歇，去留不定，难以稽查。皖省认为“各州县距省程途远近不一，册造设有错漏，往返恐致稽迟，部限已逾”，请将底本缓至次年五月底送藩司，七月底发交各府州分给阅看，并送户部查考。[3] 此外，湖北分别于光绪十四年六月奏报汉阳等 13 府州县，十五年七月奏报汉阳等 14 府州县，十六年七月奏报汉阳等 16 府州县，上年当税征信册印制完竣并散放。[4]

光绪十三年，黄河在河南郑州决口，郑工需款甚巨。翌年

---

① 中国第一历史档案馆：《光绪十三年整顿当税史料》，《历史档案》1991 年第 3 期。

② 《陕西巡抚叶伯英奏为陕省造办光绪十三年当税征信册事》，光绪十四年正月初八日，朱批 04-01-30-0471-016。

③ 《安徽巡抚陈彝奏为安徽省应造当税征信册现因赶办不及拟请展缓办理事》，光绪十四年五月十五日，录副 03-5548-026。

④ 《湖广总督裕禄奏报湖北照章造报十三年当税征信册籍事》，光绪十四年六月二十日，朱批 04-01-35-0565-047；《湖广总督裕禄奏报鄂省照章遵办十四年当税征信册籍事》，光绪十五年七月十二日，朱批 04-01-35-0566-028；《湖广总督张之洞奏报照章造报鄂省十五年当税征信册籍事》，光绪十六年七月二十二日，朱批 04-01-35-0567-023。

三月，李鸿章奏请令各地当铺预交20年税银以济河工要需，获准。[①] 这一措施大幅降低了每年造办当税征信册的必要性。考虑到当税征信册工本数额不多，清廷令各省“另行筹款动用，不得仍于当税项下开支以重要款”[②]。同年十一月，苏州藩司称：苏松等五府州属光绪十三年以前当税均已清完造报，并提前缴清十四至三十三年当税，“如有已预完税银续后报歇之典，由接开典商归还前垫。倘有另开新典，仍照例征税，归入奏销案内完解造报”。牙、牛、猪、羊等欠税，已于钱粮征信册内送户部，毋庸再办当税征信册。[③] 十五年八月，陕西奏：上年新旧当铺共117家，内旧当109家，每家预交20年当税100两，已缴银10 900两；续开新当8家，应预交银800两，亦催交司库。上年八月解郑工银11 100两，余银600两存藩库。上年征信册于五月底印制完竣，六月内散放。[④] 此后，各地当税征信册陆续停办。

三、征信册制度之成本

在了解上述钱粮征信册、当税征信册的规章与册式设计等内容后，下面再看征信册制度实际运行过程中所需要的资金、人力及时间成本，进一步认识制度设计与实施之间的差异。

---

① 《京报（邸报）》第19册，全国图书馆文献缩微复制中心2003年版，第2页。

② 《晋政辑要》卷九《户制·田赋附》，《续修四库全书》第883册，上海古籍出版社2003年版，第429页。

③ 《京报（邸报）》第27册，第383—385页。

④ 《陕西巡抚张煦奏报刷造上年征收当税征信册完竣事》，光绪十五年八月二十五日，朱批04-01-35-0566-046。

（一）印制成本

光绪十二年底，河南、江西认为钱粮征信册难以推行，理由之一即印制成本过高，但被户部议驳。[①] 此后各省根据既定规章，奏报估定之造价，借此可知各地造册开支之详情。

山西每年造册需银 2900 两，大、朔二府米豆册籍约需银 600 两，共计 3500 两。山西即以此数为准，每年于厘捐正项内开支，如剩余，以备次年不敷。[②] 查该省光绪十三年前后经制支出款项，与钱粮奏报有关的主要有五项：户部书吏四季饭银 800 两，户部地丁奏销饭银 1700 两，户部投册饭银 5 两，大、朔二府粮石奏销饭银 180 两，户科奏销饭银 440 两，共计 3125 两。此外，新增“造办征信册工食杂用”一项，定额 3500 两，十三年实际支出 2633 两，十四年支出 2511 两，并备注“现已停办”。[③] 可见山西造册开销虽未逾定额，但在钱粮奏报诸款项中支出最多。

随后陕西估定之造册成本被户部立为标准。该省“每册一页连一切用项在内，动用实银五厘”。户部咨文称：“虽各省征收各项银粮及花户多寡不一，而动用工价，初次办理要不得逾每页五厘之数。以后字片既备，摆工熟习，定为减作三厘核销。如有浮支，概行议驳，以杜冒滥。”盛京各城界每年征信册造竣

---

① 参见李光伟《晚清赋税征缴征信系统的建设》，《历史研究》2014 年第 4 期，第 76—77 页。

② 《山西巡抚刚毅奏为拟定造办民欠征信册需用银数等事》，光绪十三年十一月二十二日，录副 03-6618-077。

③ 刘岳云：《光绪会计表》卷三，第 40 页，教育世界社 1901 年版。

后，由盛京户部发给款项，归并银库核销案内报户部。[①] 陕西征信册的具体造价尚不清楚，查该省当时经制支出款目下新增“征信册工料”一项：无定额，最多 1687 两，最少 861 两。[②] 历年造册较及时的新疆，其经制支款项下亦有“征信册工料”银 1010.415 两。[③]

各省汇报造办征信册情况时，亦奏明造价。如贵州造办光绪十二年征信册，照陕西每篇开销银 5 厘计，需银 2000 余两。如将丁耗、粮耗合造一册，“可以减纸一半，而于刻字、检字各工则又稍繁，不得不于五厘之外酌量加增”。此次造册实际花销银 1389.472 两，以所造198 496篇计，每篇合用银 7 厘，较规定多用 2 厘。“虽与核销定章不符，然纸已减半，比之分造，实属格外节省，自应准其核销，以免局员赔累。”[④] 其后该省历年造册开销未逾定限。十三年征信册共205 205篇，以每篇 3 厘计，应销银 615.615 两，实际支出 614.808 两，少用八钱八厘。[⑤] 十四年征信册共161 951篇，以每篇 3 厘计，应销银 485.853 两，实际支出 485.701 两，少用一钱五分二厘。[⑥] 十五年征信册共169 643篇，以每篇 3 厘计，共应销银 508.929 两，实际支出

---

① 《盛京将军庆裕奏报造办征信册费用动拨盛京户部银库银两事》，光绪十四年七月十九日，朱批 04-01-35-0994-016。

② 刘岳云：《光绪会计表》卷四，第 3 页。

③ 刘岳云：《光绪会计表》卷四，第 9 页。

④ 《贵州巡抚潘霨奏为查明光绪十二年分各属短征荒芜及被灾钱粮造办征信款册事》，光绪十四年十一月初七日，录副 03-6228-036。

⑤ 《贵州巡抚潘霨奏为造办光绪十三年灾欠钱粮征信册事》，光绪十五年九月二十四日，录副 03-6233-047。

⑥ 《贵州巡抚崧蕃奏为造办光绪十四年分各属短征荒芜及被灾钱粮征信册事》，光绪十八年十二月十六日，录副 03-6245-051。(原折题名误为浙江巡抚崧骏)

481.8405 两，少用 27.0885 两。[①]

再如湖南光绪十二年地丁征信册印 2494 本，计201 986页，用银 941 两；南漕等项征信册印 3270 本，计250 450页，用银 1025 两。符合每页不逾 5 厘之规。[②] 十三年地丁征信册印 1904 本，计174 844页，用银 517 两；南漕等项征信册印 2460 本，计 174 194页，用银 476 两。符合每页支出 3 厘之规。[③]

其他如山东光绪十三、十四年造册各用银一万数千两，之后每年支银数千两。[④] 直隶光绪十二、十三年征信册，除作正开销银21 000余两外，藩司尚垫付不准开销银 8000 余两，[⑤] 合计银近30 000两。湖北每年造册支出银 4000 余两。[⑥] 广西每年造册需银 2000 两上下。[⑦]

以上各省区每年造册开支银，少者千余两至二三千两，多者达万余两。征信册实施后，各地钱粮征收数额未有明显增加，造册开销势必加重地方财政负担。

---

① 《贵州巡抚崧蕃奏为造办光绪十五年各属短征荒芜及被灾钱粮征信册籍事》，光绪十八年十二月十九日，录副 03-6246-021。

② 《湖南巡抚卞宝第奏报十二年及节年未完地丁南漕征信册造竣等情形事》，光绪十四年五月二十二日，朱批 04-01-35-0096-004。

③ 《湖南巡抚邵友濂奏报十三年及节年未完地丁南漕征信册造办完竣事》，光绪十五年十月二十九日，朱批 04-01-35-0098-016。

④ 《山东巡抚张曜奏为征解钱粮实报完欠并无挪掩诸弊请将民欠征信册暂行停造以节经费事》，光绪十六年五月二十六日，录副 03-5710-036。

⑤ 《直隶总督李鸿章奏为本年灾重款绌请行停缓征信各册事》，光绪十六年八月初十日，朱批 04-01-01-0973-033。

⑥ 《湖广总督张之洞奏陈湖北征收钱漕尚无积弊请免造征信册事》，光绪十六年十月二十一日，朱批 04-01-35-0100-007。

⑦ 《广西巡抚张联桂奏请自光绪十八年起邀免造送征信册事》，光绪十八年三月二十七日，朱批 04-01-35-1011-046。

（二）造册繁难

首先，征信册增加了地方政务工作量。州县催科例有红簿与比销册配合使用，实行征信册后，于既定程序外又增加一环节。如山东即认为征信册只不过“更立一名，徒增烦赎”[1]。钱粮名目繁多之区，按规定册式印造，稍有差错，更改烦琐。如江西指出：“频年穷檐小户，银止分厘，米多升合，且有并征分解，分解并征，户籍零星，数目琐碎，实有造不胜造之势。”[2]再如陕西各县钱粮有民粮、屯粮、更粮、兵粮之别；欠粮之户又有里甲、花名、欠数多寡之殊，“册内分列散数，合计总数，头绪纷繁，甫经造就，续完者又须添入，时时更易，种种费手”，且陕北少书吏，“办理本署公事已形竭蹶，势难兼顾。每当造册之时，皆须由省设法雇募少谙公事者为之代办。往往因欠户累累、款目繁多，查造不能如式，驳饬更造至再至三，事繁费重”。[3] 与陕西类似，甘肃各州县“民欠钱粮类皆畸零小户，所欠数目无多，户名则盈千累百。银粮草束分册造报，头绪纷繁，间有册甫造就而续完者又须添入，亦有册已赍送而续征者无从补更，以致奏销、征信两册不符……往反驳更，耽延正案”，加以全省“欠户为数繁多，不及检校更改，数目稍有不

---

① 《山东巡抚张曜奏为征解钱粮实报完欠并无挪掩诸弊请将民欠征信册暂行停造以节经费事》，光绪十六年五月二十六日，录副 03-5710-036。

② 《江西巡抚德馨奏为江西应造征信册拟请变通办理事》，光绪十二年十二月初八日，录副 03-6220-055。

③ 《陕西巡抚鹿传霖奏请自光绪十八年始陕西省停缓造办钱粮当税征信册事》，光绪十八年十一月十五日，录副 03-5716-052。

符，难免部诘。究无关于弊窦，徒增登覆之繁”。[①]

其次，如遇灾办赈，州县更无暇兼顾造办征信册。光绪十六年，直隶大水，“灾区既重且广，各州县履亩勘灾，按户放赈，日夕不遑，应办征信各册条目纷烦，其势实难兼顾”，请将征信册停缓，“庶各州县不致有顾此失彼之虞，而于赈务亦不无小补”。[②] 十八年，山西水旱交乘，灾区颇广，州县勘灾办赈，“事端已极繁重，若再责造征信各册，不惟款无从垫，实亦力有难兼”。[③] 同年，陕西遇霜雹水患，多地灾歉，“各州县勘灾散振，奔走不遑，征信各册更属造办无暇”[④]。十九年，甘肃亦称上年被灾各处“筹办赈抚，并今春又复筹发籽种暨平粜等事，势难兼顾”[⑤]。

征信册制度的资金、人力与时间成本高于制度实施后的收益。这使得各地对造办征信册屡有烦言，亦使清廷的决心发生动摇。当有的省区奏请停办时，便引发了他省“多米诺骨牌”式的连锁仿效，清廷只能“着照所请”而别无良策。

---

① 《陕甘总督杨昌濬奏请停缓造报甘肃钱粮当税征信册事》，光绪十九年四月二十八日，朱批 04-01-35-0104-011。

② 《直隶总督李鸿章奏为本年灾重款绌请行停缓征信各册事》，光绪十六年八月初十日，朱批 04-01-01-0973-033。

③ 《护理山西巡抚胡聘之奏请停缓造办钱粮等项征信册籍事》，光绪十八年八月十二日，朱批 04-01-35-0835-033。

④ 《陕西巡抚鹿传霖奏请自光绪十八年始陕西省停缓造办钱粮当税征信册事》，光绪十八年十一月十五日，录副 03-5716-052。

⑤ 《陕甘总督杨昌濬奏请停缓造报甘肃钱粮当税征信册事》，光绪十九年四月二十八日，朱批 04-01-35-0104-011。

四、制度设计缺失与启示

征信册制度失败的原因复杂[①]，作为力主推行者之户部亦负有责任。如制度设计不合理。第一，未明确规定州县缮造征信册底本费用于何款项下支销。江西认为："若令自行捐廉，而州县养廉除减成扣平外所剩无多。丁漕办公经费亦属有限，在缺分尚优者犹不难于筹给，其缺分瘠苦者不免借口赔累，任意挪移。"[②] 第二，由藩司印造征信册，时人即指出："以造册委之藩司，似不如委之该管知府。藩司虽为通省钱粮总汇，考核较易，然藩垣事冗，兼顾为难。"而知府"大都优游清简，虚拥表率之名。倘以征信事任之，令将所属各州县经征钱粮常年造成若干册后，申送藩司核准，转发绅士。如此则挈纲领有人，分条目有人，庶烦琐之中倍昭简易矣"[③]。第三，由道府负散册之责，若其与州县同城，交付在城绅士尚可依限散竣；距离较远之州县，"道府非公不至，各属绅民亦不轻易赴郡。道府月课，各属赴考者寥寥。院府考试未必适逢其发册之时。如考试在春夏两季，则本届之册尚未到齐，而上年之册欠数已多不符。即使分散，而花户必疑道府有意延搁，借词控告"[④]。

如对征信册过度依赖，希图借此一劳永逸，忽视配套改革。

---

① 参见李光伟《晚清赋税征缴征信系统的建设》，《历史研究》2014年第4期，第79—85页。

② 《江西巡抚德馨奏为江西应造征信册拟请变通办理事》，光绪十二年十二月初八日，录副03-6220-055。

③ 光绪《桐乡县志》卷六《食货志上·新章》，第243页。

④ 《江西巡抚德馨奏为江西应造征信册拟请变通办理事》，光绪十二年十二月初八日，录副03-6220-055。

其一，征信册功能之发挥，赖于公布准确户名。“完欠欲明，人户不以籍为定乎？有如户不投甲，甲不投里，里不投郡邑之总，孰知某为完，某为逋？丰稔之年，何所扣算补征？此花户名籍，在在当有。”[①] 清季各地粮册户名虚假，但户部认为“征信册之所考核者在钱粮之完与不完，不在粮名之真与不真”[②]，高估了征信册的功能，低估真实户名对于稽核完欠的重要性。其二，刘恩溥奏请实行征信册的同时，还主张清丈田亩以杜飞洒诡寄。户部认为“该御史所奏诚为确情。此弊积之已久，非实力清丈，弊何由绝”，但又颇畏难，“荒熟相间，旗民相混，商灶相舛，军民相错，畛域不分”，若执行不力，扰害亦多，“借端科敛，滥派滋扰，衙蠹、地痞扰乱棼淆，牧令无能，骚动阖境，分田治赋诚未易言”。尽管山西解州等地清丈颇有成效，户部态度依然保守和谨慎，“各省督抚体察情形，分别酌核，切实办理。如实不得人虑或滋扰，毋庸勉强从事”。[③] 户名不实、地籍混乱恰成为日后征信册制度失败的重要原因。清末金蓉镜认为钱粮征信册并非整顿田赋的“根本之计”，治本之法应实行区丈、限田、立垦殖公司，“区丈则费省，限田则授均，公司则利博。三者先区丈，次限田，次公司。田无不均，亦事无不举，规于钱粮征册抑末矣”[④]。

如征信册制度作为一项在全国推行之重大改革，未进行必要的区域试点，总结经验，逐步推进。当各地以本地情形与规

---

① 祁彪佳：《救荒全书》，李文海、夏明方、朱浒主编：《中国荒政书集成》第2册，天津古籍出版社2010年版，第524页。

② 《闽浙总督杨昌濬奏报闽省酌拟期限截清查造征信册事》，光绪十三年七月十九日，朱批04-01-35-0094-037。

③ 《请行钱粮民欠征信册折》，第13b—14a页。

④ 《清朝续文献通考》卷五《田赋五》，考7546。

章不合向户部回应，户部缺乏有效应对，反为地方占据主动。除户部统一调整册式外，各省亦调改册式。以笔者寓目的钱粮征信册为例，《山西曲沃县光绪十二年各样钱粮征信册》[1]《直隶安平县光绪十四年征收地粮银两民欠征信册》[2]《青浦县光绪十二年地漕民欠征信册》[3] 基本符合册式要求。而《直隶安平县光绪十四年催征六七两年地粮银两民欠并原缓征信册》（中国科学院国家科学图书馆藏），武强、饶阳、深州等地征信册，只开列民欠银总数，未开列民欠银散数、都图村庄、户名等内容，《直隶安平县光绪十四年应缓征地粮银两征信册》内“应缓征银散数”只开列社名、村庄名，未有粮户名。[4] 这些未刊内容，正是需征信于民之处。再如《甘肃秦州直隶（州）礼县光绪十六年带征十四、五年民欠仍未完粮石征信册》（中国科学院国家科学图书馆藏），光绪十四、十五年民欠粮丝毫未还。因与上届各里甲散数、花户未完细数相同，不再开列以省文牍。未开列民欠之具体信息，散发征信册后，究竟是否有人陆续缴纳，已无从核实。此外，河南、江苏等省灾缓钱粮连年递缓，免造征信

---

① 光绪十三年山西布政司活字印本，中国科学院国家科学图书馆藏。有人认为山西自造办征信册始，出现木活字板印刷术，但“此套木活字板印刷的各样钱粮征信册至今未见有传世之本”（李晋林、畅引婷：《山西古籍印刷出版史志》，中央编译出版社 2000 年版，第 50—51 页），其实不然。

② 《国家图书馆藏清代税收税务档案史料汇编》第 63 册，全国图书馆文献缩微复制中心 2008 年版，第 31111—31136 页。

③ 参见华开荣整理《青浦县光绪十二年地漕民欠征信册》，《近代史资料》总 57 号，中国社会科学出版社 1985 年版，第 27—45 页。

④ 以上直隶各县征信册分别见《国家图书馆藏清代税收税务档案史料汇编》第 63 册，第 31049、31061、31073、31085、31097—31098 页。

册。[①] 此种情况各地多有，既然免造，亦无法征信于民。

征信册制度设计的原理、形态与近代西方征信制度、预算制度有某种程度之暗合，但“征信”一词绝非外来，不论从内涵抑或外延看，它都是一个地道的本土概念。[②] 日本学者夫马进引用光绪三十一年《太镇征信录·序》有关西方预算制度与征信录的关联说法，认为后者“为向中国引进近代欧洲的原理和技术做了基础性的准备”[③] 的观点值得商榷。时人对西方预算制度的认识是多元的。如郑观应提议效仿西方预算制度，确定“常经之出数”后，核查各省区税种与数额，“每省分立一清册，核定入款，详列其条目，刊布天下”。[④] 江西德化县令沙昌寿主张采用榜示法，“预算、决算均刊刷表册，散之民间，榜之通衢，使举国之民皆知公家无私财，无冗费”[⑤]。度支部认为预算原理可追溯至中国古代：“预算之义，本周官制用之书，其精意失传已久。”[⑥] 以上均与征信录没有关系。联系清季征信册制度的停废，在西方预算制度引入中国的复杂过程中，尚不能简单

---

① 《江苏巡抚崧骏奏为造报江宁藩司光绪十一十二两年民欠征信册籍事》，光绪十四年五月十七日，录副 03-6562-053。

② 有学者认为“征信”一词是由海外华人传入国内的，是海外华人对信用调查的俗称（林钧跃：《社会信用体系原理》，中国方正出版社 2003 年版，第 62 页）。与其说“征信”是由海外华人传入国内，不如说“征信”是国人在西方征信制度进入中国时使用本土词汇对外来概念进行的关联与对应。

③ ［日］夫马进著，伍跃、杨文信、张学锋译：《中国善会善堂史研究》，第 721—722 页。

④ 夏东元编：《郑观应集》上，上海人民出版社 1982 年版，第 577 页。

⑤ 刘增合：《知识移植：清季预算知识体系的接引》，《社会科学研究》2009 年第 1 期，第 144 页。

⑥ 马鸿谟编：《民呼、民吁、民立报选辑》（1），河南人民出版社 1982 年版，第 429 页。

认定征信录做了基础性的准备。

尽管如夫马进所言，征信册的使用“仅仅是为了监督官僚的舞弊，在原则上根本不是为了向民众公开这些情况”[1]，但在实行了二千余年的中央集权赋税征缴体制中引入信息公开原理，使之完成制度化，并付诸实施，这在中国赋税制度史上尚属首例。征信册制度的失败并不意味着信息公开原理失效，在清季赋税征缴方面仍有倡行征信册（录）之议。如甲午战后，郑观应受冯桂芬《校邠庐抗议》之影响，在《盛世危言·革弊》中提出杜漕粮浮收，主张“每岁征收钱粮必书细数，揭之大堂，俾众咸知。漕事既完，刷印《征信录》分送上司、各图绅士惟遍，如有不符，许其上揭。如是而不弊绝风清者，未之有也!”[2]江苏吴江县抽收捐税以办地方事务，由绅董经手，但易引发捐户不满，皆因“各董事所收之款，从未有人刊刻征信录，分送于纳捐之人者，能无受人之指摘乎?”时人建议各董事“将所收之款，按年印送四柱清册”，分送官署及各业户。[3] 宣统年间，广东南海县也表示准备用征信册防止钱粮征收舞弊。[4] 而诞生于明末清初，直至民国年间仍然在慈善公益事业等领域中盛行的征信录，更是不胜枚举。以上充分表明，中国社会早就认同征信册（录）所依据的信息公开原理是杜绝中饱之弊、治理官吏财政违纪的必由路径。这也是考察清季赋税征缴征信制度得出的历史启示。

---

① ［日］夫马进著，伍跃、杨文信、张学锋译：《中国善会善堂史研究》，第721页。

② 夏东元编：《郑观应集》上，第465页。

③ 任保罗：《筹捐必刻征信录说》，《万国公报》1904年第188期，第53—54页。

④ 刘增合：《“财”与“政”：清季财政改制研究》，第33页。